特色营队活动案例集

中国科协青少年科技中心　编

科学普及出版社
·北　京·

图书在版编目（CIP）数据

特色营队活动案例集 / 中国科协青少年科技中心编. —北京：科学普及出版社，2018.11

（2018青少年高校科学营）

ISBN 978-7-110-09881-3

Ⅰ. ①特… Ⅱ. ①中… Ⅲ. ①大学生－科学技术－课外活动－案例－中国 Ⅳ. ①G644

中国版本图书馆CIP数据核字(2018)第241220号

前 言

为贯彻落实《全民科学素质行动计划纲领(2006—2010—2020年)》，充分发挥高等院校在科学普及和提升公众尤其是青少年科学素质方面的重要作用，促进高中和高校合作育人，为培养科技创新后备人才和中国特色社会主义合格建设者服务，自2012年起，中国科学技术协会联合教育部共同组织开展青少年高校科学营活动（简称高校科学营）。

2018年青少年高校科学营活动由国内60多所院校、企业和科研单位承办，来自全国各省、自治区、直辖市，以及港澳台地区的11000名高中生、1100名带队教师参加。为进一步扩大高校科学营的受益面和影响力，探索高校科普资源的开发、开放的长效机制，推动高校科学营的内涵式发展，提升高校科学营的组织管理水平，特整理出版《名家大师精彩报告》《营员眼中的科学营》《特色营队活动案例集》三本书。

《营员眼中的科学营》收录了参加2018年青少年高校科学营活动部分优秀营员的心得体会，为大家展现了丰富多彩的高校科学

营活动，以及青少年对于自我、社会、科学、国家的感想和思考，希望此书能够给同龄青少年和教育工作者带来启发。

《特色营队活动案例集》收录了2018年青少年高校科学营各高校、各专题营承办单位策划组织的主题突出、特色鲜明、内容丰富、形式新颖的营队活动案例文字和图片资料。

《名家大师精彩报告》收录了2018年青少年高校科学营开营期间，各高校、各专题营承办单位邀请的院士、专家为各地营员举办的专场报告内容和图片资料的基础上，从中优中选优，汇编而成，以飨读者。

编　者

2018年11月

高校科学营

2018 YOUTH UNIVERSITY SCIENCE CAMP
青少年高校科学营

目录 CONTENTS

科学训练营

清华大学

具体实施方案

本活动由四个课程组成，本附件将四个课程的具体实施方案展示如下：

一、人工智能漫谈

讲授环节（45 分钟）

（一）人工智能的起源与历史

1. 人工智能是什么：广义地讲，人工智能是关于人造物的智能行为，而智能行为包括知觉、推理、学习、交流和在复杂环境中的行为 (Nilsson, 1998 年)。

2. 科幻小说、科幻电影中的人工智能。

3. 人工智能的诞生

1）人工智能的先驱：

（1）希腊神话中已经出现了机械人和人造人；

（2）中世纪出现了使用巫术或炼金术将意识赋予无生命物质的传说。

开营仪式

2）符号主义

（1）又称：逻辑主义、心理学派或计算机学派；

（2）原理：物理符号系统假设和有限合理性原理；

（3）起源：源于数理逻辑；

（4）学派代表：纽厄尔、西蒙和尼尔逊等；

（5）基本理论：认为人的认知基元是符号，认知过程即符号操作过程。认为人是一个物理符号系统，计算机也是一个物理符号系统。因此，能用计算机来模拟人的智能行为。认为知识是信息的一种形式，是构成智能的基础。人工智能的核心问题是知识表示、知识推理。

3）连接主义

（1）原理：神经网络及神经网络间的连接机制与学习算法；

（2）起源：源于仿生学，特别是人脑模型的研究；

（3）学派代表：卡洛克、皮茨、约翰·霍普菲尔德、鲁梅尔哈特等；

（4）基本理论：认为思维基元是神经元，而不是符号处理过程。认为人脑不同于电脑，并提出连接主义的大脑工作模式，用于取代符号操作的电脑工作模式。

4）行为主义

（1）又称：进化主义或控制论学派；

营员认真聆听讲座

（2）原理：控制论及感知—动作型控制系统；

（3）起源：源于控制论；

（4）学派代表作：布鲁克斯 (Brooks) 的六足行走机器人，一个基于感知—动作模式的模拟昆虫行为的控制系统；

（5）基本理论：认为智能取决于感知和行动（所以称为行为主义），提出智能行为的“感知—动作”模式。认为智能不需要知识、不需要表示、不需要推理；人工智能可以像人类智能一样逐步进化（所以称为进化主义）；智能行为只能在现实世界中与周围环境交互作用而表现出来。

4. 人工智能的发展

阶段 1：人工设定特征与规则—代表：深蓝（国际象棋战胜顶尖职业棋手）；

阶段 2：人工设定特征，机器自动学习规则—代表：Alphago Fan（围棋战胜普通职业棋手）；

阶段 3：只给定最基本的特征和模型架构，机器自动学习深层次特征一代表：Alphago Zero[完胜对顶尖职业棋手保持 64 连胜 的 AI (Master) 的 AI]。

5. 人工智能在中国的发展

1）1981 年中国人工智能学会在长沙艰难成立，其后长期得不到国内科技界的认同，只能挂靠中国社会科学院哲学研究所，直到 2004 年，才得以“认祖归宗”，挂靠到中国科学技术协会；

2）1985 年前，人工智能在西方国家得到重视和发展，而在苏联却受到批判。我国人工智能也与“特异功能”一起受到质疑，人工智能学科群专著不能公开出版；

3）1986 年清华大学校务委员会经过长期讨论后，决定同意在清华大学出版社出版人工智能著作；

4）我国首部人工智能、机器人学和智能控制著作分别于 1987 年、1988 年和 1990 年在清华大学出版社、中南工业大学出版社和电子工业出版社问世。

6. 人工智能的研究领域

1）横向：感知与分析、理解与思考、决策与交互；

2）纵向：基础设施、算法、技术方向、具体技术、行业解决方案；

3）应用领域：金融、医疗、安防、交通、游戏等；

4）研究方向：硬件、机器学习与深度学习、计算机视觉、语言工程、自然语言处理、规划决策系统、大数据。

（二）神经网络原理介绍

大脑是自然界的奇迹。通过神经元的相互连接，大脑可以非常高效地处理海量信息。神经网络是一种模拟大脑工作的模型。神经网络的使用，近年来在图像识别、大数据分析、自然语言处理、人工智能等领域，取得了令人难以想象的突破。

1. 神经元

神经元是神经网络的基本单位。如下图所示，每个神经元都有很多输入和一个输出。神经元的作用是将所有输入相加，减去触发阈值，然后经过一个激活函数进行非线性变化，最后提供输出。激活函数的非线性，是神经网络能够拥有极强表达能力的原因。

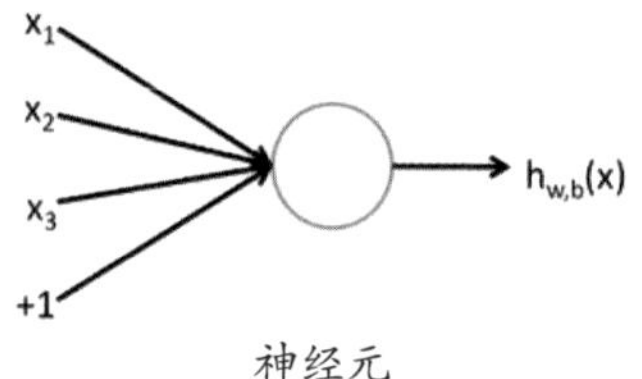

神经元

2. 激活函数

激活函数需要是一个非线性的函数。当代神经网络中，最常用的激活函数是 Relu 函数：

$$Relu(x)=x(x>0),0(x<=0)$$

另外，leaky Relu 函数、sigmoid 函数、tanh 函数等也是常用的激活函数。同一个网络中可能使用多种不同的激活函数，也可能在输出层不使用激活函数。

3. 神经网络的结构

神经网络由多层神经元组成，如下图所示，每一层神经元都与前一层或前某些层的一部分或全部神经元相连接，每个神经元使用前面层数与其相连的所有神经元的输出乘以它们连接的连接强度作为输入，同一个神经元的输出会作为后面所有与它相连的不同神经元的输入（乘以连接强度之后）。第一层是输入的特征向量，最后一层是输出的特征向量。在分类问题中，往往按类别数量为每一个类安排一个单独的神经元进行输出，最后再输出结果最大的那个神经元对应的类作为分类结果。神经网络的参数就是每条连接的连接强度和每个神经元的阈值。此处可以看出，回归分析模型其实是一种只有两层且无激活函数的神经网络。

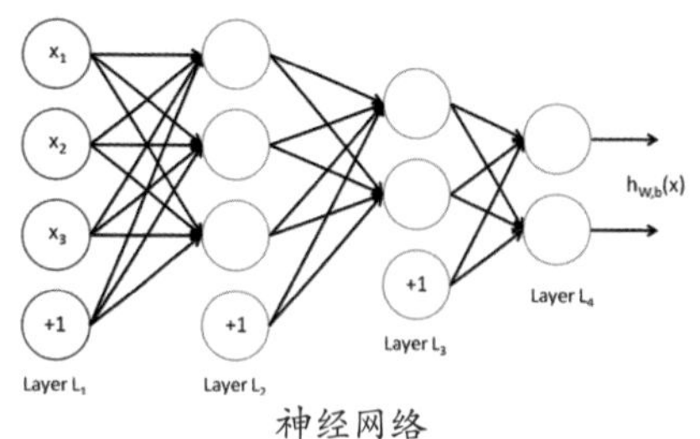

神经网络

4. 神经网络的训练方法

梯度下降是我们常用的方法。先定义损失函数，不同的模型经常拥有不同的损失函数，在分类问题中，经常以输出结果和实际标签的交叉熵作为损失函数。在使用 KNN 的模型中，往往以同类数据在输出空间中的距离减去不同类数据在输出空间中的距离作为损失函数。损失函数越小，模型在训练集上表现越好。

注意到神经网络整个过程都是可以求导的，因此我们很容易求得损失函数相对于某一个参数的导数。这样我们就可以求得损失函数相对于所有参数的导数，即损失函数在参数空间上的梯度，选取梯度最大的方向进行梯度下降。在训练过程中，往往使用随机梯度下降的方式，即每一步随机选取训练集中的一个子集进行梯度下降。

关于神经网络训练的具体方法，在实际应用中涉及一些其他的技巧，但这些技巧大部分都是基于梯度下降的方法。

动手实践（75 分钟）

5. 调试神经网络

1）在固定时间内调试神经网络，每个小组可以讨论一段时间（5 分钟），然后上台调试，调试限时 2 分钟，2 分钟后需要确定一组网络参数，网络训练 300~600epoch 后，以 test loss 值越小越好。

注：只允许开始 / 结束一次，可以在训练过程中调整边权或学习率；

犯规（结束时 epoch 数不在限制范围内 / 训练过程中中断等），得 0 分。

2）得分规则：第一名：20 分，第二名：15 分，第三名：12 分，第四名：10 分，第五名：8 分，test loss<0.01，额外加 10 分；

3）利用平台：tensorflow play—ground。

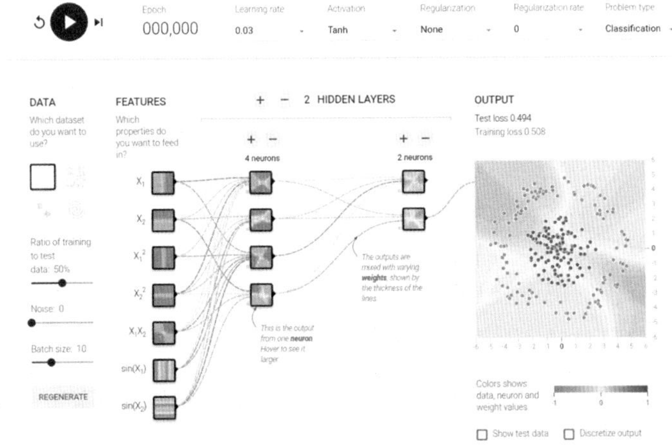

6. 总结网络参数对调试结果的影响

1）层数 / 神经元数 / 特征数：训练收敛前越多越好，原因如下：

（1）训练 epoch 数相同，层数越多等于使用了越多的计算量，自然效果可能更好；

（2）层数 / 特征数越多参数数量越多，也更容易拟合目标函数。尽量不要在某一层使用过少的神经元，会导致信息瓶颈，即信息在该层无法很好地表达，因链式传导原则，影响后续所有层。

2）步长 learning rate：步长长可以快速收敛，但可能在极值点附近打转无法继续下降；步长短可能无法到达极值点，需要合适的步长；

3）激活函数 activation function：对此 playground 种使用的 fully—connected network 而言 tanh 和 sigmoid 相对较好，Relu 较差，但对于应用中常使用的 CNN 而言效果接近而 Relu 需要的计算时间较短，因此应用中常使用 Relu；

4）Regularization：框定边权的范围，惩罚过大的边权，选取合适的 regularization 可能有所提升；

5）Problem type：问题设定，禁止调整此项；

6）训练 / 测试比：问题设定，禁止调整此项；

7）Noise 噪声比例：在训练集上添加噪声可能可以促进网络特征泛化程度，噪声较小情况下可能有所帮助；

8）Batch size：批量大小，这个越大网络越容易收敛，但 Batch size 越小同 epoch 情况下计算量越大，有取舍。

（三）人工智能应用体验

几个人工智能的有趣实例（均有开源）：

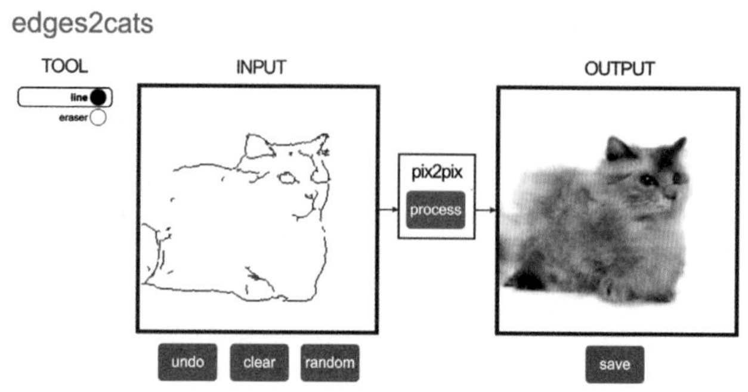

1. 画猫：pixel2—pixel GAN（生成对抗网络）的例子，自动画猫。可以简述生成对抗网络的原理。

1）每组推荐一名

同学上台简笔画猫，然后使用 GAN（生成对抗网络）生成猫，看谁生成的猫最好看。每组限时 2 分钟；

2）完成（生成的猫具有猫的所有特征，没有不和谐之处）小组获得 5 分，最好看的猫额外加 5 分；

3）开源网站：https://affinelayer.com/pixsrv/。

2. 作诗：清华大学开发的九歌 (jiuge.thunlp.org) 自动作诗系统。简述 NLP 的原理，以及清华在人工智能方面的工作。

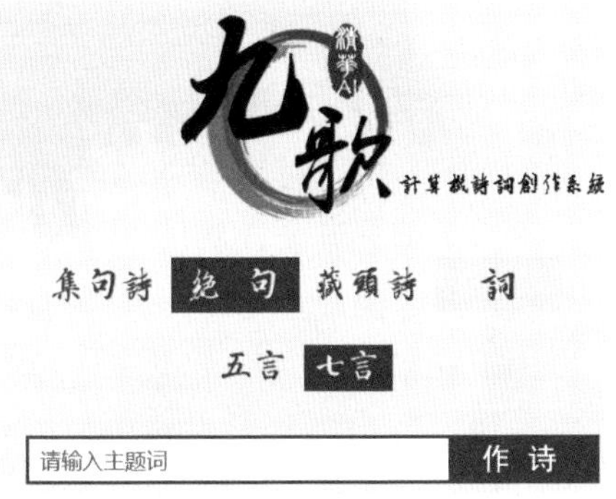

（四）人工智能在路上

1. 我们正在通往真正 AI 的路上，现在走得并不远，在出发点附近，人工智能永远在路上，大家要有思想准备，这就是人工智能的魅力。大家为什么这么重视人工智能？因为我们永远在路上，这就吸引我们去解决这些问题，这些问题一旦解决了，人类的社会进步、人类的生活就会发生本质上的改变。清华大学张钹院士如是说。

2. 人工智能的伦理问题：人类需要控制以人工智能为代表的新兴科技，以防止它们在未来可能对人类生存带来的毁灭性威胁。

3. 向前一步，永远比止步不前更适合应对人工智能时代的冲击。提出答案，永远比舔舐恐惧更适合驾驭人工智能这个时代的巨变。李开复如是说。

4. 推荐人工智能高中教材。

二、神奇“加法器”

讲授环节（45 分钟）

（一）背景知识介绍

1. 电子技术的发展

电子技术是一门研究电子器件及其应用的学科，涉及的领域极其广阔，从电视、电话、移动通信、计算机到医疗仪器、家用电器、精密仪器等无不包含电子技术的研究成果。

第一代：以电子管为核心（1904 年）。特点：体积大、耗电、寿命短（灯丝寿命）。

第二代：20 世纪 40 年代末诞生了第一支半导体三极管。特点：小巧、轻便、省电、寿命长。

第三代：20 世纪 50 年代末期第一块集成电路问世。特点：在一小块硅片上集成了许多晶体管，更省电，便于电子产品的小型化。

第四代：随后集成电路从小规模集成电路发展到大规模和超大规模集成电路，从而使电子产品向着高效能、低消耗、高精度、高稳定、智能化的方向发展。

2. 中国计算机发展历史

（1）师从苏联，从模仿到自主设计

1）新中国成立初期：苏联支援的技术图纸和工厂；

2）1958 年 8 月 1 日，中国第一台 103 电子管计算机（基于苏联 M—3 计算机图纸）完成了四条指令的运行（每秒 2000 次的速度），史称“八一机”；

3）1960 年，由夏培肃院士自行设计的 107 计算机研制成功，并被安装在北京玉泉路中国科学技术大学（原址）。

（2）独立自主，技术封锁下的自强不息

1）119 机：1964 年，每秒 5 万次；第一台自主设计的晶体管计算机，全国产电子元件制造；氢弹研制的功臣；

营员正在热烈讨论

营员正在讲解相关知识

2）1965年，中国自主研制的第一块集成电路在上海诞生（比美国晚了7年），从此中国进入集成电路时代。

（3）批量生产，从实验室走向大生产

1）7301会议

总结先前的问题：20世纪60年代为特定工程任务服务，不能形成批量生产。

新的决策：放弃单纯追求提高运算速度的技术政策，确定了发展系列机的方针，提出联合研制小、中、大3个系列计算机的任务，以中小型机为主，着力普及和运用。

2）清华参与

1974年，由清华大学设计，北京无线电三厂生产的130计算机研制成功。中国DJS—100系列机由此诞生。

该机字长：二进制16位，内存：4—32k；存取周期：2微妙；速度：定点加法50万次/秒；基本指令：22条，可组合成2000条指令；指令字长：16位；指令长度：等长；通道数：最多能挂接62种外部设备。

（4）第一台超级计算机

1）1983年，国防科大研制；

2）速度：每秒1亿次。

3. 中国芯片发展现状

（1）中国的半导体芯片严重依赖进口；

（2）2017年进口芯片高达2601亿美元，约3770亿块芯片；

（3）中国的芯片需求量：全球总需求量50%以上；

（4）2017年我国集成电路产品需求达到1.40万亿元，而国内供给量仅为5411.3亿元，自给率仅为38.7%，大量集成电路产品依靠进口；

（5）国产芯片之光：海思、麒麟、龙芯。

4. 全球芯片行业

（1）据IC Insights报道，中国集成电路设计业（Fabless）进入全球前50大企业的有12家，依次为：深圳海思、紫光展锐、中兴微电子、华大半导体、南瑞智芯、芯片半导体（北京矽成）、大唐半导体、北京兆易创新、澜起科技、瑞芯微等；

（2）2017年，美国集成电路设计业营收额占到全球集成电路设计业的

53%，约 535.3 亿美元，居全球第一位；

（3）中国（未包含台湾省）位居第二，占到 21%，约 212.1 亿美元；

（4）中国台湾省占到 16%，约 161.6 亿美元；欧洲占到 2%，约 20.2 亿美元；日本占到 1%，其他地区占到 7% 左右。

5. 加法器介绍

从电子设备中普遍存在的基本电路——加法器来体会计算机一级其他电子设备的基本工作原理。加法器在各种电子设备中普遍存在，我们生活中也存在很多主要利用加法器的设备。

（二）加法器原理介绍

1. 二进制：在计算机的世界里，使用的则是二进制，只有数字 0 和 1（对应着电压的高与低），通过简单的二进制构成数字、文字，以及各种复杂的东西。

2. 数字逻辑操作："与""或"及"非"的概念，而由这些基本概念可以组成数字电路中的基本逻辑，并可以衍生出更复杂的逻辑概念。

3. 门电路介绍

1）与门：两个输入只有都为 1 时输出才为 1，否则输出为零；

2）或门：两个输入只要有一个输入为 1 则输出为 1，否则输出为零；

3）异或门：两个输入不一样输出为 1，两个输入一样输出为零。

（三）一位加法器介绍

1. 二进制加法：二进制加法与十进制加法类似，即对应位上相加，满 2 则进位（十进制中满 10 则进位）。

2. 一位加法器原理，举例：

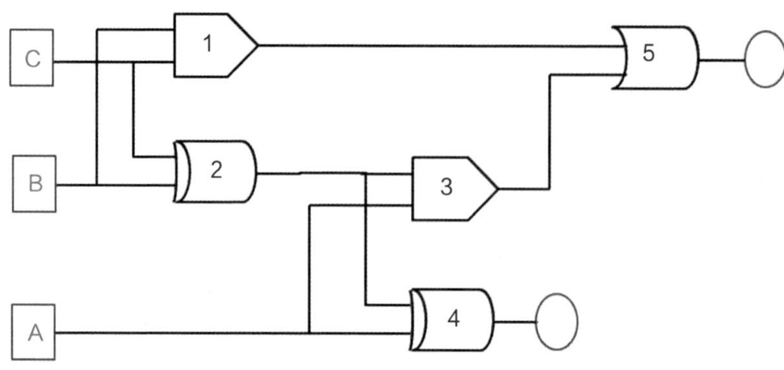

3. 两位加法器举例：

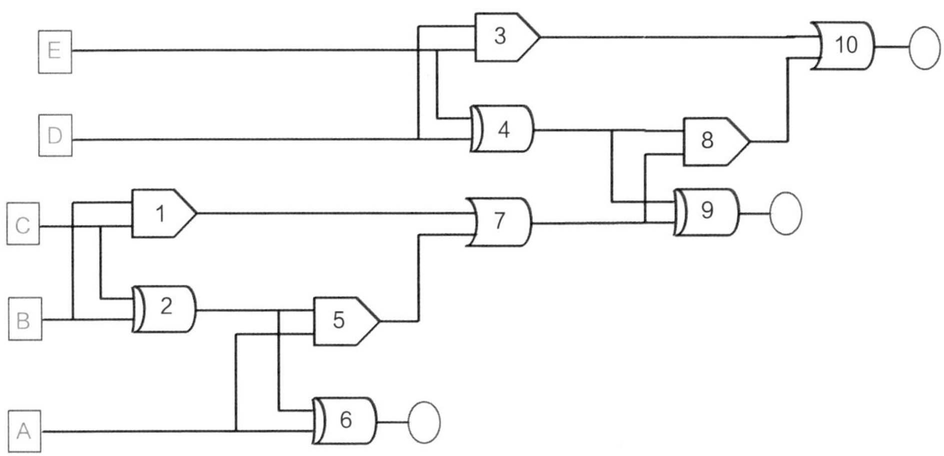

动手实践（75 分钟）

（四）模拟加法器游戏

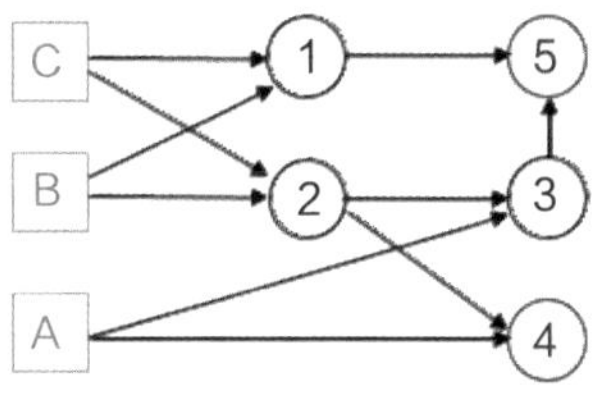

人员位置，蓝色为给定的数字，红色标注的同学为结果输出部分

1. 模拟一位加法器：五个同学一组，每个人作为一个门电路，组成一个一位加法器。根据给定的输入，模拟计算机加法过程。

2. 模拟两位加法器：全班分为三个组，十人一组，构成一个两位加法器，每组一个裁判负责记录每组的计算结果。一共五道计算题，最后看哪个组计算得又快又准。

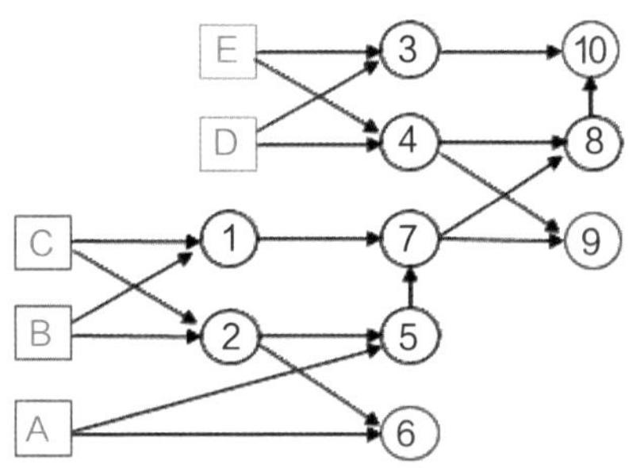

首先根据准确率排名，准确率相同时再看计算速度，排名第一的小组给予每人一份奖品。

（五）门电路与加法器的电路实现

1. 实验器材：面包板、二极管、电阻、导线、异或门 74HC86。

2. 门电路的电路实现：

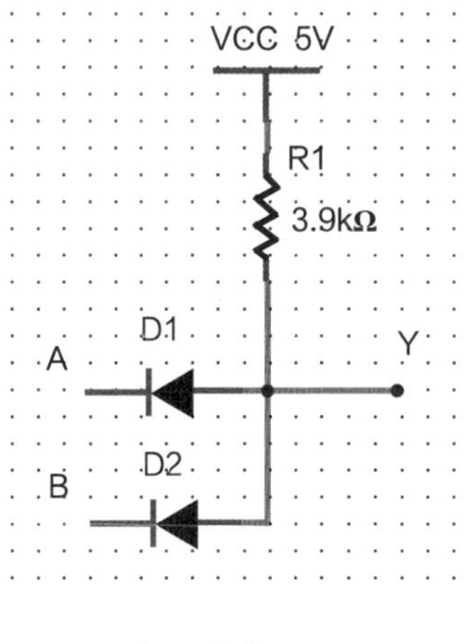

与门的实现

或门的实现

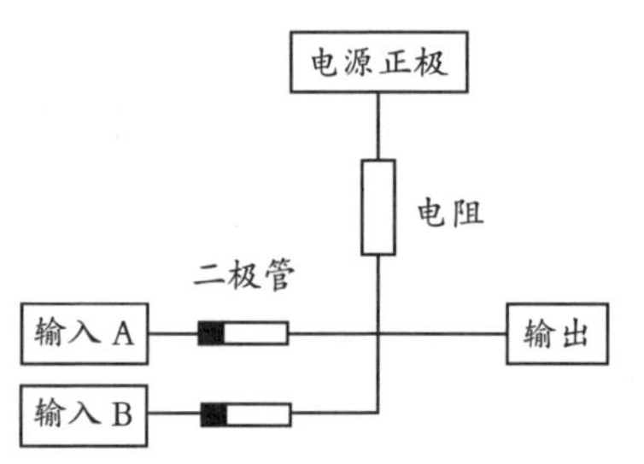

与门的电路连接

或门的电路连接

3. 动手制作：

1）时间：30 分钟左右；

2）分组：两人一组，制作一个门电路；

3）每组器材：一个电阻，两个二极管，一块面包板，5 根导线；

4）完成后：找辅导员进行功能测试。

三、奇迹桥

本课程以辅导员借助幻灯片和黑板演示讲解为辅，学生利用所给物资动手制作桥梁为主，旨在使学生在团队合作与小组竞争中掌握将理论知识活用到实物模型搭建中的技巧。

讲授环节（25 分钟）

（一）引言

简单讲解著名桥梁案例，激发同学兴趣。

1. 桥梁的发展与历史：

介绍中国古代的桥梁和类型，以国外 19 世纪桥梁为例讲解过去钢结构和木结构的设计思路与技巧。以港珠澳大桥为例讲解我国桥梁工程的发展与桥的重要意义。通过塔科马海峡大桥因强风和糟糕的施工而倒塌的案例说明桥梁结构安全的重要性。

2. 结构力学演示：

讲解应力相关概念，展示 SAP2000 建模结果，演示桥梁失稳过程。引导学生利用物资设计桥梁的思路，说明弯桥的特殊性。

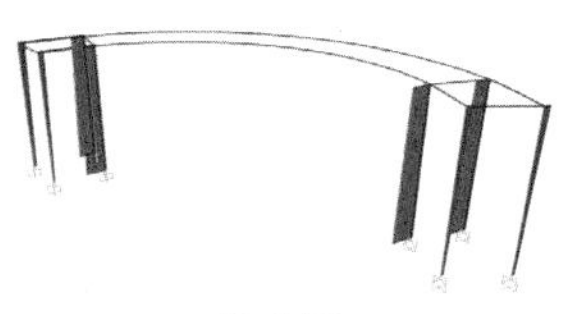
轴力图

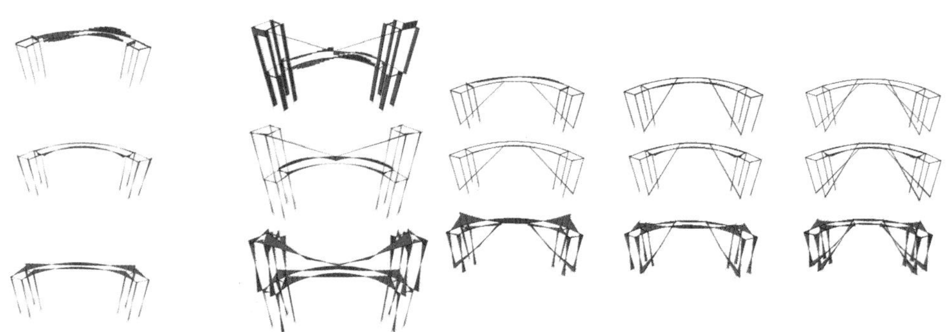
不同结构形式比较　　弯矩扭矩分析

3. 常见桥梁类型介绍：

简要介绍四大桥梁类型，强调每种的受力模型，为之后的制作环节做铺垫。

不同类型截面图

1）梁桥

梁桥以主梁受弯承担荷载，结构不产生水平方向力，利于就地取材，工业化施工、耐久性好、适应性强、整体性好且美观、设计理论和施工技术都比较成熟。但结构本身自重很大（占设计荷载的 30% ～ 60%），且跨度越大其自重所占的比值显著增加，限制其跨越能力。梁桥跨越能力小，一般在 8—20m，连续梁桥国内跨径在 200m 以下，国外已达 240m。

2）拱桥

拱桥为拱肋承压，支撑处有水平推力。跨越能力大、能充分就地取材。与梁式相比节约大量的钢材和水泥、耐久性好，易养护维修、外形美观。但自重较大，相应的水平推力也较大，对地基的要求也很大。施工难度较大，建桥时间长，相应的造价也较高。与梁式桥相比，工程量较大，对行车也不利。

3）斜拉桥

斜拉桥主要由斜拉索、塔柱和主梁组成。拉索将主梁斜拉在塔柱上，斜拉索使主梁受到一个压力和一个向上的弹性支撑的反力，这就使得桥梁的跨越能力大大增加。梁体尺寸小，跨越能力强，受桥下净空和桥面标高的限制少，抗风稳定性较好，但索与梁或塔的结构计算较为复杂，施工中高空作业多，对施工控制等技术要求也很高。

4）悬索桥

悬索桥是以悬索为主要承重结构的桥梁，由主缆、索塔、加劲梁、吊杆、鞍座、锚碇等组成。缆是结构体系中的主要的承重构件，受拉为主；主塔是悬索桥抵抗竖向荷载主要承重构件，受压为主；加劲梁主要承受弯曲内力；吊索是主要

科技训练营桥梁实验

的传力构件。悬索桥的优点是所用材料较少，且跨越比较大，造的高度较高、允许船只通行，中心无桥墩，适于较深较急的水流；灵活性好，适合大风和地震区的需要。但坚固性不强，塔架对地面施加非常大的压力，对地基的要求很高，且悬索锈蚀后不易更换。

动手实践（90 分钟）

（二）桥梁搭建

分发物资，介绍活动规则与评分标准，给出 45—75 分钟自由制作时间，辅导员在旁指导。

1. 分组：每组 6—7 人，全班 5 组。每组结构形式可以相同或不同。

2. 材料（每组）：桐木 ×20 根（细的 10 根，粗的 10 根，每根 1m 长，允许少量粗细更换）、A4 纸 2 张、牙签（24 根）、透明胶带一卷。

3. 工具：剪刀全班共用 5 把，每组裁纸刀 1 把、胶水 1 管。天平全班共用一个。

4. 要求：利用手头所有的材料搭建有一定承重能力的桥梁模型，但是不能把桥梁通过绳子等方式直接固定，也不能人为碰触。

桥梁投影形状限制如下图（大小可视教室桌面按比例调整）。

5. 评分标准：

在评分环节，按照以下规则为各小组赋分，分值无上限。将为得分最高的小组颁发奖品。

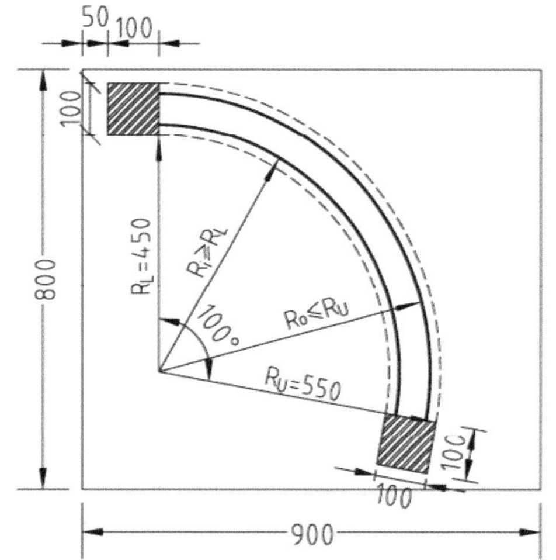

1）形状：在满足基本的跨度和宽度要求的基础上，对应圆心角从 60°—120° 有加分。60°— 90° 间 1 度为 0.5 分，90°— 120° 间 1 度为 0.7 分。

2）自重：自重部分作为比例系数，比例为最重组重量 +10g/ 本组重量。

3）承重：在弯桥的桥面中点处加静荷载，允许多次加荷载，最多 15kg。最终得分为本组可承受的最大重量 kg 数乘以 20。每次加载后需等待 5s 结构无变化，才算加载成功。

4）桥梁类型与美观

（1）桥梁类型：考虑到钢架箱型截面的桥是最简单、最易完成，也是最易被同学选取的，为鼓励同学尝试其他类型的桥，加分如下：

桥的类型	判断标准	加分
拱桥	有拱形承重结构（注意承重）	10
斜拉桥	有固定在竖直结构（可以是桥墩）上的悬索	5

隐藏加分条件（不提前告知营员）：槽型截面 +7 分，鱼腹桥 +6 分，各柱肢之间有缀条 +4 分。

（2）美观：小组互评给出美观分，满分 5 分，如有极端打分情况，最终通过调分把每组平均分都折算成 2.5 分左右后再算。

5）物资剩余加分：材料剩余（完整）有加分。

6）完成时间加分：第 n 个完成的小组获 10—n 分的加分。

7）最终得分为自重比例系数与承重得分相乘，加上其他各项得分与加分。建议营员自备物资：尺子 15cm 及以上，量角器一个。

（三）加载与总结

完成加载与评分。根据各组情况进行总结，指出各组所用的结构形式的优缺点。

四、简易护手霜的制作

讲授环节（40 分钟）

（一）背景知识介绍

1. 分散系

1）分散系是一种或者几种物质分散在另一种物质中所形成的体系；

2）名词介绍：溶液、溶剂及溶质；

3）分散系可以按照分散剂和分散质进行分类；

4）均匀分散系也可以按照分散质颗粒的大小进行分类，分成溶液、胶体、浊液，其中浊液又可以分成悬浊液与乳浊液。此次化学实验将涉及乳浊液。

2. 两亲分子

1）两亲分子的定义：既有亲油基团，又有亲水基团的分子；

2）亲水基团：带电荷基团，强极性；

3）亲油基团：长碳链，弱极性。

3. 乳浊液的类型

1）乳浊液是两种液体组成的分散系。通常来说，一种液体是水，另一种则是与水不溶的有机液体，通常为油；

2）乳浊液主要有两种：水分散在油中的 W/O 型和油分散在水中的 O/W 型。形成乳浊液为何种类型和加入的乳化剂、油，以及水的性质与量、温度等环境因素有关；

3）不同的乳化剂会形成不同类型的乳浊液；

4）形成乳浊液的类型与表面活性剂的亲水性密切相关，非离子型表面活性剂的亲水性可以用 HLB（hydrophile—lipophile—balance）值来定性描述；

5）不同 HLB 值的分子的不同用途。

4. 乳化原理

1）亲水基与亲油基的相对大小；

2）如果一个 W/O 体系水太多、油太少，油“包不住”水，自然也没有办法维持体系的稳定，一般来说油的体积分数小于 26%，W/O 型乳浊液就不可能存在了；

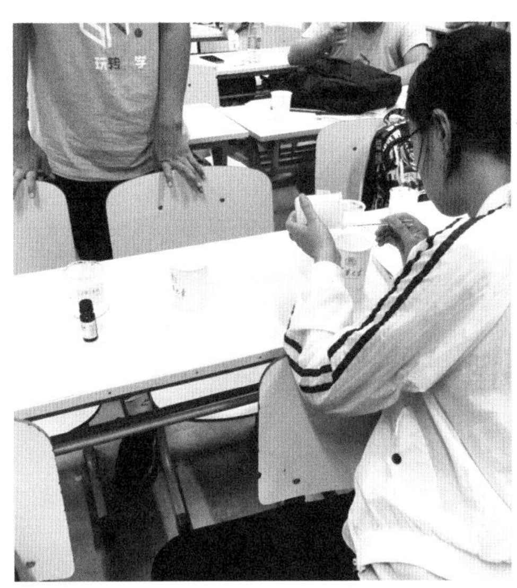

护手霜化学实验现场

护手霜化学实验演讲展示

3）表面张力大小的影响。

5. 乳浊液的不稳定性

1）乳浊液的能量很高，因而是不稳定的；

2）与乳化对应的过程即为破乳，使形成乳浊液的两种液体相互分离。例如，原油开采出时常为水和油形成的乳浊液，需要破乳；在萃取过程中，水相与有机相间常产生乳化影响分离效果，这时也需要破乳。破乳的手段有高压电（由于液滴一般都会带电）或者加入化学破乳剂破坏乳化剂的吸附膜（比如在硬脂酸钠做乳化剂的乳浊液中加酸）等。此外，超声破乳也是常用方法。

实验环节（50 分钟）

（二）简易护手霜制作

1. 实验材料

1）纯净水；

2）甘油 HO OH OH；

3）杏仁油：主要成分为不饱和脂肪（甘油的不饱和脂肪酸酯）；

4）乳化剂 HO O O O OH O OH O O w+x+y+z=20；

5）讨论：甘油常温下为无色黏稠液体，具有强烈的吸湿性，被广泛应用于化妆品中。为什么？能否将纯甘油直接涂抹于皮肤上以达到保湿效果？

2. 实验器材

1）玻璃烧杯（150mL）；

2）玻璃棒（20cm）。

3. 注意事项：

1）玻璃仪器易碎，拿取、放置时应格外小心，轻拿轻放、远离桌子的边缘；

2）玻璃棒较长，不要单独将玻璃棒放置于烧杯内，否则烧杯容易翻倒；

3）玻璃破碎后，不要自行处理；

4）一切化学试剂禁止入口！

4. 制作步骤

将全班学生分为 4 人一组，进行简易护手霜的制作：

实验制作演讲

1）每组 4 人，在烧杯中称量 10g 杏仁油、3g 甘油与 3g 乳化剂，首先缓慢搅拌一段时间，混合均匀；

2）向混合物中加入纯净水，用玻璃棒将混合物缓慢搅拌。每次加入纯净水后，需要搅拌均匀再加水，最终加入约 80g；

3）观察搅拌过程，能否用科学的语言描述搅拌过程中混合物性状的变化；

4）将自制的护手霜涂抹在自己的手背或手臂上，体验其效果。如果有自己的护手霜或其他护肤品，可以体会两者的区别。

5. 拓展探究实验

为探究自制护手霜中各组分量的改变对护手霜性质的影响，可采取下面的步骤：

1）取少量自制护手霜于烧杯，分别逐渐加入水、杏仁油或甘油约 5 mL，每次加入之后都搅拌使之均匀混合，观察混合物的性质变化情况。

黏稠度：思考哪些物质可能对黏稠度有影响?

透明度：思考哪些物质可能对透明度有影响?

2）每个组完成一个探究实验，之后向大家介绍实验的现象，尝试做出解释。

总结拓展（30 分钟）

（三）实验总结与思考

1. 本次实验的乳化剂吐温 20 的结构中，哪一部分是亲水基团，哪一部分是疏水基团?

2. 如何判断本次实验中制得的乳浊液是 O/W 型，还是 W/O 型？这与 HLB 计算结果一致吗？

3. 如何改进自制的护手霜配方？可以向其中加入哪些化学物质，分别能改善或增加护肤品的哪些效果？

（四）化妆品中的化学品

1. 化妆品常包含以下成分

1）基质：如本次实验中我们所使用的杏仁油；

2）乳化剂：如本次实验中我们所使用的吐温 20；

3）保湿剂：如本次实验中我们所使用的甘油。除了甘油之外，还有丙二醇、聚乙二醇等具有吸湿性的物质可以作为保湿剂；

4）防腐剂：主要作用是抑制微生物繁殖、保护某些物质免受氧化，如苯甲酸、各种酚类；

5）除此之外，还有色素、香精、紫外线吸收剂被广泛应用。

2. 以某品牌护肤品为例，介绍实际产品的配料

成分：水、矿物油、甘油、聚二甲基硅氧烷（硅油）、硬脂醇、月桂醇磷酸酯钾、鲸蜡醇、超氧化物歧化酶（SOD）、人参根提取物、膜荚黄芪根提取物、甘油硬脂酸酯、EDTA 二钠、香精、羟苯甲酯、羟苯丙酯、DMDM 乙内酰脲。

（五）前沿知识讲授

1. 微乳体系制备纳米晶；

2. 蒸发诱导乳化现象。

活动总结

本活动由四个课程组成，现在将四个课程的活动总结展示如下：

一、人工智能漫谈课程活动总结

本次人工智能漫谈课程有 12 个班级共 400 名学生全程参与，3 名科技辅导员负责讲授。针对当前人工智能研究热点，3 位科技辅导员为同学们设计了走进人工智能的启发式课程。

在备课中，针对人工智能中需要大学知识的备课难点，备课组选取了其中最典型的人工神经网络，深入浅出地进行了人工神经网络原理的讲解，并寻找了开

营员聚精会神听讲

源的神经网络调试网页，为同学们了解神经网络提供了具体的实例。

在课程当中，辅导员首先从人工智能的起源出发，以科幻小说及科幻电影片段为切入点，为同学们讲解了人们对人工智能的憧憬与想象。之后讲述了人工智能的三大学派，即符号主义、连接主义和行为主义，对人工智能进行了科学系统的描述。结合人工智能的“三起三落”，辅导员又讲述了人工智能的发展历史，让同学们明白技术也是有涨有落的，任何技术的演变都是曲折的。在背景知识的末尾，讲述了我国人工智能曲折的发展过程。起初人工智能在国内得不到认可，而如今我国人工智能的发展如火如荼，大有和美国并驾齐驱之势。最后，辅导员通过实例向同学们讲解了人工智能在金融、医疗、安防、交通、游戏等各行业取得的广泛应用，让同学们对人工智能的作用有了进一步的了解。

在人工神经网络的原理部分，辅导员先讲解了神经网络是什么，在网络的调节过程中可以尝试改变哪些参数。而具体这些参数会产生怎样的影响，将通过同学们自己实际调试神经网络的时候来探索。在全班都调试完成后，辅导员又引导大家对比分析了各个参数对调试的结果会造成怎样的影响，最后总结了网络参数对调试结果的影响，全班合力得到了一份较好的调试结果。这里体现了大家团结协作的精神，同时自己动手进行探索又带给了同学们一定的成就感。

在人工智能的体验部分，辅导员准备了画猫和作诗两个体验环节，背后分别对应了对抗生成网络及自然语言处理两个研究热点。在画猫过程中，同学们表现积极，其中一位同学画的猫如同真猫一般，而通过对抗生成网络，输出她所画出的猫的真实照片，这引起了全班同学的惊讶与赞美。作诗环节中使用了清华大学开发的九歌自动作诗系统，对参与同学的姓名做了藏头诗。有藏族同学对此非常感兴趣，他又拜托辅导员帮他的父母姐姐都做了藏头诗。

课程的最后，通过引用科技界名人的话语，同学们对人工智能的未来进行了憧憬与反思，关于人工智能的伦理问题，甚至引发了部分同学的对辩，启发大家对人工智能的未来做进一步的思考。

二、神奇“加法器”课程活动总结

本次神奇“加法器”课程由来自清华大学电机系的3位同学进行备课。备课期间，我们联想了近期火热的“中兴事件”，决定以电学实验为导引，传授一定的电子电路加法器的知识；同时通过动手搭建电子电路，锻炼了同学们的动手能力；最后通过向同学们介绍我国计算机发展历史及我国芯片行业发展现状，激发同学们投身科技创新活动的热情，树立爱国敬业的思想，从而体现了完整的“三位一体”教学体系。

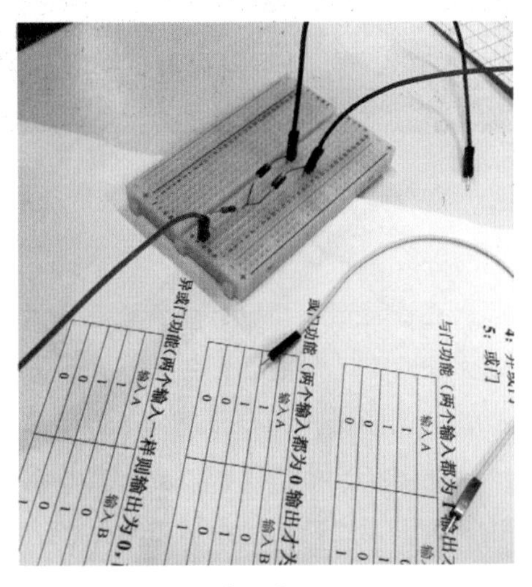

作品展示

从电学实验室本身来说，这是一个基础但也比较复杂的科技活动。不同地区的学生，对于物理基础知识的掌握或多或少会有差距；另外，还有文理科，高中不同年级的学员知识水平不一等问题，所以有时开展活动，向同学们灌输一些知识还是有一定的难度的。但也有同学虽然物理基础比较差，但是知识接收能力很强，在辅导员给予额外的帮助和指导下，成功完成了实验。在搭建电路之前组织的人体模拟一位加法器、两位加法器，同学们通过实际操作与思考也基本完全从原理上明白了加法器的原理，这对电路搭建的顺利开展提供了有力的支持。此外，考虑到电路比较复杂的特点，辅导员在备课时还特意将搭建好的电路及电路原理图放在 PPT 里，利于同学们对比学习，快速搭建电路。

总体来说，同学们积极配合，参与度很高，完成度也比较高，基本全部实现了预想的实验电路。另外，还有同学对芯片的具体原理提出了疑问和产生了浓厚的兴趣，辅导员也在课上为同学们详细作答。在课程的最后，辅导员还向同学们展示了事先搭建好的一个复杂电路，即数码管，在同学们惊呼的同时也为他们埋下兴趣的种子。

三、奇迹桥课程活动总结

1. 活动背景与目的

在 2018 年青少年高校科学营之清华大学分营中，为了彰显办营宗旨，促进科普和教育的结合、激发青少年的科学兴趣、提高青少年科学素质，科学训练营 12 位科技辅导员设计开展一些有趣的且可操作性强的科创活动。

回想我国古代造桥技术的厚重历史，见证近年来我国桥梁技术的飞速发展，联想到港珠澳跨海大桥已实现通车，来自清华大学土木工程系的奇迹桥课程备课组 3 人便将搭桥作为此次科学训练营活动的重要主题之一。

2. 活动前期准备

为了充分准备此次“奇迹桥”课程，备课组 3 人在高校科学营开始前就进行了细致的备课：查阅资料，结合自己在课上课下所学知识编写课程实施方案、制作 PPT，介绍有关结构力学的尝试、不同桥梁的结构构造、总结国内外知名桥梁设计造桥的理论，便于课程活动中启发同学们动手创造。

营员分组做活动

3. 活动具体情况

每班 33 人或 34 人，分为 5 组，每组 6—7 人。在活动前的一个小时，根据班级具体人数，辅导员提前在指定教室布置好桌椅，并分配好活动材料，完成所有课程准备工作。

营员正在进行头脑风暴

活动开始后，辅导员先进行 PPT 讲演，介绍有关桥梁的基本知识，包括常见桥梁的种类与相应的结构及其结构力学知识。考虑到一些结构力学知识如应力应变是属于大学物理的范畴，备课组根据同学们现有的高中物理力学基础，用引导性的语言解释其中的力学原理，并由此提出一些问题。这些优秀的同学也都心领神会，积极地回应着。当问到钢筋混凝土哪部分承受压力，哪部分承受拉力时，有一个班的同学出现了抢答的现象，一个回答不对，另外一名同学随即站起来回答。精彩的回答博得了辅导员和同学们的一致掌声，将课堂气氛推向高潮。讲授完毕之后便开始介绍具体的比赛规则与最后的评分准则，同学们准备开展动手比赛活动。

比赛开始后，备课组向同学们建议：每组组员可以先提出自己想法，之后大家应协调评估达成一致意见后再开展后续活动。同学们积极地讨论着，向自己的组员分享着自己的想法。因为有时间的限制，各组基本确定好本组所要造桥的大致方向，便开始动手操作起来。

比赛过程中，科技辅导员也在教室里不断走动，观察同学们的“造桥”进程。期间，也回答同学们对比赛规则的疑问。同学们积极地发散思维，充分利用手中的材料，有的小组做了简易的梁桥；有的小组尝试了“高大上”的悬索桥；还有的小组向斜拉桥发起了挑战。

当然，同学们也会遇到一些困难：有的小组一直没有定下方案，觉得时间所剩无几了，就慌了神；有的小组不知道怎么提升桥的承载能力；有的小组在增强桥面抗压性上犯了难。随着时间一秒秒流逝，这些小组成员们也一直没有放弃，理性地讨论着摆在他们面前的问题，开始尝试一些其他的方法。过了一段时间后，绝大部分有效解决了难题，一座座“奇迹桥”出现在眼前；少数小组仍然不肯放弃，请求辅导员延长时间。

比赛结束后，辅导员按照原定的评分细则，客观公平地对各个小组所造的桥进行性能测试。让辅导员们吃惊的是，大部分小组的“奇迹桥”都可以承载较大重量的物品，甚至有些组的同学搭建出的桥梁承载能力大于辅导员们事先准备的所有砝码质量总和，于是他们开始往桥上放置自己的手机、书包等物品。挑战极限，不为成绩，只为心中的那份追求，这深深地打动了在场的所有同学。

4. 活动感悟

参与活动的同学们大都是高一高二的学生。在课堂上，他们积极回答辅导员提出的问题；在动手实践中，他们发散思维、灵活操作突破一个又一个难题。辅导员也被他们勇于探索的精神感动，真是后生可畏！

四、简易护手霜的制作课程活动总结

本次简易护手霜的制作课程从生活中选题，从常见的护手霜出发，为同学们介绍了分散系、两亲分子、乳浊液、乳化剂等化学知识；同学们亲手制作了护手霜，体验了自己动手的乐趣，在动手过程中学到了新的知识。

营员小组讨论

本次课程所讲授的知识与高中课本相贴近，但又高于高中化学所学知识。分散系的概念源于混合物，当混合的两种物质分别为水和与水不溶的有机液体时，则形成乳浊液。而不同的乳化剂又会形成不同的乳浊液，由此引入了亲水基与亲油基，以及乳化的原理。由此循序渐进，引导同学们学习新的知识。

营员参观国家重点实验室

在实际动手环节，同学们不仅积极参与护手霜的制作，还对我们设置的拓展探究任务进行了积极的思考，亲自动手验证了杏仁油与甘油对护手霜的黏度及透明度的影响。此外，同学们还积极回答了此次实验的乳化剂中亲水基团与疏水基团的组成，判断了乳浊液的类型，并和 HLB 理论计算的结果相互验证。在所有课程实验环节结束后，还有同学利用自带的饮料，制作出不同颜色与不同气味的护手霜。

课程的最后，还介绍了一般化妆品中的化学品，以及不同化学品的作用，可谓是从生活中来，又回到生活中去。如此完成了一堂生动活泼的化学课。

航模课程与航模飞行距离大赛

北京航空航天大学

一、航模试飞比赛任务描述

放飞航模后，航模自由滑翔，记录航模着陆静止后，航模头部与起飞点间地面直线距离。飞行距离单位为米，精确到两位小数。

二、航模试飞参赛航模要求

参赛者使用比赛当日上午制作的航模进行比赛。

三、比赛时间

2018 年 7 月 18 日下午。

营员航模试飞比赛剪影

四、比赛方法

1. 分组情况

本次比赛按照各队分组，分为 12 个小组。

2. 比赛安排

本次比赛共有两轮，分为初赛和决赛。比赛开始前由各组的志愿者抽签决定各组的比赛顺序。

2.1 初赛

各组按顺序依次参赛。每组分为 2 次放飞航模，每次 5 人。记录各参赛者的航模的飞行距离，取每组飞行距离最远者，共计 12 人参加决赛。

2.2 决赛

决赛共分 3 次放飞航模，每次 4 人。记录各参赛者的航模的飞行距离。

五、成绩评定

比赛最终成绩由两部分组成，总分 100 分。第一部分为飞行距离比赛得分，第二部分为航模制作得分。

营员正在进行航模制作

1. 飞行距离比赛得分

初赛中只记录距离，不计算折合分数；决赛中记录距离，并计算折合分数。决赛中航模飞行距离最远者得分为 70 分。

2. 航模制作得分

此项得分由专业评审人员给出，总分 30 分。评比项目包括：外形是否美观，结构有无损坏等。

六、奖项评定

根据最终成绩评奖。共设立一等奖 2 名，二等奖 4 名，三等奖 6 名。

七、注意事项

1. 在放飞航模时可以助跑和跳跃，但不得在台、架、建筑物或高坡上放飞。

2. 航模在空中解体或者在着陆过程中解体者，成绩为 0。

3. 遇下列情况，组织者有权提前或推迟比赛：能见度差、变动场地、气象条件改变或其他原因不适合比赛。

4. 参赛者应遵守纪律、服从裁判，不得影响裁判员的工作，对破坏纪律、无理取闹、弄虚作假的参赛者，比赛的组织者可视情节予以批评、警告，甚至取消比赛资格的处分。

5. 参赛者对裁判工作有异议时，有权通过领队以口头或书面方式向组织者提出；对成绩名次评定有异议时，应在公布成绩后 1 小时内提出。

八、北京航空航天大学分营特色活动总结

航模是广受青少年喜爱的一项科技实践项目。本次航模制作与航模飞行距离比赛在引领营员学习航空航天知识，感悟航空航天文化的基础上，进行了科学的、创新的、令营员身体力行的互动教学和动手实践。

在整个航模系列活动中，所有营员均出色地完成了航模制作任务，并在航模试飞和距离比赛中享受到了极大的乐趣，活动达到了预期的效果。

1. 激发了营员们对于科技实践的兴趣，培养了他们的创新意识和创新能力

青少年有很强的创新意识和创造欲望，航模制作课程为他们提供了绝佳的展示

营员正在比赛：看谁的飞机飞得高

自己的平台。这个过程既丰富了营员们的科技知识，又丰富了他们的想象力，为他们的发散思维提供了广阔的施展空间，让他们学到了很多书本上学不到的知识。

2. 提升了营员们的综合能力

航模的制作和试飞环节有效地培养了营员观察能力、动手操作能力，以及分析问题和解决问题的能力。而航模飞行距离比赛更是让营员充分发挥了其创造潜能，对于磨炼其意志也起到了至关重要的作用。

3. 使营员们亲身体验，感悟航空航天魅力，树立远大理想

平日里，许多青少年学生都有想多了解一些科技知识的强烈愿望，不少学生会对飞机、火箭、卫星等航空航天方面的知识感兴趣。显然，老师口头的简单解释已远远满足不了他们的渴求。他们需要的是去做、去飞、去体验……通过此次航模制作及试飞活动，营员们更加真切地体会到科技实践带来的魅力，进一步巩固了营员们投身航空航天的伟大理想。

通过总结经验，我们认为此次航模制作与飞行距离大赛进展顺利的原因有以下三个方面：

1. 北航浓厚的航空航天氛围

北航是国内一所独具航空航天特色的一流大学。在此次航模制作与飞行比

赛活动之前，北航分营的营员们已经与航空航天领域专家面对面，聆听万志强教授精彩的航空航天专题讲座；参观了北航重点实验室、北京航空航天博物馆与校史馆等，了解并初步掌握了航空航天学科的基本知识，感受到北航深厚的航空航天文化氛围。在这种氛围的熏陶下，极大地激发了营员们关注航空航天、学习航空航天知识的热情。

2. 北航航模队队员的积极配合与殷切指导

北航航模队是北航一道靓丽的风景线，是北航学生科技实践活动的领军者。本次航模课程及制作活动，得到了北航航模队员的大力支持和帮助。他们为营员们提供了充足的航模制作工具和材料，整个活动中耐心授课、悉心指导、细心点评，帮助营员们完成了心爱的作品，增强了营员的信心。

3. 户外趣味性的竞技比赛形式具有很强的吸引力

高校科学营营员们正处在活泼好动的年龄，户外形式的竞技比赛对他们有很强的吸引力。本次航模飞行距离大赛的初衷便是寓教于乐，让营员们在体育场上尽情地放飞希望、放飞梦想。也许小小的飞机飞不了太高太远，但是营员心中的梦想是无限高远的，在整个制作和放飞过程中所学到的理论和经验也将是受益终身的！

营员正在展示小飞机

建筑结构设计大赛
——众人拾箸之搭“筷子塔”

天津大学

一、活动简介

全国青少年高校科学营是由中国科协、教育部共同主办，自 2012 年首届举办以来，截至 2018 年已经走过了七年的历程，旨在充分利用重点大学的科技教育资源，激发青少年对科学的兴趣，培养青少年的科学精神、创新意识和实践能力。因此在本届高校科学营期间，本校给营员设计了“简单、好玩、推广性强”的实践科技活动——众人拾箸，也就是搭“筷子塔”活动。

“众人拾箸”是让营员们充分发挥自身的想象力、实践能力和团队协作精神的实践活动。本活动要求营员分成 10 人为一队的小组，每个小组的材料是 20 双一次性筷子和充足的橡皮筋，在一个小时内搭出各个小组的“筷子塔”，以高度

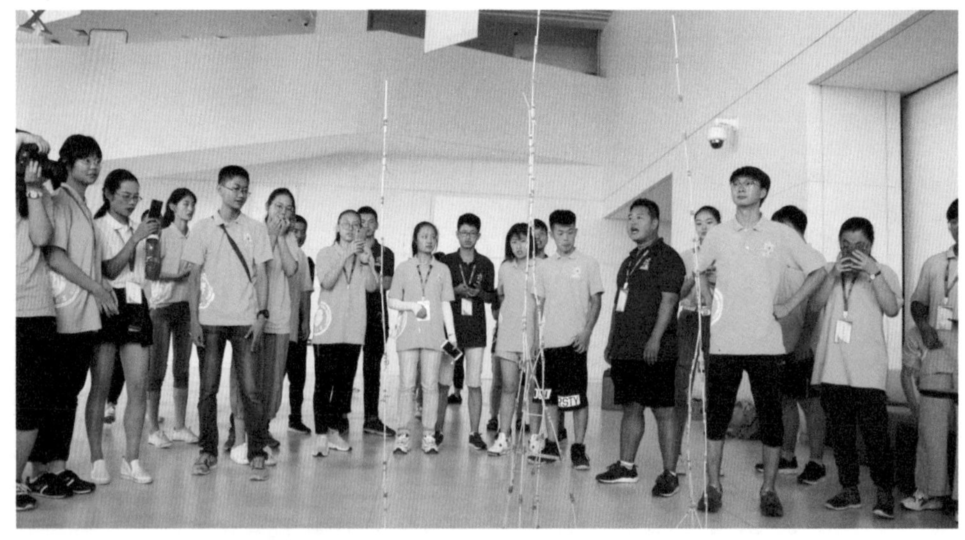

天津大学分营营员参加搭“筷子塔”结构设计比赛

进行排名。最后，各个小组要把自己的“筷子塔”搬到规定的统一位置，由相应的志愿者来进行测量，角逐第一名！

二、活动实施方案

承办单位：

天津大学学生科技创新创业协会

活动目的：

拥有雄厚的师资力量、一流的学科、一流的实验室和高新技术的天津大学，始终以培养具有家国情怀、全球视野、创新精神及实践能力的社会精英为己任。在科技方面，创新是第一生产力，是科技不断发展的源泉。但是只有创新是不够的，需要实践来进行检验，并把创新应用到实际当中去。创新和实践不仅是教育事业发展的要求，也是国家进步、民族复兴的要求。本次活动通过让营员们充分利用手里的材料以团队协作的方式来搭建自己的“筷子塔”，激发营员们的创作热情和对科技的热爱，让他们自己发现科学的视角、感受科学的神奇、领悟科学的智慧。

活动时间：

2018 年 7 月 18 日

活动地点：

天津大学津南校区大通学生中心一层

活动对象：

天津大学高校科学营全体营员

活动举办流程：

1. 前期准备

购买以下所需的物资：

种类	数量
一次性筷子	500 双
橡皮筋	25 盒
剪刀	25 把
饮用水	10 箱

提前借好大通学生中心一层的场地

2. 活动开展

①时间安排：工作人员于 8:30 左右到大通学生中心一层布置场地。各位小班组志愿者清点好自己班级的人数后，带领自己班的营员于 9:00 到达大通学生中心一层来参加实践创新活动。

②比赛规则：让各个小班组志愿者把自己班的营员分为 10 人一队，分好队之后由活动组志愿者分给每个队 20 双一次性筷子、一盒橡皮筋和一把剪刀(剪刀只是作为剪切筷子的工具)。搭筷子塔比赛要求营员充分利用手里的材料，在 1 个小时之内搭出自己队的筷子塔，不可以剽窃其他队的创意，最后由志愿者测量各个队的筷子塔高度，进行排名。

三、活动总结

7 月 18 日上午 9:00，在天津大学津南校区大通学生中心一层举行了实践科技活动——众人拾箸。

该活动以 10 人一队为单位，在规定的时间内完成自己的“筷子塔”，本活动的特色就是“简单、好玩、推广性强”，以较为低廉的材料成本取得斐然的活

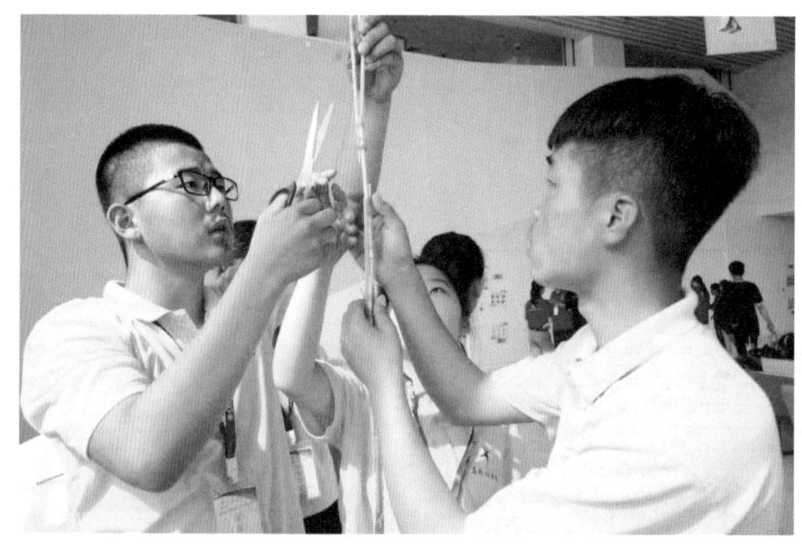

营员团结协作搭“筷子塔”

营员正在讨论如何设计“筷子塔”

营员成果展示：成型的“筷子塔”

动效果。搭“筷子塔”活动旨在培养营员们的创新和实践能力，通过这种自由的方式激发他们对科学的兴趣和热爱。参与这个实践科技活动对他们的未来也具有良好的指导作用，使他们明白科学不是高不可攀的象牙塔，而是就在我们身边很小的事物里，它可以是筷子、瓶子、盒子等许多日常可见的东西，关键就在于我们如何利用和使用好它们。

七彩“小挑战”，传递公益“大爱心”

南京航空航天大学

让科技和公益结伴，让知识与爱心碰撞，为将学习科技知识与培养高尚情操相结合，进一步拓宽青少年的创新思维，培养青少年的科学精神、实践能力和公益精神，南京航空航天大学分营精心策划了“七彩‘小挑战’，传递公益‘大爱心’”特色活动，活动互动性强、竞技色彩明显、关注青少年心理特点。

一、活动简介

本次活动牵手南京航空航天大学长期立项的大学生暑期支教团队，特别针对青少年心理特点精心策划了一场竞技色彩明显、培养营员科学精神、团队合作意识和公益精神的“公益智体彩虹跑”，将南航“三航特色”、营员“智体

“公益智体彩虹跑”活动现场

DIY 航模 T 恤绘制现场

挑战”和大学生“公益支教”完美融合，营员们尝试一发即中、水火箭制作、筷子搭桥、陶艺制作、“24 点”数字运算、“移形换影”雨伞物理重心探索、“珠行万里”乒乓球惯性保持、“指压板”大作战和“彩虹跑”等智力、体力双重挑战，完成比赛的每支队伍都能为江西上饶、西藏日喀则、西藏那曲三个支教点的儿童赢取航模课程包，由南航支教同学带往支教点，每位获奖营员还将亲手书写南航明信片寄给山区儿童。

二、实施方案

活动由 300 名高校科学营营员和 30 名支教团成员组队，采取“10+1”模式，即 10 个营员 1 个支教团大学生，共组队 30 支。参与挑战前，营员们穿上自己亲手绘制的航模 T 恤，体验动手创作的乐趣；通过制作科技作品学习和运用相关的科技知识。活动结束后进行物资捐赠，为表现优异的团队颁奖，并写下给支教点儿童的南航明信片。

（一）一发即中

一发即中是通过利用杠杆原理来制作的科技小装置，使瓶盖中的乒乓球像投篮一样通过抛物线命中篮筐，从而达到模拟投篮的效果。

意义及原理：

一发即中是简单可行、富有创意，深受广大青少年喜爱的动手实践的科普活动。不仅丰富了同学们的课余时光，还锻炼了大家的动手实践能力，让同学们将课本中的知识运用到实践中。作品不但要求参赛人员具备较强的动手能力、创新意识、审美能力，还要求团队协作能力强，以小组为单位参与比赛，更能让同学们意识到创新是需要一群人，而不是一个人的。

比赛方案：

1. 提供基本材料，要求选手利用杠杆原理来制作装置，使瓶盖中的乒乓球投入一个固定距离（50cm）的篮筐（规格 10cm×10cm）之中。

2. 每组参赛队伍派出 2—4 名队员参赛。

参赛时每支队伍派出 1 名选手进入比赛区，其余队员在观看区观看比赛。

3. 作品要求

（1）能独立站立（放上球后依然能站立）。

（2）以杠杆原理作为理论基础，且动力必须是手动，不得借助其他动力（如皮筋）。

（3）可使用非统一提供物资，但是不得改变第二条。

4. 评分标准（百分制 = 命中分占 50%+ 外形创意分占 50%）

（1）命中分：共有 10 次发射机会，命中一次得 10 分，满分 100 分。

（2）创意分：由工作人员现场标记后拍摄，后期由多位工作人员共同给定。

（二）制作水火箭

水火箭又称气压式喷水火箭、水推进火箭。此火箭模型利用废弃的饮料瓶制作成动力舱、箭体、箭头、尾翼、降落伞。灌入三分之一的水后，用打气筒向其中充入空气到达一定的压力后发射。水从火箭尾部的喷嘴向下高速喷出，在反作用下，水火箭快速上升，利用惯性滑翔在空中飞行，像导弹一样有一个飞行轨迹，最后达到一定高度，在空中打开降落伞徐徐降落。

意义及原理：

水火箭寓教于乐、科技含量高，是深受广大青少年喜爱的动手、动脑的科普活动。可以让学生直观了解导弹、运载火箭的发射升空、回收的过程，导弹的飞行与飞机的飞行原理及不同点，解释牛顿第一定律、牛顿第二定律、牛顿第三定律（惯性、能量守恒定律、作用与反作用），让他们了解一些基

水火箭比赛现场

本的空气动力学和飞行力学等方面知识。

此活动需要学生具有一定的动手、动脑、团队合作等能力，作为比赛项目时具有一定的视觉冲击力，可以激发学生的创新创造能力。使广大青少年了解航天科技，热爱航天科技，为国家航天事业培养、造就、输送优秀人才。

水火箭制作过程中用橡皮塞紧的瓶子，形成一个密闭的空间。把气体打入密闭的容器内，使得容器内空气的气压增大，当超过橡皮塞与瓶口接合的最大程度时，瓶口与橡皮塞自由脱离，箭内水向后喷出，获得反作用力射出（也可使用专用喷嘴，利用发射架手动发射）。水火箭和火箭最大的不同，在于其推进的媒介不是高温空气而是水。在发射水火箭前会灌入空气达到一定压力，由于高压会自然向低压流去，故在喷嘴被打开时，空气自然向喷嘴流去，但由于水挡在前方，故水会被空气推出火箭，而火箭也借此获得向前的速度。

比赛方案：

1. 每组参赛队伍派出 2—4 名队员参赛。一个班级分为 3 组，其中 1 组制作 1.25L 规格的水火箭，2 组制作 600mL 规格的水火箭。参赛时每支队伍派出 1 名队员担任比赛选手，其余队员不得进入比赛区。

2. 水火箭须在比赛前完成，每队只有一次发射机会。

3. 为确保安全，瓶内气压不可超过 0.6MPa（见气压计）。

4. 作品必须使用手工组装，可以适当增加身边常见材料，如纸张、矿泉水瓶等。但不得额外购买、使用成品，更不得使用炸药、利器等危险装置。

5. 火箭规格

（1）动力：火箭只以水力发动，不得使用其他化学辅助能源。

（2）喷嘴：竞赛级水火箭发射架指定喷嘴，由校科协提供。

（3）宝特瓶：由于专用喷嘴的限制，请使用碳酸汽水瓶，如常见的农夫山泉水瓶、怡宝等不可使用。

（三）筷子搭桥承重

利用一次性筷子和橡皮筋搭一座桥，桥面跨度大于 20cm（即桥墩内侧间距大于 20cm），用桥面承受尽可能多的重量。

意义及原理：

筷子搭桥寓教于乐、科技含量高，是深受广大青少年喜爱的动手、动脑的科普活动，可以让学生直观地了解桥梁承重的基本原理，体会结构设计、力学

筷子搭桥比赛现场

的美妙，它需要学生具有一定的动手、动脑、团队合作等能力，作为比赛项目时具有一定的视觉冲击力，可以大大激发学生的创新创造能力。

设计各种力学结构完成整个桥梁设计，学生要将平时物理课上的知识运用到实践中来，主要运用物体力的分析、物理模型的建立等知识。

比赛方案：

要求选手仅运用一次性筷子和橡皮筋搭一座桥，使其尽可能承受更多的重量（筷子数量分为30双以内和50双以内）。

1. 每组参赛队伍派出2—4名队员参赛。一个班级分为3组，其中1组制作30双筷子以下、2组制作50双筷子以下的筷子桥。

2. 参赛时每支队伍派出两名选手进入比赛区，其余人员在观看区观看比赛。

3. 作品只能使用一次性木筷和橡皮筋。

4. 作品中半根筷子以一根计算。

5.（1）筷子数量：2组制作30双筷子以下、2组制作50双筷子以下的筷子桥，橡皮筋使用数量不限。

（2）长度：桥面跨度大于等于20cm（桥墩内侧间距大于等于20cm），桥墩之间不可另加接地结构。

6. 比赛以筷子桥承重量作为评分标准。

7. 参赛选手有权选择继续加砝码或者停止加砝码，若加砝码后桥倒塌或有损坏则以加砝码前的承重数计算。

（四）爱心陶艺制作

运用泥条盘筑成型法和手捏成型法制作陶艺作品，作品可由支教团学生带往支教地送给山区儿童。

意义及原理：

陶艺制作的动手性很强，也有传统文化孕育其中，让青少年在动手过程中，亲身体验文化之美。

制作方案：

1. 泥条盘筑成型法

取一块过量的泥料，用双手天然捏紧、转变，使其成圆棒状；将圆泥棒横放在任务台上，用手指平均地搓动，边滚边搓，左右手指走动，从粗到细，天然、

陶艺制作现场

平缓地搓泥条，依据需求搓成粗细一致、大小平均的泥条；将泥条放在转盘上做一底部，然后将泥条边转边接边压紧，边转变转盘，顺次加高，最终做成本人需求的造型；每添加一层需表里压平、压密、压匀以免枯燥时开裂；可用泥拍、手拍和手拉转变调整造型，可用保存泥条盘筑的原始手迹结果。

2. 手捏成型法

手捏成型法是制作陶艺最原始、最根本、最简略的办法之一，也是初学陶艺者体验泥性厚薄、软硬、干湿水平最根本的演习。光用手捏，有较大的自在度，只需用手把泥团捏成本人想要造型的外形即可。还可用雕塑刀等东西做成雕像，在泥半干时将雕像挖空。

（五）移形换影

以雨伞为媒介，展开团队成员间的接力。

意义及原理：

移形换影需要尽可能找准物体重心，使其在离开外力作用时，尽可能长时间地保持平衡。

比赛方案：

所有队员手扶雨伞，按圆圈顺序排列，游戏开始后，队员在保持雨伞不倒地的情况下，依次换位，回到初始位置。中途雨伞倒地要重新开始挑战，计时不清零仍继续进行（换位时间参赛人员不能换手）。挑战成功后工作人员在记分卡上记录该环节挑战时间，该队即进行下一轮比赛。

（六）珠行万里

运用 A4 白纸做管道，通过队员接力，完成乒乓球的运输。

意义及原理：

珠行万里可以考验人的速度和智力，它能在游戏中提高营员的团队合作精神。

比赛方案：

所有队员排成一列，每个队员拿一张 A4 纸搭建球槽管道，将乒乓球连续传动到下一个队员的球槽管道中，并迅速地排到队伍的末端，继续传送前方队员传来的球，直到球安全地到达指定目的地为止。若乒乓球落地则挑战重新开始，计时不予归零仍继续进行，挑战结束时工作人员在记分卡上记录下该环节挑战时间，该队即可进行下一轮比赛。

（七）激情 24 点

24 点是一种益智游戏，24 点是把 4 个整数（一般是正整数）通过加减乘除及括号运算，使最后的计算结果是 24 的一个数学游戏。

意义及原理：

24 点可以考验人的智力和数学敏感性，它能在游戏中提高同学们的心算能力。

营员低头看纸片数字心算

比赛方案：

工作人员提前准备好50道题卡供挑战使用。每支队伍排成一列，队员准备好即可开始答题，接力形式每个人从工作人员手中抽题进行解答，计时开始后，每支队伍需要计算15道题目，计算出的队员接至队尾，计算不出的队员可选择跳过，然后接至队尾，15道题计算完成，并无误后工作人员在记分卡上记录该环节挑战时间，方可进行下一环节。

（八）指压板大作战

以组队方式，在指压板上完成俯卧撑、仰卧起坐等体育运动，增加运动的难度。

意义及原理：

指压板大作战可以考验人的毅力和身体素质能力，它能在游戏中提高人们的心理承受能力，更能考验营员的团队合作精神。

比赛方案：

团队成员先跑到指压板对面，男生在指压板上做15个俯卧撑，女生则在指压板上做15个仰卧起坐，然后再跑回来和下一名队员击掌，团队所有成员完成

看看谁是体能王

则为通过，工作人员在记分卡上记录该环节挑战时间，该队即进行下一轮比赛。

（九）公益彩虹跑

各团队结束前面各项挑战后，互撒彩虹粉，友谊第一，比赛第二。

意义及原理：

公益彩虹跑趣味性强，可以在游戏中提高营员的团队合作精神，加强班级同学间的交流，使同学们在彩虹般的色彩中提高身体素质，同时奉献爱心。

比赛方案：

团队完成以上所有环节后将记分卡交至大本营工作人员处，并领取彩虹粉和护目镜进行最后的彩虹跑环节。该环节不计时，要求所有队员在指定区域撒彩虹粉后，绕指定路线跑，团队全体至大喷泉前合影方视为结束所有挑战。与此同时，工作人员计算各队比赛成绩，并确定得奖队伍。

三、活动意义延伸

南京航空航天大学支教团将营员们通过智体挑战赢得的航模课程包带往江西上饶、西藏日喀则、西藏那曲三个支教点，并将获奖营员手写的南航明信片传递给山区儿童，获奖营员与山区儿童将建立长期联系，他们将倾听山区儿童的心声，为他们答疑解惑。

四、总结

2018 年青少年高校科学营南京航空航天大学分营活动中，我校促成了传统的高校科学营品牌活动与学校长期立项的大学暑期支教团合作，让科技和公益结伴，让知识与爱心碰撞，将学习科技知识与培养高尚情操相结合，打造了集“智力挑战”和“体力挑战”为一体的“公益智体挑战赛”，将南航“三航特色”、营员“智体挑战”和大学生“公益支教”完美融合。

本次特色营队活动由 300 名营员和 30 名支教团大学生共同参与，团结协作完成 9 项挑战，大家积极合作、热情高涨、相互交流、相互鼓励，充分激发出每个成员的集体荣誉感和自信心。

通过团队的努力为孩子们捐赠航模教具包、寄送南航明信片，并建立长期联系，用书信陪伴孩子成长。

营员们写给山区儿童的明信片

（一）活动特点

1. 以青少年好奇心驱动，激发参与兴趣，加强营员的体验式学习

在各类讲座、参观之余，针对青少年活泼好动的特点，安排一场让身心都“动起来”的特色营队活动，通过手脑并用完成水火箭制作、筷子搭桥、陶艺制作、“24点”数字运算、“移形换影”雨伞物理重心探索、“珠行万里”乒乓球惯性保持、“指压板”大作战和“彩虹跑”等智力、体力双重挑战的活动，让营员在体验式学习中更加牢固地记忆所学知识，激发热爱科学的心灵，与高校科学营主旨吻合度高。

2. 牵手南航长期支教团队，将“活动有意思”与“经历有意义”相结合

本次特色营队活动与学校长期立项的大学暑期支教团合作，参加并完成比赛的每支队伍都能为孩子们捐赠航模教具包、书写南航明信片，通过这种方式将公益心传递到每一个支教点儿童，让每一位营员体会到做公益的快乐。让好玩有趣的科技活动，成为高校科学营营员一次更加有意义的经历。

3. 启发营员智体全面发展，在协作中培养团队意识

融合水火箭制作、24 点计算比赛和体能比赛等 9 大项目，让营员体会到智

力培养和体能训练的双重重要性，启发青少年懂得：祖国未来科学事业的发展，不仅需要科技工作者有聪明的头脑，还需要科技工作者有强健的体魄，更需要有团队凝聚的强大向心力。

4. 提供理论与实践结合平台，增强营员对知识的理解力和学习力

从“普识认知”“动手体验”到“经验反馈”“组别 PK”，在学习实践逐步递进中，许多营员将理论知识运用到了实践中，并在短时间内掌握常用的检索系统使用技巧，提高收集处理信息的能力。

（二）营员感悟

1. 团队作战，需要全力协作

在了解了比赛规则之后，要分配好每个人的任务，比赛的时候才不会慌乱，并且效率更高。遇到队伍落后时要保持团结，不能丧气；在遇到某位同学失误时要加以鼓励，与他一起克服困难，完成比赛。

2. 智体挑战，需要全面发展

本次活动不仅仅是对体能的考验，还有对智力的考验，并且融合了科技、艺术和公益的元素。要求同学们德、智、体、美全面发展，在平时的学习生活中，更加注重自身发展的全面性。

3. 回报社会，需要爱心接力

本次活动结合了公益元素，为了能够给山区儿童赢取课程包，营员们必须全力以赴，遇到困难也必须坚持。爱心需要不断接力与呵护，通过给山区儿童寄送明信片，建立书信往来，可以长期陪伴他们的精神成长。

（三）活动反思

对比前三年高校科学营活动开展情况，结合对高校科学营工作的思考，我们对特色营队活动有以下体会。

1. 活动设计要切合青少年心理特点

活动的策划和设计，应更多注重活动本身的“实践性”和“趣味性”，契合高中生营员的心理特点。他们有着良好的创新思维、优秀的灵活性，同样的，他们更期望将理论知识应用到实践中来，从实践中体会理论知识。因此，特色营队活动必须具有“实践性”和“趣味性”，才能使青少年营员们更积极参加。

2. 活动导向要符合高校科学营定位

活动的制作过程应结合营员已经掌握的科学理论知识，并指导营员在实践中思考、理解科技活动背后的原理。特色营队活动除了具有趣味性之外，让营员在科技活动中体悟科学、培养科学兴趣、引导养成科学的思维，是我们在高校科学营活动中希望让营员收获的重要内容。

3. 活动元素要向外向远延伸

活动设计可以融合更多的元素，不仅仅是科技、知识、体能等，还可以加入一些其他的比如公益、艺术等，使活动内容更加丰富。营员们在参加活动时，在培养体悟科学、培养科学兴趣的同时，养成全面发展的意识。

4. 活动资源要不断优化整合

高校科学营活动不仅仅是高校资源的挖掘和使用，外界社会资源的丰富性也是高校科学营活动创新和质量提升的重要抓手。此次活动牵手南京航空航天大学长期立项的暑期支教团队，活动受益者不仅仅是营员，更惠及支教的山区儿童。

此次活动中通过营员们的努力为孩子们募得航模教具 100 余套，科普书籍 60 余册，让营员们充分体验到学习、实践和公益的乐趣。活动受到了带队老师和营员们的一致好评，被《新华日报》《江苏工人报》、南京江宁电视台等多家媒体的报道。

“工程实训”专题实验

华中科技大学

一、活动宗旨与程序

华中科技大学工程实训中心是湖北高校省级重点实验教学示范中心，是学校“国家级双创示范基地”重要组成部分，是华中科技大学全面集优英才培养体系的一环，是学校实践性教学公共平台，也是学校的创客空间。

其宗旨是面向未来布局新工科建设，在工程实践教学方面引入产业技术最新发展和行业对人才培养的最新要求，将工程实践教学与创新教育相结合，以学习者为中心，构建由“工业系统认知实践”“工程技能训练”“工程项目实践”和“创新项目实践”组成的四个层次的多模块跨学科的工程实践体系，为学生提供全方位的创意服务，支持学生实现创意设计、形成创新作品，致力于培养学生创新思维能力和主动实践能力。

“工程实训”专题实验活动是2018年华中科技大学高校科学营创新实践环

工程实训之大合影

节的特色活动。主办单位在活动策划阶段，组织学校工程实训中心相关创新团队的专家针对高中生营员精心设计了“激光加工”“发动机装配”“3D打印”“智能车组装”“收音机制作”“音箱制作”六类专题动手实践项目，并事先进行了预实验验证。

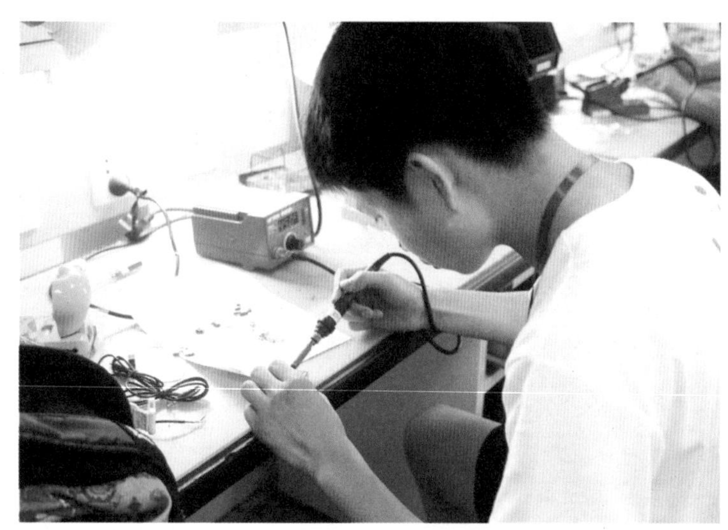

工程实训之音箱制作

本特色活动是为了充分利用华中科技大学工程实训中心的优质科技教育资源，通过安排营员们分组参与六类专题实验项目的形式，让营员们分别在各创新团队体验科研与实践，加深高中生对我校大学生科技创新实践活动的认识和了解，增强高中生对科学的兴趣与探究热情，鼓励优秀高中生立志从事科学研究事业，培养高中生的科学精神、创新意识和实践能力。

特色活动分三个阶段进行，一是工程实训中心总体介绍，二是分班参观工程实训中心，三是分组参加六类动手实践项目。

第一阶段，由实训中心工程师创新委员会主任周世权教授集中介绍工程实训中心。他从“工程技术是什么”“制造工程的分类和特点”“特色活动的总体安排内容”“安全注意事项”等方面深入浅出地进行了详细的讲解，使营员及带队教师对整个工程实训中心有了一个全面的感性认识。

第二阶段，营员们以班级为单位，在指导教师的带领下，分别参观了发动机装配、热处理、钳工、焊接、电子工艺等实验室。通过具体实物的近距离接触和聆听通俗易懂的讲解，营员们更深入了解到锻造工艺、激光加工技术、3D 打印技术、钳工与装配工艺、热处理工艺、机器人组装与调试等工艺技术，对后续的动手实验操作奠定了一定的感性认识和理论基础。

第三阶段，营员们分6个团队分别开展探索实验。首先，由各团队辅导教师先为营员们讲解本项目的理论、原理、实验方法及注意事项；然后，在团队研究生的具体指导下，各团队营员们进行分组研讨、自主设计、动手制作，并完成实验样品组装与调试；最后，各团队组织内部各组进行成果展示或比赛，选出本团队的优秀实验作品。

二、活动主题

"工程实训"专题实验

三、组织机构

（一）主办单位：华中科技大学科学技术协会、共青团华中科技大学委员会、华中科技大学工程实训中心

（二）承办单位：华中科技大学工程实训中心各专题实验室

四、参与人员

辅导教师：工程实训中心22名团队负责老师

高校科学营营员：来自各省、自治区、直辖市重点中学的220名高中生营员

服务人员：学校工作人员、大学生志愿者、中学带队教师等

五、活动安排

（一）活动时间：2018年7月15日8:30—17:20

（二）活动地点：华中科技大学工程实训中心各专题实验室

（三）日程安排：

时间	内容	主讲人	地点
08:30—09:00	工程实训中心介绍	周世权	工程实训中心A102
09:00—09:30	参观工程实训中心	各个实验室负责人	工程实训中心各实验室
09:30—17:20	项目操作，交流展示与评选	各团队导师	各团队专题实验室

（四）项目安排：（220 名营员分配到 6 个团队，每个团队又分 5—6 人一组）

编号	名称	项目介绍	导师	实践地点	人数
1	激光加工	营员们先听取指导教师对激光的特性、加工原理及激光器的种类等详细讲解，然后营员们自己设计，动手实践操作，完成自己独特的加工产品	朱　虹 全宗宇	D301	30
2	发动机装配	营员们先听取指导教师的讲解及拆装演示，然后亲自动手拆装发动机组件，亲身感受发动机的构成与工作原理，进一步提升机械构造的实践探索能力	李智勇 周　旻	E102	30
3	3D 打印	营员们先聆听指导教师详细介绍 3D 打印及工作原理，然后动手操作，以数字模型文件为基础，运用粉末状金属或塑料等可黏合材料，通过逐层打印的方式来构造物体，采用数字技术材料打印机来实现	周　琴 赵　轶	D206	30
4	智能车拼装	营员们在指导教师帮助下，以手机控制平台、蓝牙通信模块、电机驱动模块等硬件模块组装和操控小车，实现手机蓝牙遥控小车的前进、后退、前左转弯、前右转弯等实时控制功能	高鹏毅 吴亚环	D308	30
5	收音机制作	营员们通过聆听收音机的组装制作，动手实践操作，通过手工锡焊等操作，熟悉电子产品的安装工艺，加深对理论知识的理解	程　佩 高剑华	D205	30
6	音箱制作	营员们通过指导教师的介绍了解音箱的工作原理，动手熟悉电路板，用锡焊将各个元器件焊接在电路板上，集成为一台可放音的音箱	李才华 袁家栋 陈　赜 李虹静	D305 D306	70

工程实训之实验室合影

六、项目介绍

“工程实训”专题实验活动项目共有 6 个。

（一）激光加工。参与营员 30 人，分为 5 个小组，由项目导师朱虹和全宗宇指导。营员们先通过听取指导教师对激光的特性、加工原理及激光器的种类等详细讲解，然后营员们自己设计，动手实践操作，完成自己独特的加工产品。该动手实践项目是利用激光束投射到材料表面产生的热效应来完成加工过程，让营员们可以感受到科学技术已日益更新，同时也锻炼了他们的动手能力和丰富了他们的想象力。营员们经过一次次的摸索和实践，历经多次的失败，终于完成了自己理想的作品。营员们说，这是他们有生以来的第一个作品，将带回去永久地珍藏。

工程实训之激光加工

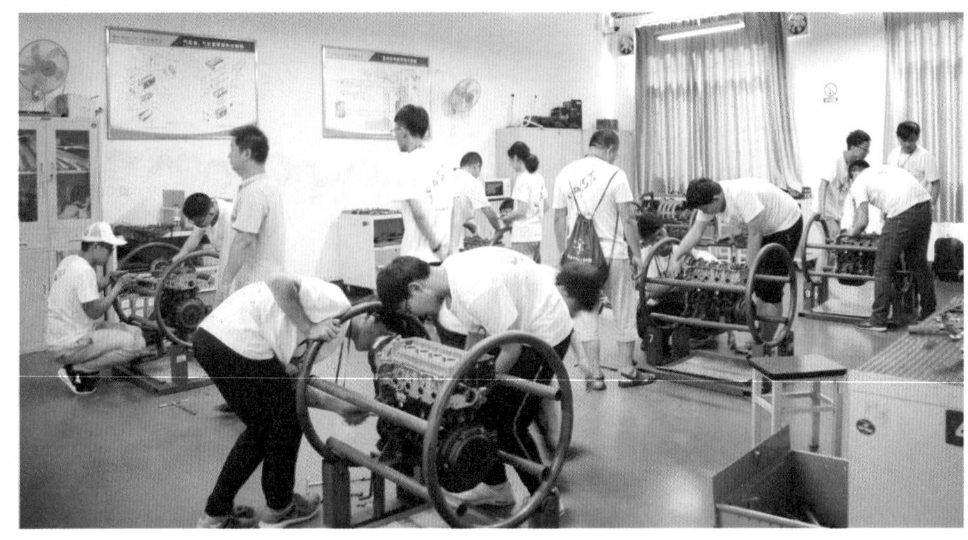

工程实训之发动机组装

（二）发动机组装。参与营员 30 人，分为 5 个小组，由项目指导教师李智勇和周旻指导。发动机是一种由许多机构和系统组成的复杂机器，是完成能量转换，实现工作循环，保证长时间正常工作的多功能设备。营员们通过拆装发动机组件亲身感受发动机的构成与工作原理，进一步提升机械构造的实践探索能力。营员们亲手拆卸发动机的复杂的组件，对发动机产生了浓厚的兴趣，更为将来的学习指明了方向。

工程实训之 3D 打印

（三）3D 打印。参与营员 30 人，由周琴和赵轶两位老师共同指导。3D 打印，是一种以数字模型文件为基础，运用粉末状金属或塑料等可黏合材料，通过逐层打印的方式来构造物体的技术，通常是采用数字技术材料打印机来实现。该实验项目尤其受到营员们的欢迎，他们通过自己的设计和动手实践，利用3D打印机打印出一件件的作品，当摄像机的镜头对准他们时，他们脸上洋溢着满意的笑容，无比自豪地举起手中的作品。

（四）智能车拼装。参与营员30人，由项目指导教师高鹏毅和吴亚环悉心指导。蓝牙智能小车设计是以手机控制平台、蓝牙通信模块、电机驱动模块等硬件模块组成的遥控小车。实现小车的前进、后退、前左转弯、前右转弯等实时控制功能。营员们通过集成模块组装、蓝牙通信软件编程等动手操作，实现手机蓝牙操控小车，并在比赛场上一竞高下。该项目尽管对营员们的动手能力及电脑编程技术都是一个很大的考验，但通过指导教师和小组成员的共同努力，顺利完成了该项目，并且受到营员们的普遍欢迎。

工程实训之智能车现场

（五）收音机制作。参与营员30人，由程佩和高剑华导师指导。收音机由机械器件、电子器件、磁铁等构造而成，用电能将电波信号转换，并能收听广播电台发射音频信号的一种电子产品。营员们通过收音机的组装制作，了解到手工锡焊等常用工具的使用，熟悉电子产品的安装工艺，加深对理论知识的理解。尽管在实际组装制作过程中遭遇了各种困难，但最终还是完成了自己的作品。当营员们手中拿着自己完成的收音机，听着其传出优美的电台音乐，他们心中无比的高兴与自豪。

工程实训之收音机组装

（六）音箱制作。参与营员70人，由李才华、袁家栋、陈赜和李虹静4位指导老师共同指导。此次制作的是音箱主机箱体或低音炮箱体内自带功率放大器，对音频信号进行放大处理后由音箱本身回放出声音的一个小音箱。营员们最大的困难是熟悉电路板，用锡焊将各个元器件焊接在电路板上，集成为一台可放音的音箱。营员们在指导老师的细心帮助下，在经历多次失败后，小组内成员分工协作，最后成功完成了音箱的制作。尽管过程非常艰难，但当他们手中拿着自己的作品时，心里依然是美滋滋的。

七、活动特色

工程实训之机器人表演

“工程实训”专题实验活动的特色主要表现为三个方面。一是设计多项目多学科交叉的探索实验。我校“工程实训”专题实验活动专门设计了6类动手实践项目，上述项目涉及机械制造、电工电子、自动化、计算机软件等学科领域，并且相互交叉融合，突出创新设计与动手实践，进一步培养高中生的综合协同创新能力。二是设计分班分组的参与式动手实验。每个探索实验项目安排 20—30 人参加，每个项目又分成 3—5 个小组。通过分班分组教学和实验，确保了营员们有充分参与动手的机会，实验的效果和加深营员们的体验。三是设计具有针对性的实验项目，并预实验验证。在活动策划阶段，我们组织相关创新团队的专家进行了专题研讨，针对高中生营员精心设计的 6 组创新探索实验项目，并事先进行了预实验验证，确保了各类实验项目能取得圆满成功。

八、实施情况

7 月 15 日，华中科技大学高校科学营的营员们来到工程实训中心，参加了为期一天的“工程实训”专题实验活动。8:30—9:30，营员们集中听取工程实训中心介绍，并以分班形式参观工程实训中心，全面了解和感知工程实训中心。9:30—17:20，一场别开生面的专题实践活动在6个专业实践基地全面拉开，各团队辅导教师最先讲解了本项目的理论知识、实验原理、实验方法及注意事项，演示具体的操作流程，随后团队指导老师协助营员们，或按照操作流程、或自主设计作品、或自主开展实验。他们经历多次的失败，最终均能完成自己的实践操作，收获自己的作品。本次实践活动是依据真实科研情形设定的，一天的时间都待在各个实践基地，持续进行着实验创作，营员们也获得更为真实的科研体验。

九、实施效果

本次特色活动，通过打破区域界线、根据营员兴趣进行实验分组，使营员们有更多与外校同学交流学习的机会；通过各组成员在项目实验中一遍又一遍的重复探索与动手实验，磨炼了营员们的意志。营员们兴奋地用手机拍下实验过程，并亲自参与完成作品，相信这必是他们宝贵而又难忘的科学创新体验。

这次特色活动，既有团队协作的展示，又有互助友爱的感动；既有坚韧不拔和勇往直前的意志，更有克服困难的执着精神；进一步增强了营员们的科学兴趣与探究热情，也初步培养了高中生的严谨求是与团队协作精神。

工程实训之集中讲解

环保时装 T 台秀

华南理工大学

一、参与人员

全体营员，以开营安排的分组为单位参与作品选拔。

二、制作要求

每组队伍利用身边常见的废旧或可循环利用的物品，如旧报纸、废布料、废旧塑料瓶、旧光盘、树枝、易拉罐、条幅、泡沫塑料、纸皮等，围绕“科技·自然·未来”的主题，各自制作出 1—3 套环保时装。营员必须在营期空余时间，在不离开校园的原则上收集废旧材料，不得购买，必要时可咨询随队志愿者。

各小组在 7 月 23 日晚之前完成环保服装的制作和展示内容。

环保服装展示

环保服装小组合展示

三、作品选拔

定于 7 月 24、25 日晚 19:00 对作品进行选拔。每组队伍环保时装展示时间限制 2 分钟，请各小组自行准备作品解说词和背景音乐，T 台秀表演形式和风格自定，未穿着环保时装的营员也可上台配合。

四、闭营表演

华南理工大学分营将根据作品展示情况，选取优秀的作品代表分营参与 7 月 26 日晚闭营活动的环保时装秀表演。

五、活动总结

环保时装 T 台秀是青少年高校科学营华南理工分营的特色文体活动，该活动倡导环保节约意识，丰富了营员们的营期生活，提高了全员的创新能力、动手能力和团队合作精神。全体营员分组参与活动准备与作品选拔，活动的准备过程均在营员们的空余时间完成，他们常常与志愿者一起工作到半夜。

环保时装 T 台秀要求每组队伍用身边常见的废旧或可循环利用的物品为原材料，围绕“科技·自然·未来”的主题进行服装制作，需独立对服装样式、表演主题、

环保时装 T 台走秀

演出方式进行构思，并亲自上台表演展示。上台表演时所配合的解说词与背景音乐也由组内成员负责，活动不仅开拓了营员创新思维，而且锻炼了营员的团队协作能力。经过多重选拔的丰富有趣的作品在闭营仪式上进行演出，获得了全场雷鸣般的掌声。这不仅提高了营员的综合素质，同时也提高了全体营员的环保意识。营员们的创造力、动手能力、表演天赋得到了淋漓尽致地发挥。

在高校科学营短短的几天日子里，同学们脑洞大开、各种奇思妙想层出不穷，用各种材料制作，从主题选取到设计、制作、上色、道具搭配，大家齐心协力，制作出了各式各样的服饰。

营员们积极参与小组活动，与各成员建立了深厚的友谊，对团队精神的理解更加深刻；同时组内成员的思维碰撞，迸发出许多新颖有趣的好点子；上台表演也锻炼了营员们的胆量。

在环保时装 T 台秀节目中，我们看到了这些高中生具备开阔的视野，充满了想象力和创造力，处处展现着年轻人的朝气和活力。环保时装 T 台秀是一个能让他们展现自己水平的有趣有爱的舞台。

装甲雄风

中国兵工学会

为了激发青少年对国防装备的兴趣，引导青少年崇尚和热爱国防，鼓励青少年立志从事国防科学研究事业，培养科学精神、创新意识和实践能力为基本要求，由中国科协联合教育部共同组织开展的青少年高校科学营兵器专题营，由中国兵工学会承办。兵器专题营将于2018年7月16日至7月22日在北京举办。营员人数100人，分4个班，每班25人。

在北京北方车辆集团公司的活动仅为一天，时间为2018年7月19日，具体实施方案如下。

一、活动主题

探索神秘军工企业，感受科技炫彩魅力。

本次活动将通过逐步接近体验的方式，揭开高精尖国防装备的神秘面纱。参观产品展示、工艺流程，体验乘坐特种车辆，增进对武器装备的亲密度。

营员合影留念

营员正在观看报告视频

二、活动对象

兵器专题营营员 100 人，带队老师 10 人，志愿者 15—20 人。

三、活动时间

2018 年 7 月 19 日

四、活动地点

北京北方车辆集团公司

五、活动安排

活动为 7 月 19 日，具体行程如下：

7:30—9:00　乘车从营地出发，抵达位于北京市丰台区的北京北方车辆集团有限公司。北京北方车辆集团有限公司始建于 1946 年，坐落于卢沟桥畔，隶属于中国兵器工业集团公司，是国家重点保军单位，国家装甲车辆研制、生产骨干企业，豪华大客车定点生产企业、旅居房车生产研发基地。公司具有武器装备承制资格和国防武器装备科研生产一级保密资质，通过国军标和 ISO9001 质量体系认证。

9:00—11:00　国防科普报告，报告人为中国兵器工业集团公司首席专家或学科带头人。

11:30　午餐。

14:00—14:40　参观公司内部展室。展室包括了图片展和实物展，展示了公司自成立以来所建造的全系装甲车，包括输送车系列、步战车系列、自行火炮系列、指挥车系列、综合保障车系列等。

14:40—15:20　参观特种车辆生产线，体验乘坐特种车辆。主要参观装甲车辆的总装线，还可现场体验乘坐装甲车。

15:20—16:00　限时装甲车图案拼图比赛。图案为北京北方车辆集团有限公司的产品，分组合拼，在规定的时间内完成最多的组获胜，获胜者将获得由北京北方车辆集团有限公司提供的纪念品一份。

16:00　返回营地。

六、注意事项

1. 安全问题。所有活动的设计和安排均需在保证营员安全的前提下进行，所有接待单位的员工均需无条件协助带队老师及志愿者确保营员的安全。营员在活动期间要保证一切行动听指挥，随时注意自己的人身安全。

2. 保密问题。在涉密单位开展的活动，需要严格遵守相关单位的保密规定，不得私自离开活动范围。

3. 营员服装。统一着营服，穿运动鞋或者平底鞋。

七、活动总结

中国兵器工业集团有限公司总部设在北京，其下属众多企业及科研单位，拥有丰富的国防科普资源。根据“青少年高校科学营”的分营划分，常规营主要体现承办高校的学科特点、专业特色和人文传统。专题营则充分体现行业特点，以及企业、科研单位和高校特色。西部营则是将高校科学营活动向西部地区、空白地区发展的尝试。为充分体现兵器行业特点，北京兵器专题营策划了以“探索神秘军工企业，感受科技炫彩魅力”为主题的“装甲雄风”体验活动。

通过体验活动，激发青少年对国防装备的兴趣，引导青少年崇尚和热爱国防，鼓励青少年立志从事国防科学研究事业，培养科学精神、创新意识和实践能力。

本次活动由中国兵工学会牵头，北京北方车辆集团有限公司具体实施。分准备、实施两个阶段。

（一）准备阶段（5 月 8 日—7 月 18 日）

1. 明确思路。兵器专题营在激发青少年对国防装备的兴趣的同时，要重点突出兵工的企业文化及当代兵工生产特色。

2. 选择活动组织机构。北京北方车辆集团有限公司是中国兵器工业集团的重点军民品生产企业，国家大型一类企业，是我国重要的履带装甲武器装备科研、生产及地面战斗系统方案集成商。在 70 年的发展历程中，北方车辆集团有限公司始终坚持国家利益至上，以服务国防和国家经济发展为己任，以“铸国防利剑，创企业价值，谋员工福祉”为使命，为建设与我国国际地位相适应的兵器工业凝聚力量、锐意前行，为国防现代化建设和国家经济建设做出了重要贡献。这样的企业，不仅产品是兵器行业代表，而且企业文化也具有鲜明的兵工特色，故而选择由北京北方车辆集团有限公司具体负责此次活动的实施。

3. 确定活动项目。根据北京北方车辆集团有限公司可开放资源的整理，结合活动目的，为了能在短时间内让营员对兵工文化和产品有所了解，调动营员们的听、说、体验及比赛活动等全面的互动参与热情，主办方对全天的活动进行细化，确定流程和每段活动的时间及衔接方式，确保活动顺利进行。

我们爱兵工

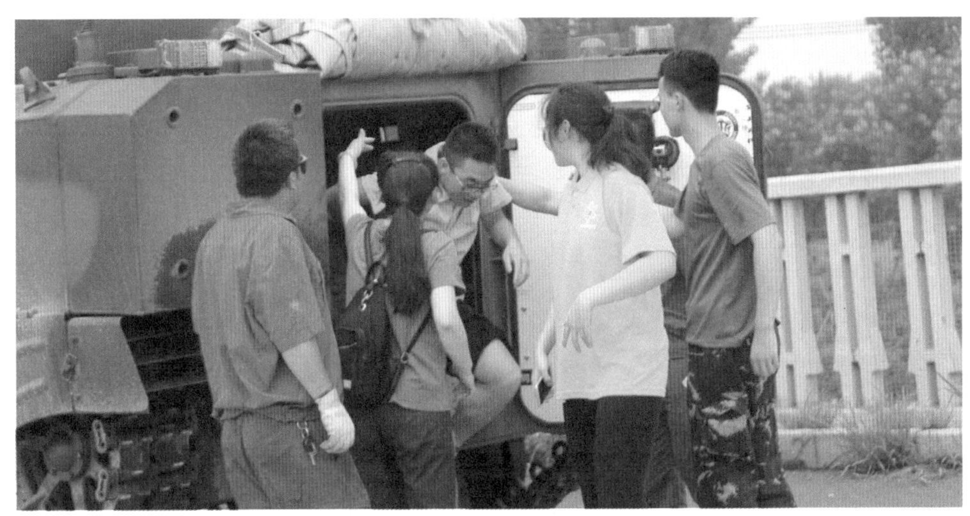
营员体验乘坐装甲车

4. 接待工作人员分工准备。为拉近与营员们的距离，接待工作人员以刚参加工作的年轻人为主，根据活动安排，对每人负责的任务、区段，以及后续衔接人员都进行了详细计划。

（二）实施阶段

7 月 19 日的 7:30—9:00　乘车从营地出发，抵达位于丰台区的北京北方车辆集团有限公司。

9:00—11:00　科普报告。由北京北方车辆集团技术人员所做的“钢铁斗士——装甲车”专题科普讲座拉开了活动的序幕。通过对装甲车的定义、族谱、世界战车排行榜的细致讲解，并一一对应介绍其优缺点，使营员们对我国国防科技水平有了更加客观的认识。与此同时，在与营员们的互动交流中，引导营员们深入思考，激发营员们对军工产品的兴趣。报告厅四周的海报也引发了营员们极大的兴趣。

11:30　午餐。

14:00—14:40　参观公司内部展室。展室包括了图片展和实物展，展示了公司自成立以来所建造的全系装甲车，包括输送车系列、步战车系列、自行火炮系列、指挥车系列、综合保障车系列等。在内部展馆，跟随讲解员的步伐，营员们逐渐了解了北京北方车辆集团有限公司的发展历程，学习了军工谱系，近距离观摩了由北方车辆集团有限公司自主研制的多种履带式装甲车。

14:40—15:00　参观特种车辆生产线。到装甲车的总装分厂，营员们亲眼目睹了装甲车的装配过程，加深了营员们对军工产业的理解。

15:00—15:20　体验乘坐特种车辆。在工作人员的带领下，营员们有序地体验了乘坐装甲车活动。当外观威武的装甲车静静地停在路边，邀你上车时，那瞬间的激动或许就成为一生的记忆。

15:20—16:00　限时装甲车图案拼图比赛。图案为北京北方车辆集团有限公司的产品，以小组为单位，6—7 人为一组，在规定的时间内完成拼图的小组，用时最短者获胜，奖品为中国兵工学会提供的纪念品一份。活动现场，每组成员都积极动手，开动脑筋，把零散的拼图一点一点地拼成了一幅巨大的装甲车展图。该活动不仅锻炼了营员动手操作及空间思维能力，还增进了合作意识，让他们对军工文化有了进一步的了解。

大家一起完成拼图

16:00　活动结束，返回营地。

（三）活动成效

从 1958 年新中国第一辆履带式装甲输送车正式研发，到 1987 年中国第一辆豪华大客车正式下线；从 1990 年第一辆二代履带式装甲输送车诞生，到 2004 年第一辆二代步兵战车正式定型，再到 2015 年“高新工程”建设任务全面完成，在 70 年的发展历程中，北京北方车辆集团有限公司很好地诠释了“老兵工精神”“群钻精神”等宝贵精神财富的内涵与定义。在北京北方车辆集团有限公司活动的这一天中，营员们不仅近距离接触到了兵工装备，而且通过系列的活动认识了兵器工业、了解了兵器人，激励了营员们为祖国国防建设发奋图强的热情与激情。

精度大师

中国兵工学会

按照中国科协办公厅、教育部办公厅《关于开展 2018 年青少年高校科学营活动的通知》要求，以激发青少年对国防装备的兴趣，引导青少年崇尚和热爱国防，鼓励青少年立志从事国防科学研究事业，培养科学精神、创新意识和实践能力为基本要求，中国兵工学会承办 2018 年青少年高校科学营兵器专题营，其中陕西兵器专题营有营员 100 人，带队老师 10 人。为充分体现兵器行业特点，陕西兵器专题营在保持原有装备体验特色的基础上，专题策划了“精度大师”活动。

一、活动目的

通过体验活动，让青少年能够走近兵器产品，认识大国工匠、了解兵器工匠，让他们零距离感受精度、触摸精度，体验互动参与乐趣，更深刻体会工匠精神内涵，激发青少年爱国激情。

营员大合影

营员参观现场演示活动

二、活动对象

“青少年高校科学营”陕西兵器专题营全体营员、带队老师，以及随营志愿者。

三、活动时间

2018 年 7 月 25 日上午。

四、活动地点

中国兵器西北工业集团有限公司。

五、实施步骤

此次活动分准备、实施两个阶段：

（一）准备阶段（6 月 20 日—7 月 24 日）

1. 明确思路。兵器专题营在激发青少年对国防装备兴趣的同时，重点突出工匠精神。习近平总书记在党的十九大报告指出，建设知识型、技能型、创新型劳动大军，弘扬劳模精神和工匠精神，营造劳动光荣的社会风尚和精益求精的敬业风气。中国兵器、军工产品离不开工匠精神支撑，了解兵器，必须充分认识和感受工匠精神，在青少年中大力弘扬工匠精神，厚植工匠文化，学习专业敬业、耐心专注、一丝不苟、道技合一、永不满足的工匠精神，为了将众多“中国工匠”打造成享誉世界的“中国品牌”而努力，这是我们陕西兵器专题营的初心。

2. 组织保障。为策划好此次活动，成立了由西北工业集团公司办公室、工具制造二分厂等单位组成的保障小组。还具体策划了活动方案、活动内容、道具安排、组织交通保障等。

3. 确定活动项目。为了更好感受兵器、体验精度，零距离与大国工匠互动，我们本着“视觉上的盛宴、参与动手活动”的理念精心策划项目。

4. 准备活动器具。购买鸡蛋、钥匙坯、气球、台球、制作“触摸精度感应道具”电路板等。

（二）实施阶段（7 月 25 日上午）

9:00　抵达中国兵器西北工业集团有限公司

9:00—9:05　宣讲入厂参观安全保密要求，地点：会展中心大会议室

9:05—9:15　观看公司介绍片

9:15—9:30　观看《大国工匠》纪录片、《挑战不可能》栏目片

9:30—9:40　分组整队

9:40—11:40　分组参观公司

第一组人员：张新停工作室（40 分钟）→公司产品展厅（20 分钟）→精密机械加工生产线（20 分钟）→东方宾馆

第二组人员：公司产品展厅（20 分钟）→精密机械加工生产线（20 分钟）→张新停工作室（40 分钟）→东方宾馆

第三组人员：精密机械加工生产线（20 分钟）→公司产品展厅（20 分钟）→张新停工作室（40 分钟）→东方宾馆

（每组参观完，按组整队集合，清点人数，前往东方宾馆）

11:40—13:00　午餐，地点：东方宾馆一楼餐厅（自助餐）

营员动手制作环节

13:00　返回

六、注意事项

安全问题 所有活动的设计和安排均需在保证营员安全的前提下进行，所有接待单位的员工均需无条件协助带队老师及志愿者确保营员的安全。营员在活动期间要保证一切行动听指挥，随时注意自己的人身安全。

保密问题 在涉密单位开展的活动，需要严格遵守相关单位的保密规定，不得私自离开活动范围。

营员服装 统一着营服，穿运动鞋或者平底鞋。

七、活动总结

本次活动由中国兵工学会牵头，西北工业集团有限公司具体实施。

1. 参观工作室，讲述大国工匠成才历程，讲述大国工匠感受张新停践行“把一切献给党”的兵工精神，苦练出精湛绝伦、心手合一的神技；在他的计量单位里，没有毫米，只有千分之一毫米，就是相当于一根头发丝的六十分之一。张新停谈道：“我从 20 岁开始做钳工，至今已经 26 年，在这 9500 天，每天面对同样的机器、面对我熟悉的钳工台、做着同样的事情。在外人看来，非常枯燥、单调，但我不那么认为，而是始终坚守在自己的岗位上，用 26 年的精力做好了一件事，我认为是非常值得的。”最后张新停还说：“其实我就是一个普通的军工人，并不比别人优秀多少，我只是比别人多一分踏实、多一分认真、多一分坚持。”

营员们说，对大国工匠张新停有一种深深感受，概括如下：

洋溢在他脸上的是自信自强、专注神圣的表情；

灵活在他手中的是精湛绝伦、心手合一的神技；

融入他血脉的是不忘初心、强军报国的基因；

镌刻在他内心的是追求完美、超越自我的坚守！

2. 视觉盛宴

（1）蛋壳上钻孔。在生鸡蛋上用钻床钻孔，孔圆与蛋壳分离，而蛋清不溢出。能造出精密度特高的产品，必须要达到心手合一，没有一丝杂念。张新停说钻

营员在参观现场合影

鸡蛋能练习自己的心境。

影响度：张新停“蛋壳钻孔”绝活走进央视《挑战不可能》栏目，经过他不断地精益求精，后来又练成在“蛋壳钻孔”打字，在 2017 年陕西省第四届职工科技节展示了蛋壳上“欢庆十九大”字样。2017 年国防邮电产业职工技术创新成果展洽会上，张新停展示“蛋壳钻孔”绝活再次引爆网络（包括新华社、《人民日报》《中国新闻报》、中央人民广播电台、《中国日报》《每日经济新闻》《中国新闻周刊》《中国工人日报》等在内多家主流媒体纷纷报道）。

（2）目测配钥匙：拿起一把钥匙，仔细看一遍，默记牙型，然后直接在钥匙毛坯进行锉、磨。张新停曾有不到 40 秒锉配完成，成功打开锁的纪录。一个高技能匠人，必须练就“眼睛就是尺”的境界，才能达到人生不一样的高度。

影响度：曾在央视《状元 360》栏目播出，多次在省市电视等媒体上报道。

（3）气球上给 A4 纸钻孔：在一个吹起的气球上，放一张白色 A4 纸，用钻头给 A4 纸钻孔，纸上被钻个完整的圆孔，而气球不破。

此项目考验工匠的手感及把握钻孔的精湛技巧，还有磨制钻的硬功夫。

影响度：多次在省市电视、报纸、网络等媒体报道。

3. 互动参与项目

（1）蒙眼拧螺钉：参与学员蒙上眼罩，在工作人员指引下，一手摸螺钉孔（4mm、5mm、6mm），一手去挑选 M4、M5、M6，用自己的感觉来判断螺钉与孔适配性，如选配成功，直接拧上，对应 LED 指示灯会亮，否则不亮。

此为互动性比较强、学员乐于参与的项目，能让学员感受精度、体验精度的乐趣。

（2）垒桌球：参与学员将一个个台球，用专用道具板隔开（此板有一个定位孔，固定台球位置），先放一个道具板、再放一个台球，随后上面再放一个道具板，再放台球，如此，看能垒几个不倒下，一般水平高的学员能垒起四五个台球。专门人员可以垒 9 个以上。

此项目简单易学，真要垒起较多台球，难度比较大，需要学员精心找台球质心、心态要平和、手感要好，要坚持轻取轻放，保持不急不躁；否则，前功尽弃。

（三）活动成效

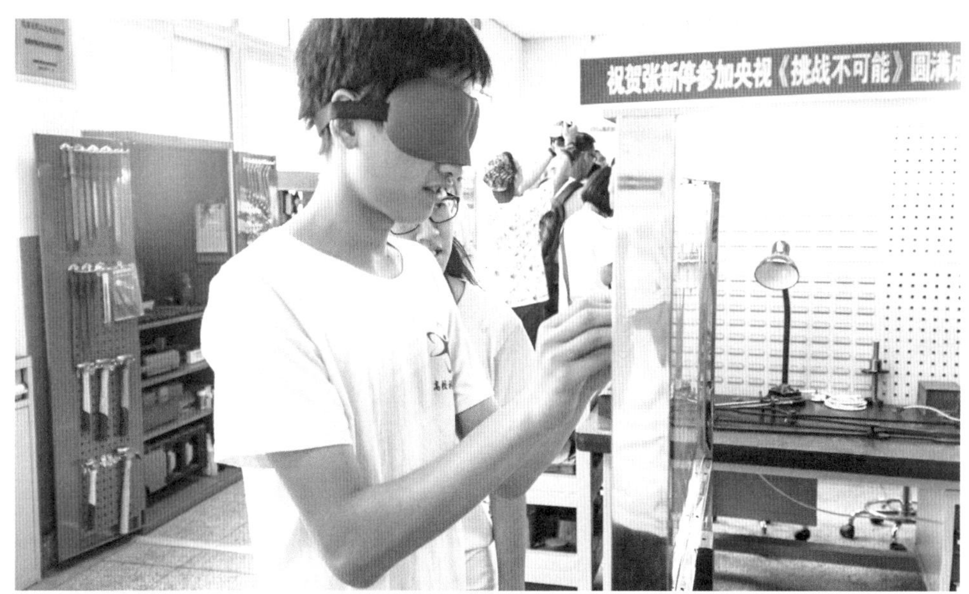

营员体验环节——蒙眼拧螺钉

平凡岗位不平凡，简单工种不简单。在机器生产足以取代绝大多数手工技能的今天，一批能工巧匠依然在不可或缺的岗位，磨砺着他们比机械还要精准的极致能力。张新停用 20 多年的时间才打磨出他的“毫厘之功”。在极致的展示及互动体验中，让营员们更深刻地体会到业精于勤的道理。

海洋科学考察科研实践活动

中国科学院海洋研究所

“海洋科学考察科研实践活动”依托中科院海洋所科考船队及胶州湾海洋生态国家野外研究站，充分发挥海洋所科考船、野外台站资源优势及多学科交叉和专业人才优势，由一线科研人员指导营员开展海上科学考察作业，让营员全面系统了解和认知海洋科学研究，引导并激发营员对海洋科研的兴趣。

根据营员的知识层次和兴趣爱好，活动精心设计了四个板块，分别为海上调查作业、浮游植物与富营养化、浮游动物与海洋生态系统食物链，以及食物网、海洋污损生物。其中海上调查作业乘坐“创新”号科考船在胶州湾近海海域开展，其余三个板块在码头停靠的“海鸥”号科考船上进行。本期营员共 98 人，分为 4 组，轮换参与各个部分的学习。

具体方案：

一、海洋调查作业（负责人：李帅、梁艺）

该部分内容在“创新”号科考船上进行，每组营员上船后先参观科考船，并

营员参观现场

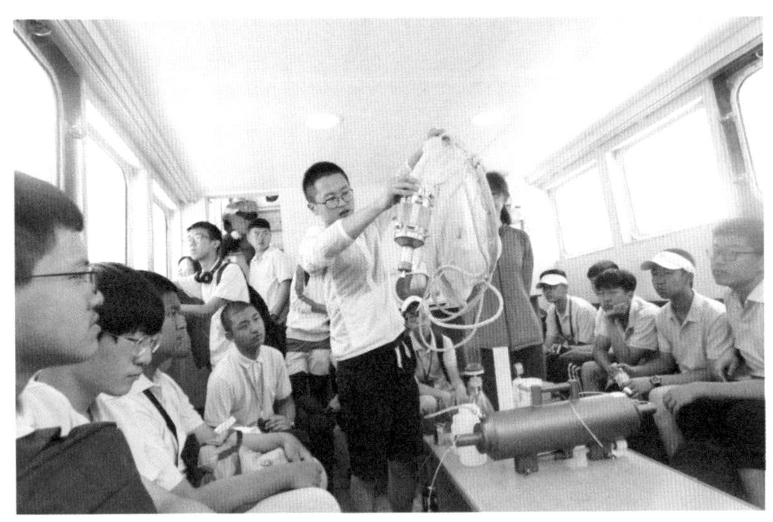

科研人员向营员介绍

在后甲板及中舱聆听科研人员对科考船及科考作业的相关介绍。完成后“创新”号开至胶州湾内 C4 站位附近后返回码头，开船过程中科研人员向营员介绍海洋科学考察相关知识，并演示海洋调查设备的具体操作方法，进行海水、浮游生物等样品采集。

海洋调查板块又分为四部分内容：生物拖网、采水、采泥、仪器布放。

1. 生物拖网：包括浮游生物拖网、Multinet 分层网、Bongo 网、IKMT 磷虾网、底栖生物拖网等，每种网具根据采样对象及目的的不同具有不同的网径和采样原理。现场可演示的为浅水 I 型浮游生物网（500 微米，主要采集中型浮游动物，如中华哲水蚤、强壮箭虫、水螅水母、短尾类幼体、长尾类幼体等）、浅水 II 型浮游生物网（160 微米，主要采集小型浮游动物，如小拟哲水蚤、拟长腹剑水蚤等）、浅水 III 型浮游生物网（77 微米，主要采集浮游植物）。第一组现场样品采集后需要装在样品瓶中，第二组和第三组介绍浮游植物和浮游动物时需要观察。

2. 采水：现场演示水样采集。梁艺在所有甲板工作结束后于中舱介绍水样的处理，根据测定项目的不同，用于 pH/DO 测定的水样可以直接测定，叶绿素、营养盐、POC、同位素、TN/TP 等参数测定的水样需进行过滤，过滤后的水样和滤膜在实验室内用各种仪器进行测定，采集的水样为后续板块实验提供样品。

3. 采泥：无法演示，简单介绍即可。常用的采泥器主要有抓斗采泥器、厢式采泥器、重力柱。采泥主要用于研究底栖生物的群落组成及分布、长时间尺度生物及环境演变过程等。

4. 仪器布放：海洋调查涉及大量仪器的布放，如 CTD（用于测定温度、盐度、压力）、ADCP（测定海流流速及海流剖面）、鱼探仪（探测渔业资源分布）等。现场演示 CTD 布放。

二、浮游植物与富营养化（负责人：郭术津）

该部分内容在"海鸥"号科考船前甲板进行，主要介绍浮游植物（初级生产力）在海洋生态系统食物链及食物网中的基础性作用、网采及水采浮游植物主要类群、浮游植物与富营养化（营养盐加富培养实验）。

1. 浮游植物（初级生产力）在海洋生态系统食物链及食物网中的基础性作用：海洋中的光合作用和陆地上的光合作用的比较。

2. 胶州湾网采及水采浮游植物主要类群（显微镜观察）：介绍浮游植物主要类群及代表种，硅藻、甲藻的区别及不同的生态意义。

3. 以营养盐加富培养实验为切入点来介绍富营养化与赤潮的关系、赤潮的危害等（显微镜观察）。

三、浮游动物与海洋生态系统食物链及食物网（负责人：徐志强）

该部分内容在"海鸥"号科考船前甲板进行。主要介绍浮游动物的生态意义（上行效应、下行效应）、胶州湾浮游动物主要类群及营养关系、海洋食物链及食物网基本结构。

1. 浮游动物的生态意义：浮游动物的定义，举例说明浮游动物的上行效应和下行效应。介绍浮游动物在海洋食物链中的地位及重要作用。

2. 胶州湾浮游动物主要类群（显微镜观察）：现场观察采集的中型和小型浮游动物，介绍常见种的食性及营养关系。如现场采集样品过少，采用胶州湾和北极历史样品。

3. 海洋食物链及食物网基本结构，可以以水母灾害（海月水母、沙海蜇）为切入点介绍食物网结构异化的危害。

四、海洋污损生物（负责人：刘梦坛）

该部分内容在"海鸥"号科考船前甲板和后甲板进行，主要介绍污损生物的定义及污损生物群落的形成、污损生物的危害、胶州湾主要污损生物类群。

1. 污损生物及其群落的形成过程：介绍污损生物的定义及主要类群：细菌、藻类、水螅、双壳类、藤壶和海鞘，并介绍污损生物群落的形成过程。

2. 污损生物的危害及防除方法：对船舶的危害、对养殖业的危害、对海水输送管道的影响。主要防除方法：物理法、化学法等。

3. 主要污损生物类群（肉眼及显微镜观察）：胶州湾的污损生物主要有：藻类（绿藻如石莼、褐藻）、海鞘、水螅、藤壶、海葵、牡蛎、紫贻贝、多毛类、端足类等。

营员在观察海洋生物

“海洋科学考察科研实践活动”活动总结

7 月 22 日，2018 年青少年高校科学营海洋科学专题营的 98 名营员参加了“海洋科学考察科研实践活动”。活动依托中科院海洋所科考船队及胶州湾海洋生态国家野外研究站，充分发挥海洋所科考船、野外台站资源优势及多学科交叉和专业人才优势，由一线科研人员指导营员开展海上科学考察作业，整体设计突出海洋科学研究特色，融“海洋”与“科学”为一体，让营员全面系统了解和认知海洋科学研究，引导并激发营员对海洋科研的兴趣。

一、加强组织领导，精心安排部署

中国科学院海洋研究所高度重视海洋科学专题营活动，充分调动海洋所的科研、人才及资源优势，为营员们制定了以海洋为显著特色、融“海洋”与“科学”为一体的活动方案。作为今年新增项目的海洋科学考察科研实践活动，更是充分体现了海洋科学专题营的“科学”特色。根据营员的知识层次和兴趣爱好，科研人员精心设计了四个板块，并制定了详细的活动方案，该方案经过领域内权威专家论证，保证了其科学性及可实现性。活动开始前，组织参与活动的科研人员及志愿者召开了协调部署会，细化任务、分工明确、责任到人，确保了活动的高质量顺利举行。

切实做好活动安全保障工作。因为活动地点在码头及海上，营员的安全问题必须放在首位。为保证活动安全顺利有序进行，研究所制定了活动安全应急预案，指定了每个版块的应急负责人，并进行安全知识培训。活动中配备专业医护人员随行，以便对活动过程中产生的突发情况进行紧急救治。

二、突出海洋特色，融“海洋”与“科学”于一体

“海洋科学考察科研实践活动”作为本次海洋科学专题营的新增项目，受到了营员们的广泛欢迎和一致好评。海上科学考察是海洋科学研究必不可少的重要环节，是海洋科学研究的基础。为了让营员们对海洋科学研究能有更全面系统的认知，海洋研究所解决了经费不足的问题，增设了海上科学考察科研实践内容。科研人员根据营员的知识层次和兴趣爱好，设置了四个不同的考察学习板块，分别是乘坐“创新”号科考船进行海上调查作业，在码头停靠的“海鸥”号科考船上开展浮游植物与富营养化、浮游动物与海洋生态系统食物链、食物网，以及海洋污损生物知识讲解。

通过一上午的学习和实践，营员们不仅对海上科学考察的基本工作有了较为

样品展示

营员参观环节

全面和系统的认知，而且亲自体验了科研人员的海上日常工作状态和研究所的海洋科考文化。大家纷纷表示受益匪浅，不仅亲自体验了出海的艰辛与乐趣，收获了课本以外的许多知识，更增强了对海洋的理解和认知，激发了他们热爱海洋、保护海洋的欲望，提升了认识海洋、探索海洋的能力，树立了未来投身海洋事业的远大志向，为培养国家海洋科技创新后备人才打下了坚实基础。

三、不足与建议

海洋面积广阔、现象复杂，海洋科学是一个多系统、多学科交叉的综合性学科体系。海上科学考察采样是海洋科学研究必不可少的环节，是海洋科学研究的基础，但是动用科考船带领营员们实现真正的海上考察及采样，让同学们真正体验海洋科考全过程，成本较高（千吨级的海洋科考船一天的科考运行经费超过10万），目前的经费不足以支撑海洋科学考察活动的开展。本次海洋科学考察活动是研究所自筹经费，运用百吨级的小型科考船开展相应活动，船只容纳人数较少，海上科考板块需要分四批进行，且小型科考船只的采样设备及相应仪器没有大型科考船先进，无法更好地满足同学们对前沿科考知识的需求。

“力学魅力”结构设计

广东工业大学

一、活动简介

“力学魅力”结构设计活动结合了“全国大学生结构设计竞赛”、土木与交通工程学院“鲁班节”传统竞赛项目——结构设计大赛（原“力学架构大赛”），以及省内同类竞赛，是一项集专业性和趣味性为一体的专业科学创新训练活动，具有较高的展示度和示范效果，能进一步培养学生的创新意识、团队协同和工程实践能力。此次活动的主题为“小小竹皮，巨大承载”，由土木与交通学院何嘉年老师亲自指导，运用结构力学原理，营员只利用竹皮和502胶水两种材料制作“单跨张弦桥梁”，并对桥梁进行砝码加载，材料简单，趣味性强，具有较大的工程意义。

全国大学生结构设计竞赛是教育部、财政部联合批准的全国性9大学科竞赛资助项目之一，目的是为构建高校工程教育实践平台，进一步培养大学生创新意

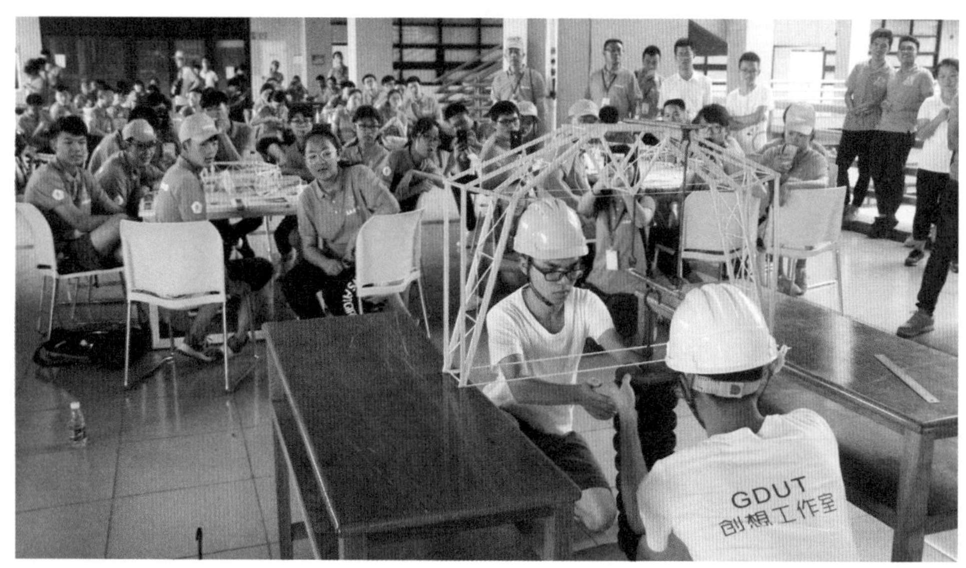

营员正在小心地加上砝码

营员专心听讲

识、团队协同和工程实践能力，切实提高创新人才培养质量。“鲁班节”——结构设计大赛是我校土木与交通工程学院创办的学生科学创新竞赛传统品牌项目，结构模型的材料从最初用木片铁钉加细铁丝搭建，到目前最新的双层复压竹皮加502胶制造，比赛更是吸引中山大学、华南理工大学、暨南大学等多所高校参与，在广东省内具有广泛的知名度。指导本次活动的土木与交通工程学院的老师在大学生结构设计竞赛系列活动中具有丰富的指导经验，指导的学生在各大相关赛事中多次获得优异的成绩，如“中南地区第四届大学生结构设计竞赛”中获得特等奖和一等奖，在历届全国大学生结构设计竞赛广东省赛中斩获一等奖。

二、活动特色及活动效果

（一）活动特色

1. 结合国内大学生结构设计相关优质赛事，汲取精华，转化为中学生更容易理解的知识点，更好地提升学生的创新意识、团队协同和工程实践能力。

营员正在认真做笔记

2. 通过专业老师带队，把丰

营员动手实践

富的知识经验，更加直观、有效地传授给营员，让营员领会到知识，掌握好技巧。

3. 活动材料器具简单安全，趣味性强，以学生常见材料为主，通过营员亲自动手感受，在团队合作与专业导师的指导下，最真实、直观地感受结构力学的魅力，提高动手能力，提升团队协助意识。

（二）活动效果

活动中，指导老师以专业的授课方式，辅以实物对结构力学进行讲解，同时，每个小组配以相应材料工具，并有专业学生在旁指导。在专业的指导及生动有趣的展示下，营员们全神贯注，积极参与其中，在制作过程中纷纷出谋划策、合作分工，对于出现的疑问积极组内讨论，向专业的师兄师姐进行请教。最终，在经过不断地尝试与改进后，每一小组都完成了自己的作品，作品完成的质量较高，体现了营员们较强的学习动手能力。

营员自己动手操作

走进西部营，体验“微”科研

中国科学院云南天文台

西部营特色营队活动为天文学探究，包含双星光变曲线探究和射电天文探究，突出科学探究性和参与性，让营员走进中国科学院重点实验室，在探究课程中体验科研过程、了解科学方法，是高端科研资源科普化的具体体现。

一、天文学探究内容设置

仰望星空，面对浩瀚的银河和无垠的宇宙，每个人，尤其是年轻人，都会受到深深的震撼，激发与生俱来的探索未知的欲望。以研究宇宙各类天体为根本任务的天文学就成为有效传播科学知识和科学方法的学科之一。为让营员充分体验天文探究活动，该营队活动分为两大部分，先让营员感知天文、走“近”天文；有了天文知识储备后，让营员体验天文学研究、走“进”天文。

营员大合影

（一）天文设备参观，感知天文学

该部分的营队活动带领营员参观天文台科普设施，让营员了解天文学的起源、研究对象和研究手段；随后安排营员参观现代天文设备（射电天文望远镜、光学天文望远镜），让营员了解天文望远镜的结构、用途，并接触天文数据获取和处理流程。

（二）双星光变曲线和射电天文探究，体验天文研究

该部分的营队活动以天文学中的两类天体（目的是作比较，加深对多波段天文学研究的认识）为研究对象，让营员获取观测数据，利用真实的天文数据让营员开展天文探究课程，突出科学探究性和营员参与性，让营员在探究课程中体验科研过程、了解科学方法，是高端科研资源科普化的具体体现。

二、双星光变曲线和射电天文探究实施方案

（一）双星光变曲线探究实施方案

在璀璨的夜空中，随处可见点点星光，但其中一半以上的恒星并不是单独存在的，它们往往是两两成双存在于宇宙之中，该探究课程的研究主体为食双星。作为宇宙最为丰富的组成部分，探究课程通过望远镜测光观测，得到光变曲线，然后推演出其演化状态及基本物理参数，为恒星的形成和演化提供观测上的证据和必要的限制。该探究课题的核心是让同学们通过学习使用天文望远镜，获取天文数据，分析天文数据，再运用所学物理及数学知识，尝试解决实际的科学研究问题，从中体验天文学研究过程的乐趣。本活动主要包括以下内容：

1. 利用天文台现有望远镜资源（科研级望远镜），现场介绍光学天文望远镜，并指导同学们亲自操作望远镜，获取到真实的天文数据。

2. 详细讲解食双星测光观测的数据采集与处理过程，并让同学们亲自参与样本选取到获得数据的全过程，使其对于天文观测研究有更直接的认识，在实践中体验科学的乐趣。

3. 详细讨论如何通过处理测光数据获得食双星的光变曲线；并引导同学们通过自主思考，如何利用获得的数据获得食双星的物理信息；在分析过程中引导学生思考双星光变曲线获取过程中应考虑哪些物理过程，需要忽略哪些物理过程，让学生树立科学思辨意识。

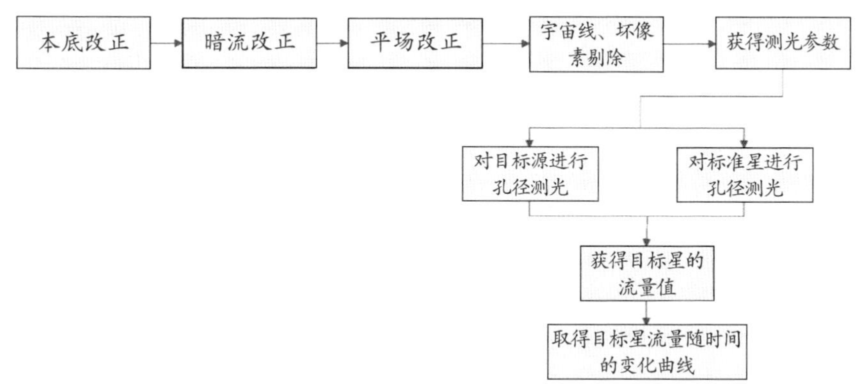

天文测光数据处理流程

4. 同学们通过以上的介绍与讨论，实际利用所得食双星样本的测光观测数据，具体分析其物理性质，并获取基本物理参量，真正参与到科学研究中去。

（二）射电天文探究实施方案

电磁波谱包含多个波段（从无线电、红外线、光学、紫外线，甚至到 X 射线、γ 射线），现代天文已经发展到多波段和多信使时代，为与光学波段做对比，加深对多波段天文学的理解，在射电波段设立另一个课题。射电天文学由于观测信号的特征只能从终端上显示，且对知识理解要求较高，不太适宜大众。该探究课题结合射电天文和无线通信，从与人类息息相关的通信设备出发，引申到射电天文，让学生了解，并实地探究无线通信和射电天文知识。

1. 云南天文台区域无线电信号使用情况调查。

射电天文的观测频段从十米波一直延伸到毫米波、亚毫米波段，具有宽带宽、可见现象多等特点，同时该观测波段正好与人类息息相关的无线通信频段重合，如手机通信 CDMA 制式的 2.1GHz 和 WiFi 的 2.4GHz，这些信号相对射电目标源来说是干扰源。无线电干扰是射电天文的大敌，因此需要对观测区域的无线电信号所占频率和强度进行探测和分析。

(1) 实验器材和实验框图。

双脊喇叭天线（1—18GHz）；宽带低噪声放大器（1—18GHz）；频谱仪（FSU26）；直流稳压电源。

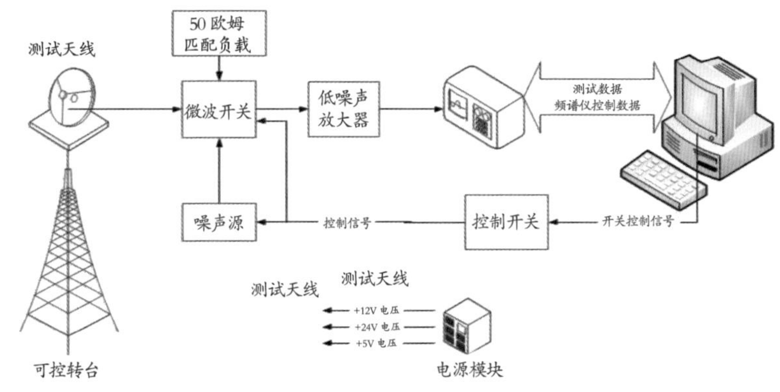

(2) 实验过程。

A. 连接好双脊喇叭天线，输出至放大器，输入放大器，输出至频谱仪，输入；

B. 设置频谱仪：中心频点以 500MHz 为步长，带宽以 1GHz，连续测量多个频点，各频点等待 30S 后观测；

C. 记录观测到无线电干扰信号的频率。

(3) 分析实验结果，得出天文台区域无线电使用资源情况，为下一步射电源光变观测提供依据。

2. 强射电源光变观测。

(1) 根据上述调研结果，在待选射电源（天鹅 A、金牛 A、仙后 A）中选取合适的射电源目标，利用云南天文台 40m 射电望远镜观测；

(2) 每一个目标源选取不同的滤波器，然后针对每一种滤波器计算射电源谱线信噪比值（SN）和均方根值（RMS）；

(3) 分析数据，讨论射电天文观测特征和注意事项。

三、西部营特色营队活动总结

（一）营队活动执行情况

课程中将 60 名营员分为 2 个小组，每个小组由 1 名科研人员全程指导，由 2 名工作人员协助课程实施，分别在中国科学院天体结构与演化重点实验室的双星与变星研究团组和射电天文研究团组开展。

参观天文台科普设施和天文观测设备，了解天文学。

因营员大部分是第一次接触天文学，为让他们对天文学有一个大概了解，营队先组织营员参观天文台科普设施和科研设备。在日晷广场向营员介绍天文学由来和古代计时方法的原理；在太阳历广场向营员介绍太阳周年运动、四季形成和测量方法，并介绍历法的产生和如何制定历法。

太阳历广场讲解

日晷广场合影

天文学是一门以观测为基础的科学，让营员了解天文观测设备是通往天文学的第一道门。该营队活动组织营员参观射电和光学两类望远镜，了解望远镜的构造和数据获取流程。

（二）双星光变曲线探究

参观完天文科普设施和科研设备后，营员分为两组分别开展天文探究课程。一组在双星与变星研究团组开展双星光变曲线探究。营员先在老师的讲解下熟悉该探究课程内容，然后采集目标星的测光数据，在老师指导下利用专业天文软件IRAF处理数据，形成可以用于理论分析的科学数据。利用较差测光方法获得目标星的亮度随时间变化的曲线，再利用理论模型对光变曲线进行解轨获取双星的物理参量，包括轨道周期、轨道倾角和轨道半长轴，该部分正好与高中物理知识

```
2018-02-19T11:46:31 16.471  15.  R 20180219ASASJ0658_1-001R.fit
2458168.9946104  0.006  1  5.2  2.  2458168.9907234
2018-02-19T11:46:31 16.788  15.  R 20180219ASASJ0658_1-001R.fit
2458168.9946104  0.008  2  5.2  2.  2458168.9907234
2018-02-19T11:46:31 16.176  15.  R 20180219ASASJ0658_1-001R.fit
2458168.9946104  0.005  3  5.2  2.  2458168.9907234
2018-02-19T11:46:31 17.414  15.  R 20180219ASASJ0658_1-001R.fit
2458168.9946104  0.011  4  5.2  2.  2458168.9907234
2018-02-19T11:46:31 17.478  15.  R 20180219ASASJ0658_1-001R.fit
2458168.9946104  0.012  5  5.2  2.  2458168.9907234
2018-02-19T11:47:27 16.478  15.  R 20180219ASASJ0658_1-002R.fit
2458168.9952585  0.006  1  5.2  2.  2458168.9913715
2018-02-19T11:47:27 16.785  15.  R 20180219ASASJ0658_1-002R.fit
2458168.9952585  0.007  2  5.2  2.  2458168.9913715
2018-02-19T11:47:27 16.18  15.  R 20180219ASASJ0658_1-002R.fit
2458168.9952585  0.005  3  5.2  2.  2458168.9913715
2018-02-19T11:47:27 17.429  15.  R 20180219ASASJ0658_1-002R.fit
```

目标星测光数据列表

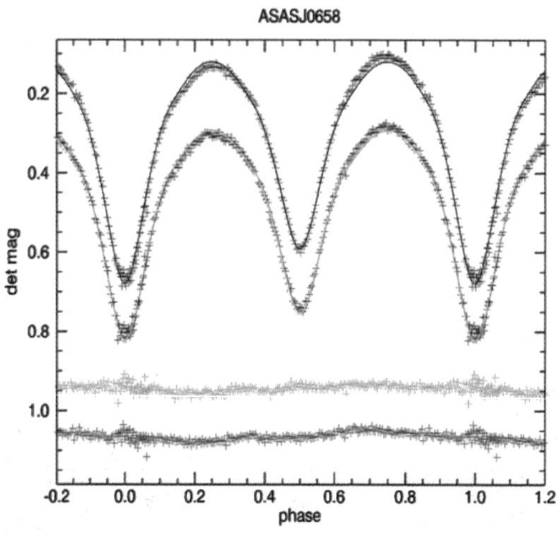

获得的目标星光变曲线（亮度随时间变化曲线）

天文台区域无线电环境测试现场

中心频点(GHz)	带宽(MHz)	主要的干扰频点及其强度
1.05	100	1. 1.03GHz -52dBm. 2. 1.042 -37dBm; 3. 1.07 -37dBm
1.15	100	1. 1.102GHZ -30dBm; 2. 1.20 -42dBm; 3. 1.106 -40dBm
1.25	100	1. 1.22GHz -42dBm; 2. 1.234 -60dBm; 3. 1.244 -60dB;
1.35	100	1. 1.345GHz 2. 1.38GHz(弱干扰)；3. 1.342 GHz （非常良好）
1.45	100	极其良好
1.55	100	1. 1.535GHz -65dBm
1.65	100	1. 1.675 GHz -70.0dBm; 4. 1.624GHz -71.2dBm
1.75	100	1. 1.755 GHz -22dBm; 2 1.775 GHz -29dBm(3G 网络 强干扰)
1.845	300	1. 1.83-1.86GHz -31.8dBm
1.89	200	1. 1.88-1.90 GHz -85dBm
1.95	100	1. 1.9-1.91 GHz -51dBm
2.0	100	良好
2.15	100	1. 2.144GHz -43dBm
2.25	100	良好
2.35	100	1. 2.35-2.36GHz -70dBm（弱）
2.45	100	1. 2.44GHz 宽带强干扰
2.55	100	1. 2.575 -2.595 GHz -60dBm
2.65	100	1. 2.66 GHz -66GHz; 2. 2.675GHz -75dBm; 3. 2.695GHz -61dBm
2.75	100	1. 2.76GHz -65dBm,2. 2.795 -59dBm

云南天文台无线电环境测试结果

衔接，让营员在科学探究中体验如何获取知识。

（三）射电天文探究

射电天文涵盖波段范围广，且与生活中的无线通信频段重合，比如手机通信的 2.1GHz 和 WiFi 的 2.4GHz，这些信号相对射电目标源来说是干扰源。由于无线电干扰是射电天文的大敌，因此先对天文台区域无线电环境进行监测，明确哪些频段的干扰较大，为后续天文观测做准备。

在射电源光变观测中面对无线电干扰的问题，使用中频设置滤波器往往是最快捷的处理方式，如果滤波器选择较宽可能潜在一些无线电干扰影响观测效果，如果滤波器选择较窄，灵敏度会下降。为此，我们通过对不同中频滤波器的选择在观察界面中观察方差值与性价比值的变化，比较其大小，选择合适的中频滤波器。课程小组选择三个射电源（金牛座 A、天鹅 A、仙后 A）为目标源，让学生操控 40m 射电望远镜指向目标源采用不同滤波器获取射电辐射流量，根据信噪比和均方差的数值让学生学习如何分析和处理射电观测流程。

（四）营员探究课程答辩

探究课程互动环节

探究课题结束后，营员们在老师们的指导下，各小组对整个实践过程的分析总结和讨论，大家分工协作，齐心合力共同完成了答辩所需的 PPT 报告。五个小组的营员们将面对六位专家、全体营员和带队老师，汇报各自参与的科研实践的内容和成果，并接受大家的质疑和点评。汇报答辩现场精彩纷呈，营员们经过中国科学院科研人员的指导，自信又细致地介绍了自己参与课程的研究背景、研究问题、研究目的、研究方案，结果分析、讨论等，大家都交出了一份令“导师”满意的答卷。

四、活动特色和实施效果

活动特色：云南因地理位置突出（纬度低），有优越的天文观测条件和资源，西部营借助这些自然资源，依托中科院恒星结构与演化重点实验室，围绕“天文”开展特色科普活动，先让营员走“近”天文，再让营员走“进”天文。活动突出探究性和参与性，让营员利用真实天文观测数据开展探究课程，在课程中体验科研过程，了解科学方法，是高端科研资源科普化的具体体现。该活动依托自身的学科特色和科研优势，结合区域特点和青少年成长需求，组织和动员科研人员策划了探究性科研实践课程（师生比达 1:5），大家一致认为这是中国科学院做的一件大好事、大实事，是落实科教融合的创新工作，希望此类活动从西部营延伸到更广区域并持续开展。

活动效果：该活动引发媒体的广泛关注（新华社、人民网、《中国科学报》《云南日报》《云南新闻联播》、云南卫视、云南网、《春城晚报》、搜狐网、新浪网、网易新闻、《都市晚报》《昆明日报》等），二十余家媒体对活动进行了全方位的报道，产生了广泛的社会反响。活动结束后，营员表达了对活动的反馈，认为通过活动了解了天文学研究的基本思路和流程，学到了以前从未了解过的知识，特别是编程方面的知识，认识到科学对国家的重要性。有的营员非常动情地表达：我好像找到了我的人生目标和方向，高考时我可能会报这次活动相关的大学专业。我们认为这也许就是西部营活动收获的最大效果！

牙签搭桥

同济大学

一、活动概况

为培养学生们的动手实践能力、交际沟通能力、分析解决问题能力，开发创新思维，锻炼团队协作能力，鼓励同学们学会将课本知识运用于实际生活，感受学科竞赛氛围，发掘优秀学生，我校在本届高校科学营针对高中生举办了“牙签搭桥”活动。

二、活动整体流程

活动方案设定与志愿者招募培训，牙签桥试做与调整，活动宣讲与报名，牙签桥指导制作，最终评比。

“牙签搭桥”活动现场

活动剪影

三、活动细节流程

1. 活动方案设定与志愿者招募培训。

2. 牙签桥试做与调整：确定所需材料及制作时间，对比赛要求等进行调整。

3. 活动宣讲与报名：PPT 的制作，主持人撰写讲稿与练习，比赛名单的确定。

4. 牙签桥指导制作：确定每组的队长、队名、设计理念等，确保同学们能够顺利完成牙签桥制作。

5. 最终评比：邀请与会的评委老师，介绍比赛的规则，由工作人员开始称重比赛，请专业老师进行点评和总结，并宣布最后结果及颁奖。

四、极端情况的预测及对策设计（或突发情况应对策略）

部分组牙签桥制作进度较慢或无法完成：

1. 请指导老师加大指导力度，追赶进度。

2. 隔一段时间提醒参赛同学所剩时间。

3. 根据情况适当延长比赛时间。

五、时间安排

1. 7 月上旬：志愿者（指导教师）招募培训，确定具体活动方案，购买活动所需材料，指导教师进行牙签桥试做。

2. 7 月 16 日上午：进行宣讲。

3. 7 月 18 日下午：进行场地打扫与布置。

4. 7 月 18 日晚：参赛同学到现场进行牙签桥设计制作，指导教师确保当日结束时桥梁设计思路完整并着手制作。

5. 7 月 19 日晚：参赛同学到现场进行牙签桥设计制作并完成。

6. 7 月 20 日下午：各组进行桥梁设计理念展示与承重比赛。

六、活动总结

（一）活动概况

为培养学生们的动手实践能力、交际沟通能力、分析解决问题能力，开发创新思维，锻炼团队协作能力，鼓励同学们学会将课本知识运用于实际生活，感受学科竞赛氛围，发掘优秀学生，我校在本届高校科学营针对高中生举办了“牙签搭桥”活动。

营员成果展示

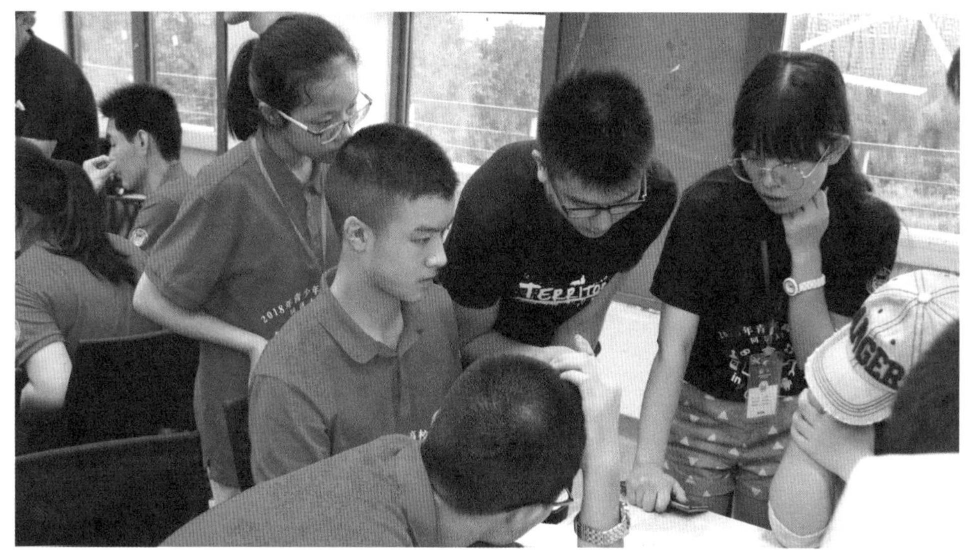

小组讨论研究

牙签搭桥活动，即利用牙签进行桥梁制作，并进行承重的比赛。比赛共分为10支队伍，每支队伍10名队员，每支队伍配备1名本科生或研究生进行指导。要求每支队伍利用2个晚上共计4个小时左右的时间，组队通力合作，根据比赛的尺寸、重量要求等，确定桥梁设计方案、设计理念、桥梁名称，队员良好沟通、合理分工，以牙签为原料，用剪刀和美工刀等进行修剪，再用502胶进行黏合造桥。最终比赛日根据桥梁设计理念展示、称重效率（最大称重/桥重）进行比赛，确定排名。

（二）活动开展情况

1. 7月上旬：志愿者（指导教师）招募培训，确定具体活动方案，购买活动所需材料，指导教师进行牙签桥试做，确定所需材料及制作时间，对比赛要求等进行调整。

2. 7月16日上午：提前准备PPT的制作，主持人撰写讲稿与练习，进行宣讲。结束后确定参加比赛的同学名单。

3. 7月18日下午：进行场地打扫与布置。

4. 7月18日晚：参赛同学到现场进行牙签桥设计制作，确定每组的队长、队名、设计理念等，指导教师确保当日结束时桥梁设计思路完整，并着手制作。

5. 7月19日晚：参赛同学到现场进行牙签桥设计制作，指导老师确保同学们能够

大家一起分工合作

顺利完成牙签桥制作。

6. 7 月 20 日下午：各组进行桥梁设计理念展示与承重比赛。邀请与会的评委老师，介绍比赛的规则，由工作人员开始称重比赛，请专业老师进行点评和总结，并宣布最后结果及颁奖。

（三）活动特色与效果

1. 活动内容简单易懂，普通高中生可以很快理解，易于上手。活动所需材料较为简单，场地要求较低，开展较为容易。

2. 活动需要利用一定的力学知识但不完全囿于此，同时还考验同学们的团队合作能力（增强多地交流）、想象能力、表达能力、计划规划能力等。

3.10 支队伍基本完成自己的桥梁制作与命名，并较好地进行了团队合作；展示过程中，各支队伍都表达了设计理念及活动收获的心得体会；比赛过程中同学们保持良好风貌，不时为比赛选手加油喝彩。指导教师的精彩点评也为同学们指明了在活动中的亮点与不足，同学们获益匪浅。整体来说，活动较为成功。

（四）不足与展望

部分组出现牙签桥制作进度较慢或无法完成的情况，主要是参赛同学在思考设计方案上耗费太多时间，导致后续任务无法完成。在之后的活动过程中，要请指导老师多参与到比赛队伍的指导工作中，确保参赛队伍能够顺利完成作品，同时在有条件的情况下适当延长比赛时间，为同学们争取更多的思考时间。

“瀚海鲲鹏”主题特色营队活动

大连海事大学

第1节　活动整体实施方案

1.1 营员分组情况

营员共计240人，设6个连，每个连设4个排，每排10名营员，按照活动方案对营员进行分组，分组情况如下：

1.D组共计60人。成员为每个连的一排，共计6个排；

2.L组共计60人。成员为每个连的二排，共计6个排；

3.M组共计60人。成员为每个连的三排，共计6个排；

4.D组共计60人。成员为每个连的四排，共计6个排。

1.2 责任分工

1.3 活动安排

开营仪式

我要提问

第 2 节　具体项目实施方案

2.1 鹏志初寻——解密风声中的讯息：摩尔斯码译识

2.1.1 活动名称

鹏志初寻——解密风声中的讯息：摩尔斯码译识

2.1.2 活动时间

08:00—08:30 集中培训

08:30—09:30 第一、第二连队比赛

09:30—10:30 第三、第四连队比赛

10:30—11:30 第五、第六连队比赛

2.1.3 活动地点

综合楼

教室 1(比赛教室 150 人左右)

教室 2(任务教室 100 人左右)

2.1.4 活动背景

少年鲲们为了获得化而为鹏的秘密去拜访了无所不知的智慧老人，智慧老人告诉年轻的少年鲲们，成功完成鹏传承下来的挑战是获得秘密的关键，少年鲲们

在智慧老人的指引下、在鹏之翼掀起的风声中成功解密出了讯息，并获得了第一部分的鹏之羽。讯息中隐藏的成鹏之秘便是前往北海寻找到遗落的鹏之羽。

2.1.5 活动说明

12 日活动一开始，志愿者就在综合楼对全体营员进行详细的活动介绍，对活动规则、流程进行说明。

2.1.6 活动道具

摩尔斯电码收发器、摩尔斯电码表、指南针、宝箱、碎片。

2.1.7 活动规则

1. 赛前准备 (用时 15 分钟)

工作人员在综合楼侧楼对全体营员进行简要培训，演示摩尔斯电码收发机的使用，并讲解比赛规则和注意事项等。

各连队分别派出八名队员组成第一、二、三、四、五、六连队，每支连队分为 A、B 两组，A 组两名队员，B 组六名队员。

连队除代表队的其他队员，每 16 人一组，体验摩尔斯电码收发机的使用和解码。

2. 比赛过程 (用时 30 分钟)

成鹏之秘由三张碎片组成，三张碎片存放在不同的宝箱里，B 组队员需要根据接收到 A 组发送的提示信息前往 * 教室，寻找对应宝箱，完成任务，获取宝箱钥匙，打开宝箱拿到碎片，并把碎片内容发送给 A 组，最后由 A 组破译成鹏之密。

第一步	A 组领取提示卡 1，发送提示 1 到 B 组
第二步	B 组完成任务 1，发送碎片 1 内容到 A 组
第三步	A 组领取提示卡 2，发送提示 2 到 B 组
第四步	B 组完成任务 2，发送碎片 2 内容到 A 组
第五步	A 组领取提示卡 3，发送提示 3 到 B 组
第六步	B 组完成任务 3，发送碎片 3 内容到 A 组
第七步	A 组破译密码，提交破译后结果

提示卡 1：海星

任务 1：领取任务卡和指南针，根据提示走到讲台位置，借助指南针确定宝箱钥匙位置，寻找宝箱钥匙。

碎片 1 内容：the

提示卡 2：珊瑚

任务 2：领取图片，在教室内寻找图片对应位置，寻找宝箱钥匙。

碎片 2 内容：north

提示卡 3：水母

任务 3：领取题卡，准确作答题目，获取宝箱钥匙。

碎片 3 内容：sea

工作人员将代表队带到指定比赛区域，在同一时间开始比赛，并由工作人员负责比赛的计时。

3. 评比规则

(1) 连队领取提示卡 1，计时开始；正确提交成鹏之秘，计时结束。

(2) 在比赛过程中，连队的两组成员之间只能通过摩尔斯电码收发器进行交流，不得交谈或者使用手机等移动通信工具，否则将作违规处理。

(3) 每名成员只能被派出一次寻找鹏之密碎片，违者将在最后计算排名时进行罚时。

(4) 六支连队完成比赛后，根据比赛用时进行排名，排名第一的连队获得 12 片鹏之羽，第二名获得 10 片鹏之羽，第三名获得 8 片鹏之羽，第四名获得 6 片鹏之羽，第五名获得 4 片鹏之羽，第六名获得 2 片鹏之羽。鹏之羽可用来助力育鲲成鹏。

2.1.8 安全预案

1. 当发生紧急事故后，立即通知本项目负责人尽快到场负责事故现场处理工作，保护现场及做好防范，防止事故的继发。

2. 当发生事故，副组长应及时报告校团委领导，并配合当地体育、卫生等部门工作，做到及时处理、妥善安排。

3. 事故发生后，副组长应指挥随队志愿者及时做好事故现场其他人员的安排及离场秩序。

2.2 背负青天——探索满天繁星的秘密：六分仪观星辨位

2.2.1 活动名称

背负青天——探索满天繁星的秘密：六分仪观星辨位

2.2.2 活动时间

7 月 12 日上午 8:00—11:30

2.2.3 活动地点

大连海事大学天象馆

2.2.4 活动背景

在大连海事大学天象馆，这里有历代鲲鹏进化的遗迹，这里可以观测到宇宙中无穷无尽的繁星，可以发现星座的秘密。少年鲲们将在这里找到满天繁星中前往北海的方向，那里是历代鲲化为鹏的起源之地。但茫茫天地，又将如何寻觅前往北海的方向呢？少年鲲们，在这里智慧老人将带领你们进行六分仪的学习，你们需要仰望星空，用六分仪于满天繁星中探索出北海方向的秘密，并获得智慧老人馈赠的鹏之羽。

2.2.5 活动说明

少年鲲们在老师的指引和启发下，在大连海事大学天象馆学习天体的相关知识，观测十二星座及在航海中进行天文定位的星座；学习掌握六分仪这一航海仪器，并通过实际操作熟悉其操作方法。本次活动的注意事项如下：

1. 少年鲲们每两个连队一起在天象馆门口集合。

2. 由于天象馆每个楼层无法容纳 80 人，所以会在每个楼层安排 40 人（一个连队）同时进行体验。

3. 一楼志愿者（2 名志愿者）对六分仪这一航海仪器的基础知识和操作进行系统培训，然后进行实操演练，另有 2 名志愿者负责维持秩序及注意少年鲲们在使用六分仪过程中的安全。

4. 二楼有专业老师进行星座的演示和天文航海定位星座的讲解，由 2 名志愿者协助老师维持现场的秩序及安全注意事项。

5. 一楼和二楼进行轮流转换，同时进行演练和教学。

6. 最后少年鲲们在专业教师和志愿者的指导下体验六分仪的使用。

2.2.6 活动道具

六分仪

2.2.7 活动规则

（一）前期准备

提前把六分仪放到各个桌子上，活动开始前提醒少年鲲们安全使用六分仪。

1. 少年鲲们集合完毕之后，一个连队在一楼学习六分仪，另一个连队上二楼进行星座的学习和体验；

2. 在轮流转换的过程中，从二楼下来的少年鲲们直接在天象馆外等候，待一楼学习六分仪的少年鲲们上楼后，再进入一楼学习六分仪的知识和使用方法；

3. 志愿者维持秩序后，开始进行活动。

（二）一楼六分仪活动（30 分钟）

学习六分仪知识及使用方法（20 分钟）

1. 一个连队的少年鲲们在一楼学习；

2. 由两名志愿者利用 PPT 配合实物六分仪讲解基础知识和操作进行系统培训，包括基本原件组成和观测原理、观测手法、误差矫正，观测太阳高度角等；

3. 另外两名志愿者负责现场的秩序，并注意少年鲲们在使用六分仪中的安全事项。

营员在听讲解

体验学习六分仪（10 分钟）

1. PPT 讲解结束之后，在志愿者的协助下，少年鲲们学习六分仪的使用方法；

2. 此过程有 10 分钟的时间，志愿者把握好时间。时间到了，提醒少年鲲们把仪器放在原位。

注意：每个六分仪都有自己的误差表，提醒少年鲲们，不要触碰这个误差表，让它待在原处即可。

（三）二楼观星活动（25 分钟）

1. 这个过程需要志愿者安排少年鲲们就座，维持好现场秩序；

2. 由专业老师利用天象馆的仪器带领少年鲲们辨识各种星体、星座、天文航海常用星座等。

2.2.8 安全预案

1. 六分仪为精密仪器，一定注意让少年鲲们轻拿轻放，爱护仪器。

2. 进行六分仪实操时，要保证少年鲲们的安全。

3. 在天象馆二楼进行星体辨识时，室内灯光会关闭，提前告知少年鲲们，以免引起恐慌。

4. 在天象馆二楼进行星体辨识时，告知少年鲲们关闭手机屏幕及闪光灯，避免影响观测。

5. 看护好少年鲲们，不得随意触碰天象馆仪器，避免发生危险。

2.3 鲲入北海——踏上星辰大海的征途：航海模拟器操纵

2.3.1 活动名称

鲲入北海——踏上星辰大海的征途：航海模拟器操纵。

2.3.2 活动时间

7 月 12 日上午 8:00—11:30

2.3.3 活动地点

远航楼

2.3.4 活动背景

传说中记载北海只在相月的某七天才会显露出秘境大门。留给少年鲲们的时间已经不多了，他们必须全速前进。以星辰为指引，以大海为征途，为了化鲲为鹏的梦想，少年鲲们不分昼夜地向北海破浪而行。在大连海事大学航海模拟器教室，少年鲲们风驰电掣地穿过层层风浪，终于准时到达了北海深处，并在北海秘境前收集到了另一部分鹏之羽。

2.3.5 活动说明

在大连海事大学航海模拟器实验室，少年鲲们在智慧老人扮演者（志愿者）给出的提示下，找到相应的海域，并在海图上画出正确航线，画好航线后告知二副（志愿者）进行检验，检验合格后，按步骤启动航海模拟器启航，在规定时间内到达指定地点，完成任务。每个少年鲲连队选拔出来 4 名少年鲲，分别扮演不同的角色，到全景航海模拟器进行船舶竞速比赛。

2.3.6 活动道具

分规、套尺铅笔、橡皮、转笔刀、海图。

2.3.7 活动规则

提前在实验室房间内放置航行海图、作图工具，包括目前船位提示卡片（经度、纬度分开放置），提前定位凌风号船舶位置（海图区域由船舶模拟器视情况而定）。

准备阶段（20 分钟）

1. 少年鲲们在航教楼楼下集合，一个连队分成 4 个小组，总共 8 个小组。每

老师正在讲解航海模拟器操纵

个小组 10 人，每个小组分成两个小分队，每分队 5 人，由八名志愿者分别依次带到船舶驾驶室；

2. 少年鲲们来到驾驶室之后，由每个小组的志愿者讲解海图各个图示代表的含义，以及如何正确规划一段航线（志愿者可以协助完成）；

3. 各小组画出航线之后，由船舶驾驶室请求打开模拟器，控制中心发出指令，按照正确步骤启动航海模拟器；

4. 航海模拟器启动之后，主要讲解航海模拟器的车钟（负责船舶的前进和后退、舵轮负责船舶的航向），以及海上联系的主要方式高频无线电话。

竞速阶段和自由练习阶段（35 分钟）

竞速比赛之前期准备（5 分钟）

1. 每个房间推选出 1 名少年鲲，每个连队组成 4 名少年鲲为一组的团队，在全景模拟器参加竞速比赛，其余少年鲲在志愿者的帮助下进行自由练习。

2. 少年鲲由志愿者带到全景模拟器室，并负责计时及提供必要的帮助。

3. 每个少年鲲成员佩戴身份标识（袖章或者胸章），角色扮演为：船长 1 名，大副 1 名，负责操纵船舶者 2 名。

竞速比赛开始（30 分钟）

1. 由志愿者通过 VHF 通信设备向少年鲲们介绍活动背景，以及他们所需要完成的比赛任务；

2. 扮演船长的少年鲲接到任务卡后，按照任务卡的指示操纵船舶。比赛开始，志愿者开始计时；

3. 当少年鲲们驾驶船舶到达航路点 3 附近，任务结束，计时停止。

竞速比赛规则：

少年鲲们从起点出发，开始计时，驶向终点，以少年鲲小组所有船只到达终点为准。以时长决定胜负，用时少者胜利。如若在没有规定的时间完成任务，则以距离终点远近来排序，距离近者获胜。

2.3.8 安全预案

1. 尺规等作图工具较尖锐，志愿者需保护好少年鲲们。

2. 若少年鲲们在一定时间未找到信息，志愿者应给予提示。

3. 若少年鲲们不能正确使用作图工具，志愿者要及时给予指导。

4. 一定按照正确步骤启动航海模拟器，按正确航向航速航行。

5. 各分队的少年鲲小组成员任务分工明确，按照船长指令操作。

2.4 羽翼渐丰——历经北海秘境的磨炼：科技嘉年华体验

2.4.1 活动名称

羽翼渐丰——历经北海秘境的磨炼：科技嘉年华体验

2.4.2 活动时间

7 月 12 日下午 14:00—17:00

2.4.3 活动地点

大学生活动中心

2.4.4 活动背景

打开了秘境的大门，秘境中遗留的鹏之意志告诉少年鲲们，他们需要在秘境中经历八个关卡的严峻考验，凭借智慧和勇气收集那些遗落的羽毛，才可以离开秘境。当勇敢智慧的少年鲲们完成了所有历练，在上代鹏之意志的指引下，他们离开了北海秘境。

2.4.5 活动说明

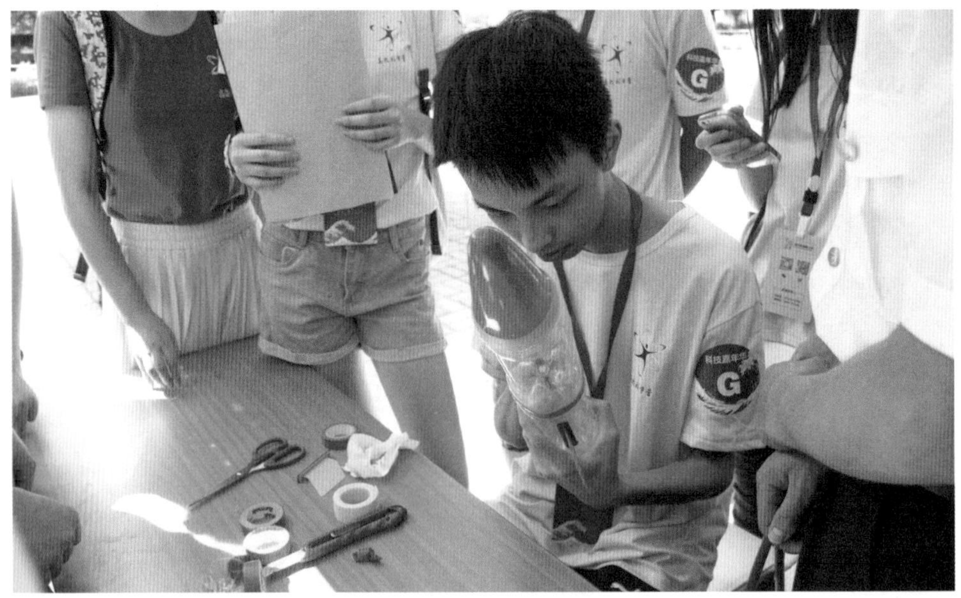

科技嘉年华体验

营员在观测

少年鲲（营员）共 240 人，分为 6 个连，每连有 4 个排，每个排 10 名成员，每个排持有秘境通关卡一张，秘境中共设置 15 个项目，包括 8 个比赛项目和 7 个展示项目，少年鲲们以排为单位，每完成一个项目即达成一项成就，成就达成需要由项目负责人在每个排的秘境通关卡上盖章（羽毛状）后方能正式生效。每个排至少需要达成 10 个成就才可通关，其中 8 个比赛项目均为必修项目，每个排选派 1—2 名成员代表参加某个比赛项目，8 个比赛项目要覆盖每个排的 10 名成员，要求所有营员都参与到比赛中来。展示项目至少参加 2 项，即可满足通关条件，多参加展示项目同样可以获得成就，同时给予加分奖励，此处要注意无论是比赛项目还是展示项目，均要以排为单位参加才能获得成就。

活动全程采用计分制，比赛项目每一项满分 100 分，比赛项目负责人打分时应注意公平公正，得分比例在 90—100 分占 20%，80—90 分占 30%，70—80 分占 30%，60—70 分占 20% 范围内浮动。展示项目要求范围内的两个项目每一项分值 100 分，自愿参加的展示项目每一项 20 分，每个排的分数最多为 1100 分。

成绩核算：首先核算每个排的成绩，最终核算每个连的总成绩。

2.4.6 活动道具

3D 打印机、3D 投影柜、天文望远镜、水果、电池、纸张、灯管等。

2.4.7 活动规则

1. 比赛项目 8 个，具体如下：

（1）鲲之隐—临深履薄——机器鱼管道漏油检测

（2）鲲之觉—秘境之光——自制手电筒

（3）鲲之蕴—含光养华——太阳能小车

（4）鲲之鸣—破浪而歌——水果音乐键盘

（5）鲲之幻—幻化重生——51 单片机 DIY 流水灯

（6）鲲之脊—负任蒙劳——结构设计比赛

（7）鲲之决—弃海踏风——纸飞机竞距

（8）鲲之跃—御风而上——水动力火箭

2. 展示项目 7 个，具体如下：

（1）鲲之旅—借风使力——智能车展示

（2）鲲之梦—虚拟梦境——VR 体验

（3）鲲之能—化虚为实——3D 打印体验

（4）鲲之境—闭关谢客——智能防盗门

科技嘉年华体验

（5）鲲之息—运筹帷幄——基于机器学习的智能全息投影装置（3D 投影柜）

（6）鲲之诀—秘境图腾——C 语言图片打印

（7）鲲之心—拨云见日——天文望远镜之太阳表层的观测

3. 具体规则及评分标准详见《科技嘉年华项目手册》。

活动流程：

考虑到时间问题，比赛活动开始前通过抽签形式（或者随机分组）将 24 个排平均分成 8 个小组，每 3 个排为 1 个小组，每个小组均设 1 名领队，以小组为大单位参加项目。

14:00—14:30

本段时间为展示时间，各小组领队可以带领小组参加展示项目负责人的宣讲，完成即可找到展示项目负责人在秘境通关卡盖章获得成就，在这段时间内每个小组至少要满足最少参加两项展示项目的要求。

14:30—17:00

本段时间为比赛时间，领队带领小组以小组为单位参赛，8 个比赛项目平行推进，完成一轮比赛小组之间进行一次轮换，每一轮时间控制在 20 分钟以内。每轮比赛进行过程中，其他营员可为比赛选手加油助威，中间空档时间，各排可以根据兴趣以排为单位到展示区参观，现场志愿者负责维护秩序，各展示项目负责人负责项目的讲解及解答营员提出的疑问，如果额外完成展示项目，可以盖章获得成就及加分奖励。

2.4.8 安全预案

现场工作人员负责现场巡视指导，观察各比赛推进情况，控制比赛时间，防止活动延时，同时负责处理比赛过程中的突发事件。

2.5 风涛万顷——救援风浪中的孤舟：救助打捞实验

2.5.1 活动名称

风涛万顷——救援风浪中的孤舟：救助打捞实验

2.5.2 活动时间

7 月 13 日 08:00—11:30

2.5.3 活动地点

救助打捞工程实验室

2.5.4 活动背景

离开秘境后，少年鲲们来到了一片波涛汹涌的危险海域。海域周围一片阴郁，乌云浓密且沉寂，无情又残酷的海浪敲打着船体，好像要合力把他们的船吞噬一般。就在此时，远处好多束刺眼的光射过来，少年鲲们发现了一叶摇摇欲坠的孤舟，船上的人们用手电呼救，但船体的剧烈摇晃使手电发出来的光都跟随着船体忽明忽暗。善良的少年鲲们立即前往，用他们的力量抵御风浪，帮助人类。救援成功后，船长十分感激少年鲲们，并向他们赠送了鹏之羽，告诉他们在远处的神秘岛中也藏有羽毛。少年鲲们在船长的指引下向着神秘岛前进。

2.5.5 活动说明

1. 救捞实验室安全知识讲解及活动流程介绍。

2. 把营员分成两组（每组 40 人），分别进行救生衣和心肺复苏比赛项目。

3. 两组交换，进行活动。

4. 选择每组前 2 名选手体验救助直升机救助。

5. 全体营员集合，讲述体验感受。

2.5.6 活动道具

1. 救生衣

2. 答题板、白板笔

3. 心肺复苏模拟人（2 套）

4. 皮龙

5. 警戒线

6. 急救箱

7. 秒表

8. 竞赛卡片

2.5.7 活动规则

比赛项目一：争分夺秒　　穿好救生衣

首先，营员们需要以最快的时间穿好救生衣，为救援行动争分夺秒。

比赛开始前，由志愿者演示救生衣的正确穿法。（约 5 分钟）

比赛开始，每组营员分成四队，每队站成一列，四队同时开始比赛。志愿者在一旁宣布开始并计时。营员穿好救生衣后，由志愿者宣布个人计时结果，另一

名志愿者将时间记录到营员的竞赛卡片上，同时下一位队员开始比赛并重新计时。（约 10 分钟）

比赛项目二：心肺复苏　　拯救落水人员

在现代化的救捞设备的协助下，营员们争分夺秒展开救援，现在，救援已接近结尾。营员们驾驶现代救援直升机在轮船四周搜寻意外落水乘客，并对昏迷乘客进行紧急心肺复苏。

专业老师首先向营员们重复演示心肺复苏的过程，要求营员们认真观看学习。（约 5 分钟）

比赛开始前，将每组营员分成两队，每队选出 8 名营员参加比赛。比赛开始，每位营员需要对心肺复苏模拟人完成 10 次认可合格的心肺复苏过程，并对个人计时。（约 10 分钟）

体验项目：亲身体会　　加深救助理念

切身体验直升机救助过程，加强救助过程记忆。选出前两项活动中的优秀营员（每组两人），乘坐模拟直升机机舱体验救助起吊过程。

由专业老师讲解在直升机起吊过程中的注意事项，在保证自身安全的前提下

救助打捞实验

进行起吊试验。（四人约 25 分钟）

2.5.8 安全预案

1. 营员入场前，清理场地，检查仪器设备性能及消防设备，消除安全隐患。

2. 在水池周围加装警戒线，并安排防护人员。

3. 活动开始前向营员宣读活动安全手册。

4. 水池周围准备救生设备，安排 4 名救生人员。

5. 在直升机模拟平台环节，营员必须正确穿着救生衣，并在工作人员陪同下完成直升机模拟救助体验。

6. 如有营员发生摔倒、磕碰等意外，立即对学生进行绑扎、止血等医护处理，联系校医室，情形严重者立即拨打 120。

7. 如有营员发生触电意外，立刻切断电源，对触电人员实施救助，停止活动，将其与人员有序带离场地，同时联系校医室进行医疗救助，情形严重者立即拨打 120。

8. 如有营员不慎落入水中，救生员立即向落水人员实施救助，将人员救起后，进行溺水人员处理，停止活动，将其与人员有序带离场地，同时联系校医室进行医疗救助，情形严重者立即拨打 120。

2.6 鲲鹏击水——寻找神秘岛的宝藏：无人艇编队展示

2.6.1 活动名称

鲲鹏击水——寻找神秘岛的宝藏：无人艇编队展示

2.6.2 活动时间

7 月 13 日 08:00—11:30

2.6.3 活动地点

心海湖

2.6.4 活动背景

到达神秘岛后，少年鲲们通过智慧冲破了神秘岛周边环绕的层层障碍，顺利进入了岛上，在岛中心搜集到了鹏遗落的羽毛。神秘岛是一座神奇的岛屿，岛上树木丛生，花繁叶茂，不时有蝴蝶在花朵上小憩，不一会儿又飞走了。正当少年鲲们沉浸在这一片美丽的景色中时，神秘岛的守护者出现在他们面前，他奉命守护神秘岛的羽毛等待少年鲲们的到来。他告诉少年鲲们在这个岛屿上，还有其他

无人艇编队展示

的羽毛需要被寻找，由此获得接下来的线索。

2.6.5 活动说明

13 日开始，在心海湖对全体营员进行简要培训，无人艇控制及操纵原理、GPS 卫星定位、单片机控制、参考坐标系制作等专业知识讲解，时间 10 分钟左右。

2.6.6 活动道具

无人艇、电脑、喇叭、安全线、航拍器。

2.6.7 活动规则

首先由无人艇编队指导教师对无人艇相关知识进行简要介绍与讲解，主要包括 GPS 卫星定位、参考坐标系识别、单片机控制等。

接着由无人艇编队成员现场操作，队列展示。展示包括三个环节：

1. 目标包围实验展示。提前设定好无人艇目标包围控制算法，通过设定一个虚拟目标点，使无人艇对虚拟目标点进行圆形包围，通过无线通信网络传递的协同参数，最终使各无人艇跟踪预定轨迹，并相互呈 120 度，对虚拟目标点进行包围。

2. 线上协同实验展示。提前设定好无人艇线上协同控制算法，通过加入两个虚拟领导者，使无人艇位于两虚拟领导者之间，通过无线通信网络传递的协同参数，最终使各无人艇跟踪预定轨迹，并平均分布在两虚拟领导者之间。

3. 同步路径跟踪实验演示。提前设定好无人艇同步路径跟踪控制算法，通过无线通信网络传递的协同参数，使各无人艇的协同参数趋于一致，最终使各无人艇跟踪预定轨迹，并保持相互平行的队形。展示时 5 艘无人艇同步出发，先是直线运行，达到指定位置后相互分开，共同形成一个圆，环形运行，一段时间后，重新调整方向，以三角形的方式回归，回到岸边。

演示结束后，随机提问几个与无人艇有关的题目，加深营员对无人艇知识的理解。

2.6.8 安全预案

1. 当发生紧急事故后，立即通知本项目负责人尽快到场负责事故现场处理工作，保护现场及做好防范、防止事故的继发。

2. 当发生事故，副组长应及时报告校团委领导，并配合当地体育、卫生等部门工作，做到及时处理、妥善安排。

3. 事故发生后，副组长应指挥随队志愿者及时做好事故现场其他人员的安排及离场秩序。

2.7 碧波扬帆——筑建心中的梦想：划艇竞速比拼

2.7.1 活动名称

碧波扬帆——筑建心中的梦想：划艇竞速比拼

2.7.2 活动时间

7 月 13 日下午 14:00—17:00

2.7.3 活动地点

心海湖

2.7.4 活动背景

据说，这一部分羽毛藏在一个名为“心海”的地方。心海是神秘岛中风景最宜人的地方，心海上的每一块区域上都种满了各色各样的花朵，每当太阳升起时，花朵次第绽放，芳香浓郁，万花成海，整个心海呈现一片奇丽壮观的景色。但是为了快速搜集羽毛，少年鲲们要凭借自身的勇敢扬帆起航，在速度与海浪的冲击声中奋勇前行。最终在心海的中心处，搜集到了一部分被鹏遗落的羽毛。

2.7.5 活动说明

1. 由老师讲解救生衣的穿法和皮划艇操作要领，以及安全注意事项和本次活动流程。

2. 营员试穿救生衣。

3. 营员在志愿者保护之下体验皮划艇操作过程。

4. 皮划艇竞速比赛。

2.7.6 活动道具

1. 活动所需救生衣 35 件，桨 15 把。

2. 双人皮划艇 8 艘，单人皮划艇 2 艘。

3. 活动所需扩音器（喇叭）2 个。

4. 活动所需比赛用发令枪。

5. 活动所需对讲机 4 个。

6. 计时器 3 个。

2.7.7 活动规则

1 号方案：

（1）比赛采用固定距离竞速，每个赛制包含 3 艘皮划艇，每艘皮划艇包含 1

划艇竞速比拼

名少年鲲、1 名守护者（志愿者）；

（2）裁判检查比赛准备工作，所有荡桨艇位于起点；

（3）裁判示意比赛工作就绪，各艇就位；

（4）裁判发出“比赛开始”口令，计时开始，同时所有皮划艇从起点出发，各艇少年鲲分工合作朝着比赛终点直线划行；

（5）按照各艇通过终点线的先后顺序进行成绩记录。

2 号方案：

（1）比赛采用水中捞物往返竞速，每个赛制包含 3 艘皮划艇，每艘皮划艇包含 1 名少年鲲、1 名守护者（志愿者）；

（2）裁判检查比赛准备工作，所有荡桨艇位于起点；

（3）裁判示意比赛工作就绪，各艇就位；

（4）裁判发出“比赛开始”口令，计时开始，同时所有皮划艇从起点出发，各艇少年鲲分工合作朝着水中漂浮物划行，捞取漂浮物后，返回起点；

（5）按照各艇返回起点线的先后顺序进行成绩记录。

计分模式：

六个连队的最终成绩进行排名，取时间最短者为优，依次是第一名 12 根羽毛、第二名 10 根羽毛、第三名 8 根羽毛、第四名 6 根羽毛、第五名 4 根羽毛、第六名 2 根羽毛。

1. 竞速比赛环节 1—6 名分别得分 6 分、5 分、4 分、3 分、2 分、1 分；

2. 水中捞物游戏环节 1—6 名分别得分 6 分、5 分、4 分、3 分、2 分、1 分。若未将所捞物品带回起始点，对应的 1—6 名依次扣除 3 分、3 分、2 分、2 分、1 分、1 分。

2.7.8 安全预案

1. 在少年鲲穿着救生衣时，若遇救生衣损坏、不能正常穿着时，守护者（志愿者）及时补发备用救生衣；

2. 在划艇时，若发生意外，如少年鲲落水、发生剐蹭等，守护者头领（指导老师）及时做出反应，保证少年鲲安全，并派保卫者（医生）给予第一时间检查和救助；

3. 若遇恶劣天气，如大风、大雨时，应立即停止活动，活动安排顺延，并在第一时间将所有少年鲲送至新大学生活动中心；

4. 在划艇体验环节结束后，若有艇不能及时回归到出发点，及时联系机动艇进行协助；

5. 若活动当天发生少年鲲中暑、患病、身体不适等，应停止该少年鲲上艇，并联系保卫者（医生）给予医疗援助；

6. 若某一小组因特殊原因发生缺人情况，最后的竞速比赛正常进行；

7. 有紧急情况时，守护者（志愿者）和守护者头领（指导老师）必须保证少年鲲的安全。

2.8 乘风破浪——抵达远方的彼岸：船舶竞速比赛

2.8.1 活动名称

乘风破浪——抵达远方的彼岸：船舶竞速比赛

2.8.2 活动时间

7 月 14 日 08:00—11:30、14:00—17:00。

2.8.3 活动地点

大学生活动中心、水上求生训练馆

2.8.4 活动背景

少年鲲们距离化而为鹏还有一步之遥，他们需要前往最终的目的地“鹏来岛”，去收集最后一部分被鹏遗落的羽毛。据说这里风景美不胜收，天都缥缈浮云际，莲蕊迷蒙隐雾中。据说每一个少年鲲化为鹏后，他的双翼会变成银白色，闪着银光，在浩瀚的北海上空展翅飞翔。少年鲲们需要在北海乘风破浪，到达那里，在一代代大鹏的意志下将所有羽毛化为双翼，大鹏展翅，翱翔寰宇。

2.8.5 活动说明

上午在大学生活动中心进行自制载人船舶设计培训、制作组装比赛用船，下午在水上求生训练馆进行船舶竞速比赛。

2.8.6 活动道具

1. 瓦楞纸、无人船、矿泉水。

2. 宽胶带、彩色胶带、铅笔、刀、剪、转笔刀等。

3. 塑料桌布、彩色塑料布等装饰物。

4. 金银铜牌奖章、最佳设计奖奖章。

2.8.7 活动规则

1. 培训、设计

7 月 13 日 18:00—19:30，在大学生活动中心对全体营员进行船舶设计培训，对船体结构设计、船舶原理、比赛方式进行说明，时间 20 分钟，培训后各排推选出参加比赛的选手，并根据纸船载货重量设计比赛用船，指导教师进行现场指导。

2. 制作、组装比赛用船

7 月 14 日上午 8:00—11:30 根据之前提交的设计方案现场制作船模和比赛用船，船舶制作环节评分主要参考与设计方案吻合度、船舶美观度、实用性等方面。同时，以连队为单位组装无人遥控船。

3. 竞速比赛

竞速比赛于 7 月 14 日 14:00—17:00 在大连海事大学水上训练中心举行，每队参赛选手于 13:30 到场地内集合进行赛前培训，并由救生员穿上救生衣，在工作人员带领下有序入场，救生队员 10 人负责现场救援。现场竞速以连队为单位计算总成绩，每一轮比赛各连需派出 1 个排完成比赛，每排派出 5 名队员参加自制船舶竞速比赛，其中船长 1 名，辅助 4 名，现场共分 6 个赛道，每个连队对应 1 个赛道，船长需操控无人船拖拽纸船前进，纸船内需放置 5 千克矿泉水，若纸船

船舶竞速比赛

翻沉则按各连队完成比赛用时最长的时间加 1 分钟计算成绩。赛道内，6 名船长同场竞技，用时少者排名靠前，不同名次对应不同得分，各连总成绩以各排成绩平均数求得。

4. 颁奖环节

成功完成比赛的队伍根据所获名次颁发奖牌和证书。

2.8.8 安全预案

1. 当游泳池发生溺水事故时，岗位救生员应立即进水抢救溺水者；将溺水者拖带上岸，由救生员进行现场抢救，抢救方法包括倒水、人工呼吸，胸外按压等抢救技术方法，现场抢救不能间断，直到溺水者苏醒，医院救护人员需现场就位。

2. 随队志愿者应配合抢救，马上拨打就近医院 120 急救中心，报告事故原因、事故发生时间、地点，让急救中心工作人员第一时间赶到事故现场急救，维护现场秩序。

3. 通知游泳池负责人尽快到场负责事故现场处理工作，保护现场及做好防范、防止事故的继发。

4. 当发生事故，副组长应及时报告校团委领导，并配合当地体育、卫生等部门工作，做到及时处理、妥善安排。

5. 事故发生后，副组长应指挥随队志愿者及时做好事故现场其他人员的安排及离场秩序。

活动总结

为了帮助广大青少年营员了解航运历史，探索航运科技奥秘，增强对海洋强国战略的认识，激发对航运历史及航运科技的兴趣与探究热情，培养科学精神、创新意识和实践能力，让其在学习科技、感悟科技、实践科技的过程中成长成才、放飞梦想，努力为祖国的建设发展贡献青春力量，大连海事大学分营以科学普及和科技创新作为本次活动的重要目的，充分发挥学科特色，聚焦社会热点，合理开放学校具有航运特色的科技与教学资源，精心策划并组织了“瀚海鲲鹏”主题特色营队活动。

“瀚海鲲鹏”主题特色营队活动以少年鲲经历各种困难的历练，最终化而为鹏的故事背景，以“寻找鹏遗落的羽毛”为活动线索，以科普航海知识、探究深蓝海洋奥秘和感受航海科技魅力为活动目的，通过场景模拟、情景再现等方式，帮助营员们磨炼坚毅果敢、执着探索、精诚协作的意志品质，树立热爱科学，崇尚科学、探究科学的观念，增强热爱海洋、保护海洋、积极参与海洋强国建设的意识，让广大青少年在学习中体味新知，在实践中感悟成长。

“瀚海鲲鹏”主题特色营队活动涵盖了船舶与海洋工程、交通运输工程、信息与通信工程、环境科学与海洋工程等多个学科知识，包括“鹏志初寻——解密风声中的讯息：摩尔斯码译识”“背负青天——探索满天繁星的秘密：六分仪观星辨位”“鲲入北海——踏上星辰大海的征途：航海模拟器操纵”“羽翼渐丰——历经北海秘境的磨炼：科技嘉年华体验”“风涛万顷——救援风浪中的孤舟：救助打捞实验”“鲲鹏击水——寻找神秘岛的宝藏：无人艇编队展示”“碧波扬帆——筑建心中的梦想：划艇竞速比拼”“乘风破浪——抵达远方的彼岸：船舶竞速比赛”八个科学实践活动，让营员们在鲲化而为鹏的过程中体验航海科学的奥秘，感受海洋文化的恢宏壮美。

特色主题活动的主线依托网络优势资源，采用闯关教学模式，较好地补充了教学模式中的人文教育缺失。通过完成科学活动的任务，收集鹏遗落的羽毛，不仅改善了传统科普教学模式的枯燥无味，提高了青少年参与教学的积极性，还增加了营员之间的互动性，激发了他们的学习兴趣，提升了学习效果，更增进了广大青少年对海洋文化和航海知识的了解。此外，特色主题活动跨越了历史和现实之间的鸿沟，设立了鲲化而为鹏的故事背景，全面地融汇航海科学与故事内涵，使营员们进一步认识到鲲化而为鹏的奋斗精神，也让他们在实践探索中开阔眼界、拓展思想，真正感受航海科学的无穷魅力，体验海洋文明的博大精深，进而呼吁青少年加强海洋国土观念，积极投身于走进海洋、保护海洋、建设海洋的伟大征途中。

（一）活动特色

1. 依托航运特色，利用优质教育资源及硬件设备，多角度融合航海科学要素。

学校依托丰富的航海教学资源，开放重点实验室和特色教学场所，同时配备专业教师及优秀学生进行讲解，从硬件设施和内容设计两个方面营造了浓厚的航海科学氛围，融入多元航海科学要素，实现了航海特色与科普教育相结合。

2. 紧跟社会热点，创新活动模式，以丰富的活动内容激发青少年求知欲。

围绕“瀚海鲲鹏”特色活动，创新活动模式，学校精心设计了八个新颖的特色科学实践活动，带领营员踏上化而为鹏直上云霄的征程。主题活动以鲲化而为鹏的故事为背景，展示了鲲通过历练化而为鹏的奋斗过程，极大地激发了学生们的探索兴趣。在形式上，“鹏志初寻——解密风声中的讯息：摩尔斯码译识”“背负青天——探索满天繁星的秘密：六分仪观星辨位”“鲲入北海——踏上星辰大海的征途：航海模拟器操纵”等让人耳目一新的活动名称，充分调动了营员参与活动的积极性。此外，精心巧妙的内容设计配合连贯有趣的科学知识，使营员对航海技术知识有了全方位、多角度的了解，循序渐进掌握了航海科技，同时也培养了营员的团队协作能力。

3. 场景模拟结合情景再现，从理论教育和实践探索两个维度启迪创新思维。

特色主题活动将理论知识的学习融入丰富多彩的实践活动中，通过场景模拟和情景再现，搭建实践探索与理论研究两个平台，积极倡导独立自主学习与团队互动讨论两种方式，在各项科学实践活动中既能够聆听到专业老师的讲解，又有自我研究和探索的空间。从了解最基本的航海科技——摩尔斯码的破译开始，到六分仪的使用、体验海上救助与打捞的神奇等，使营员们深切感受到成为一名真正的航海家既令人兴奋又富有挑战，既需要掌握系统的科学理论知识，也需要锤炼勇敢的心和拥有健康的体魄，进而使营员从中体会到社会人生的道理。

（二）活动效果

“瀚海鲲鹏”作为本次高校科学营活动的特色活动，将科学普及与科技创新作为活动开展的重要目的，其丰富多彩的活动内容、周密完备的活动方案、贴心细致的人文服务，以及坚强有力的后勤保障都给营员和带队教师留下了深刻的印象。

1. 学习航海科学知识，掌握基本航海科技。营员们在“瀚海鲲鹏”主题活动中学习，并掌握了摩尔斯密码知识、六分仪的使用和航海模拟器的操纵等航海科技中的基本技能，在科学实践活动中感受航海科学的神秘与精妙的同时，进一步激发了青少年对探索海洋的无限向往，在实践探索过程中提升了动手实践能力。

2. 激发探索求知欲望，传承科学航海精神。“瀚海鲲鹏”主题活动依托丰富的航海教育资源，开放了重点实验室和教学场所，通过穿插鲲化而为鹏过程中的不同磨炼更是增加了活动的吸引力，令营员们耳目一新。在科学活动中，广大青

活动掠影

少年既可以体验到亲自制作竞速船舶的无限乐趣，也可以感受到海上救助与打捞的艰辛，形式多样的科学实践活动在激发营员们对航海科学兴趣的同时，也使航海科学精神在点滴中得到了继承和发扬。

3. 启迪科学创新思维，锻炼团队协作能力。主题营队活动设计了科学合理的等级评判机制，加强了营员团队合作意识的培养。六分仪使用中的精准要求、自制竞速船舶过程的集思广益与皮划艇竞速过程中的精诚协作等都增进了营员之间的感情，同时带领营员们体验了航海科技的神奇与航海事业的艰辛，使营员们锤炼了科学思维，增强了团队合作能力。

4. 培养蓝色海洋情怀，树立海洋强国之志。“瀚海鲲鹏”特色营队活动在传播航海知识，启迪创新思维的同时起到了激发营员爱国热情，培养营员保卫蓝色海洋国土意识的重要作用。通过亲身参与各项科学实践活动，营员们真实体会到了航运事业的艰辛与伟大，感受到了航海家成长历程中的曲折与不易，在未来的人生道路上他们将努力学习科学知识，掌握科技本领，不断成长，化而为鹏，为祖国航运事业和海洋强国的梦想而不懈奋斗。

未来交通工具创意设计大赛

第一汽车集团有限公司

一、活动流程

17 日：

8:20　全体志愿者在仿生楼门前迎接，各组志愿者提前分好队伍认清自己所带班级再带入仿生楼报告厅，带入报告厅后按顺序坐好，确保现场秩序。

8:30—9:50　统一在仿生楼听讲座。讲座结束后统一在仿生楼门前迅速按照四组进行整队，如有上厕所等情况尽快在仿生楼解决。

10:00—11:30　四组志愿者统一从南门（管理学院院办）的路线走到汽车学院院办后面，根据四组参观实验室路线分别进行参观，参观时确保各组学生不可擅自停留或出现意外，需在队首及队尾至少有两名志愿者。参观结束后统一带回汽车学院院办门前，整好队伍确保人数齐全后前往一餐厅吃饭。

11:40—13:00　吃饭地点为一餐厅二楼，志愿者陪同一起吃饭，确保所有同学在 13:00 前吃完饭。

合影留念

活动掠影

13:00—13:30　确认人数无误后统一带到仿生楼，如有上厕所的可在仿生楼解决，整好队伍后统一带进仿生楼根据上午的顺序坐好，确保在 13:50 全员入座，并控制好现场秩序。

14:00—15:30　统一在仿生楼听报告。

15:40—16:40　车队互动环节，跟随车队讲解人员，确保没有掉队或擅自停留现象。参观结束后统一集合，确保人数整好队伍之后，统一带到一餐厅二楼进行就餐。

16:50—17:50　一餐厅二楼吃晚餐，确保 17:50 吃完晚餐。吃完后统一整队带到逸夫楼 A301—A309、A401。如有上厕所在逸夫楼解决。

18:00—20:00　赛车讲解及设计环节。

18 日：

7:50　带上各班小车统一在南区体育馆集合，帮忙拼赛道、分区、收拾场地等。

15:00—16:30　赛车试跑、调试环节。

19 日：

7:30　带上各班小车统一在南区体育馆集合。

8:00—11:30　赛车比拼环节。

二、赛前准备（17 日 18:00—20:00）

拼装讲解：每班配有 3 名志愿者进行小车的准备及拼装，便于同学们在实际操作前的熟悉与理解。每班志愿者准备好讲解 PPT 及宣讲稿，并提前布置宣讲教室和多媒体的使用等。当晚分为三个环节：

1. 赛车讲解：进行开场的简单讲解，为同学们介绍即将实践的两辆车。

2. 越野改造：每组成员有 15 分钟的时间熟悉越野车，15 分钟后，越野组成员需更换轮胎、避震器等零件，更换每个零件的时间将会被记录并给分。若申请志愿者协助或无法拼上则不加分。

3. 竞速拼装：每组成员有 15 分钟熟悉说明书时间，在此 15 分钟内需确定所拼车型，并记忆拼装步骤，所选车型难度为一、二、三等，根据所选难度进行加分，若 1 小时内没有拼完或申请按照说明书拼装会进行适当减分。若当晚没有拼完同样会进行适当减分。

三、赛车设计（18 日 15:00—16:30）

1. 提前准备：20 名志愿者于 18 日 8:00 前将小车零件、赛道、小盒等相关物品带入场地。

（1）铺好赛道，并将自备小车拼装好在赛道上试跑，进行赛道的最终调试。

（2）提前设计好场地，如每班所在位置、提前摆放好小车及零件、安放好所需的水等必备品。

（3）每班留一名志愿者作为试跑陪同者参与到调试环节，每组每辆车只有两次试跑机会，并有限时规定。每班其余两名志愿者需严格控制现场秩序。

2. 活动现场：所有志愿者提前一小时进入赛场等候（提前吃好午饭）。

（1）严格按照活动流程进行安排，若进行试跑，需要严格遵循每次只能一人在同一赛道上调试，不允许多人在同一个赛道一起试跑或比赛，但越野、竞速赛道可同时试跑，两侧互不影响。

（2）志愿者均需控制现场的秩序，不得出现喧哗吵闹等不良现象。

（3）16:30 时收回每班的小车，若没调试好的可以在 19 日继续准备，不可将零件或整车带走，避免发生丢失、改坏等情况。

3. 活动结束安排：

（1）打扫现场场地，尤其将赛道打扫并摆放好。

（2）将每班的小车收到事先准备好的小盒中保存，不得由班级同学改动或者带走。

四、成果展示（19 日 8:00—11:30）

活动流程：

8:00—9:00 小车最后准备及调试时间（不得在赛道上试跑），期间每班派一名学生代表进行抽签分组，并对本班同学提醒，说明比赛流程并强调会场秩序。

9:00—10:00 将十个班分为两组，分别进行比赛。首先进行竞速组比赛。第一组比赛的五个班级将小车摆放好，其余人员全部退场，赛道周围只留有每班的比赛同学两名、裁判员、记分员，以便维持现场的比赛秩序。第一组比赛结束后，裁判员将每组成绩宣布并记录，五组同学全部退场后，另五组在上场前摆好小车并准备比赛。活动过程及安排与第一组比赛时要求相同。

竞速组比赛全部结束，并宣布成绩后，开始进行越野组比赛。比赛组顺序和竞速组相同，比赛要求及会场秩序与竞速组相同。

10:00—10:30 全部比赛结束后，裁判员再次宣布比赛成绩，并进行分数统计。期间现场主持人会进行互动问答，回答正确的同学会得到小礼品作为纪念。

10:40—11:30 进行现场颁奖，现场设立奖项为一、二、三等奖各一名、最佳竞速奖一名、最佳越野奖一名、最佳设计奖一名。

颁奖结束后，所有参与人员及老师合影留念，并打印送给每位参与者。

五、活动总结

未来交通工具创意设计大赛是我校精心设计筹备的一项集科学性、创新性、观赏性、趣味性为一体的特色营队活动，此活动分为竞速组、越野组两项比赛，竞速组充分激发了营员们创新创造意识，培养了营员们动手实践、团队协作、统筹规划能力，同时对车的基本构造有了一定的了解与认识，营员们精诚合作、

营员正在比赛

创新涌动，设计拼装出各式各样的未来交通工具模型；越野组作为今年的创新环节更是吸引了不少同学的关注及参与，大家共同协作，亲手参与到越野车零件更换的环节当中，对越野模型的认识更是加深了很多，在越野组的同台比试中，越野赛道更是得到了大家的一致好评，充分展现出青少年敢于实践、勇于创新、乐于合作的良好精神风貌，活动得到了营员们的积极参与和高度赞誉。

利用汽车工程学院的学院特色及各个专业的魅力，活动吸引了 280 名各地高中生的参与，在参与未来交通工具创意设计大赛的同时，营员们在活动期间穿插着汽车知识讲座和参观汽车实验室，达到了促进营员理论知识、参观体验、动手实践有机结合，全方面培养营员综合素质的目的。

活动策划、实施方案、场景布置均由我校汽车工程学院同学在教师指导下设计完成，活动参与志愿者具有良好的综合素质和专业能力，能够利用专业知识切实帮助营员更加深入参与活动，了解活动意义及涵盖的理论知识。营员管理模式系统化、专业化，将营员按班级分为十队，每队配备三名志愿者全程跟队，为营员演示操作方法，讲解和解决活动过程中遇到的问题，并且负责领队和保障营员的安全，另有五名志愿者机动，负责协调各队行程及顺序，负责衔接活动中的各个环节，随时准备应对突发状况。

活动以营员自主拼装的竞速车及越野车现场竞技为主要表现形式，以培养营员思考问题、动手实践、团队协作、创新创造的意识和能力为主要目标，以汽车理论知识学习、未来交通工具构想、概念车设计制作实践为主要内容。在7月17日晚，营员们统一以班级为单位进行交通工具设计环节，营员们在半小时的讲解及模型了解后，开始共同进行竞速车的拼装及越野车的零件更换环节，并在限时90分钟的时间内，所有班级均设计，并拼装好参赛小车。7月18日，营员们集体抵达前卫南区体育馆进行车的调试及赛道试跑，为最后的未来交通工具创意设计大赛做准备，现场每个班级的参赛小车均实现比赛冲线，并将车的灵敏度、适应性、方向把握等性能调试到最佳状态。7月19日上午，举办未来交通工具创意大赛，现场对营员的设计拼装成果进行创意评比和竞技评比，各组比赛期间现场还有营员们的才艺展示，在欣赏着营员们表演的同时，现场气氛又一次次地被现场的激烈角逐所点燃，伴随着最后的成绩宣布及现场颁奖环节，未来交通工具创意设计大赛活动到此圆满结束。

未来交通工具创意大赛为营员提供了一个接触和了解汽车知识的平台和展现自我能力的机会，并在此过程中充分发挥自己的创新能力和团结互助精神，

营员在测试小车

营员动手实践

提高参与集体活动的积极性，提升了营员的综合素质。活动中营员积极动手参与、团结互助，激发创新思维，营员们深入了解到汽车车身设计知识及汽车性能知识。比赛不仅极大地调动了营员们参与活动的积极性，激发了同学们对科学的兴趣和向往，充分发挥营员们的想象力和创意，培养营员们的创新意识和创新能力；同时，在比赛的过程中，同学们增强了团队协作意识，提升了动手实践能力，锻炼了语言表达能力、统筹规划能力、协调沟通能力，加深了各高校之间、汽车营和专题营之间的交流。

在举办活动中，我们做了充足的前期准备，不断完善策划方案、不断测试改进赛道、不断试验赛车性能、不断模拟意外状况，并给出解决方案。另外，本次活动的另一个可鉴之处在于任务的分配上，我们充分利用和协调好人力资源，分工明确，做好各部分衔接，有效提高了工作效率，保证活动的顺利进行。但是也出现了问题，比如没有考虑到多台赛车同时开启时的信号干扰问题，我们为此增加赛场规则，要求在比赛时场下赛车必须处于关闭状态，信号干扰问题得到成功解决；还有电池的续航时间和电力问题，为此我们给各组更换了充电电池，并准备了充足的备用电池；还有现场秩序和气氛的控制问题，我们要求跟队志愿者与营员积极沟通交流，主持人把控好现场气氛。充足的前期准备，各环节的衔接配合，遇到问题时的随机应变及志愿者的团结协作，保证了本次活动圆满结束。

机甲争霸赛

南京大学

一、活动准备工作

1. 人员分工及任务

负责人：策划筹备整体活动，协调工作人员，管理工作进度，处理现场突发事件。

主持人：进行活动人员和流程介绍，以及比赛规则的讲解。

讲师：主讲机器人组装与机器人编程设计。

物资管理：前期准备物资，现场发放和替换物资，结束后清点物资。

现场管理：负责现场调度及秩序的维持。

技术人员：熟练掌握机器人的组装和编程操作，帮助学生解决技术问题。

宣传人员：前期负责活动宣传，现场跟随拍摄，活动结束时需剪辑成小短片播放。

裁判：比赛时负责计时与计分。

营员积极参与互动

其他志愿者：根据各环节需要增加志愿者数量。

2. 物资准备

物资	数量
机器人套件（带螺丝刀）	37 套
电脑（带鼠标）	70 台
螺丝刀	40 套
剪刀	2 个
扳手	2 个
创客币	400 张
技术手册	40 本
赛道物资	/

注：机器人套件：电池需提前充满电；电脑：需提前安装好编程软件，并充满电；创客币：更换物资、场外求助、赛道测试需消耗创客币；知识竞赛可赚取创客币；赛道物资：根据需要准备赛道物资，提前布置好赛道。

二、准备资料

1. 技术手册

2. 证书

3. 各项评分表

4. 知识竞赛题目

附录 1: 学员手册

1　日程安排与规则

第一天 上午：机器人拼装

第一天 下午：接线与软件教学

第二天 上午：自行调试和赛道测试

第二天 下午：机器人争霸比赛

2　比赛内容

2.1 赛道比赛 (75%)

竞走挑战：快速通过直道。从起点处直立状态开始，接触到终点线即为完成；踩到边界线或摔倒即失败。根据时间按名次给分，前 15 名从 25 分开始依次降低，15 名以后都取 10 分 (10%)。

转弯挑战：快速通过几个弯道。从起点处直立状态开始，接触到终点线即为完成；踩到边线或摔倒即为失败。完成即得 10 分 (25%)。

跃线挑战：越过离地一定高度的线，要求从立正状态开始，以立正状态结束。可以压到线，但如果被线绊倒即为失败。根据时间按名次给分，前 15 名从 25 分开始依次降低，15 名以后都取 10 分 (15%)。

踩雷挑战：用脚板遮住盒子上的“地雷”图案即可。要求从立正状态开始，脚板前沿离盒子 1cm；当脚板稳定踩在盒子上，并完全遮住“地雷”视为完成。完成即得 15 分。

2.2 表演赛 (25%)

每组自由设计一套动作，在各位评委面前展示整组动作。三名评委打分的平均分作为总分；失败了可以重来一次，建议预留备选方案。

评分标准：

动作流畅度：是否连贯、柔和 (10%)。

难度：看起来是否容易实现 (10%)。

创意：是否新奇有趣 (5%)。

规则限制：不得少于 3s，也不得多于 10s。摔倒了就算失败哦！每组有两次机会，失败了还可以采用备选动作。

3　场地设置

3.1 创客区

就是大家所坐的地方啦！

3.2 物资区

可以来领物资，包括螺丝刀、电池和主板及更换组件。

3.3 场外援助区

可以向技术人员寻求帮助。

3.4 争霸擂台

最终的决胜地点，在第二天的上午可以来测试。

营员动手实践环节

3.5 充电区

充电区可以在创客区周围找到，其插座只能被用于给机器人电池充电，不能被用于其他任何电子产品。建议：机器人电池充电 3 小时可续航 1 小时，请注意规划时间。

4　创客币介绍

创客币是你在比赛中的“资源”，可以用来更换组件、向技术人员寻求帮助或租用争霸擂台进行测试。请谨慎使用哦！

每组初始创客币 10 枚，创客币不可交易，或转交给其他组。

4.1 使用范围

向技术人员寻求帮助：2 枚创客币 / 次；物资补充：更换主板 / 电池，5 枚创客币 / 个。

更换舵机：3 枚创客币 / 个。

更换其他组件：1 枚创客币 / 个；租用一个赛道进行测试：1 枚创客币 /5 秒。

4.2 赚取创客币

每半天会有一次知识竞赛，通过挑战即可获得大量创客币哦！

附录 2：工作人员手册

1. 序言

欢迎你参与本期机甲争霸赛，成为其中的一员。在这里，你将面对各种各样的伙伴，参与到他们的人生中，见证他们收获友谊和知识、诠释青春和梦想。你将陪同他们度过一段难忘的时光，成为他们永不褪色的记忆的一部分，和同学们一起成长，这是多么开心的事情呀。希望我们通力协作，在同学们的生命中留下一抹亮色，一起挥洒汗水，一起放肆大笑。

我们相信：

每个人都有其独特的意义与价值，每颗热忱的心都值得被呵护，而我们将引导孩子们养成独立自主的习惯，同时也鼓励孩子们能够明白团队协作的可贵。我们将尽可能地培养、满足孩子们对于科学知识的兴趣，同时也尽可能地发现、鼓励孩子们对于梦想的追求。习惯、兴趣、梦想，这三个元素就如同三足鼎立，能够激发起孩子们源源不绝的学习动力和激情。

我们相信每个渺小中都蕴含着伟大，每颗种子中都蕴含着大树。大家都能

营员正在进行团队协作

数清楚每个苹果中有多少个种子，但是只有上天知道每个种子中有多少个苹果。正值青春年少的青少年，究竟在小小的身躯中蕴藏着多少的可能，恐怕连他们自己也不是特别清楚。而通过系统而充分的学习，能让孩子们挖掘出自己的潜能，从而获得成长。

2. 工作人员章程

工作纪律：

工作人员必须掌握工作必要的技能，主动询问即将开始的工作的相关信息，认真参加培训，提前熟悉自己的工作。

工作人员应当服从组织的工作安排，不得无故缺席，不得消极怠工，应当忠诚勤勉地完成自身的工作。

工作人员因故不能参加活动的，应该马上通知工作组，并做好工作的交接工作。

工作人员必须穿着规定服装，保持良好的精神面貌。

工作人员应当服从考勤的安排，在考勤表上签到。

工作人员应当积极观察同学们的表现，关心同学们的生活和学习，遇到特殊情况应当立即向营长报告。

工作人员应当互相配合，分工合作，保持良好的工作氛围。

工作内容：

工作人员应当保障同学们生命安全，以同学们的安全为第一要务。

工作人员应当通过自己的言行举止向同学们传递正确的价值观和学习中的经验，以一个优秀工作人员的标准要求自己，以自身的行为来教育同学们。

工作人员应当更多地引导同学们自主决策，尊重同学们的意见，认真倾听同学们的意见，保持开放宽容的态度，引导同学们深入思考，培养同学们自主自立的精神。

导师应带领团队及时到达各个指定地点，维持团队秩序，控制流程时间。

鼓励合理的竞争和合作，反对作弊和恶性竞争。

工作人员应当保持环境卫生，随手带走垃圾。

营员向老师虚心请教

三、活动总结

机甲争霸赛活动希望夏令营的营员通过分组学习、组装、设计，理解团队分工合作的意义，熟练掌握机器人的组装、操作及原理，并对图形化编程有初步了解和应用。配合竞赛表演环节，以竞技的形式激发学生的创造力，给予学生运用所学知识的机会。活动以专业性、实践性、趣味性的课程与线上线下相结合的混合式学习模式，实现理论与实践的结合，有利于学生培养创新精神，锻炼动手能力，同时树立良好的合作竞争意识。活动共持续两天，第一天上午了解机器人的相关零件，学习组装步骤，小组合作进行组装；第一天下午安装机器人编程和控制软件，学习并探索如何进行编程，实现前进、后退、翻滚等基本动作；第二天上午进行机器人调试和赛道测试，熟悉赛道，同时构思表演赛动作；第二天下午正式开始机甲争霸赛，评选出成绩最好的三个小组及最佳创意奖，比赛结束后进行表演环节和颁奖仪式。

机器人组装和动作设计难度较高，但学生们基本都能顺利完成，且比赛完成度很高，秩序井然，物资未出现严重缺损，活动整体效果良好。活动建立了一个相互交流的平台，不但提高了学生的综合素养，也进一步拉近同学之间的距离，这样的活动值得提倡与发展。

迷你工程师

厦门大学

一、准备工作

准备工作分为两个阶段，第一阶段是物资采购阶段，负责的志愿者要提前购买好制作飞机需要的竹条、胶水枪、硬纸板等材料。第二阶段是现场准备阶段，在活动正式开始前志愿者要提前赶往现场布置好桥梁模型制作场地，按 18 个组，划分出 18 个制作场地。

二、活动现场

将 180 名营员随机分为 18 组，通过 30 分钟的 PPT 讲解让营员了解活动规则和过程，还要简单介绍桥梁模型的制作方法和技巧，展示已有的桥梁模型。提供一个小时的模型制作时间，在此期间营员通过团队协作充分发挥创新能力制作不同结构的桥梁模型。制作完毕后，进行多级别的重量加载检验模型安全性。在加载过程中，志愿者要记录好加载重量，并数秒。然后邀请建筑与土木工程学院老师进行现

活动开始前的介绍

营员正在小心翼翼地加码

场点评，以及给优秀模型的制作者颁奖。

活动结束后，清理场地，将剩余的材料登记好后，交由建筑与土木工程学院保管。

三、活动总结

为培养营员的创新意识，响应党的十八大以来对创新发展提出的一系列重要思想和号召，本次高校科学营推出了“迷你工程师”这一创新项目。这一活动在 2018 年 7 月 13 日 14:30 至 17:30 于厦门大学学生活动中心二楼多功能厅举行，共有 226 人参加（其中营员 180 人）。这次活动通过对承载结构设计的创新实践探索，让营员深入了解到了厦门大学的创新理念，也同时培养了营员们的团队意识及动手实践能力。在将近一个小时的分组讨论与动手设计中，营员们充分发挥了创新思维，参考已有的桥梁模型，在已有模型的基础上进行改进完善，有的组还设计出了新的桥梁模型。最终，第十组设计的桥梁作品拔得头筹，成功加载了 10 千克重量。制作环节结束之后，厦门大学建筑与土木工程学院许志旭老师对营员们制作的模型进行点评。许老师肯定了营员的创新意识、动手能力和团队协作，他表示，希望通过这样的动手体验在营员们心中埋下土木工程的种子，也许未来这些营员中就将产生出色的工程师。同时营员们结交了来自五湖四海的朋友，在比赛中收获了友谊，将本次活动推向了高潮。创新是引领发展的第一动力，在今后的活动中，我们可以引导营员向更深层次思考，激发他们的创新能力，让他们在生活中也能够有创新意识。

测绘科学实战训练

武汉大学

1. 活动目的

通过实际的动手操作仪器，使中学生了解一种测绘方法的基本流程，并可以结合中学的数学知识完成坐标计算，并将计算成果展绘于图纸，锻炼学生的实际动手能力，起到理论与实践相结合的作用，并增加学生对测绘信息专业的兴趣。

2. 活动时间

活动分两个时间段：

1）2018 年 7 月 11 日下午 13:00—14:00 活动涉及的基本知识讲解

测绘遥感重点实验室参观

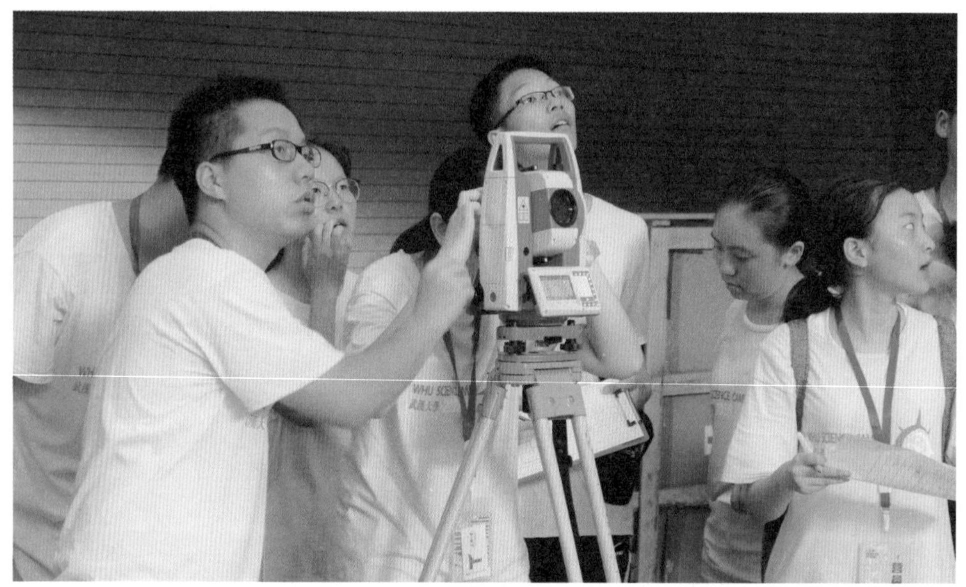

测绘实战训练之营员操作仪器

2）2018 年 7 月 11 日下午 14:00—17:30 仪器操作及成果展绘

3. 活动地点

武汉大学信息学部附 3—202 报告厅、大学生活动中心

4. 活动内容

4.1 基本知识讲解

结合全站仪的测量功能，讲解全站仪测量所能获取的数据：水平方向、水平角、垂直角（或天顶距）、斜距、平距、高差，进而讲解全站仪的使用操作过程、如何能测量出这些数据；针对中学生具备的基础数学理论知识，启发讲解如何通过计算（极坐标法、三角高程测量），将直接测量数据转换为坐标成果。

学生分组，计划每 10 人为一组，并配备一名指导教师。

强调测量实践中的安全注意事项。

4.2 全站仪测量操作及成果展绘

1）由指导教师带队各小组到指定的测站点，每组使用一套全站仪，包括全站仪一台、脚架一个、棱镜杆（配单棱镜、圆水准气泡），并配备记录手簿及成果展绘图纸。

2）各小组安排讲解内容，安排组员测量顺序。

3）当一位同学操作全站仪时，从测站对已知控制点定向开始，依次测量角度及距离，同时另一位同学持棱镜站立于待测点作为测量目标，第三位同学记录观测数据。

4）按小组排序，依次轮换，每位同学均有机会完成全站仪测量全过程。

5）小组每位同学依据自己测量的数据，计算被测量点的三维空间坐标，小组集中将每位同学的测量成果展绘于图纸（按 1 ∶ 500 图比例尺），并将高程注记于所测点旁。

6）全部小组测绘成果由指导老师录入 AutoCAD，绘制完整的测绘成果。

4.3 中学生实践前的准备工作

由指导教师按照测量规范，事先使用全站仪在大学生活动中心测量出 12 个控制点，以导线测量方式完成，作为中学生动手实践时的基础测绘成果，用于学生后续计算坐标成果。

5. 仪器设备

用于动手实践的仪器设备全站仪，配套棱镜杆、单棱镜、圆水准气泡、记录手簿及展绘图纸。

测绘实战训练之营员制图

大家一起研究讨论

仪器设备采用租赁方式，为保证活动正常进行，租赁全站仪12台。

6. 人员配备

活动开展时，为每个学生小组在测站配备指导教师1名，现场实践指导及安全督导，共10名；为持棱镜跑尺同学配备流动指导教师5名；总体负责指导教师1名。合计指导教师配备16名。

7. 后勤保障

因7月份天气炎热，为防止中暑，保障学生安全，购置矿泉水集中放置于活动地点，发放给学生，为学生购置草帽佩戴。

2018武汉大学高校科学营测绘实战训练活动总结

为配合2018年武汉大学高校科学营活动，我校组织了定向越野活动中的测绘知识、测绘技能实践活动，以及专门的测绘仪器实践活动。

活动剪影

通过此次高校科学营专门测绘实践活动，同学们表现出浓厚的兴趣，积极性很高，加强了中学生对武汉大学测绘专业的了解。

将测绘技能融入于定向越野的活动中，增加了趣味性，并依据测绘的成果评分，增加了

认真听讲

学生们取胜的信念。

专门的测绘实践活动按组别完成测绘任务，培养了中学生的团队合作意识。每个小组在完成测绘任务时，小组中的每个成员都要参与到其中的各个环节，仪器观测、跑尺、记录测量数据，在取得测量数据后，小组共同讨论如何计算，既有个人能力的展现，也有团队合作精神的体现。

通过此次活动，积累了举办活动的经验，针对中学生好奇心强的特点及所学知识，设计了适合于此次活动的内容；针对 7 月份天气炎热、多雨的状况，在事前的准备工作中，预订了备选的地点，并做好基础数据的测量，作为开展活动的备选方案，保证了活动的顺利开展。

通过此次活动，总结的另一个经验是，在前期准备期间，对志愿者指导教师也开展一次集中培训，使他们在实践活动中能更好地完成指导工作，保证活动的顺利开展，提高营员的体验。

海洋知识竞赛

中国海洋大学

一、实施方案

赛前，由工作人员向各个专题营、高校科学营的同学宣传海洋知识竞赛，在营员入营报到时发放海洋知识竞赛题库，鼓励同学积极参与。并由带队老师组织在每班选出三名同学代表参加此次比赛。

比赛当天，由主持人向各参赛队介绍本次比赛的赛制。本次比赛包括小组赛和决赛两个赛程，小组赛进行后，积分最高的三支队伍进入决赛。每队初始分数为200分。

小组赛共有两个环节，分别为“旗开得胜”“狭路相逢”。

旗开得胜：各队队员轮流答题，各队1号选手依次答题后，再由各队2号选手依次答题，以此类推，共30题。本环节选手应独立答题，非答题选手不得协助，若非答题选手有协助行为，视为回答错误。答题时间10秒，答题超时视为回答错误。答对加十分，答错不扣分。

狭路相逢：抢答环节，共9道题，分为3档，1、2、3题10分，4、5、6题20分，

营员大合影

营员活动现场

7、8、9 题 30 分。在听到抢答器“3 2 1 滴”声后，小组方可按抢答器抢答。获得答题权的选手任选某一分值对应题目，答对得全分，答错倒扣所选题目的一半分值；获得答题权后答题时间不超过 10 秒，否则视为错答。共有 5 次抢答机会，本环节比赛结束，分数累积排行最高的三组进入决赛。

若出现低分并列的情况，则并列队伍加赛（抢答），直至出现分差为止，此分数不加入总成绩。

决赛环节“旗开得胜”：本环节共 27 道题目，各队伍依据编号大小依次答题，按照各队 1 号选手依次答题后，再由各队 2 号选手依次答题，再由各队 3 号选手依次答题。此环节题目中，1/3 的题目来自于题库，2/3 来自题库外。个人答错题目，淘汰个人，队伍其他队员继续参与下一轮答题。若题目全部问完之前场上仅剩一支队伍，则该队获胜；若 27 道题目全部问完，仍有超过一支队伍在场，则剩下人员多的一队获得最终的胜利；若出现队内成员相同的情况，则进入加赛环节，最终确定冠军。

全部赛程结束后，带队老师代表对各位同学们的表现提出表扬，并鼓励同学们继续保持学习海洋知识的热情、拓宽自己的知识面。经过工作人员的分数统计，专题营三、四班组成的队伍获得冠军。由带队老师向自己所带队伍颁发奖品。

此次海洋知识竞赛圆满举办，感谢各位老师的大力支持，也感谢各位参赛选手为比赛付出的努力！

二、活动总结

2018 年 7 月 21 日晚六点，由中国海洋大学承办的“2018 年高校科学营中国海洋大学分营、海洋科学专题营——海洋知识竞赛”在大学生活动中心多动能厅举行。来自专题营、高校科学营的 10 支队伍参加比赛。经过两个小时的激烈争夺，专题营三、四班组成的队伍脱颖而出，获得本次比赛的冠军。

海洋知识竞赛

作为 2018 年高校科学营活动的重要组成部分，本届知识竞赛主题为“提升海洋强国意识，筑牢海洋强国根基”，旨在响应党的十九大报告中提出的“加快建设海洋强国”战略，提升广大学生的海洋意识，为培养未来的蓝色人才奠定基础。海洋知识竞赛既可以进一步普及海洋知识、传播海洋文化，使更多的青少年了解海洋、认识海洋、热爱海洋，又可以吸引同学更加关

营员专注听讲座

“巅峰对决”时刻

注海洋，合理开发利用海洋，保护海洋，并投身海洋事业。

活动中，每位参赛选手对此次比赛都表现出了极大的热情，积极答题，竞争激烈。观众的参与度十分高，答题环节的惊心动魄，也让场下观众感同身受。在决赛环节，选手们的情绪也十分高涨，现场气氛非常热烈。

赛后，工作人员和同学们在台前合影留念，此次比赛在同学们的掌声中圆满落幕。

“异想天开，推倒一夏”
——多米诺骨牌大赛

中南大学

一、活动背景

为圆满完成中南大学2018年高校科学营相关工作，在中南大学团委的精心策划下，“异想天开，推倒一夏——多米诺骨牌大赛”活动于7月18日在新校区毓秀楼238室举行。

二、活动目的

以多米诺骨牌大赛为契机，希望通过本次活动，培养青少年的动手能力、创新能力及团队交流协作能力。

三、活动之前的准备

多米诺骨牌（七色，每种颜色各1000张）；

营员大合影

活动现场

奖品纪念明信片 3 张；

奖品纪念手环 50 个；

奖品纪念纸书签 3 个；

活动组提前 5 小时清空场地；

评分表 10 张；

无线话筒 2 个；

主持人 2 位。

四、活动基本规则

1. 参加对象：参赛队伍以班级为单位。

2. 比赛要求：参赛队伍要利用本次活动提供的多米诺骨牌完成“多米诺金字塔”“异想天开，推倒一夏”和“不一样的夏天”三个任务（但是只有“多米诺金字塔”和“异想天开，推倒一夏”进行积分）。

3. 比赛规则：

（1）每班都有 45 分钟的时间完成比赛要求，时间一到立即停止摆放。

（2）每班自行分成三组，分别完成“多米诺金字塔”“异想天开，推倒一夏”“不一样的夏天”。

（3）每班都会分到 1000 张多米诺骨牌，在规定的 45 分钟内，参赛队伍要自主完成规定任务，45 分钟后的成果作为最终成绩评选。

（4）参赛队伍成员之间不得恶意去干扰、破坏其他参赛队伍正常比赛，或造成比赛不能正常进行。

4. 评比内容及标准

（1）“多米诺金字塔”的最终成绩的评判将按照所堆金字塔的最高高度来评分，第一名获得 6 积分，第二名 5 积分，第三名 4 积分，第四名 3 积分，第五名 2 积分，第六名 1 积分。“创意摆放”由评委评分排名，第一名获得 6 积分，第二名 5 积分，

作品制作

作品局部展示

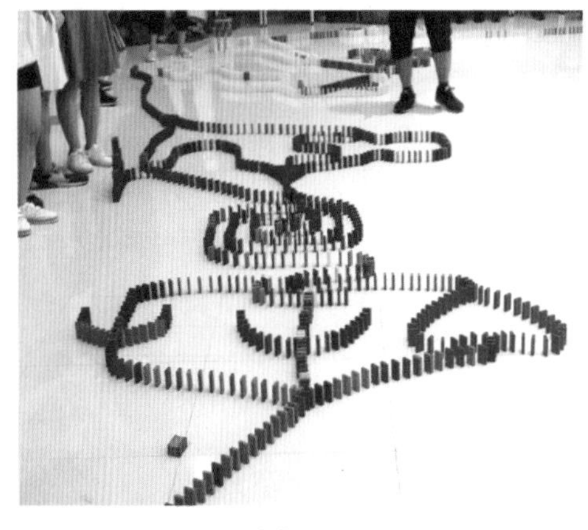

创意摆放

创意摆放局部

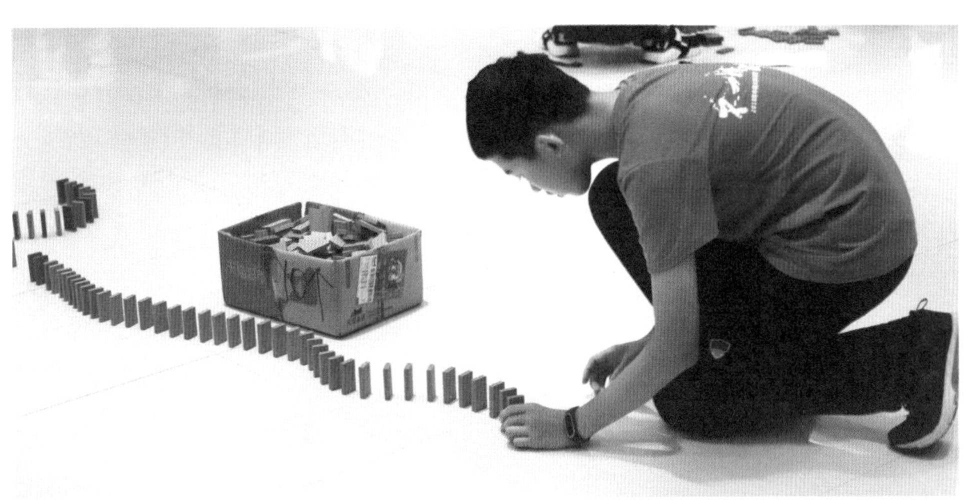

营员正在小心翼翼地摆放

第三名4积分，第四名3积分，第五名2积分，第六名1积分。“异想天开，推倒一夏”中，效果占40%，规模和讲解各占30%。如果累计积分相同，则“异想天开，推倒一夏”分高者优先。

（2）每组参赛队伍将配有2至4名工作人员进行监督，以及做最后的高度的测量，测量采用量尺测量。如有疑问，各参赛队伍可向工作人员进行咨询和寻求帮助。

（3）多米诺金字塔最终成绩的评定有两种方式：比赛结束时最高高度，中途举手示意记录成绩（各班有两次举手机会，当第二次举手后以最高为最终成绩，不可更改）。参赛队伍可自由选择堆积数目，可以是一个，可以是多个。如果参赛队伍堆积的金字塔超过1个，将视所有金字塔中最高高度作为最终成绩。

注：一班对应“不”，二班对应“一”，三班对应“样”，四班对应“的”，五班对应“夏”，六班对应“天”。

备注：整个比赛过程可以互相交换多米诺骨牌。

五、活动总结

多米诺骨牌最早起源于宋代，当时民间出现了一种名叫“骨牌”的游戏，在宋高宗时迅速在全国盛行，也就是中国古代的“牌九”。据记载，19世纪流传到意大利后，人们利用牌九上面的点数来做一些拼图游戏，后来意大利人好奇地把骨牌竖起来，逐渐发展成了原始的“多米诺”。如今，多米诺骨牌已经发展成为了一个独立完善的益智游戏项目，除了可码放单线、多线、文字等各式各样的造型外，还可充做积木，搭房子、盖牌楼，制成各种各样的拼图，其中蕴含着丰富的物理学、建筑学、设计学等科技知识，非常考验参与游戏者的耐心、细心，能够激发同学们的想象力，提升动手能力和培养团队协作意识。

为了确保活动效果，我们采购了 7000 张颜色各异的多米诺骨牌，高校科学营的志愿者们提前一个星期在专业多米诺游戏辅导机构的帮助下系统学习和动手操作。经过连日的学习和训练后，制定出了活动的具体方案，并提前通过微信群、QQ 群等方式向营员师生介绍特色活动的有关知识，大家对活动表现出了非常积极的参与热情，个个摩拳擦掌、跃跃欲试。

团队协作

单兵作战

在特色营队活动正式开始的前一天，我们将 220 名营员师生分成 6 组，在各自的专门场地中学习和训练多米诺骨牌的游戏技巧。同学们发挥各种奇思妙想，积极协作，在如何提高骨牌摆放的效率、如何让骨牌的摆放更加美观和具有创意上展开了激烈的讨论和积极的探索，在无数次推倒尝试中积累了经验，为正式活动做好了准备。

正式活动设计了三个主要环节：七彩金字塔、自由设计推倒、合作排字。第一个环节是规定动作：七彩金字塔搭建。参赛的同学们要根据提前发放的金字塔构造图进行搭建，用时最短的获胜。这个环节主要考验同学们的耐力和团队分工协作能

胜利的欢呼

力，因为理论上同时搭建一个金字塔的人越多，速度越快，但同时出错概率也会越高，相邻层的契合程度也会越差。第二个环节是自选动作：自由设计推倒。每个小组自行设计一个能够连贯推倒的造型，最美观、最新奇、最连贯的获胜。由于每个小组的骨牌颜色是单一的，为了让骨牌的设计更加美观具有创意，各个小组需要根据自己的创意设计与其他组进行骨牌交换，不仅是对营员想象力和创意的考量，更是对他们团队内、团队间交流协调能力的考验。第三个环节不计入评分，由所有的小组合作完成。6 个小组要自行设计，并分别摆出“不”“一”“样”“的”“夏”“天”6 个字体造型，并通过骨牌将 6 个字同时推倒。除了“不”“一”以外其他的字体笔画都相对复杂，且非常容易一个不小心提前“遭到破坏”。同学们进行了反复设计、多次尝试，每次失败都互相鼓励“从头再来”，那温馨的画面和认真的表情让人难以忘怀。

2018 年 7 月 18 日晚 9:00，在“不一样的夏天”6 个字体同时推倒后，伴随着现场近 300 人的热烈欢呼，本次“异想天开，推倒一夏——多米诺骨牌大赛”活动圆满结束。同学们在游戏活动中放下了手机、走下了网络，在面对面、肩并肩中体验了活动的科学性和趣味性，感受到了集体的无限力量和智慧。通过志愿者的精心准备和营员师生的热情参与，在游戏中学习、在动手中成长，为 2018 年中南大学高校科学营活动画上了精彩的一笔！

以花材为笔构建月球生物圈

重庆大学

一、引言

自古以来，关于月球有着很多美丽的传说。今天，随着我国航天技术和深空探测技术的发展，从嫦娥一号到嫦娥三号的成功发射升空，让嫦娥奔月由美丽传说变成现实。由重庆大学牵头的嫦娥四号“生物科普试验载荷”，于 2018 年年底发射前往月球。载荷是一个由植物、动物和微生物构成的微型生态圈系统，通过监测数据，照片或视频展示动、植物和微生物在月面的生命活动，普及生物学知识，同时激发人们对宇宙探索的热情，提高人们的环境保护意识，宣传我国探月工程成果，增强民众的民族自豪感，彰显我国在航天及其相关技术研

作品展示

究领域的巨大成就和国际领先地位。我们以此项目为依托，设计了高校科学营体验活动——以花材为笔构建月球生物圈。

二、科学原理

月球微型生物圈是一个小型的生态循环系统，由其中的各种生物和所处的环境构成。在这个循环系统中，植物充当生产者，动物充当消费者，微生物充当分解者。作为生产者，植物能够通过光合作用，不断地吸收空气中的二氧化碳，并释放出氧气，供所有生物进行呼吸作用。此外，植物通过光合作用将无机物转化为有机物，为消费者提供食物来源。作为消费者，动物会消耗生产者提供的有机物和氧气，并排放出二氧化碳。作为分解者，微生物一方面会消耗生产者提供的氧气，另一方面会将动植物的残体和排泄物分解为无机物，供生产者所需。这样，一个微型的生态圈就构成了。

生物科普载荷项目所设计的微型生物圈是基于月球环境构建的。月球的环境非常恶劣，月球上的一天相当于地球上的一个月，而且温差大、重力小、辐射强，很难适宜生物生存。因此，需要挑选抗逆性很强，且具有农业生产和研究价值的生物。

本次实验所采用的是压花技术，即利用物理和化学方法，将植物材料包括根、茎、叶、花、果、树皮等经脱水、保色、压制和干燥处理成平面花材，经过巧妙构思，制作成一幅幅精美的装饰画，这幅画的主题是构建月球生物圈。要求同学们利用花材组合成所需的生产者、消费者和分解者等，以花材为笔设计出一个物质能量能够达到动态平衡的，在月球可持续的生物圈。

三、实验设备及器材

微波炉、微波压花板、普通压花板、塑封机、花材、胶水、剪刀、 卡纸和塑封膜等。

四、实验内容及步骤

1）实验内容

以花材为笔作画：构建一个合理的月球生物圈，要求在理论上能达到生态平衡，集科学性、艺术性与趣味性于一体。

2）实验步骤

①采集

采集适合用的花和叶子，水分少，花瓣单薄的植物尤其合适，例如三色堇、香雪球等。

②压制

将花或叶子夹于压花板中，普通压花板需要3—4天，微波压花板需要3—4分钟。

③拼贴

将压好的花材随自己的喜好组合成一个设计合理的月球生物圈，粘在卡纸上。

④装裱

利用塑封机过塑或者冷裱膜将其装裱。

五、实验延展

生物圈的概念、要领是由奥地利地质学家休斯（E.Suess)在1875年首次提出的，是指地球上有生命活动的领域及其居住环境的整体。在生物圈中，人是占统治地位的生物。随着人类的不断发展，人类不断地对这个生物圈进行改造，但在这个过程中，地球生态圈遭到了严重的破坏。人类为了更好地繁衍，大肆地砍伐森林，开垦农田，使得全球植被减少，随之而来的后果就是大范围的水土流失，耕地质量下降，甚至发生荒漠化。同时，随着工业的不断发展，环境污染日益严重，并危及人类自身的健康。此外，地球资源是有限的，人类数量越来越多，需求量越来越大，势必会导致资源的匮乏。

因此，人类开始瞄准外太空的其他星球，希望能够采集和利用其他星球的资源，甚至移民到外星球。月球是离地球最近的星球，拥有丰富的矿产资源。从1959年起，人类就开始向月球发射卫星，甚至登陆月球。我国的嫦娥探月工程从2004年开始，先后发射了嫦娥一号、嫦娥二号和嫦娥三号。2018年年底，嫦娥四号即将发射，并携带“生物科普试验载荷”微型生态圈前往月球。这将是人类首次在月面展示动、植物和微生物的生命活动。

月球的环境非常恶劣，月球上的一天相当于地球上的一个月，而且温差大、重力小、辐射强，很难适宜生物生存。因此，如何将地球上的植物、动物及微生物在外太空极端生境下进行繁殖和培育，并在一个生态圈中生长发育，这对于未来在月球建立人类基地，为人类提供新鲜安全的食物来源，具有重要的意义。

本次实验是用压花艺术来搭建营员们心目中的月面微型生物圈。压花来源于“植物标本”。最早的植物标本是从埃及公元前305年的坟墓中出土的，距今大概2300年左右，存放在英国皇家植物园。1500年意大利人开始有系统地整理，呈现艺术的风格，并且编辑成书。意大利的卢卡·吉尼（Luca Ghini，1500—1566）是公认最早制作系统的植物标本，并将其编辑成书的人。可惜他编写的植物标本书籍只有散页，存放在意大利佛罗伦萨（Florence）的博物馆里。世界上保存最完整的最古老的植物标本书籍存放在荷兰国家植物博物馆里。

19世纪后半叶，到英国维多利亚女皇时代，压花艺术到达一个新的高潮。压花非常盛行，和插花艺术一样，压花成为宫廷贵妇自娱自乐的上流社会活动。女皇自己就是压花艺术家。日本是压花艺术比较成熟的国家，并且将其发展成和插花一样有地位的国家级艺术。

压花艺术能够将人们的丰富想象、真情、感悟赋予在植物上，并通过植物本身的色彩、形态展现出来，有益于修身养性、陶冶情操。

如今，世界各国都在大力发展压花艺术，作为世界文化强国，我国也需要大力发展压花艺术，并与我国的传统文化相结合，力求在世界的文化舞台占据重要的地位。

六、以花为笔构建月球生物圈活动总结

（一）活动总结

通过开展本活动，引导营员仰望星空，激发航空梦想，从而埋下科学的种子。通过压制花材、做压花书签、以花材为笔作画，在潜移默化中增进营员对各种植物和大自然的了解，激发爱护植物、保护生物多样性和保护环境的自觉意识，同时获得创作过程的自我愉悦、陶冶情操。

同时，也普及了月球生态相关的知识，拓宽了本次高校科学营活动所覆盖的科学领域；将压花艺术与月球生态圈结合，增加了本次活动的趣味性与技术性；增强了小组的团结协作力度，增进了同学们之间的友谊。

与当前国家空间战略任务相结合，以同学们的视角去构建月球生物圈，主动思考月球生物圈有什么，什么生物适合月球环境等，激发青少年的想象力和创造力，对于他们以后的科研探究有启蒙作用。

（二）活动成果展示（部分）

1. 第一组——月宫琼楼

以三维立体的形式来设计，外观独特拥有一定的观赏性，主要是以植物为主要材料作为生产者，用小兔子等动物作为消费者，大家都知道分解者也就是一些微生物，因此我们画了一些真菌、球菌等。在作品的周围还附有小山、岩石，更加真实地模拟了月球表面的环境。表面上有月球探测车，运行轨道上有运载火箭等。虽然这只是一个设想，但是在伟大祖国不断发展进步的大形势下，相信有一天终能成为现实。

2. 第二组——千禧月

该月球生物圈是想象中的千禧时代的月亮，里面有很多天马行空的想法，比如月球上有了池塘、有了不一样的玉兔。因为月球的引力只有地球的六分之一，所以会有很多花瓣飘浮在空中，它们长在不同的地方，欣欣向荣。这个想法非常天马行空，但我们相信这不是白日梦，只要我们努力，我们终有一天能够做到这样美好的场景。

3. 第三组——月球三号

以传统故事为基础，结合中华民族对月球的美好想象，将嫦娥奔月及吴刚伐桂的故事融入作品之中。在这一生物圈中，有硝化细菌、酵母菌、蚯蚓作为分解者，促进了生物圈内的物质循环；桂树、各类花草充当生产者，为生物圈的存在提供了物质基础；此外有玉兔、嫦娥、吴刚作为此生物圈的最高层——消费者。各种各样的生物为生物圈的稳定存在提供了保障。

4. 第四组——科技之光

先把月球上的环形山当作容器，在环形山里注水，变成湖泊。月球表面安装一个巨大的半球形保护罩，保护罩里面种有各式各样的动植物。水在阳光照射后蒸发变成水蒸气，在保护罩内壁冷凝成水沿内壁流下，这就是可以利用的蒸馏水，在保护罩外围有一圈太阳能电池板，在月球 16 天的昼中搜集能量，保护罩中有一个大灯，在月球 14 天夜的时候让植物持续光合作用，使整个生态圈可以持续下去。

5. 第五组——生物圈一号

以月球美好生活为主题，以绿色大树为主干，两边插入亮丽鲜花，达到色彩搭配适宜。以黄色花蕊作为零星微光，以做背景，以衬意境。多物种，体现生态平衡。

作品生物圈一号

作品月球三号

作品 1

作品 2

6. 第六组——月宫外景

为了使整张画的构图不单调，添加了地球的素描图，这也意味着我们心里牵挂地球。秋千的设计是为了突出月宫外景的主题，这也意味着虽然我们图上没有人类，但其实人类已经在月球上生活了。因为此次将有马铃薯和果蝇登月，所以我们也做了果蝇和接受了转基因技术的紫色马铃薯。设计了食草动物中的温顺的兔子和食肉动物中凶猛的狮子，象征着食草动物和食肉动物两大物种。生物圈中的分解者有真菌和微生物两种。考虑到构图的严谨性，我们优先选用了具有代表性的真菌——蘑菇。

活动现场 1

活动现场 2

活动现场 3

作品月宫外景 4

高校科学营

2018 YOUTH UNIVERSITY SCIENCE CAMP

青少年高校科学营

营员眼中的科学营

中国科协青少年科技中心 编

科学普及出版社

·北 京·

图书在版编目（CIP）数据

营员眼中的科学营 / 中国科协青少年科技中心编. —北京：科学普及出版社，2018.11
（2018青少年高校科学营）
ISBN 978-7-110-09881-3

Ⅰ. ①营… Ⅱ. ①中… Ⅲ. ①大学生－科学技术－课外活动－中国－文集 Ⅳ. ①G644-53

中国版本图书馆CIP数据核字(2018)第241217号

前 言

为贯彻落实《全民科学素质行动计划纲领(2006—2010—2020年)》，充分发挥高等院校在科学普及和提升公众尤其是青少年科学素质方面的重要作用，促进高中和高校合作育人，为培养科技创新后备人才和中国特色社会主义合格建设者服务，自2012年起，中国科学技术协会联合教育部共同组织开展青少年高校科学营活动(简称高校科学营)。

2018年青少年高校科学营活动由国内60多所院校、企业和科研单位承办，来自全国各省、自治区、直辖市，以及港澳台地区的11000名高中生、1100名带队教师参加。为进一步扩大高校科学营的受益面和影响力，探索高校科普资源的开发、开放的长效机制，推动高校科学营的内涵式发展，提升高校科学营的组织管理水平，特整理出版《名家大师精彩报告》《营员眼中的科学营》《特色营队活动案例集》三本书。

《营员眼中的科学营》收录了参加2018年青少年高校科学营活动部分优秀营员的心得体会，为大家展现了丰富多彩的高校科学

营活动，以及青少年对于自我、社会、科学、国家的感想和思考，希望此书能够给同龄青少年和教育工作者带来启发。

《特色营队活动案例集》收录了 2018 年青少年高校科学营各高校、各专题营承办单位策划组织的主题突出、特色鲜明、内容丰富、形式新颖的营队活动案例文字和图片资料。

《名家大师精彩报告》收录了 2018 年青少年高校科学营开营期间，各高校、各专题营承办单位邀请的院士、专家为各地营员举办的专场报告内容和图片资料的基础上，从中优中选优，汇编而成，以飨读者。

编　者

2018 年 11 月

目录 CONTENTS

精彩科学营 最美工大行

臧雪萌 （北京）北京工业大学附属中学

带着对高校科学营体验的期待与向往，我们来到了哈尔滨工业大学。虽然活动只有短短的一周，但是朝五晚九的生活过得分外充实。每一天的活动，有关科技、有关合作、有关兴趣、有关梦想……从最初的破冰，我们都主动向前拉近彼此间的距离，团队协作一次次挑战自己，因为收获了友情，才成为了更好的自己。

营员认真听讲座

说到合作，在航模制作和机器人穿越赛中锻炼了我们的动手能力，每个人都为团队努力，就算不擅长也都渴望为团队贡献力量。虽然，我们组的飞机因零件故障没能上天，我们的越野车也没取得第一名，但我可以很确定地说我们不后悔，也没有遗憾。因为我们都努力过，这段回忆的重量要远高于那一张奖状！

活动中另一个让我难忘的就是社团活动，我学了六年拉丁舞却碍于时间放下了两年，知道有拉丁舞社时很惊喜，毫不迟疑地就报名参加了。短短的两天四小时的舞蹈时光真是久违了，我还圆了多年来跳双人拉丁舞的梦，真感谢拉丁舞社团的哥哥们。

因天气原因，原计划四次的早操只进行了两次，第一次足球游戏中我们可能不够用心，成绩一次一次下降，但值得高兴的是，在两天后的早操时我们在两轮游戏

营员体验冰壶

中获得了第一名。也许这只是小小的游戏，但足以让我们记住用心真的很重要。还有就是冰壶体验，这是我从未接触过的领域，虽然看过一点儿比赛，但绝对称不上了解，通过这次机会，我们亲自体验了比赛，虽然我们还只是小菜鸟，但大家都不遗余力地燃烧着小宇宙，并赢得了练习赛。

我们参观了哈尔滨工业大学校史馆和航天馆，哈尔滨工业大学参与了多项国家航天等项目的科研，更培养了一批批优秀的校友，这一切有教师和学生的努力，他们令哈尔滨工业大学的精神被传承，令哈尔滨工业大学越来越好。

这次我是和三个不认识的女生住在一个宿舍的。佛说：前世的五百次回眸才换来今生的一次擦肩而过，而我们拥有了整整五天的回忆，多么幸运。19 日晚上的联欢会大家都很高兴，尤其是志愿者哥哥姐姐们的节目引起了全场大合唱，更让我第一次看到了梦中的银海。感谢志愿者哥哥姐姐和老师们的付出，他们超棒的！20 日晚上的结营仪式节目很精彩，每一声“我爱科学营，我爱哈工大”的呐喊都震撼心灵——我想，那是我们说爱最真实直接又美好的方式！当我们营的广西同学唱着瑶族民歌，背后屏幕上放映着高校科学营的往事时，我不禁在想，是不是还会有机会来这里，但不管怎样，也不会是现在身边的这群人了——不禁潸然泪下……

这段有关科学与梦想的友谊之旅即将到达终点，我将把回忆珍藏，把感谢托付清风寄到朋友们的心田，愿君前程似锦，再见依然如故。

科学营伴我追逐科学梦

唐朝辉 （北京）昌平实验中学

伴随着“残云收夏暑，新雨带秋岚”，我们昌平实验中学一行人来到了北京科技大学参加高校科学营。北京科技大学有一条中轴线，它汇聚了学校最为核心的建筑，我们游览了主楼、图书馆、游泳馆。晚上，我们参加了开营仪式，北京科技大学严谨求实的风格感染了我。

老天爷的眼泪断断续续，第二天我们全体营员乘坐大巴车来到北京航空航天大学参加全国高校科学营的开营仪式，仪式上每个大学的营员都喊出了自己的口号。我们也有一个响亮口号“熔铸青春，科创未来”，这包含着北京科技大学的奋斗精神与远大目标。

开营仪式上，曹淑敏书记告诉我们“纸上得来终觉浅，绝知此事要躬行”给我留下深刻的印象，让我明白知识不仅仅要在课本上学习，更要在实践中应用，才可领悟其中的奥秘。下午我们参观了中国科技馆，在这个熟悉的地方我有了新发现，通过在学校不断学习，让懵懂的我对科学有了更深刻的理解，也让我探索科学的好奇心愈加强烈。

2018 年青少年高校科学营北京科技大学分营合影

4 班的成员

第三日天空万里无云，我心情舒畅。清早品尝完北京科技大学万秀园喷香的鸡肉卷，我们来到了校重点专业冶金和材料学实验室。上午在实验室我亲身体验了静电金属球，之前我只在物理书中看过这个实验。理论上当人在触摸静电球时身体就会带上电荷，即人的头发上会带上同种电荷，由于同种电荷相互排斥，故此时人的头发会飘起来，在亲身体验中我感到身体每根寒毛都竖了起来，电流从身体流过的感觉很奇妙，我拥抱着科学，尽情享受它带给我的乐趣。

在这里，一位工作人员带领我们参观了北京汽车集团有限公司的生产车间，他讲解中提到一个细节“现在几乎没有一家企业凭靠廉价劳动力来吸引合资的”，现在的趋势和以往大不相同，中国经济高速发展，人口红利逐年下降，机械加工自动化率愈来愈高，未来市场需要的是高精尖的人才，简单重复的工作由机器人代替完成。我们要更加努力学习，前进的速度不能被高速发展的车轮滚滚超过。

晚上经过指导老师的讲解，我和组员拿着螺丝刀解剖了无人机，这让我对这个小家伙有了更多的了解。经过几个小时的熟悉，我俩“约定”明日再见。这真是充实的一日，北科大我愈来愈为你着迷。

这充实的几天里，给我留下最深刻印象的就是中国工程院胡正寰院士的演讲。1956 年毕业于北京钢铁工业学院的老先生毕业后留校从事教学与科研工作，胡院士早年因战乱从东北迁到湖北，学习环境很艰苦，但他一直保持着学习的热情。胡老如今已至耄耋之年，仍在科研一线对火车轴的研究定下攻克目标，立志奋斗终生。胡院士对工作认真的态度让我肃然起敬。这次胡老的演讲令我认识到自己的不足，我需要不断学习，奋力追赶前辈的步伐。

为期一周的高校科学营之旅是我人生一笔宝贵的财富，我会好好珍惜。

难忘科学营

郝士涵 （河北）承德市双滦区实验中学

午后，我怀着激动的心情，回忆参加全国青少年高校科学营的一幕幕场景。从第一天登上去北京的火车，第二天的开营仪式，一直到第六天各省风采展示，我一直处在莫名的兴奋中。在北京师范大学，我领略了不同地域文化的魅力，在这座拥有丰富底蕴的校园留下了足迹，这里给了我太多美好的回忆，还有震撼。

营员参加科学互动活动

如果用一个词来形容我的感受，那就是“难忘”。

难忘，两位院士激动人心的科研成果报告。从京张铁路到大国高铁，那是几代科研人为了振兴祖国矢志不渝奋斗终生的心血；从第一颗原子弹成功试爆到大亚湾核电站胜利落成，那是无数科学家为了祖国强大而坚持不懈的成果。他们在艰苦的环境下创造出一个个奇迹，令我热血沸腾。

难忘，北京师范大学教授们神奇魔幻的演示。科学互动环节中，看着一串串“0”和“1”在 CPU 中汇集在一起，拼成通向未来的光明道路。一束束光波如潮水般穿过光栅，又在众人注视下塌缩为一粒粒精巧的光子；还有神秘的脑科学，我们在神经元的迷宫寻找方向，向未知的领域发起冲击！使我真切地着迷，觉得科学就在我们身边，还那么有趣。

几天来，难忘，科学家们讲述的前沿科技带给我的震撼；难忘，志愿者和老师们的亲切与渊博；难忘，北师大那充满活力的美丽校园……

最难忘的是7月17日，在北京航空航天大学进行的开营活动。来自各省、自治区、直辖市和港澳台地区的2530名师生齐聚北航，参加了2018年全国青少年高校科学营全国开营式。

早上，大雨倾盆，却丝毫没有影响我激动的心情，我早早做好准备等待出发，八点半准时到达。经过大雨的洗礼，校园是那么清新美丽。会场外小雨淅淅沥沥，会场内营员们聚精会神。大幕上播放着令人振奋的纪录片，有精益求精的大国工匠，有严谨认真的科研工作者，有在大海上乘风破浪的航空母舰，也有冲破云霄的载人飞船，这一幕幕，使我无比震撼激动，骄傲自豪！

会上，有北京航空航天大学领导的殷切寄语，有院士的谆谆教诲，有激情澎湃的诗朗诵，有感人肺腑的音乐剧。授旗环节将大会推向了高潮，看台上营员们喊出的口号排山倒海、气吞山河，久久回荡在体育场内；大幕前老师们舞动各色旗帜，热情洋溢。当开营仪式正式启动，场内一片欢腾。两架螺旋桨飞机模型在空中追逐，一声炮响，闪闪发亮的彩带飘向空中。开营仪式在热烈的掌声和激情的音乐声中达到高潮。

整个仪式中，我感触最深的是震撼人心的诗朗诵，“遥望五千年科技长卷，群星璀璨，薪火相传。展望新时代科技梦想，勇立潮头，创新发展”。院士说，我们已拥有大飞机、大航母，甚至部分领域领先世界，但在某些方面依然受制于人，如迟迟不到的“中国芯”，如有待改进的新能源领域现状等，这些都需要我们一代接一代坚持不懈的努力。于是，我悄悄告诉自己，为了祖国更强大美丽，那么多人贡献了自己的青春乃至生命，我要成为他们那样的人！感谢这次高校科学营活动，开启了我为理想而学习的目标模式。

营员参加科学实践活动

相约浙大，品味成长

杨佳俊 （安徽）阜阳市第五中学

俗话说：“上有天堂，下有苏杭。”这个暑假，我有幸参加了高校科学营浙江大学分营的活动，在这个美丽的文化古城里，度过了难忘的一周。

合影

看到浙江大学的第一眼，我就被它的美丽和魅力深深吸引。校园里随处可见郁郁葱葱的树木和色彩斑斓的鲜花，树枝上停歇着各种鸟儿，或站，或趴，或歪着小脑袋看过往的行人，当傍晚时分夕阳落下第一抹余晖时，苍穹被一点点晕染，像是一个浓妆淡抹总相宜的美人，让人无限向往。浙大的美不仅仅是它的一草一木、晨昏更替，更在于它的内在美——求是精神。

如果说第一日的相见是钟情，那第二日的相处便是倾心。在我们到来的第二天，浙江大学的教授便告诉我们何谓大学，何谓浙大。大学不是单纯的传授知识，而是为了让我们理解一句话：独立之精神，自由之思想。这也是我们踏入社会所必须理解的，大学的真正目的是培养人的思维，以及在社会中的生存能力。而具体到浙大便是“求是”精神，“求”是探索，寻找，“是”是真理。竺可桢院长曾问过两个问题：第一，到浙大来做什么；第二，将来要做怎样的人。这两个问题也是我们踏入大学后需要思考的，是不可避免的，唯有思考清楚这两个问题，大学才没有白上。浙大的学长也给我们上了一堂有趣而不失内涵的课，他的话朴实却引人深思，其中最让我印象深刻的便是：“少年，你之所以烦恼，是因为你想的太多，读书太少。”这句话让我明白了仰望星空的同时不要忘记脚踏实地。

马克思说过：实验是检验真理的唯一标准。于是第三天我们便走进了浙大的实验室。在这里我们感受了光的神奇，见证了小小的草履虫的生命历程，解剖了沼虾……实验不仅使我精神愉悦，也培养了我的动手能力。纵观古今，所有的科技进步都离不开无数次的实验。就仿佛一艘巨轮，理论只是指引方向，实践才能达到彼岸。

高校科学营第四天，我们来到了浙大的玉泉校区。一座座庄严肃穆的红房子，显得古典又厚重。我们在控制学院参观了自动化流程，亲自尝试控制水流速度保持高度稳定平衡；在地科学院辨识各种精美矿物和古生物化石，感受自然的鬼斧神工

营员专心致志看演示

合影

与生命的古老坚毅；在光电学院了解光学的奥秘与神奇，体验最前沿的科学技术……身临其境的体验让我意识到了科学的重要性，激发了我对科技的兴趣，我想这也是高校科学营的意义所在吧。

高校科学营第五天，我们来到浙江省博物馆进行参观学习。这里有一股文化之韵。浏览一件件瓷器，看着这些由简单逐渐变得精美复杂的瓷器，我仿佛看到古代人民生活水平不断提高，社会不断进步的画面。这些器物不仅见证了中国的历史，更是中华民族的文化瑰宝。

高校科学营最后一天晚上举行了闭营晚会，来自各地的营员在舞台上绽放自己的风采，我们队也同样展现了自己精彩的一面，虽然并不是最好，但是我们并不沮丧，因为我们尽了自己最大的努力，不后悔。

这次高校科学营活动，我经历了很多，也明白了很多，学到了很多，感谢高校科学营为我们提供了这样一个平台让我们能提前了解大学。七天，是一个星期；七天，是一次成长；七天，是一次蜕变。这七天里，我收获的不仅是知识，更是心灵的成长，这一切都将成为我一生的财富。

致追梦的你

王志善 （安徽）安徽省繁昌第一中学

小时候我有一个梦想，就是可以像鸟儿一样自由飞翔。后来长大了，依旧对天空充满向往。从嫦娥奔月到万户飞天，再到杨利伟遨游太空，人们对于梦想的执着从未改变。

活动剪影

相寻梦里路，飞雨落花中。抵达南京航空航天大学，首先映入眼帘的是一条宽阔的林荫大道，直指远方。虫鸣鸟唱，一切仿佛都在迎接营员到来。该校区坐落于将军山，与雨花台相对，一号楼宛如一柄利剑，直插云霄，真有“天姥连天向天横，势拔五岳掩赤城”的气势。

11 日下午，我们来到二号楼的工程训练中心，那是一栋五层高的小楼，在二层的精密加工室里，有十几台造型各异的机床和机器人。实验老师向我们介绍激光刻字技术，并教我们进行简单的操作。老师先在软件中输入，同时数据同步传输到机床控制主机上，一番操作后，只见光标快速移动，不出几分钟，一排字映入眼帘，在场的同学无不感叹激光打字的快捷便利。一番摩拳擦掌，得到老师应允后，我亲手制作的刻有“科学营、科技梦、青春梦”的竹制激光书签在期待中诞生了，我当即收藏好，如获至宝。

13 日，我们开始制作“水火箭”，来南航不做火箭，做什么？临时学习，我们只能做简单的玩具型火箭，制导、主控系统没法完成，虽说简单，也是破天荒第一次造“大国利器”。老师为我们解说，制作“火箭”主要是利用动量守恒原理，才能使火箭获得向上的推力。先将两个塑料瓶反接，装满水，再往里面充气，当压力表指针超过半圈时，松开固定器，我们的“火箭”嗖的一声直冲云霄。后经测量居然能飞 40 多米远，成就感油然而生！如此简单的科学原理，竟能创造如此意外的成果，这再次让我领略到物理学的奥妙。

大学不同于中学，除文化课之外，活动更是丰富多彩。这次的一站到底、公益彩虹跑都是难得的体验。高校科学营的“一站到底”与电视节目“一站到底”有些相似，但内容更偏重于航空航天知识。我有幸成为学员组第四班中的三位选手之一，机会难得，我知道，是时候发挥我的特长了。前几题涉及天文地理，我们连错几题，但坚定“败不馁”的信念。我调整状态后，后面的十几道题，全部对答如流。全场观众都被我的表现吸引，出彩的表现让在场的人连连叹服，掌声阵阵。其他班的表

营员参加“一站到底”活动

营员与专家合影

现也不容小觑，他们的表现让我迅速回到现实，不敢再掉以轻心，居然有人一题未错，不得不承认山外有山人外有人，好在第一轮我们有惊无险。第二轮，我们不再缩手缩脚，迎难而上，实现了弯道超越，进入了决赛，最终我们取得一等奖第四名的好成绩。虽未达预定目标，但毕竟淘汰了六个队。我体会到知识面不仅要专，还要广，个人的能力要强，但团结的力量更重要。

大学，是科学的殿堂，也是大师云集的地方。来到南航，我们有幸参加了两场专家报告会和一场科创精英座谈会。给我留下深刻印象的是郑祥明、昂海松两位航空专家，他们的报告精彩纷呈、深入浅出地让我们这些门外汉领略了高深的航空航天知识。他们的辅导纠正了我以往的一些错误认识，既丰富了我的理论知识，又开阔了我的视野。两位专家在介绍导弹工作原理时，引用了大量专业术语，很多人如坠云雾，可对我来说却是醍醐灌顶。可能与个人爱好有关，平时我就涉猎这方面知识，今天有大师点拨可谓茅塞顿开。回去后自己细细回味，深知自己仅仅是个航空爱好者，以前自学的一点儿东西连皮毛都算不上，道阻且长。航空航天领域太精彩，如果能从事航空航天事业，也是报效祖国的最佳选择。

能参加这么精彩的活动万分有幸，这一场为期七天的追梦之旅，让我懂得，人外有人山外有山；让我明白，学习知识的必要及团队合作的重要；让我相信，只要追梦不放弃，科技的进步终有一天会让满天繁星变得触手可及。

大鹏一日同风起，扶摇直上九万里……宣父犹能畏后生，丈夫未可轻年少！

科学带我骄傲远航

吴林芮 （黑龙江）龙江县第一中学

今年暑假我迎来了一次奔赴“远方”的机会，参加全国高校科学营的哈尔滨工程大学高校科学营。这次高校科学营活动教会我突破。在我的家乡和我所在的高中，高校科学营是一件新鲜事儿，我在父母的支持下，决定报名参加，我相信通过这次活动一定能增长见识，交到良师益友。

活动之初，老师为了让大家彼此熟悉融入大环境，开展了各种益智小游戏。开始我有些羞涩，不太善于表达自己，也不能更好地完成游戏项目，但同学们并没有嫌弃我，有些热情的同学主动带领我做游戏，老师也耐心地指导我，经过几个游戏回合，我掌握了游戏要领，为团队取得了佳绩，内心雀跃无比。我在平时的学习、生活中都是自己默默地努力，高校科学营的活动，让我第一次学会了与人合作。

高校科学营教会我创新。活动期间举办了数场讲座，通过聆听大师讲座，我感受到科学与创新的魅力。初步了解了我国海洋资源的开发情况及航海领域的前沿技术，这些新奇的知识令我心驰神往，我感受到了科技的蓬勃发展、国家的繁荣昌盛、科学的精妙无穷，更感叹哈尔滨工程大学在船舶领域的创新成果。

合影

营员参加科学活动留影

我参加了各种科技小制作活动，与同学和老师一起探究，当看到亲手完成的小制作可以正常运转时，内心真是汹涌澎湃。我在这里学到的不仅仅是知识，还有一种外化于行、内化于心的学习能力，更是一种意识，一种敢为人先、不惧挫折的创新意识。虽然我只是一个小小的高中生，但是我知道国家的创新之路任重而道远，我深刻体会到祖国由“制造”转变为“智造”的严峻形势。“人之可贵在于能创造性地思维”，在高校科学营中有许多富有创新精神的人，他们给我很大鼓舞，我将带着这种精神勇往直前，实现心中立下的小小志愿，成为一名有利于国家和社会的科技人员。

高校科学营教会我成长。我的动手能力在机器人制作、船舶制作、水火箭制作中得到了锻炼，我明白了一个道理，“纸上得来终觉浅，绝知此事要躬行”，绝不做“书呆子”，以后我要在课本知识外加强实践。参加高校科学营之前，我缺少社交经验，不懂与人交往的艺术。参加高校科学营在各种活动中我交到了很多朋友，也与同寝室的人成了好友，变得开朗健谈了很多，我深深感激高校科学营，因为真挚的友情将使我受益终生。

高校科学营的志愿者团队，也给我极大的震撼，他们是在校大学生，不计报酬热情地帮助我们。我体会到了志愿者的伟大，有人愿意在这个物欲横流的社会，牺牲自我利益，只为更好地帮助别人成长，我感受到了什么是“赠人玫瑰，手留余香”，我也要成长为一个有能力给予的人，成长为有益于他人的人，感受到爱才能回馈爱。

在高校科学营这片崭新的天地，我收获了知识、友情、成长，有汗水、欢笑，也有泪水。少年智则国智，少年强则国强。作为少年的我们，是祖国的未来、国家的希望，我们要不断地学习科学知识，锤炼意志品格，实现自我价值，正如营歌所唱的“科学将带我骄傲远航”。感谢高校科学营，让我遇见更好的自己。

以梦为马，强国兴邦

程洪旭 （黑龙江）哈尔滨市第十中学

今年，我有幸能代表黑龙江省哈尔滨市第十中学，参加2018青少年高校科学营东北农业大学分营。在这里我与来自黑龙江省双鸭山市和山东省东阿县的同学结成一班共同度过高校科学营的每一天。虽然是高校科学营，但几天下来我们发现收获的不仅仅是科学知识。

营员活动剪影

高中的学习生活单调，学习任务繁重，除了钻研课本知识，只有小部分时间去了解更高层面的知识。这几天在东北农业大学听的讲座一场比一场精彩，不论是克隆这样的生物问题，或是机械运用到农业中的工科问题，还是对建筑中作用的物理问题都让人耳目一新，大开眼界，也让我这样的“书本专业户”感触良深。

科学的广阔令人感叹，在永恒的真理面前我们能认知的微乎其微，在黑龙江省分营开营式的大师报告会中，我明白了只有真正地将科技掌握在自己手里才能让发展不受制于人！我们会接下科技发展的接力棒将曾想过无数回的科技梦变成现实。

我们每天的活动总结都只是简短的一句话，可每一样简单的活动背后都有一个

讲座现场互动环节

团队精心的付出。一次次早操，一次次进餐，一次次活动都能看到东北农业大学的志愿者和老师在组织、在陪伴。最让我感触深刻的是在“艺海拾花——水培花卉实践体验”上，东北农业大学园艺学院的刘慧民教授年纪虽长却坚持讲完了整个插花艺术的介绍内容。我在活动结束后无意间回头一看，只见志愿者们正在辛勤收拾我们插花后的“残局”，那一瞬间就明白了为我们的到来，他们付出的辛苦。

高校科学营开始前几个月，我们就在各自学校筹备出发事宜，在微信群中和副班主任张天宇和王晓珩虽有交流但并不熟悉，相处几天后我深深地被他们强烈的责任感折服，也让我明白了团队的力量！

科技的青春已经开始，我们也正青春。在人生中最美的年纪广泛结交朋友是一件美好的事情。正式开营的第一天在东北农业大学精心准备的破冰之旅上，我们在教官的带领下在几个游戏中有了默契，培养了感情。每一个游戏都需要各班同学全力合作，我们因此互相认识，彼此也成了伙伴。

我们哈尔滨市第十中学的同学里有一个山东人，在破冰之旅上因听不懂东北话需要我们学校一个山东的同学翻译。在龙门起吊机后的休息时间，我和几个山东女生学习山东话，结交了很多外省的朋友，我在晚上的趣味运动会上给她们讲述来自哈尔滨有东北特色的美食、美景、美物。从学习中得到友情是一件让人意外和惊喜的事情，感动也都在细节中收获。我们架起青春的风帆以梦想为动力在科学的海洋中航行，高校科学营让梦想交织。

子曰“见贤思齐焉”，有了高校科学营这个平台能让全国的优秀学子一道合作创新、开拓进取、互相学习，是我们的幸运也是民族新一代的幸运。高校科学营不仅让我们感受到了祖国科技的强大，也同样坚定了我们为民族复兴做出不懈努力的决心。我们愿做敢做梦、能做梦、会做梦的青年人，能以梦为马，强国兴邦！

感怀科学 品悟人生

蒋增 （黑龙江）佳木斯市第二中学

在这难忘的假期里，我有幸参加了吉大高校科学营活动。在美丽无比的“春城”长春，进行了为期七天的科学之旅，也圆了我的科学梦。

营员正在学习讨论

七月的长春，天气十分炎热，可再热的天气也阻挡不了我们对科学的热情。我们虽然只有一周的参观时间，但吉大高校科学营为我们展示了名校的风采。不仅准备了充实的活动，还满足了我们求知的欲望，圆了我们的科学梦。在活动过程中，我们接触到了最前沿的技术，学习到了最前沿的理念，在交流中成长。在经信教学楼聆听汽车大师的讲座，让我们对每天乘坐的汽车有了更深入的了解；在一汽集团对汽车生产线的参观，让我们对汽车这一工业皇冠的诞生有了细致入微的体会，工厂对每一个生产细节的管理，更是让我们体会到工厂的细心、严谨。在南岭校区，对内燃机实验室等各个汽车相关的实验室的参观，让我们了解到汽车在被大规模生产之前的详细的测试过程，而下午在教学楼前的方程式赛车的试跑更是让我们大呼过瘾。在晚上的未来交通工具创意大赛赛前准备过程中，我们亲手组装了用于参加比赛的赛车，在这项活动中，我们锻炼了我们的动手能力。在素质拓展活动中，刚刚认识不久的我们在一瞬间变得团结。参观无机化学重点实验室，以及物理基础实验室让我们了解到了我国和世界相关领域的最新的成果和发展方向。参观校史馆、图书馆，以及学校楼宇让我们体会到吉林大学这所历史名校的文化底蕴。让我印象最深的还是张教授在经信教学楼举办的物理的奥妙讲座。对物理这个学科而言，它本身的特点决定了它对于大多数人来说是一个枯燥乏味的学科。而张教授在讲座中举出的例子栩栩如生，引人入胜。最让人惊奇的是，他用大约一万张照片拼成了一个男人抱着孩子的图像。我们在欢乐之余，也爱上了物理这个学科。

同时，我还要感谢牺牲自己休息时间为我们服务的学哥学姐们，在活动中担任志愿者的角色。他们每天起得比我们早、睡得比我们晚，和我们一起喊口号，在我们成功时为我们庆祝，在我们失败时给予我们安慰。他们带领我们参观校园，为我们讲解各种专业知识，在我们互相不熟悉的时候鼓励我们积极介绍自己，在有营员身体不舒服时第一个冲到前面细心照料，在有矛盾产生时第一个上前调解。他们和我们一样，每天都要走一样的路程，吃一样的饭，经历同样的疲乏，但是他们毫无怨言，愿意用自己的辛勤付出，为营员铺就一条科学探索之路。

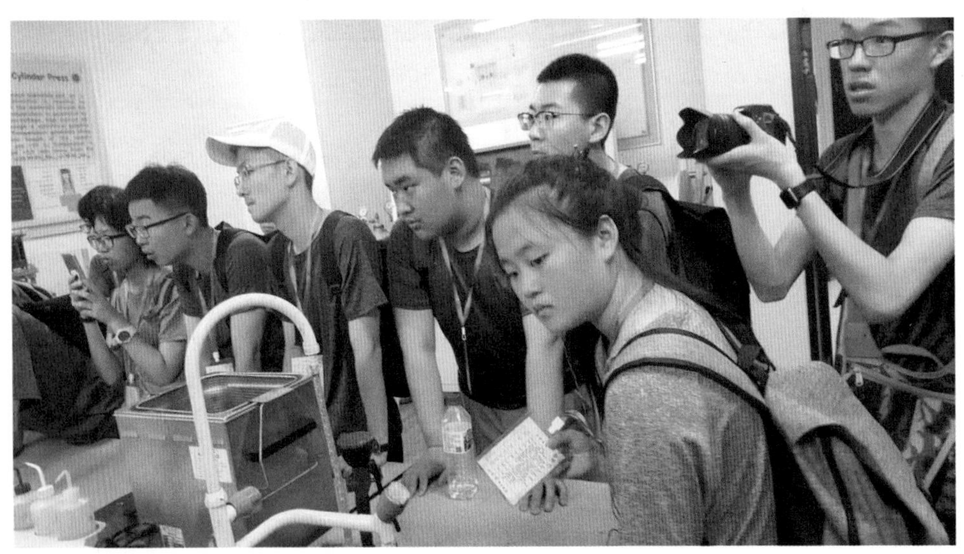

营员听讲解

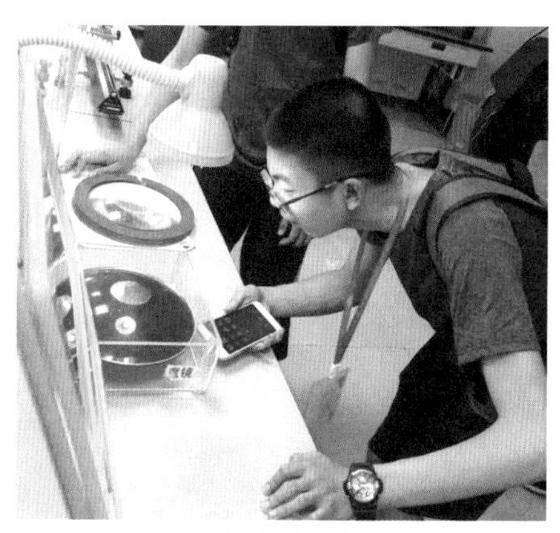

营员参观剪影

合影

除收获友谊及科学知识外，高校科学营带给我更多的是思考。我们作为新时代的高中生，国家未来的希望和栋梁，应该努力学习科学文化知识，提升自己，准备在未来为国家、为社会的建设贡献自己的力量。以科技和经济为基础的综合国力的竞争，已经成为当今国际社会上主要的竞争形式，而科技在竞争中起了决定性作用。不重视科技发展的国家是没有未来的。就拿我国的历史为例，从鸦片战争到八国联军侵华战争，迫使我国打开了国门，也使我国的有识之士开始思考国家的前途，于是就有了“师夷长技以制夷”，有了洋务运动和后来的戊戌变法。再后来，“一战”之后的巴黎和会上中国的外交失败，激起了爱国民众的愤怒，于是就有了五四运动和新文化运动，开启了我国新民主主义革命时期。然而因为没有科技的进步，我国的综合国力和国际地位没有丝毫变化。在抗日战争时期，因为没有以科技为基础的军事工业，我国被迫以人民的血肉之躯，抵抗敌人的机械化进攻。新中国成立之后，我国吸取了历史的教训，开始有计划地培养人才，建立科技发展体系，以及进行工业化，加强国家的经济、军事、外交、文化建设；到 20 世纪 70 年代，我国取得了恢复联合国合法席位、中美建交、中日建交等一系列成就；如今，在新时代，“中国制造 2025”等一系列政策正在为我国的发展注入新的活力。设想一下，如果没有科技进步，我国的这些成就能否顺利取得呢？所以，科学梦又何尝不是中国梦的一部分？同样的，没有科技进步，也就没有人类社会的进步。没有瓦特的那一次对好奇的探索，也就没有在那个时代大规模应用的蒸汽机，也许就没有了人类的工业时

营员课堂上认真听讲

代；没有法拉第发明的发电机，人类也许就无法摆脱黑暗，也就没有了人类的电气时代；没有 20 世纪培育出的半矮秆水稻，以及后来的杂交水稻，也许就无法解决世界上大部分人的吃饭问题。没有那些科技成果，我们的生活也不会像现在那样便捷。总而言之，我们应当把科学作为爱好，一种理想，一种信念，努力学习，将来为社会做出贡献。

时光飞逝，日月如梭，转眼间，7 天的吉林大学高校科学营活动圆满落下了帷幕。在这里我们留下了足迹，还有我们的汗水和欢声笑语，我们的心或许还寄存在这里，这次活动给我带来了很多欢乐，当然还有一些对大学生活的向往和感悟。我希望以后我能努力学习，通过自己的努力，在高考中迈向步入大学的一步，为国家、为社会效力，为实现中华民族伟大复兴的中国梦不懈奋斗，贡献自己的力量，为祖国的建设添砖加瓦，让国家因为有我而更加精彩。

营员临别前的留念

立求索之心，凭科学许国

张诗笛 （辽宁）海城市高级中学

博雅塔下，未名湖畔，这个夏天，因与高校科学营在燕园相遇而特别。“科学”走出书本，以一种更加“亲民”的形象来到我们身边。如宋代大儒张载所言“为天地立心，为生民立命”。高校科学营不仅在我的心中埋下了科学梦的种子，更坚定了我“于漫漫科学长路不懈求索，凭科学之力报民许国”的信念。

逐梦科学，感受现代中国之雄厚国力。在以“科技梦，青春梦，中国梦”为主题的开营仪式上，诗朗诵《科技梦绽放新时代》震撼人心，北大营员“百年薪火，代代相传”的口号响彻会馆，但最让我印象深刻的是音乐剧《罗阳》。罗阳前辈，同为辽宁人，让我对您的事迹多了几分了解。您把航天报国当作神圣责任，您把敬业奉献当作毕生坚守：在为型号任务殚精竭虑的日日夜夜里；在为沈阳飞机工业集团发展呕心沥血的奔走呼号里；在追赶一流航空工业水平的仆仆风尘里，您以掌握的航空航天科学知识为基石，以对科学事业的无限热忱为动力，恪尽职守，不负重托，终圆中国百年航母梦！自己却在海天间壮丽地陨落……看了为您而演绎的音乐剧，坐在观众席上的我，几近泪下。罗阳前辈，您永远是我们这些寻梦少年的榜样！

不懈求索，重振古老华夏之大国雄风。太阳物理、碳材料、经济学……一场场深

营员合影

入浅出的讲座将我们引入科学的大门；分子化学、基因工程……一间间实验室内是同学们求知的身影；教授、学长们谈起科研事业时熠熠发光的眼神中，是对科学的无限兴趣和热爱。或许，在科学领域，探索的过程往往比成果更动人。胡适曾说“怕什么真理无穷，进一寸有进一寸的欢喜”。所以，少年们，莫怕宇宙无边，莫怕科学之路迢迢，去发现、去探索吧。四大发明、天文历法、割圆术……旧日中国已走在世界前列，今人又怎甘落于人后？我们必将在高校科学营后，学习前辈们不懈求索、不畏挫折的精神，助中国再现往日光彩，让古老华夏散发出科学新活力！

营员在科学实践活动现场

弘扬创新，铸就明日中国之璀璨光华。在参观北京大学实验室的过程中，我们非常欣喜而自豪地了解到：在许多领域、许多课题上，我国已走在了前列，甚至在某些领域可以说是领跑世界。事实也正是如此：C919 国产飞机飞天、001A 型国产航母下水、天舟翱翔太空、量子通信惊艳世界……现代中国的创新体系已经形成，中国制造正一步步走向中国创造。高校科学营也紧跟“双创”的时代潮流，十分注重培养营员们的创新力和创造力。一个个别出心裁的节目、一个个富有新意的社会调研主题、一件件新奇又实用的小发明——这些微不足道的小创新，只要加以培养，多一些像高校科学营这样的机会，今日之稚嫩少年必成长为“国之重器”，为中国科研事业再添活力和动力。以科技创新带动综合国力提升的前景一片大好。正如圣埃克苏佩里所说：“创造，是以有限的生命去换取无限的价值。”科技中国、创新中国的明天必是“红日东升，其道大光”！

“燕园情，千千结”。七天的班长身份让我体会到了“责任”二字的意义。作为新时代的中国青年，我也明白肩上还有更大的责任——兴我中华。今天，我们因科学会于燕园；明天，少年们必将各自翱翔于科学的广阔天地。让在高校科学营里埋下的科学梦的种子蔚然成林，为中华大地带去一片繁荫，为中国科技事业再添荣光。

炎炎科学营，不变科技梦

王乙童 （辽宁）开原市高级中学

炎热七月，第一次自己拿着行李箱，开始了天津大学高校科学营之旅。天津大学前身为北洋大学，是中国第一所现代大学，素以“实事求是”的校训、“严谨治学”的校风和“爱国奉献”的传统享誉海内外。我带着对大学生活的好奇与向往，带着美好憧憬来到了这里，希望能用自己稚嫩的视角去感受它，去更好地了解它，从中学习到更多的东西。

开营前夜，我怀着紧张、期待的心情推开了即将生活七天的宿舍门，开门的是一个漂亮的小姐姐，她非常热情地跟我打招呼，我害怕的生疏感瞬间消失。为了更好地让来自五湖四海的我们互相了解、彼此熟悉，高校科学营特意把来自同一个高中的同学分到了不同宿舍，我因此有缘结识了来自其他三个省的姐姐。天津大学高校科学营的营员共分成了 6 个班，我有幸成了四班的一员，班名是“快乐星球班”，

天津大学分营营员参观天津科技馆

队服是绿色的，给人很清爽的感觉。

正式开营第一天上午参加了开营仪式，听了院士报告，虽然听不太懂，但能深深地感受到科学的魅力。其中，提到了机器人索菲娅，她是第一个获得公民身份的机器人。看了索菲娅回答主持人提问的短片，更多的是震撼，原来人工智能是这样的强大。

晚饭后，我们进行了拼航母的活动。1 米不到的航母模型，却是由几千个零件组成的，其复杂程度难以想象。我们班分成了四组，从找零件，看图纸，再到动手拼，每个步骤都马虎不得，只要一处出了错误就前功尽弃。每个人都动起来，耐心地一点一点地拼凑着，终于，经过 2 个多小时的共同努力，航母的大体形状差不多了，此时，我只想说两个字：值得！

天津大学分营营员集体活动照

开营第二天，我们来到了天津大学老校区，上午听了院士讲座，是关于内燃机动力工程科学的。随后学习了天津大学的校歌和高校科学营营歌，当伴奏响起，由音乐社团的学哥带领，我们 200 多名营员默契地大声歌唱，共同享受着这份美好。下午我们参观了三菱自动化实验室，亲眼看到了一些机器自动的操作过程。随后又来到了集装箱阅读体验仓，并参观了许多实验室。最后我们来到了天津大学校史馆，在校史博物馆里，我还有幸看到了曾经校长的亲笔笔记，工整程度令我敬佩不已。

我怀着一份惊叹与不舍离开了校史博物馆，深刻体会到了“望前驱之英华卓荦，应后起之努力追踪”的天津大学精神。

第三天我们展开了一系列趣味活动，用筷子搭高，还有水果大战，在合作中我们彼此更了解了对方，也提高了自己的动手能力。开营第四天，我们来到了天津科学技术馆，通过体验了解了各种科学原理。最后一天，我们迎来了闭营晚会彩排，各班尽显各自的风范。我们开原市高级中学的全体成员也报了两个节目——歌唱和朗诵，大家既紧张又兴奋地完成了彩排。晚饭后，我们的闭营晚会正式开始了，总共 16 个节目，令人惊叹的是我们四班一位同学表演的快速记数的节目，在一分钟内将一百个数字正反背诵毫无差错，这惊人的记忆力令我钦佩不已。别的班还集体表演了小品，在欢声笑语中闭营晚会正式结束，这也意味着七天的高校科学营生活告一段落。我相信，我们会带着最初的梦想与热情一直努力走下去。

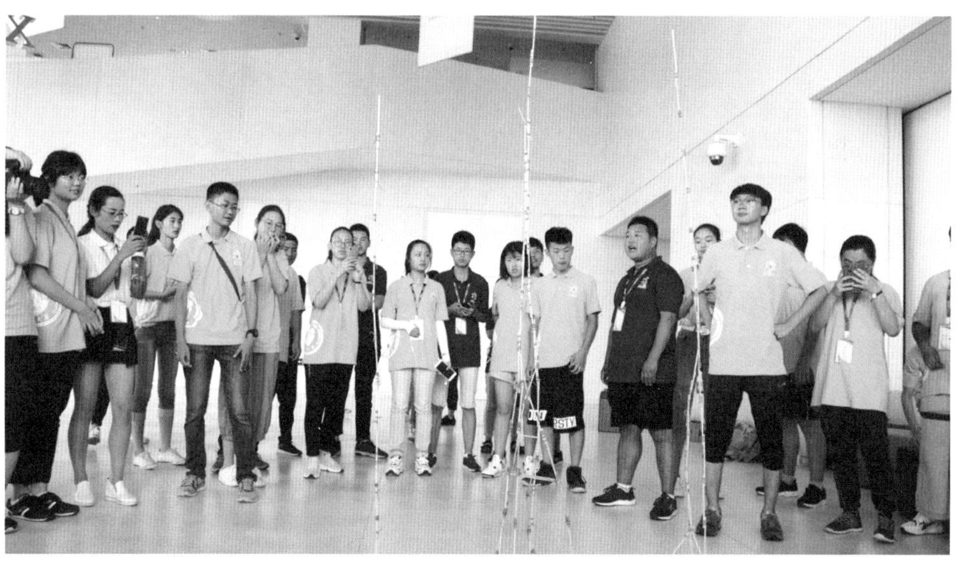

天津大学分营营员参加“搭筷子”结构设计比赛

萃英之行

郭秉轩 （内蒙古）巴彦淖尔市第一中学

群英萃萃，列杰芊芊。西出玉关，不虚此行。

——题记

当我迈出兰州火车站时，背着包站在兰州这片土地上，眺望远方，群山被一团团的云朵围绕着，阳光下显得朦胧而美好，不由令人对这个地方、这次活动心生向往，心生期盼……

合影

不久前，学校发出了这场夏令营邀请的通知。我出于对科学的热爱，又因为想拥有一个充实的假期，便毫不犹豫地报了名。这是我第一次去兰州，更是我第一次参加科学夏令营，我早已充满了对这场旅行的憧憬与期待，希望不虚此行，满载而归……

来到兰州，那便意味着为期七天的夏令营即将开始。坐上接站大巴，不一会儿便到了兰州大学。初来乍到，我被这座城市的这所学校深深地吸引，在进入校园后，校园中的景色更是怡人，吸引了好多人来这里锻炼身体、参观玩耍。

我的内心无法宁静，为这份美好而欣喜。最终我们来到榆中校区，准备正式开始夏令营活动。

在很好地休息了一晚上后，很早便到楼下集合，吃过早餐后，来到了礼堂，开始了开营仪式。开营仪式很庄重，神圣感、使命感油然而生，更有按捺不住的激动。紧接着进行了专家讲座，内容是重离子加速器有关的知识及应用。早听说这是一项国家投资的重要科技项目，也一直对这个项目充满好奇，期待掀开它的神奇面纱，似乎在这场讲座中的确找到了答案。接下来我们去了重离子加速器实验室，我被这里的工程所震撼：无数的管子、机器，看似十分平凡，在这管子里却有无数微小粒子碰撞，发生着不平凡的实验，这就是科学的不可思议吧！为我们讲解的技术人员，让我们体会到这项技术的先进性，学到了课本中没有的知识。这一次我对重离子加速器有了更深入的了解。

来到这里，每一天的活动都十分充实，磨炼着我们的意志。记忆最深的便是军旅素质拓展活动。这项任务在我看来就是现实版的“Running Man”，我们按小组进行速度比赛，我们小组还取得了三等奖，但此行对我而言奖项并不重要，重要的是友情和永不放弃的精神。通过这次挑战，我悟到凡事只要有信念坚持，终会收获不一样的风景！

我们也参观了博物馆，了解到这片土地上悠久的历史，感受了当地的文化发展历程，丝绸之路必经之地的辉煌；参观科技馆，通过操作体验感受了科技的神奇、生活的乐趣、未来的无限可能；进入采摘园，感受采摘的乐趣与收获的喜悦，明白如果想要有结果，便先去播种……这一切的经历让我成长，让我收获。

营员在活动中讨论问题

不知不觉时间流逝，很快便到了分别之际。最难忘的是闭营仪式前的联欢晚会，同学们各尽其能展示才艺，我们也大展歌

兰州大学分营营员在兰州重离子加速器国家实验室合影

喉，享受了愉快的时光，这个夜晚令我无法忘怀。闭营仪式上播放了活动录像，几天来所有的一切历历在目，令人心潮澎湃。后来的自愿发言时间，很多人的发言让同学、学长学姐们热泪盈眶。这便是人与人之间的情感，有一种温情的滋味，它是人与人间的一种感动。

离开时，我坐在大巴上看着外面朦胧的景色，内心五味杂陈，不舍、难忘……万般感慨涌入心头。细细思索很久，我觉得更多的是感悟。这些天里我收获了知识，收获了友情，收获了信念，收获了未来人生的方向，正因如此，我是幸运的！我内心充满感激，不断地想：再见兰州，再见高校科学营，我们终会再相见！

我眼中的科学营

张冉 （内蒙古）杭锦旗中学

七月的风，是拂倚在欢歌笑语里的神秘面纱；七月的天，是贯彻于生命季节里的袭人肤色；七月的海，是饱含在科学宫殿里的科学摇篮。

营员合影

带着憧憬、带着希望，来自内蒙古鄂尔多斯市及其他省区的孩子在各自老师的带领下来到了青岛，来到了美丽的中国海洋大学，参加此次的高校科学营活动。

活动将尽，中国海洋大学在流逝的时间里浸满古韵，令人如醉如痴。回首一周的经历，真的让我有太多感叹……

毅力，是千里大堤一沙一石的凝聚，一点点的积累，才有前不见头后不见尾的壮丽；坚持，是春蚕吐丝一缕一缕的环绕，一丝一缕的坚持，才有破茧而出重见光明的辉煌；信念，是远航之舟的帆，有了帆，船才可以到达成功的彼岸。

在优秀学子访谈活动中，学长、学姐为我们讲述了自己在大学的生活和学习经历，他们以认真的态度为同学们带来一场精彩实用的演说。特别是潘媛学姐的经历让我的心为之一震！右手骨折仍旧不放弃，坚持的信念让学姐在极短的时间内学会了用左手写字答题。除了要赞赏学姐取得的骄人成绩，我更欣赏她孜孜不倦、奋发图强的精神！

心的本色本该就如此——成，如朗月照花，深潭微澜，不论顺逆，不论成败的超然，是扬鞭策马，登高临远的驿站；败，仍滴水穿石，汇流入海，有穷且益坚，不坠青云的傲岸。这次的中国海洋大学高校科学营之行也可同道相论，不论结果如何，体验之旅汇聚于灿烂的一周，缤纷的海大始终是我收获的艳阳！

“雾锁山头山锁雾，天连水尾水连天”。望大海，只见白茫茫的一片。海水和天空合为一体，分不清是水还是天。海风轻拂，阳光和煦，在大海边，我们进行了潮间带的生物采集。返回实验室，我们进行了期盼已久的生态球制作，在亲自动手和团队合作中，我们收获了知识，也收获了快乐！

随后的两天，我们参观了青岛市的人文景观——奥帆基地、青岛海底世界及青岛啤酒博物馆。奇特多样的帆船、俏皮可爱的海洋生物、陈列整齐的展品……所有的一切让人目不暇接、流连忘返……

站在宿舍的窗前，静闭双目，绚烂的中国海洋大学在我的内心深处跳动，它仿佛掠走了现实，我不禁陷入了对科学长河的沉思——科学的发展推动了社会的进步和人类的文明，科学的繁荣涉及并影响着生活的方方面面，科技的力量排山倒海、势如破竹。

雨果说过：“世界上最宽阔的是海洋，比海洋更宽阔的是天空，比天空更宽阔的是人的胸怀。”是啊，“有容乃大”见证了文人墨客宽广的胸襟，他们总是将浩瀚的海洋装进自己的胸膛，推动海洋科学领域朝着多元化方向发展。

忽隐忽现中，中国海洋大学的身影将我拉回了轻快的现实，阵阵蝉鸣声打破了我的沉思记忆。海大之地，令我心旷神怡、感慨万千……

感，海洋之深情！
敬，科学之神奇！
叹，青岛之多姿！
赞，海大之闻名！

营员听名家大师讲座后合影

西安电子科技大学之于我

马明萱 （甘肃）武山县第一高级中学

2018 年的夏天，于我注定是一场蜕变。我以高中生的视角，在西安电子科技大学重新对“大学”这个词有了更深一层的理解。这一次高校科学营活动，更像是一场修行，我的态度与心境也由此发生了微妙的变化。

西安电子科技大学分营开营仪式

在活动之前，我只是一个平凡的高一学生，在老师、家长、学校的目光下为了考大学而忙于学业。那时的我看来，大学是十分遥远和模糊的，我甚至从来没有自己梦想的大学与专业，每天麻木于两点一线的生活却不知道是为了什么。曾经困扰了我很长一段时间的问题，在短暂的七天里找到了新的答案。西安电子科技大学之旅给予我的一切，将终生受用。

探索科技世界

我感慨于大学生活的不可思议，是从领略到西安电子科技大学的科技世界开始的。从开营第一天参与天眼“FAST”射电望远镜工程的段宝岩院士关于大宇航时代与大型星载可展开天线新趋势的报告，到体验3D打印和激光雕刻技术无不体现了“科技”这一主题。我很敬佩段院士在谈吐中流露出来的睿智。他轻快风趣地向我们介绍了关于天体轨道和天线的知识。同时他也告诉我们，要坚持创造，创造属于中国自己的高科技产品。这次报告让我第一次如此深入地了解到了天线这方面的知识，也让我认识到理论知识与动手协调能力的重要性。

另外让我大开眼界的就是星火众创空间了，这是一个给西安电子科技大学学子提供创新的大平台。在星火众创空间大学生可以将自己所有的新奇想法转为实践操作。在学长学姐的介绍下，我们了解到了航模与机器人的制作与一系列比赛项目。在活动中，我们每天都会去工程训练中心动手实践，进行电装实习，在老师们耐心的讲解下我们也都顺利地完成了收音机的装配。对于我们这些还未真正涉入电学的学生来说，这无疑是兴趣的敲门砖。我又重新对自己的弱科物理产生了新的兴趣。在西安电子科技大学，我真正探索到了大学生的思想世界。这一切的一切都在刺激着我的神经末梢，让我第一次开始认真思考自己未来的大学生活，那一定是充满奇幻想象的、有趣的。

感受文艺熏陶

古城西安，最不缺的就是那悠长的历史文化。学校带我们先了解建校历史，之后又带我们去了陕西省历史博物馆。从点到面，我们真切体会到了史诗一般的沧桑感。

我之前对大学的了解，就仅限于社团多这个观念，而西安电子科技大学的艺术社团活动也十分丰富。民乐团、合唱团、西洋乐团、话剧社、舞蹈社……彼时正

营员做收音机组装实践

活动掠影

是西安最炎热的时候，而这些艺术团的学长学姐仍热心于活动，向我们展示他们的风采。

营员在参观学习

西安电子科技大学不仅科学技术一流，也注重文化熏陶。最让我难忘的，是话剧社的学长学姐们为我们表演的《驴得水》经典片段。他们的专注与细致打动了在场的所有人。当我问他们是如何做到在短时间内进入角色时，他们告诉我，他们是反复研读剧本，琢磨人物角色之后才能演出这样有血有肉的人物的。这次对话也告诉我不管做什么事，都要付出十倍百倍的努力。

在这里，我感受到了浓浓的文艺氛围，而且最为可贵的是，它并不与其他方面发生任何冲突。

收获珍贵友情

我是一个慢热的人，也不怎么会说话，所以朋友也不多，对从来没有一个人出过远门的我来说，这更是一次对自理能力的大考验。

在这次活动之中，我认识了来自全国各地的营员伙伴，短短的七天里，我们以最快的速度成为一个新的集体，彼此融洽。住在同一寝室的同学互相照顾、共同解决问题。默契也在不知不觉中形成，在我们的无线电测向活动中就能体现出来。

还有我们的辅导员，他们其实都是西安电子科技大学的学生，大部分还在读大一，和我们一样脸上带着稚气。可他们放弃可以避暑的假期，肩负起照顾我们、管理我们的责任。在这个过程中我们也逐渐成了朋友。闭营晚会上我们都哭了，临别之际，互相拥抱，祝愿彼此安好。在西安电子科技大学，我收获到了更多珍贵的友谊。

总的来说，是这次西安电子科技大学之旅，让我重新认识到了学习的意义及价值。只有在高中时努力学习，考上自己理想的大学与专业，才会有更多展示自己的平台，有发展自己的空间。西安电子科技大学之于我，既是修行，更是方向。我相信我将沿着这个方向，为自己的未来加冕！

中国之梦，科技之梦

祁晨　（甘肃）通渭县第一中学

对北京的印象一直停留在书中，那座作为帝都的城，拥有着胡同、四合院和川流不息的人潮。极度的繁华巩固了它“祖国心脏”的地位，而它那为数不多的闲适就随着时代的变化被日益消磨，最后所剩无几。所以总是偏执地认为这座城市压抑到了极致，却也好奇它所未呈现的真实模样。

而它用七天颠覆了我对它的全部不满。

很有幸，我能够借着高校科学营的机会踏上北京的土地，去认识北京，去了解北京，同时也能去接近北京航空航天大学这所令无数人梦寐以求的学府。

北京航空航天大学成立于 1952 年，是新中国第一所航空航天高等学府，拥有着一流的师资队伍和国内顶尖的科学技术，也是许多航空航天技术专业者心目中的象牙塔。而深究其根源，不过二字：天，空。

2018 年青少年高校科学营全国开营式

人类总是对未知的事物怀有近乎渴望的好奇心，那片人类无法明知，高悬于我们头上的天空同样占据着这份好奇心的一部分，自古流传至今的“嫦娥奔月”的神话故事，清晰地传达着古人对月亮的向往；而《逍遥游》中如是写道：“天之苍苍，其正色邪？其远而无所至极邪？”天空的湛蓝，是它本来的颜色呢，还是太远而无法看到它真实的面目呢？庄子对人们所看到的天空发出了疑问，且直击它的本质。无论是万户想借助爆竹的力量冲上云霄，还是鲁班发明木鸟，使之能飞行数里；无论是失败了的，还是成功了的，从古至今，人们一直都在向天空发出挑战，企图看到它那片星幕中隐藏的一切。

营员活动剪影

而今天，古人的幻想，正在被一步又一步地变为现实。通过那个叫“科技”的力量。

在那七天中参观了数个实验室，一块块的电子屏幕，一个个已完成的科研成果，一条条正在录入的数码程序，一台台精密的电子仪器，构成了它们的全部。辅导员为我们演示了部分实验，有些关于航空轨迹，有些关于飞行器入水后的速度。每一个实验都会产生数以百计的实验数据，科研人员需要在最短的时间内完成一切数据分析，但并不是每一次实验都有结果，突破有可能在下一次出现，也有可能只是竹篮打水——一场空，在我们看来十分简洁干练的一条结论，它的背后可能拥有无数

营员参观特种飞行器总体技术设计部合影

人的汗水和坚持。而卫星和战斗机研制这一部分尤为重要。卫星轨道虽是分布于太空之中，可终是有限的，占得更多的轨道便是占得先机。况且国外的卫星轨道正在探测国内的地形，如果两国开战，这对于我国将是极为不利的条件。战斗机研制更为直接，各代战斗机依次出现，且一代比一代更加灵敏，一代比一代拥有更强的性能。这些战斗机正维护着我国领土和领空的安全，正是因为它们，我们才能拥有如今安定的生活。

中国人曾用数百年得出一个教训："落后就要挨打！"

而如今，唯一能使中国不落后的方法，就是发展科技。

中国梦是什么呢？中国梦便是祖国复兴之梦，中国梦便是祖国富强之梦。在北京航空航天大学开营的当天，我们曾喊着"中国梦，科技梦，青春梦"的口号；在北京航空航天大学学习的过程中，辅导学长们在介绍北京航空航天大学所拥有的成就时，眼中无一不闪烁着信仰和自豪的光。于是我读懂了他们想说的："中国之梦便是科技之梦，更是青春之梦！"

七天后，我离开了这座历史与科技重合的城市，带着收获，带着回忆，也带着对北京的新认知。可最重要的，是我认清了未来的方向：

"为了中华之崛起而读书。"

2018 高校营，我的西安交大

王易轩 （宁夏）吴忠市回民中学

2018 年 7 月 21 日的一大早，下了火车的我们在学长的热情接待中坐上了前往西安交通大学的校车。在报到处遇到了一堆大佬：奥赛大佬王同学、羞涩的小李同学，更重要的是，我的那几个辅导员老师……遇见你们是我的荣幸！

报到当天的午饭后，我和同行的队友靳锐相约，畅游大学校园。和我之前的攻略还是有点儿出入：西安交大的美，不仅仅是它的绿树萦绕让我在炎炎夏季有了丝丝凉爽，它的文化底蕴、树丛中时隐时现的实验室大楼，真的很棒！“思源活动中心”的开营仪式、西安交通大学的招生宣传片、校园餐厅……我记忆犹新。能听上一堂管晓宏院士的讲座，并现场向管院士请教了我积攒多年的问题（如，军用机器狗等），让我激动万分。西安交通大学的西迁馆、钱学森图书馆、秦腔博物馆让我和我的同伴们体验到了它浓厚的历史底蕴和热烈的学习氛围。西安交通大学的历史发展及未来规划（中国西部科技创新港），让高一的我萌生了三年后到此读书的念头！

营员领略秦腔表演魅力

“猜猜我是谁”“球行万里”“测功仪体验”，在游戏中，遇见了学霸学长们，他们不仅会唱歌跳舞，而且还是各种社团的精英，原来学习的多彩在这里。观看了师生同台演出的西迁话剧录像，大家被西迁精神感动得热泪盈眶；成熟稳重的雷凡学长（社会实践小王子）、美貌与智慧并存的王轶飞学长、因学习优秀连续三年获得两万八千元奖学金的学神赵又霞学长……他们突出的表现，让我倍感鼓舞。当我们顶着烈日参观了西安交通大学的国家重点实验室、3D 打印技术，目睹制造火箭外壳的先进机器——让我对未来充满了期待。

营员正在进行小班研讨会

可亲的辅导员们，请我们在校园餐厅品尝了西安的特色美食：米皮和肉夹馍，我们开心极了！夜晚的赛歌会上，来自不同地区和学校的营员们的风采展示，那优美的歌声、霸气的街舞，以及台湾小伙伴们的温文尔雅，每个班级的齐心协力……奖项是有限的，奖品是简洁的，但是没有拿到奖项的营员没有一个气馁的；没有谁计较奖品是一个小小的手环，当得到手环的那一刻，却是更多的欢呼！每一个为临时班级做出贡献的营员们，感受的是团队的力量！拥有古都西安历史文化底蕴的陕西历史博物馆和最具陕西特色的秦腔（板胡、小品、武打应有尽有），使我成为西安和秦腔的忠实粉丝！

高校科学营，让我第一次体验到了大学的生活，有了更加要努力进步、努力学习的“冲动”；短暂的高校科学营生活，让我收获的不仅仅是知识与友情，它让我的思维更加活跃，对科学的期待感倍增，这是我一生中的美好回忆……我在西安交通大学的旅行还没有结束，相信有一天我能再回到那里。此时，我的眼前浮现的不是一个又一个敲击到电脑上的文字，而是辅导员们在炎热的夏日为我和队友们送上的西瓜与冷饮，还有大家之间的互相帮助、互相关心！

感谢高校科学营，让我认识了更多的人和事，让我的身心得到了成长。如今，等待着我的是前方的挑战。

记忆汇洪流 吾心破东风

王婧 （宁夏）银川一中

历时 9 天 4 小时 15 分钟，230.25 小时，13215 分钟，792900 秒，2018 青少年高校科学营在夜光中缓缓拉上帷幕，我的科学之旅也在站台上父母灼灼的、盼归的目光中匆匆结束。眼帘轻闭，“昔日老友”仍伴左右；双眼微睁，似是梦醒，物是人非。

2018 年 7 月 13 日，宁夏科协的老师细致入微的营前培训囊括了衣食住行各个方面的注意事项，讲文明、有礼貌、爱卫生、敬师长、善交友、乐学习……这使我们深深地感受到区、市对我们的重视和关心；配发服装、行囊，更使我们对几天后的出行学习有了十足的准备和满满的期待。

2018 年 7 月 20 日，踏着瓢泼大雨冲刷的泥泞地，背着重重的行囊，载着父母的牵挂，怀着满脑子的幻想，我们登上了 k 字号列车，取景框似的车窗开始变换起风景，车轮与铁轨的撞击声“哐啷哐啷”不停地撞击着我的心。

2018 年青少年高校科学营浙江大学分营合影

回首浙大之行，心中涌动的满是感激与幸福。与来自新疆和江苏的朋友成为舍友，更是我莫大的幸运。我们每天相互叮嘱、互相帮助；我们分享交流学习经验、畅谈心中大大的梦想；我们一起在天台上观赏“血月”、等待流星，熠熠星辉下我们肩并着肩的身影，羡煞遥相呼应的月球与火星，烂漫的流星雨下我们挥舞着双手，描绘着梦想中自己的样子……更令我难忘的是闭营晚会前一晚，我荣幸地成为晚会主持人的成员之一，与来自五湖四海的有主持爱好的伙伴们一起讨论、研究、切磋，着实有一种相见恨晚的感觉。虽然身兼节目编排、演员和主持人的三重角色，但似乎和这些志同道合的朋友们在一起我就丝毫不会觉得苦、觉得累。演出超出想象地成功虽在意料之外却又在意料之中。临行前我们久久地、不愿松手地拥抱；有缘再会的誓言；一起努力好好学习的约定；让我对这份情谊没齿难忘！

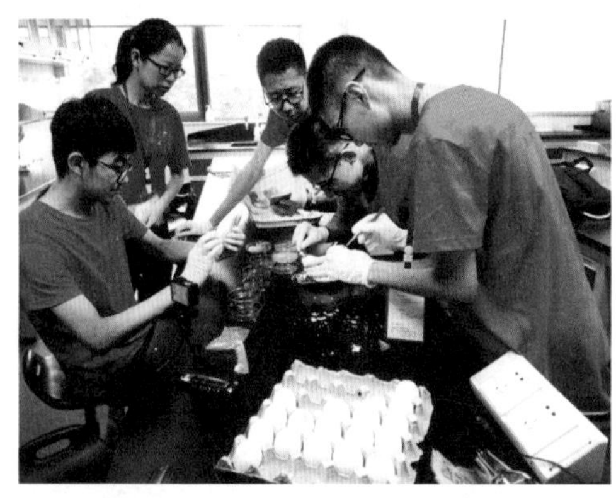
营员正在动手实践

营员认真听老师讲解

回首浙大之行，这趟科学之旅更令我受益匪浅。动物科学院，我们一点一点敲碎蛋壳，叩开生命的大门，探索生命的奥秘。亲手将小生命接在掌心的那一刻，我惊叹于繁衍、成长的奇妙；同时又心痛于为科学的发展而献出生命的无数生灵；更由衷敬佩一代又一代为科学事业鞠躬尽瘁、奉献青春的科研工作者，是他们耗尽毕生的心血，刻苦地求索、钻研，才铸就了如今这座金碧辉煌的科学大厦！地科、控制、光电、化工实验室的参观与体验令我们大开眼界，了解目前国家乃至世界的前沿科技，自信又充满朝气的研究生哥哥姐姐们热情而又专业的讲解，仿佛使我看到了未来的自己，使我更加坚定地为着自己的目标而努力奋斗。良渚、刀剪剑、伞博物馆的参观使我更了解杭州这座充满古色古香却又饱含现代科学技术的城市的文

营员参观活动剪影

化底蕴，每一件展品都似乎在诉说着一段被历史尘封的故事，那厚重、大气的颜色，精美、巧妙的做工，都向我们展示着古代劳动人民不断探索、不断创新、不断进步的艰苦历程，更激励着我们新一代的青年为社会的进步与发展贡献自己的绵薄之力。

回首浙大之行，浙江大学更勾起了我对她无限的向往与憧憬。秀丽的湖水、悠悠的蝉鸣、林立的教学楼、敬业爱才的老师……无一不符合我心目中理想大学的模样，随着贴心的、极具责任心的志愿者姐姐的步伐走遍浙大，我分明可以感受到浙大求是创新的浓厚学习氛围，大不自多、海纳江河的磅礴与恢宏。是浙大，激起了我求学的欲望与熊熊的斗志！

悟已往之不谏，知来者之可追。雄关漫道真如铁，而今迈步从头越。衷心感谢给予我这次学习机会的校领导与老师、感谢区科协对我们各方面的关心与支持、感谢杭州这座令人温暖的城市和浙江大学提供的宝贵平台、感谢志愿者佳音姐姐一路耐心的讲解和同甘共苦的陪伴、感谢带队王会玲老师一路寸步不离的关注、感谢同行的伙伴们旅途中暖心的照料与令人振奋的鼓励、感谢这一路上碰到的所有帮助过我的人们：列车员，宿管阿姨，主持人负责人，一起主持闭营晚会的小伙伴们，负责日常接送的大巴司机……我将带着这份感激，怀揣着心中小小的梦想，一路向前，乘风破浪！

清华园——一次最美的遇见

何心玥 （陕西）西北工业大学附属中学

昨夜枕着虫鸣入睡，今朝伴着雨声转醒。抬眼望向窗外，细细的雨丝在空中交织，给清华园蒙上了一层淡淡的白雾，亦真亦幻，却是似曾相识。哦，那分明是在梦中出现过无数次的模样。

营员合影

我静静地靠在座椅上。雨滴“嗒嗒”地落在车窗上，停留片刻便缓缓滚落，在玻璃上留下一道道的水痕。窗外，清华的风物一帧帧自眼前闪过：雨中略显寂寥的操场，骑着单车顶风而行的身影，道旁崭新的教学楼方砖上潮湿的红色……我第一次离这座园子如此的近，我甚至能听到雨滴从松针上滴落的声音，能嗅到青草嫩绿色的芬芳，能感到它扑面而来的气息：滤去了一切的喧嚣，有着说不出的宁静。

开营仪式上，当台上宣布高校科学营开幕的一刹那，乐声齐响，彩色的纸屑喷向空中，两架小型的遥控飞机升至礼堂上方，在我们的头顶上空盘旋。在它的身后，大屏幕上，深蓝色的背景下赫然呈现九个大字“科技梦、青春梦、中国梦”。那一瞬间我的视线有些模糊。这哪里是礼堂，我分明看见，那银色的影子承载着我们青春的梦想，承载着祖国科技强国的梦想，冲上天际，在湛蓝的天幕下翻飞翱翔。四周一片欢呼，那是梦想起航时引擎发出的震颤人心的轰鸣。

相遇，水木湛清华

景仄鸣禽集，水木湛清华。

——谢混《游西池》

雨后初晴，于清华园中信步而行。雨后的树是极好看的，深棕色的树干没有一丝杂色，笔挺的擎起一树苍翠。那绿是画师调不出的颜色，仿佛含了些氤氲水汽淬出些娇嫩的绿意。就这样追寻这绿走着，不知过了多久，新式的建筑渐渐隐去，一些老式的房屋映入眼帘。中式的飞檐已有些残损，蓝绿相间的梁画早已模糊剥落，通体红色的砖瓦颜色已经淡去，绿色的爬山虎将建筑的一侧攻陷，清风过处，小小的绿叶轻摇，缝隙中泻出几丝浅浅的红色。欧式的黑色大门紧闭，浑浊的玻璃后透出几缕灯光，依稀可见有人影移动。时间仿佛在身侧被冻结，一切声音被无限地放大。那墙上一圈一圈的爬山虎似化作了这建筑的年轮，在微风中簌簌地晃着，在我的耳边诉说着自时间深处破空而来的这座园子的故事。

不远处便是新建的图书馆，依旧是以砖红色为主色，中西结合的设计更显得端庄大气。门前的空地上整整齐齐地码满了自行车，不断地有学生抱着书进进出出。他们步履轻快却是不慌不忙，嘴角似乎总是噙着一缕淡淡的笑意。走在清华园中总会有这样的感觉：你知道自己要去的地方，却可以脚步稳健不慌不忙，就这样静静地走着，嘴角总是不由自主地上扬。

校史馆内，一张张黑白老照片，一份份已经卷了角泛黄的书页，一幅幅已经辨不出原色的旗帜标语……这一切的一切连缀成画面，如电影般在我的脑海中放映：国难当头，以血肉

营员在天安门前留影

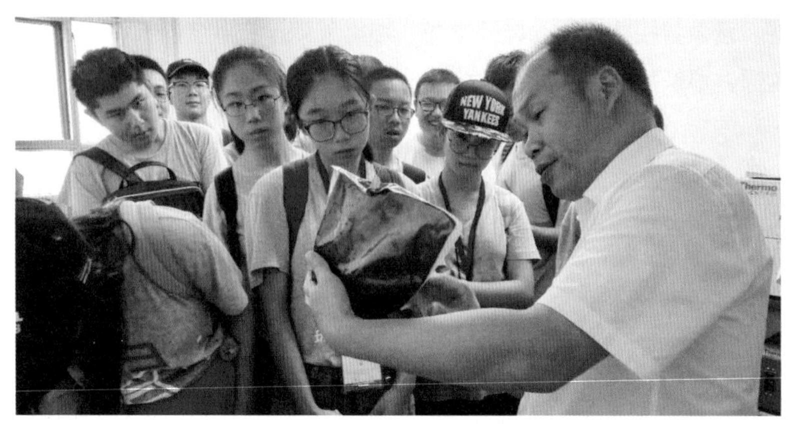

专家为营员答疑解惑

之躯筑长城；前路未卜，以毕生心血掌航灯。两侧的墙壁上，梁任公先生“厚德载物，自强不息”的训导湿润了我的双眼，我只觉得那一字一句，正被一笔一画地刻在我的心间。

相知，当科学与艺术于峰顶相遇

科学创造不是纯理论主义的，更可能是“理性”与“非理性”，“逻辑”与“情感”的奇特结合。

——法·彭加勒

是否，在感性与理性之间，在艺术与科学之间，有着不可逾越的界线？其实这个问题曾困惑了我很久很久，苦苦追寻而得不到答案。我一直以为感性与理性水火不容，而科学是理性的化身故严谨而冰冷，艺术是由心神凝聚而成故灵动而不可捉摸。

当肖薇老师的幻灯片上打出“让艺术与科学于峰顶相遇”这一行字时，我清楚地感觉到自己的呼吸仿佛停顿了一下。我清晰地听到了钥匙在锁孔中转动的声音，一扇被我忽视了许久的大门正“吱吱呀呀”地打开，我已经看到了门缝中透出的刺眼的光亮，正照亮门后一片黑暗与混沌中的我。

当艺术与科学于峰顶相遇——飞毯在因干涸而沟壑纵横的大地上空飘荡，一位白发的老者盘膝而坐，那诵经的声音似乎是从大地的尽头响起，穿越层层朔风雾霭而来，空远而苍凉。一抹亮色自那枯黄色的尽头缓步而来，绿色在她的裙摆后绽开，缝合了大地干裂的伤口。她在水边缓缓地蹲下，将双手浸入水中——土地开始蠕动隆起，黑色的身影举着火把在深褐色的岩层中舞蹈着，以夸张的姿态展示着天地之间捕捉到光明与生命的喜悦——那是最古朴的欢腾。当人类的先祖举起生命的火种将它抛向大地，生命之火在沟壑中欢呼雀跃肆意蔓延。镜头渐渐拉高——一个舒展双臂的人形正烙印在这片土地上。身后红日当空，照亮了岩层的每一个角落。我们来源于自然，是这片土地的子孙。

那火没有停止蔓延，我只觉得整颗心都在燃烧，似乎有什么阻隔就此被打破，前方一片宽阔明亮。

“科学创造不是纯理论主义的，更可能是‘理性’与‘非理性’、‘逻辑’与‘情感’的奇特结合。”若说肖薇老师的提点让那扇紧闭了很久的门打开了一条缝，那么金涌院士的这句或许不经意的话是彻底为我打开了那扇门，让我看清了前方的路。

科学与艺术都源自对周身世界的观察与感知，只不过它们选择了不同的诠释方式。科学从自然界的基本规律出发，对现有的现象加以总结提炼，提出猜想或理论，并在实验与实践中不断地验证、修正与推广；而艺术则是从社会的角度观察周身的一切，它将身边微小的事物乃至内心最隐秘的活动无限地放大，用声音、色彩、形体加以重现。科学研究之中，大多时候依靠逻辑，但偶尔也需要直觉的灵光一现；艺术的创作之中，不仅要打开心灵感知世界，还要对捕捉到的细节进行有条理的编排，方能重现那一瞬间被捕捉到的美。

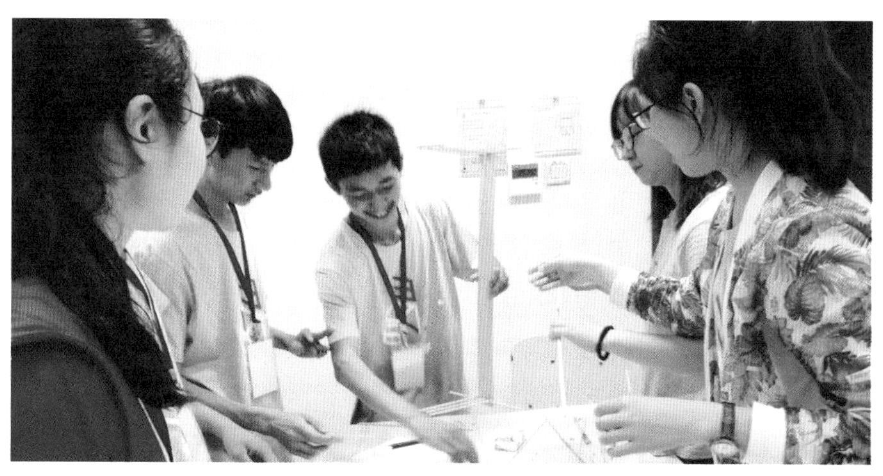

营员在科学活动现场留影

忆鹭岛之行

董陆洋 （陕西）铜川市耀州中学

鹭岛的行程已经结束了，在凤凰花的映照下，我们度过了难忘的六天。到达时的兴奋，过程中的欢笑与疲惫，离开时的不舍交织在一起，久久在心头萦绕不散。

厦门大学分营营员合影

厦门是个美丽的城市，厦门大学也是厦门风景的缩影。那里有湛蓝的大海、有美丽的芙蓉湖，也有令人难忘的芙蓉隧道……厦门大学的美丽是不由分说的。

跨进厦门大学的门槛，目光落在了鲁迅提的“龙飞凤舞”这四个字上，它富有诗意，好像在我眼前“活”了起来，好似游龙飞凤一般，穿过一排排菩提树，只见一个蓝鲸戏水，在阳光下闪出金子般的光芒……

在短短六天的时间里我们参加了许多活动。体验了从未经历过的高尔夫，见识了独特的攀树，看到了不一样的大学校园，感受到了紧张的大学节奏……不禁对大学有了更多的向往。在几天的相处中，我们几个营员间也建立起了特殊的友谊。了解了每个人的不同，也了解到每个人的长处。六天中，各种各样的活动让我应接不暇。

从最开始的建桥梁模型开始，这里的活动就令我印象深刻。

在第一天建桥时我们花费了很长的时间来切割材料，讨论结构，构建框架，连接各个部分……其中的乐趣自是不必多提，其中的困难也是接连不断。在过程中的一次次失败、一次次改造皆令人记忆犹新，最后的成功在这些方面的映衬下显得格外宝贵。虽然我们的作品在五千克的重物下坍塌了，但我觉得我们已经成功了。

贝壳画的制作也让我费了很多的精力，从开始的设计、选材再到取料、制作，以及后面的上色和风干。或许在多年后还会忆起那时的欢乐与艰难。此外，我们听了几场精彩绝伦的报告。与我理解的报告不同的是，我们听的报告并不是以往的无聊的陈述，而是老师幽默的语言和妙趣横生的报告内容。一场关于海洋的演讲让我对神秘的大海生出了几许期待，一次有关化学的课堂学习让我对一直不感兴趣的化学有了新的认知，几位老师对厦门大学的介绍也让我对厦门大学充满了幻想。不得不说，我学到了很多。

我明白了身处不同的位置会有不同的认知，明白了身处不同的地域会有不同的眼界，明白了身处不同的平台会有不同的机会。我想我该投身于我国的科研工作中去，我应该记住我在厦门大学学到的一切，让它们鞭策我继续努力，以后为中华民族的伟大复兴做出自己的贡献。我相信凭我的努力一定可以实现现在的承诺，为国而奋斗。

充满朝气的营员

雕刻时光——遇见华东理工大学

杨君章 （西藏）山南地区第一高级中学

我们乘着夏日的第一列火车，带着洁白的哈达，穿越一望无际的可可西里大草原，踏过清澈如洗的青海湖。就这样，我们从祖国的最西边来到了最东边。离开了凉爽的雪域高原，来到了素有火炉之称的国际大都市。就这样，我们带着阳光般的热情，开始了期待已久的高校科学营之行。

友谊之源——“破冰”

故事的开始源于破冰之旅，破冰活动之前，我更容易把它想象为一种挑战性的活动；破冰活动之后，我把它理解为用热情来击破寒冰，让3个省的营员热情相待。针对这次活动，我可能是最大的受益者，原因是我不仅见到了来自四川的邻居，还认识了香港朋友，一两个简单的游戏就能让我们从陌生冰冷的零点迅速升温，也许这就是破冰的真正意义吧。

新能源——奉贤的华东理工大学

奉贤是很多高校的工农业基地，而华东理工大学奉贤校区还未满12周岁。这个崭新的校区就是整个华东理工大学的新能源，看，充满科技感的图书馆，倒映在通海湖中。情人坡，基佬坡，也为炎炎夏日带来了凉爽。而这个屹立在东海岸的新

营员在开营式上合影

讲座现场气氛活跃

能源校区，使华东理工大学化工学院始终排在中国高校的前列。而对于我来说，不枉此行的是下午精彩的讲座和开幕式。更让我没有想到的是进行讲座的居然是同龄人，真是一山更比一山高啊。而他演讲的正是我特别感兴趣的学科——生物，而后，博士生张琦和院士钱锋也带来了高分子化学和人工智能的精彩演讲。真是让人赞不绝口，这也让我联想到我过往的故事。曾经那个自甘堕落的我，老师眼中的小混混，我不知道要感谢多少人才有了如今的我。这次夏令营让我更深层次地认识到了学习的重要。科研是永无止境的。中国科研的未来正掌握在我们青少年学子手中。这次演讲中有一个词使我终生难忘，那就是“超越”。这是张琦在演讲中提到的词，我们需要超越自己，更希望超越前辈。

故事分享——学姐眼中的华东理工大学

在来到大学之前，我曾多次幻想大学生活，今晚在两位学姐的介绍下，我对华东理工大学的文化了解得更加深透。相比于高中枯燥的生活，大学生活如同打开了天窗看到了灿烂的星空，在学姐眼中的大学，大学活动是多姿多彩的，大学的课堂是趣味盎然的，大学的生活是充满希望的。每个人的思考决定了不同的大学生活。

是学习还是彻底放松。是选择考研还是就业。对于我而言，大学更是一个知识的殿堂，用来武装自己的头脑。在这座知识的殿堂里，我们要不停地探索。

“点绿行动”——预防艾滋病之旅

艾滋病对于我们来说是可怕的，而对于预防艾滋病，我们是无知的。来到上海青艾健康促进中心，此行不仅仅是教会我们如何去预防艾滋病，更多地是让我们不歧视艾滋病患者、关爱艾滋病患者。艾滋病是慢性病，让它变得更致命的是歧视。对于艾滋病我们要了解、认识、不害怕。对患者我们要倾听、尊重、不歧视。而此行更是教会我们怎样成为一位热爱社会公共事业的人，怎样去关心艾滋病患者。点绿行动正是反歧视项目。“点绿行动，点亮生命”通过养护绿植感受对生命的感恩和热爱，寓意患者能以顽强的生命力应对生活的困境。对于我们来说，“点绿行动”依然任重道远。

共同制作——其乐融融

旅途依然在继续，我们带着依旧未平定的心来到了上海设计公司，今天我们要和外国友人共同天马行空地设计。而在我们小组，交流成了一个难题。好在有香港

营员活动掠影

上海科学营开营式

营员合影留念

的朋友为我们解决，使我们能够迅速交流沟通，在设计制作的过程中，我们相互玩笑，你笑我，我笑他，笑声在整个客厅回荡了一个下午，少女心爆棚的我们把一间庞大的屋子做得特别精巧温馨。在这次活动中，我们代表的不仅仅是自己的省份，更是一个国家的形象。而我们最后的成品也代表了我们友谊的结晶。学习归学习，这男生动起手来还真不如女生。我们两个男生一下午只做了一个房顶和塔机，而热情漂亮的外国小姐姐认真地为我们制作沟通。在后面成品展示中，我们的作品也得到了大家的一致好评。

艺术是生命真正的使命——中华艺术宫

艺术是生命真正的使命，对于艺术而言，可能艺术家的思维和想法过于不同，过于新奇。这次旅行就让我们去了解艺术家天马行空的作品。

中华艺术宫原是 2010 年上海世博会中国国家馆，也可以算是上海的标志。乘着多层电梯，见到了艺术宫内部精致豪华的配置，让人赞不绝口。里面还陈列了各种优秀的作品，而较具代表性的展示就是大屏幕《清明上河图》。超巨大的横向屏幕，仿佛让我们穿越到北宋繁华的街道，喧闹的集市活灵活现地体现了北宋的繁华景象。而那些天马行空的奇特作品也让我们浮想联翩。本次参观活动让我们充分感受到艺术的无限魅力，充分感受到上海已经迈进现代化、有文化内涵的大都市的行列。

梦想

刘悦翘（香港）圣保禄学校

非常荣幸有机会参加全国高校科学营清华大学分营。这真的可算是我实现科学梦征途上的一个里程碑了。

在清华，我们接触到了有关人工智能、护手霜的化学成分、建桥的物理知识、电子电路的课程，还听了有关材料基因等的讲座。这些大师级的讲学完全有别于平常在学校里课堂教学的内容。清华的老师们精心设计、认真备课，生动有趣的课堂氛围，既为我们传输了知识又分享了经验。衷心感谢老师在我实践科技梦的道路上猛推一把。我们还参观了清华的创客空间 i-Center 和中国科学技术馆。i-Center 的设备仪器非常先进，有的已经位居世界前列。我对祖国一日千里的科技发展深感佩服和自豪。相信在不久的将来，我们这一群追逐科技梦的青少年也将可以为之做出贡献，让科技更上一层楼。

我们的青春梦总是和同侪一起成长。我们有缘在心仪的大学碰面，在高校科学营认识的刘晟学长及黄彦学姐和我们一班全体同学一起分享在清华的生活，比如如

营员活动剪影

班会破冰活动

辅导员为同学们授课

何在大学选修课程，等等，让我们朦朦胧胧向往的大学生活一下子变得逐渐清晰起来。宿舍里有新认识的来自不同学校的室友。认识来自不同背景的朋友，扩展社交圈，为我的青春梦又添一抹亮色。

中国梦看似距离我们遥不可及，其实我们每个人都正在这条大道上大步迈进。在高校科学营，我们认识了来自五湖四海的朋友。闭幕礼上，各个班级都秀出自己的特色，不同地区、民族的文化在这里融合、交流，让我毕生难忘。在北京市城市规划馆看到北京的过去、现在和未来，在国家博物馆感受到中华文化的灿烂辉煌，让我坚信将来的中国一定更美好！

七天的高校科学营，可以做到什么？可以打开一扇门，一扇通往科技梦、青春梦、中国梦的大门！

盛夏科技扬帆

黄朝阳 （澳门）新华学校

烈日中天，骄阳似火，在2018年的夏天，我来到了南京，来到了这片我完全陌生的土地。因为我有幸参加青少年高校科学营东南大学分营活动，在有六朝古都之称的南京开始了为期七天的青少年高校科学营之旅。

营员合影留念

这次高校科学营我和我的同学们来到了江苏省南京市的百年学府——东南大学。第一天，我们在东南大学聆听了胡汉辉教授的精彩讲座，也对这所大学有了初步的了解。在胡汉辉教授的讲座中我印象最深的一句话是：要突破常规的思维，站在盒子外面，才能成为一个成功的创业者。这句话真的让人受益匪浅。开营仪式上领导的发言让我知道了高校科学营的宗旨是要发挥高校在传播科学知识、科学思想、科学方法上的优势，激发我们青少年对科学的兴趣，鼓励青少年立志从事科学研究事业，培养青少年的科学精神、创新意识和实践能力，为培养科技创新后备人才打下坚实基础。在第二天的班级分享会中，经过简单的自我介绍我很快认识了很多来自五湖四海的朋友，在高校科学营学习中我将与他们一起学习，一起玩耍，一起生活。

同时带领我们的志愿者们也是非常棒的。回到宿舍后我看了一下行程表，这才发现节目排得满满的，有非常多的讲座，许多艺术节目，大学的社团活动等将在我们面前一一展现，让我们感受大学精彩的生活。在此次高校科学营中，

营员们听完讲座留影

我们有将近一天的时间去动手做实验，这些实验将会提高我们的实践能力。在参观著名物理学家吴建雄博物馆时，在志愿者的讲解下，我们对这位在国际上拥有巨大影响力的物理学家有了进一步的了解，为我们树立了心中的榜样。第三天，我们听了胡阿祥博士的趣味南京历史讲座。胡博士的讲座让我们充分了解了南京的历史。除此之外，还有好多的活动，每一项都精确安排，丝毫没有拖拉。我们将收获累累硕果。

在最后的几天里，我们分成了不同的小组，然后进行高校科学营中最有意思的一个环节——动手做实验，而我则是做 3D 打印。在老师的讲解下，我才终于明白原来 3D 打印是通过降维的方式把一个三维物体切片成二维的画面，然后把所有的二维画面通过 3D 打印机挤压成一个三维的立体模型。在将近一天半的时间里，我动手参与了这项非常有趣的实验，让我与科学有了更多的互动，也让我对科学实验的行动有了初步的了解。随着实验的结束，高校科学营也接近尾声。随着闭营仪式的开启，也意味着高校科学营的闭幕，随着联欢晚会的开始，我见识到了其他地区同学多才多艺的演出，我与班上的同学们一起表演了非常精彩的光影秀节目，这也是我第一次与其他地区的同学表演节目，这段经历将会是我一生中宝贵的财富！

高校科学营这是一个有深刻意义的活动，用心才能体会到，亲自经历过后才有不一样的收获！同时高校科学营活动对我来说是一段非常宝贵的经历，它带我更深一步地走进科学的世界，在此过程中，我们了解到了高新的前沿科技，体会到了浓厚的人文精神。最后感谢高校科学营，感谢东南大学，感谢各位志愿者们，感谢你们让我们受益匪浅。这段难忘的青少年高校科学营生活将会深深地留在我的记忆中。

逐梦夏日，多彩科学营

陈祀元 （台湾）凤山高级中学

回忆起当时，我还正关心着台风的消息，祈祷着这次营队的天气状况良好，又听闻南京团因为台风而延后一天到达，心中真是忐忑。幸运的是，飞机准时起飞，安全抵达。来到浙大的第一印象即是志愿者热情的接待，也自此开始，对高校科学营有了许多感想与收获。

听完张光新教授的演讲后，“求是创新”四字便印在我的脑海中，的确，求是的态度之于研究科学至为重要，而创新正是人类不断进步的原动力，这也提醒我要以一个全新的方式来探索科学。吴敏教授的演讲中，使我印象最深刻的就是关于端粒酶之于人类老化的议题。由于我在高一时就有关于此方面的疑问，但在他精辟的解释下，使我茅塞顿开，得到的结论是：若是我们能够彻底地控制端粒酶，人类将长生不老。至于唐晓武教授对国际名校及浙江大学的比较也十分精彩。

2018 年青少年高校科学营台湾团营员合影

学生代表报告中，最难忘的是侯田志超学长对医学伦理的分析。他提道：前人曾经对照相机是否会吸走灵魂而产生伦理质疑，其实今日对复制人的议题也有异曲同工之妙，而伦理就是阻碍医学的绊脚石。这观点实在是颠覆了我原有的想法。至于信工专业的愿涵雪学姐，说的一席话使我至今仍还会心一笑：工科的男生大多是穿格子衬衫。热爱工科的我，来营队第一天穿着的正是格子衬衫！

营员在校园留影

第三天的三个生物实验中，我最喜欢的是关于显微镜的使用及草履虫的相关知识，当我熟悉显微镜后，便开始在这微米世界探索，不仅找到了草履虫，还发现轮虫、眼虫等，使我获得丰富的经验及成就感。在物理实验室中同样是沉浸在微小世界里，但是观察的是牛顿环。顿时，我突然感受到物理课本中的图片，就在手中把玩着，原本的课堂知识，终于因能够实际操作而活了！

光电、控制、地科及化工的课程，内容皆丰富而有趣。光电的五项科技创新成品，让我耳目一新。在控制当中的智能工厂，看到机械手臂流畅的动作及客制化的签名，让我惊艳不已。而参观为数可观的化石及结晶矿物标本，也令我为之赞叹。虽然化工讲解冷凝装置的原理不难，但看到实际的机械装置时，还是让我的眼睛为之一亮。

另一个特别的经验是小组合作。虽然我们第一天因抵达时间太晚，以至于无法参与破冰活动，小组气氛还是慢慢地升温。不过，在第四天晚上，我们因为对闭营表演的意见分歧，导致小组一分为二，最后在共同的讨论之下，两派人马各退一步，采取了第三种方法。但是由于相对其他组别少了一个晚上的排练时间，我

活动获奖营员合影

们变得非常团结，经过辛勤的排练，最后我们的表演赢得了全场的欢呼声及掌声。

浙江的这趟旅程，不仅止于校园内的学习。夜间观赏钱塘江畔都市繁荣风光，搭配着绚丽的灯光令人叹为观止。此外还游历了著名的西湖及良渚博物馆。当我漫步在苏堤时，虽然天气奥热难耐，但不禁想起了许多古人描述西湖的诗句，确实，西湖具有极大的魅力，只可惜时间不足无法细细欣赏西湖四周之美。在良渚博物馆看到新石器时代许多农耕器具及饰品，让我遥想史前人类过着丰衣足食的生活。旅程的最后一天，欣赏世界三大名秀之一《宋城千古情》，舞台背景的千变万化、绚烂夺目，以及演员们华丽的服装和精湛的演出，让我不断拍手叫好。

至于饮食方面，无论是学校食堂或者是外卖，不管是浙江或者其他省，实在是便宜又好吃，只不过前两天有些水土不服，幸好不久后就止泻了。其中，使我难以忘怀的食物是酸奶。前几天我担心菌种不同而容易造成腹泻，不敢尝试，但是在第三天，我鼓起勇气尝试，没想到不知道是我的肠胃本身适应了或者是托了酸奶的福，原本腹泻的状况反而消失了，也因此在那之后，每天我的餐点中一定有酸奶。

祖国大陆所带给我的感觉，虽然有许多和我在此行前的印象差异不大，但是有些许颠覆了我的想法，那就是祖国大陆学生的热情及积极。我原以为祖国大陆学生会很冷漠，但其实他们的气氛很容易带动起来。至于学习态度方面，比我想象中积极得多。例如：即使可能是错误的想法，还是勇于表达出来，这点是我们需要学习的，因为我们心中有看法而不与大家分享，恐惧于表达。

这七天，我特别感谢的是细心呵护我们的志愿者，无论是集合、吃饭、休息时间……都用心地照料及规划。尤其是在闭营典礼时，志愿者给我治中暑的药，虽然我当时的情况已经好转而没有服用，但是我的心中仍是充满了感激。有人说，浙江最美的风景在西湖；我觉得，浙江最美的风景是那难以言喻的人情味，而志愿者就是“浙”风景中最醒目的地方。

当然，这一切美好的回忆都要感谢主办单位——中国科学技术协会、中华青年交流协会、中华公共事务管理学会及协办的中国科学院和承办的浙江大学，这样的活动涉及的人数、相关单位的庞大，可想见活动的困难与复杂程度，但是，整个活动内容不但丰富精彩，富有学习性，也促成彼此间的文化交流，此行的收获将深深印记在我内心深处。

营员在生物学国家级实验教学示范中心合影

那年，我们一起淋了一场名为“青春”的雨

李承翰 （台湾）政治大学附属高级中学

得知能够参与这项活动，我感到非常兴奋。因为台风的影响，我们搭乘半夜的航班抵达了南京。

营员合影留念

上午，我们听了一个有关于心理学的演讲，讲师与营员们互动很多，成功地吸引了大家，进而解释一些相关信息的原理，是十分成功的演讲。中午，在这里的一间学生餐厅用餐，里面的食物令人惊艳不已。下午，我们还参加了联合开营仪式，以及土壤所的科普讲堂，同样令人印象深刻。晚上，看到图书馆的藏书如此之多更使我无法相信自己的眼睛。第二天早上，机器人课程开始，我们这组认真地学习与组装着，总算是进度较快的一组。一直到下午，机器人大赛的前置作业都在进行。

晚餐过后，我们排练了才艺表演大赛的节目。

第三天的机甲争霸赛，我们这组做好了万全的准备去参与，第一关就顺利通过，

接着第二关、第三关也都有惊无险地过了关，最后的机器人表演节目，我们的机器人跳了一段舞，十分有趣。

之后的口子，我们还去了南京博物院、中山陵，使我对南京的文化和历史更加熟悉，也让我深深体味到南京的历史气息。要是没有这个活动，我们将失去许多探索新知的机会，失去认识南京的机会。于是，趁着这次参加高校科学营，我要认真地学习，认真地思考，学会观察、思辨，并渐渐成长、认清自己的定位及将来。相信这会是我在这次营队活动中收获最多的地方。

六天的常规营，转眼就过去了。

真的是一转眼。那些天来早上听演讲、一起排练、制造机器人，晚上排练、看世足、玩游戏、聊真心话。不知为何，这种种回忆至今想起心中总有些酸楚，总想回到当初，回到那真正属于我们的时间。

高校科学营实践活动

青春，在我看来是纯真无邪、真性情的年代。在这个时光中，尚年轻的我们用自己的步调，走出一条华美的路，为自己美好的将来打拼。也有人说，青春是一团火，笑容与彩霞辉映，汗水伴露珠挥洒。脉搏跳动着奔腾的音符，智慧弹奏着优美的乐曲，我认为，这句话非常符合我在营队中的经历，我的“青春梦”也在这里被点燃。

营员与小伙伴合影

科学，在我看来是一场严谨的思辨，从自己的想法或他人的意见中，进而以谨慎且理性的态度讨论合理结果。于我而言，我对科学的兴趣在于信息科技方面。我希望自己将来能够从事这方面的工作或研究，这会是我人生的“科学梦”。

中国，在我看来，是中华民族生长发源之地，是华夏民族文化的根源，是我一直很想探究的地方。我们都是炎黄子孙，我们都是发源于中国的后代。对我来说，中国像是一个文化大摇篮，承载着各民族的希冀。

这次高校科学营活动，无论何时开始、结果如何，我都得到很多体悟和感触，整个过程中的科技交流及情感互动，将会是我人生当中不会忘却的回忆——那属于我们的，属于中国的，属于所有参与者的回忆。

而且，似乎一切都是巧合呢。若不是那个台风作怪，我们也不会有这么特殊的搭机体验；若不是几百个志愿者刚好遇到最棒的那位，我们也不会被照顾得无微不至；若不是一同晚到，我们也不会有这么赶时间还能去到中山陵的有趣经验；若不是上台表演一起忘词，也不会了解其他营员的热情，我们做到了那最棒的一种。我想，光是这件事便值得我们为此庆祝了。

在这个营队中，我体验了青春、体验了科技、体验了中国。那年，我们一起淋了一场名为青春的雨。

“长、宽、高”

王璐 （新疆）新疆生产建设兵团第三师45团第一中学

我是抱着感受、体验、开阔视野的目标来到清华科学营学习的。这些日子以来，我认真听、仔细记、静心思，收获很大。主要体现在“长、宽、高”三个方面。

“长”，就是增长了知识，有助于克服“本领恐慌”

平时自己由于懈怠，时常感到知识短缺、本领恐慌、力不从心。这次到清华，聆听学长学姐细心教诲，增长了知识，见识了“世界”。一是增长科学管理知识。管理出生产力，管理也出凝聚力。管理是一门大学问，沟通与协调是管理的核心环节。通过学习使我系统了解了公共管理、依法管理、应急管理等方面的知识，不少是我以前未知的。印象尤为深刻的是，每日去裕园楼听课，了解到人工智能、桥梁等从未了解过的知识。老师通俗易懂地阐述了这些日渐发展的科技力量的角色定位、能力要求，对我们目前进一步提高科学素养、认知水平很有帮助。二是增长构建和谐

营员认真听讲

人际的知识。人不是孤立的，而是社会人。作为学生，首要任务就是学习。记得美国著名学者卡耐基说过，“一个人事业的成功，三分靠个人努力，七分靠良好的人际关系”。这句话虽然有所偏颇，但从一个侧面说明了构建良好人际关系的重要性。我们必须善于“换位思考”，运用鼓励激励、联络联谊、真心真诚等办法，沟通上下，协调左右，统筹内外，以良好的人际关系，着力营造和谐环境。这对于即将步入社会的我们十分有用。

营员活动剪影

“宽”，就是拓宽了视野，有利于走出“象牙小塔”

人们常说：“细节决定成败，眼界决定未来。”一个人生活在世界上，一定要多走多跑，这对未来十分有利，对学习的发展也受益无穷。这次学习，使我拓宽了视野，开阔了眼界，等同于走出“象牙塔”。一是内容广。这次培训涵盖了经济、建筑、文化、社会“四位一体”。涉及国内、国际形势分析，既有宏观层面，又有微观分析，结合了老师们平日的所见所闻所思，对我们很有启发，弥补了我很多方面的不足。这次培训，既有理论教育也有实地参观考察，十分贴近高校科学营的组织意义，老师们从心理角度，提出“淡定积极”的观点，阐明“以入世的努力，出世的心态，老老实实做人，踏踏实实做事”的道理，对人生具有启迪。二是感悟深。清华课程形散但神不散，学到知识的奥妙，是我从未有过的。在课堂上，我更多的是思考、熏陶和感悟，是思维习惯的培养。思维是“道”，其余是“器”，这次学习，我既“练器”，更是“修道”。通过学习，我认为，一个人千万不要纠缠于小事上，不要沉迷于温柔乡，更不要陶醉于现状，你所付出的努力都是有回报的。

“高”，就是提升了素质，有利于激发“心灵火花”

这次培训有一个显著特点，就是突出提升修养、增长见识这个主题，突出我们现在的身份和目标，突出科学艺术这个方法。第一次对那些耳熟能详的概念有了系统的理性认识，提升了素质，提高了境界。“一朵浪花融入大海便不会泯灭，一颗玉石打磨愈久便光华愈灿”。我认为，此次科学营，是集体智慧的结晶；我们通过这次学习对自身素质、能力水平的要求要更高。所以，通过学习，我进一步坚定了做一个用心干事的人的信心和决心。这或许是我这次学习培训的最大收获吧。

此次培训时间虽短，但课程安排紧凑、内容丰富，每节课都集思想之大成，耀智慧之精华。短短的几天培训，让我获得了一生难得的知识财富，真是受益匪浅、体会颇多。

营员在活动现场

点燃青少年的航天梦想

唐明智　（新疆）库尔勒市第四中学

怀揣梦想与期待，同学们来到了北京航空航天大学，在美丽的首都北京开始了为期七天的高校科学营活动。

初来北航，同学们心中充满了对这座著名学府的敬畏之情，当进一步走入北航时，她变得可亲起来：渊博与活力并存，积淀与创新同在；正如校训所言：德才兼备、知行合一。北航正是以这样的精神，铸就了一个个辉煌。在校史馆里，大家看到一代代北航人力争上游，为校争光的美好品质。在考古与艺术博物馆里，同学们感悟了北航学者严谨求实、积极进取的治学精神。这些风格都深深地影响着同学们，使大家对大学，对知识有了全新的认识。

在北京高校科学营开营仪式中，曹淑敏的致辞启迪了大家："敏于发现，求真拓新，享受大学的文化；勇于探索，独立思考，做好自己的智囊；善于协作，精诚团结，共克科学难关；勤于实践，知行合一，积蓄梦想的力量。"房建成在对营员的寄语中表示，高校科学营活动点燃青少年当科学家的梦想，让青少年近距离

领导在开营式致辞

营员活动剪影

接触科技、让创新成为青少年的兴趣，让科技工作成为令人尊崇向往的职业，正当其时！他鼓励青少年：要树立科学理想，提升责任感与使命感；要感悟科学精神，学习科学方法；要进行科学实践，将所学化为所用，让科技梦助推中华民族伟大复兴的时代主题。带着这样的希冀同学们开始了梦寐以求的高校科学营活动。

85 岁高龄的戚院士，如一位慈祥的爷爷在讲中国航天从站起来到强起来的故事。戚发轫院士小时候的辽宁老家，当时被日本人所占领，若不站起来，日本小孩随意就可以打骂中国孩子，并且不能反抗，这样的不公平激起了亿万万人民群众站起来，与法西斯列强斗争到底。支撑我们坚持自主研发航天航空器的是我们伟大的航空航天精神：特别能吃苦，特别能战斗，特别能攻关，特别能奉献。沿着正确的方向前进也是我们成功的重要原因之一。看见中国航空事业蒸蒸日上，我们的民族自尊心和自信心大大加强，同时也助燃了同学们的航空梦。

航模的制作是大家比较难忘的经历，是北航精神让大家对航模制作更增兴趣。制作中最困难的是使两个机翼磨成对合 15 度角的制作，受力不均很容易让木板中间凸起，后来经学长们的指导，以八字形磨不但速度快而且受力均匀，终见成效，拼成了完整的航模，稍做配重就信心满满地去试飞，但情况不容乐观，多数同学要么是机头坠地，要么是机身打滚，而飞行距离却只有 5 步远，满满的信心被失

营员动手实践

望浇灭。反复的练习一面担心下午的比赛不能小有成绩，一面担心木质飞机衔接不结实，多次练习使其与比赛失之交臂。带着疲倦的心大家开始了下午的练习，一半的同学一直没感觉，辅导员耐心教导也没有起色，眼见别的飞机越飞越远，他们却止步不前，心灰意冷化作对别人的支持。从这小小的航模大家也感受到航空事业发展的艰难，从中领悟到一丝不苟对待科学的态度，以及永不言败的精神。这让大家对未来学习生活更加有前进的动力。

实验室的参观让我们惊叹，航空航天的技术人才，涉猎方面极广，如工业、医疗、特种机器人，国家空管新航行系统技术，知识面的宽度无法想象，这些学识渊博的人仍然虚心钻研，为祖国航空事业添砖加瓦，无怨无悔，这就是航天人。

初步了解航空航天的相关内容后，我们来到了中国航空博物馆进一步全方位地揭开航空神秘的面纱。首先映入眼帘的是永久性雕塑群景观：通过“利剑”主雕塑、英雄大道和英雄纪念墙三部分组合，展现中国航空和空军从历史走向未来的光辉历程。

在北航的每一天都给同学们以新的感受。北航的一切都吸引着大家，浓厚的学习交流氛围，亚洲最大连体教学楼，有着特色美食的食堂等。同时，辅导员哥哥们认真负责的态度也深深感染了大家，让同学们也时刻保持热情，参加活动的时候都能全身心投入。

科学之光，薪火相传。培养大批青少年成为未来科技创新的接班人，是建设创新型国家乃至科技强国的一项基础性工程。党和国家历来重视青少年科技教育，对培养未来科技后备人才寄予厚望。习近平总书记指出：“青年最富有朝气，最富有梦想，青年兴则国家兴，青年强则国家强。青年一代有理想、有担当，国家就有前途，民族就有希望。中华民族的伟大复兴终将在广大青年的接力奋斗中变为现实。”通过此次高校科学营活动，大家收获良多。为祖国航空航天送出最诚挚的祝福：过去的一百年，中国航空事业从艰难中起步，奋发图强，追赶先进，让中国巨龙腾飞世界东方！未来一百年，中国航空志士在奋斗中搏击，开拓进取，比肩世界，助华夏民族实现伟大复兴！

活动让同学们深深感受到：所谓用心做事，就是专心致志、聚精会神，竭尽全力，诚心、热心、耐心做一件事情。用心做事关键在“用心”，不仅要求我们按照规定，认真地把事情做对，还需要我们开动脑筋，发挥悟性和创新能力把事情做好。用心做事体现一个人的职业道德，反映一个人的素质能力，表现一个人对事业的热爱。有的人用心做事，有的人认真做事，有的人敷衍了事，成败就在一念之间。在应对做事方面，每个人都要对自己有一个准确、客观、恰当的把握，了解自己的长处，认识自己的不足，对自己要有信心。

营员活动剪影

航天航空 清华紫荆

赵艺洋 （新疆）塔城第三中学

起：清华梦

云作帷幕雨作使，

雷为礼鼓电为旗。

初至京城天地动，

云雨雷电夹道迎。

火车上的广播，向来都是远行之人内心激动的直接因素，就比如听到那句“北京站到了”的我，为接下来在清华充实的五天感到期待与兴奋。而这份心情，无关窗外云雨雷电，不问身出江南塞外，只为心中那个梦……

八万里坐地日行，九万里扶摇直上

此时此刻，我们坐在北航的大礼堂中，静静等待北京高校科学营的共同开营仪式，看着礼堂内一张张充满对知识渴望的脸庞，我忽然感到莫大的激动——身为这千挑万选的一分子，我仿佛看到了身上将要扛起的重任。

营员听报告

仪式开始，走过必要的程序，我开始欣赏由北航学长学姐们表演的音乐剧《罗阳》。虽然只是片段，虽然只有短短的几分钟，但依然生动形象地展现了罗阳当年在祖国最艰难时的迷惘彷徨与坚定守望。音乐的节奏时而激烈时而舒缓，其中情节更是令人动容，令人感慨，令人敬仰，一瞬间，我仿佛又听到那句经典的对话——

北京高校科学营开营仪式

“为什么读书？”

“为中华之崛起而读书！”

恍惚间，又回到会场，每队营员正按顺序自豪地吼着自己营的口号，我心中默念，感受着其中的抑扬顿挫，或者说，感受着其中孕育的期望与责任……

“航空航天专题营清华大学营员你们的口号是：

树凌云之志，攀航天高峰！”

口号声停，便是结束，但高潮不会停止，每个人脸上都是激动的神色，仿佛大家都看见自己的梦想实现，都看见祖国因自己而骄傲。不过，我相信，未来，这一定不会只是仿佛，我们一定会在追求理想时勇往直前，然后扛起国家重担！因为我们是祖国的未来！

五湖四海皆兄弟，九州两岸是一家

一个团体，最重要的是什么？是团结，而一个互相不熟络的团体便是一盘散沙，为了让我们更好地了解同班级其他人，学校专门安排了一次班会，希望我们12 班的营员可以通过班会的诸多小游戏快速了解新同学，同时也希望通过此次班会竞选出各班班委。

活力四射的营员

小游戏除了记人名，还有你比我猜，同学们夸张搞笑的姿势与神奇的脑回路让我们大笑不已，尤其是每当一组成员猜出时，该组同学的欢呼声将班会气氛推向一个新高潮。

最后，通过激烈的竞选，班长与副班长由新疆塔城队（也就是我们队）队员担任，而文艺委员与宣传委员由来自山西队的队员担任。

因为是专题营，所以我们每天白天会去相应地点参观，而晚上我们会在清华由不同的学长学姐给我们科普相应的知识。

第一天晚上我们简单了解了乳化现象，学长也通过这节课给我们讲授了如何简易制作擦脸油，并向我们分析现有某品牌化妆品的成分来告诉我们乳化剂的重要性。第二天我们简易学习了人工智能，通过学姐对数个智能软件的展示，我们深刻了解到人工智能发展的迅速。第三天我们则学习了简易的计算机史，并学习了简易计算程序。最后一次课程我们则学习了物体的力，尤其是物体内部的力，并用器材制作了简易桥梁。总的来讲，四天的课虽然基本是四个学科方向，却大大丰富了我们的知识储备，也有利于我们对大学课程有一个基本了解。

展：航天梦

特别能吃苦，
特别能战斗，
特别能公关，
特别能奉献。

这不仅仅只是一个口号，这也不仅仅只是简简单单的 20 个字，这是数十年来所有航天工作者的写照，这也是几代航天工作者的信条，这更是我们中国的航天精神！

第一天上午我们参观的是遥感与数字地球研究所，顾名思义，就是通过遥感卫星进行数字地球研究应用的地方。在这里，引导老师先带我们了解了中国的卫星水平，以及祖国遥感卫星技术的大致程度——目前处于世界顶尖水平。那么遥感技术究竟有什么作用呢？遥感卫星图像检索数据库所提供的数据服务为我国遥感应用各相关领域实用化、产业化发展，特别是在农业估产，林业调查，土壤，水文，地质分析，海洋环境监测，城市土地利用，国土资源调查，多种自然灾害监测与评估等方面发挥了显著作用。像当年“5·12”大地震，科学院的工作人员通过遥感技术指导救灾，最大限度地加快救灾进度与灾后规划，促使当地经济与生活快速恢复。

接下来我们参观的是中国资源卫星应用中心，这算是上午内容的一个补充吧。这里我们不但了解了遥感卫星对于资源领域的应用，更感叹于祖国资源之丰厚，更感受到了祖国的强盛。尤其是看到墙上一张张颁发给中国卫星资源中心的奖状，我们不难想象祖国科研工作者的辛苦与努力。

第一天最后参观的是中国航天员训练中心，这里展示了航天员训练场所和一些训练用的模拟装置。

营员正在参观

众所周知，航天员在外太空工作时不但要完成各种各样精细的操作任务，还要面对一个完全陌生的环境。所以大量的地面训练是必不可少的，而当我们看着名目众多的训练器材，内心对于航天员也是极其尊敬的，毕竟他们为了登上太空所做出的努力是巨大的，当然，这份为祖国奉献的精神也是值得我们学习的。

云岗卫星地球站，我国的地面卫星站之一，曾多次转播重大赛事，拥有大型卫星天线阵用于接收和传输卫星信号，其工作更是高标准、严要求，追求卫星转播零失误。殊不知，我们流畅的电视节目等，正是因为各个卫星站工作人员的辛勤劳动才能保障。现在我觉得，航天事业真的都是严而更严、慎而更慎、细而更细、实而更实！

第四天，我们参观了中华航天博物馆，这里展示了中华航天从无到有的历程。

博物馆中收有众多航天器的残骸与模型，它们仿佛诉说着曾经的艰苦与成功的辉煌，在大厅的两侧是一份份有关航天研究的文件，一次次会议讨论的记录，还有一位位为航天奉献的人物介绍。

都知道航天事业风光无限，但又有几人能懂背后的辛劳，又要怎样坚定的内心才可以忍受一次又一次的失败？不可言不可猜，唯有努力奋斗！

下午便是我们最后一次参观了，去的是神舟绿鹏育种基地。这里主要做的是航天育种，即通过外太空与地球完全不同的低温、失重、高辐射量的环境诱导基因变异，从而获得不同性状的植物，增加经济效益，提高产量。

在这里，我们参观了育种大棚，更品尝了航天种子种出来的一些水果，最后我们还亲身体验了如何栽种树莓。

中国以全球 6.44% 的面积养活了全球 20% 的人口，这是奇迹，更是祖国各领域工作者辛勤付出的必然结果！

尾：梦将醒

时不过半旬谁言情不深，

识不出数面谁言不相识。

缘聚于国科大

郭凌旭 （福建）莆田第一中学

我写下此文时，已经结束了为期7天的高校科学营了。回想起来，这7天的点点滴滴都历历在目。7月16日，我们从全国各地千里迢迢相聚于中国科学院大学，我遇见了1班各位同学，遇见了周慧、包皓文、汤深语、管仲乐四位可爱帅气的志愿者哥哥姐姐。

营员在校园留影

7月17日，我们来到北京航空航天大学参加2018年青少年高校科学营全国开营式，仪式上我们全体营员一起呐喊中国科学院大学的校训："博学笃志，格物明德"，高校科学营就此拉开序幕。当天下午我们参观了中国科学院自动化研究所，了解了超快相机、3D打印、仿生机器鱼、三维建模、瞳孔识别、人脸识别六大"黑科技"，参观期间我接受了国科大记者团黄奔奔哥哥的采访，与他畅谈自己喜爱的机器人，该采访发布在了当天国科大学生会公众号的微信推送上。

7月18日，早上我们来到参观学习的第二站——中国科技馆，在科技馆我贪婪地享受着这一场科学的饕餮盛宴，整个参观令我受益匪浅。下午我们来到了国家动物博物馆，参观过馆藏标本后又聆听了王玉婧老师的科普讲座“自然界中的伪装大师”，这场讲座让我领略了大自然的奥秘。讲座期间老师和同学们都展开了积极的互动，同学们对讲座内容都表现出了极大的好奇心。

7 月 19 日，在吴宝俊老师幽默风趣的演讲下，我们深深地理解了这次讲座的主题——物理学有什么用，这让我对物理学有了更加深入的认识并产生了极大的好奇心。下午我们在韩桂来老师的带领下了解了我国先进的高铁风洞技术，在郭易老师的带领下我们观看了难得一见的高铁实验，知道了什么才是真正的中国速度，进一步地了解了风洞技术，我惊异于科技的飞速发展和我们国家的科技水平。

7 月 20 日，因为连日下雨导致路面湿滑，上山会有危险，我们取消了去参观“两弹一星”纪念馆的行程，微微有些失望，上午的行程改为参观国科大图书馆和研究生教育展，参观过后，这种失望情绪被冲淡了许多。下午，我们进行文艺晚会的最后彩排，彩排时间紧张，我们不得不抓紧每一分每一秒，充分利用每一个排练场地，最终我们在晚上成功地演出了我们班的所有节目——《稻香 cups》《98 flow fly》《夜空中最亮的星》《新四大发明》和《歌曲串烧》，完美地展示了我们 1 班的风采。

营员活动剪影

营员照片

7 月 21 日，高校科学营的最后一天，武向平院士给我们带来了“宇宙的结构和命运”讲座，让我们领略到了宇宙的奥秘和生命的伟大。下午迎来了我最不想面对的活动——国科大高校科学营闭营仪式，一想到高校科学营即将结束，心里就说不出地难受。因为离别的不舍，晚上我们和包皓文哥哥促膝长谈到凌晨。7 月 22 日，我们乘坐 5：00 的车，告别国科大，告别同学，告别志愿者哥哥姐姐，结束了高校科学营的旅程，踏上回家的路。

七天高校科学营转瞬即逝，仿佛七秒前我们才刚到国科大。一秒学习了解科学世界，一秒享受国科大大学生活，一秒和同学相识相知，一秒和志愿者哥哥姐姐打成一片，一秒一起在趣味运动会上奋力拼搏，一秒在晚会上大放光彩，最后一秒依依惜别。七秒已过，人已散，但是心仍在一起！

赴一场青春盛宴——情定南大

田欣雨　（河南）郑州市回民中学

入朝曲

南北朝 ·谢朓

江南佳丽地，金陵帝王州。

逶迤带绿水，迢递起朱楼。

飞甍夹驰道，垂杨荫御沟。

凝笳翼高盖，叠鼓送华辀。

献纳云台表，功名良可收。

南京是历代文人墨客怀古之地，众多著名文人都在南京留下经典佳句。“我的未来不是梦，我的心跟着希望在动”，南京大学这所有浓厚文化底蕴的名校曾那么遥不可及，这一刻我将要走近它。

七月，一个充满激情与希望的季节，我踏上了前往南大的火车。慢慢地、慢慢地，距离南京大学越来越近，当看到大门上醒目的四个字，心中的激动再难被抑制，这一切仿佛那么不真切，下车后，闷热的空气席卷而来，果真，南京“火炉”的称

营员活动剪影

南京大学大师报告现场

号名不虚传。此刻，我要开始我的南大之旅。有人说“韶华易逝，劝君惜取少年时”，正属少年的我，将会好好珍惜接下来的每项活动。

营员参观剪影

子曰:“有朋自远方来,不亦说乎。”来自全国各地的优秀营员,欢聚一堂,一同共洒青春热血，地方不同，文化不同,给自己带来的体验不同。其中,让我记忆犹新的是破冰游戏。玩游戏应该是熟络朋友最快的方式，在志愿者哥哥的指挥下，我们的队伍四散分开，牵起各自的手，绕转成圈，起初，有些害羞的我久久站在原地，不知所措，后来被大家的热情所感染，融入其中，女生在里，男生在外，顺里逆外地转圈，接着，志愿者哥哥随机报出一个数，我们按照指令抱在一起，东拉西扯，相拥一团，“逝者如斯夫，不舍昼夜”，短短一个小时的破冰游戏很快过去了，但我收获了友谊，留下了回忆。

营员实践课剪影

自以为听学术性的讲座是枯燥无味的，可这次的几场讲座却恰恰相反，教授用趣味的图片、视频、语言让我深入其中,也看出教授的细心严谨。武黎嵩教授的“南京:从这里读懂中国”，解读了“南京”是指“南方的大都市”，了解到南京这个地方的缘来、位置、优势等，不听讲座，真不知南京的悠长历史，钦佩教授在短短的时间里，令我们全面易懂地认识南京。陈昌凯教授的“心理学与生活”，是我个人比较喜欢的讲座。俗话说：“内在美才是真的美”，心理健康才是更重要的。教授提到了检测心理疾病的方法，讲述了“感觉”“知觉”两个概念，结合图片，加深理解，告诉我们网上一些照片的虚假，勿被欺骗。总之，这些讲座使我受益匪浅。

青春似火，在这个夏天里，就应挥洒汗水，玩出激情，定向越野，我们将向你

营员参观掠影

发出挑战。全体营员来到任务地点一，所有营员，单腿着地，手倚着肩，排成一列。团结就是力量，开始的号角一吹响，我们如火箭般极速冲向终点，耳边“一、二、一”的口号声，将我们的步伐整齐划一，抵达任务地点后，累并未让我们停下脚步，而是奋力奔跑，朝下一个任务地点前进，前往终点的途中，迷失方向，意见不同，这些分歧可能使最后的结果不是很完美，但是我们还是一同到达了终点。

南大之旅，一场青春盛宴，如今，到了结束的时候，不舍，留念。我满载收获，结识了不同地域的朋友、可爱体贴的志愿者姐姐、学识渊博的带队老师。南大，我在这里埋下了科技梦的种子，离别并不代表结束，想说一句“有缘再见”。

立足广厦间，遨游学海中

牛滙田 （河南）河南省实验中学

……画面直接切入高校科学营活动现场吧！

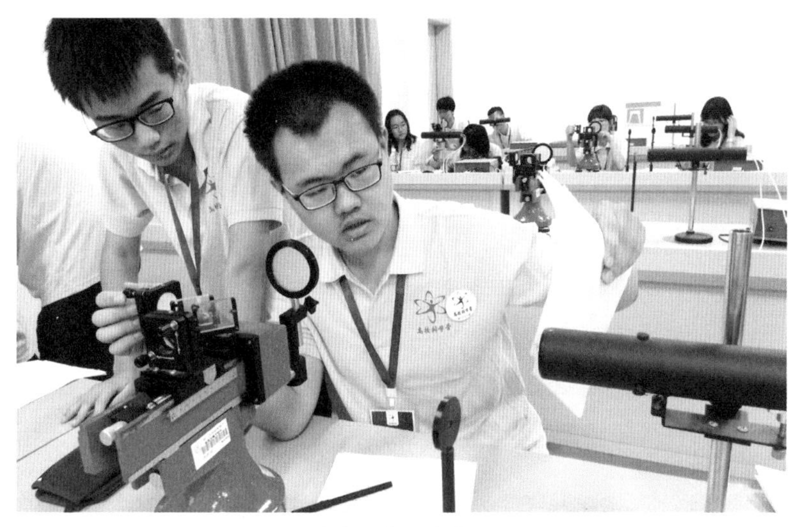

营员正在动手实践

我们小组迅速决定了模型的样式，大家分工协助，开始制作，有的搭架子，有的搞切割，忙得不亦乐乎，终于把桥梁模型搭起来了，可以承重 6 千克。其他小组也陆续完成了模型制作。

厦门大学建筑与土木工程学院的许志旭老师负责评判我们的成果。为了鼓励我们，许老师对各组的制作都给予肯定，表扬我们创新意识强，动手能力强，团队协作强，祝愿我们成为未来的工程师。

“迷你工程”确实迷人，这次活动锻炼了我们的动手能力，培养了我们的整体设计意识，以及设计的科学性。

晚上是“对话名师”活动，虽然叫对话，实际上是名师讲座，由厦门大学海洋与地球学院海洋生物科学与技术系工程师杨位迪老师给我们讲“南海探测，我们发现了什么”。

杨老师曾乘科考船“嘉庚”号到南海进行科学考察。他给我们讲解了科考船的构造、功能，以及深海考察所用的遥控深潜器的种类和特点；讲了他们在南海围绕海山、冷泉系统和深海沉积，进行了系统的科学考察，获得了大量的第一手资料和数据；这次考察发现了迄今规模最大的海底铁锰结核区，这是重大新发现；杨老师作为海洋浮游动物、珊瑚礁生态领域的专家，向我们展示了在南海考察期间拍摄的冷泉、海山及海床图片，用生动有趣的画面揭开南海神秘的面纱。

杨老师的讲解，引起营员们极大的好奇心和兴趣。当他让同学们提问时，我问道：“杨老师，您刚才讲的海洋科考非常精彩，但我想知道您能取得今天的成就，谁对您影响最大？”杨老师沉思了一会儿说：“是我的妈妈……”他讲述了一些自己的成长经历。最后，杨老师好像想到了什么，话锋一转：“其实，能对你影响最大的还是你自己。想要干成什么事，最后还都要靠自己。”老师的肺腑之言，使我感触良多。这堂课，我们不仅学到了海洋知识，更知道了：“靠天靠地靠父母，不如靠自己。”

我们在风光旖旎的厦门大学翔安校区，在国家级实验教学中心，动手做了一系列有趣的物理实验，包括示波器的使用、气垫弹簧振子的简谐振动、迈克尔逊干涉仪、RLC 串联谐振特性的研究等，我们有机会亲手验证了一些科学原理。我们小组做的

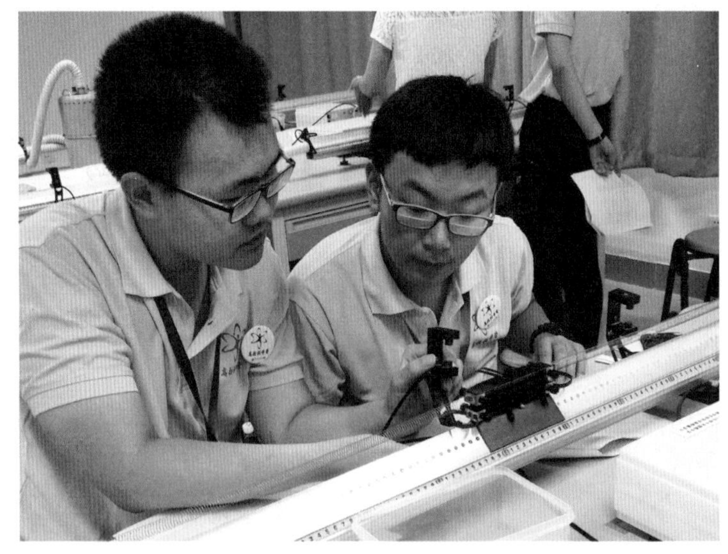

营员正在全神贯注做实验

营员成果展示

是使用迈克尔逊干涉仪进行光的干涉衍射实验，平行光由激光发生器产生。经过仔细的调整、测量，当实验成功时我们感到由衷的欢喜。通过物理实验活动，我们体会到科学的严谨，成功的快乐，“趣味物理”真有趣。

厦门大学安排的活动张弛有度，在紧张的学习、实验中，穿插了较轻松的活动，如“小小艺术家”活动。虽然是艺术活动，也少不了科学内容。活动一开始，厦门大学的游伟伟老师，不仅给我们讲了贝壳的分类知识，贝壳在科研中的应用价值，还衍生讲了海洋资源、海洋研究的现状和科学利用，给我们上了一堂轻松、生动、实用的科普课。接着，指导老师让各组用贝壳、颜料、金粉等材料完成一幅作品。组里的营员一时没了主意，不知道用贝壳组成什么图案好。我说：“不如用贝壳组成一幅太极图，太极图被誉为‘中华第一图’，一阴一阳决定万物，阴阳两条鱼——黑鱼、白鱼，图形简单，寓意深刻。怎么样？”组里的营员们都赞成，阴阳两条鱼很快组好了。

中国科学院院士、厦门大学教授郑兰荪先生为我们上了一堂趣味无穷的化学课——“化学反应与结构”。郑院士慈眉善目、和蔼可亲，他讲课深入浅出、旁征博引，艰深的科学道理从他口中说出，就像大白话一样容易理解。当时正是世界杯期间，郑院士甚至拿了个足球来说明碳 60 的结构，引起同学们阵阵掌声。

高校科学营收获甚丰，在此就不一一赘述了。再见，高校科学营；再见，厦门大学，我期待与你的再会。

梧桐茂兮，凤凰来栖

周沛泽 （河南）河南大学附属中学

走进西安交通大学，映满眼帘的，便是无边无际的绿，草绿，树绿，尤其是傲立于校园的那些梧桐。《魏书》曾言：“凤凰非梧桐不栖。”一株株梧桐，等待栖息此处的，当是那新时代的科技凤凰——不懈追求、顽强拼搏的交大学子。

营员活动掠影

爱国，早已贯彻于交大人的心。我面前的，便是那充满历史气息的校史馆。钱学森教授的回国漫漫，盛宣怀先生的创校初衷，交大学子的毕生理想，无一不体现爱国之情。在钱学森图书馆，我明白了大师的求学和心路历程；盛宣怀先生的人像前，我领会了“自强首在储材”的意境，那铿锵有力的声音仿佛就在耳边回响。

今天上午，我们在辅导员的引导下，进行了多项素质拓展活动。首先是“球行万里”游戏，全班分成几组，齐心协力，送球回家。同学们有成功的喜悦，有失败时的惊呼，终于轮到了我们组，我手持纸槽小心翼翼地将球送到下一个纸槽中。欲速则不达，这是我们组早就定好的计划，终于到了曹同学的手上，我们不禁凑过来死死盯着球的运动轨迹，球缓缓入杯，我们高兴地击掌欢呼。之后，我们还进行了“猜猜‘我’是谁”“筷子传皮筋”游戏，体验了测功仪。虽然累，但却十分快乐。此外，优秀大学生为我们做讲座，让我们对科技发展，大学生活有了更为深刻的了解。

“是腾飞塔冬雪的宁静，还是樱花下春天的美丽。是梧桐道夏日的清风，还是胭脂坡秋叶的相思……”一首《交大我爱你》，展现了我们对交大的向往与爱恋，也展示了我们的英雄情怀。晚上，期待已久的赛歌会来临，为了此次赛歌会，我们组已经做了充分的准备，在歌曲中融入我们对交大的款款深情。在藏族儿女的歌曲中感受来自高原的美好祝愿，在夜空之中最亮的星里感受营员们的喜悦之情，在为世界之光中体会交大人执着追求、努力拼搏、克服困难的西迁精神。回顾排练时的劳累，现已无怨无悔。我们每个人都是英雄，在舞台上将自己展现，也是在未来的舞台上展示自己。

“箫韶九成，有凤来仪。”领略科技魅力，拥抱科学之光。机械制造系统工程国家重点实验室，冰冷钢铁，承载中国梦想；精密仪器，凝结众人之智。

我们了解了高强度碳板的制作原理，碳丝纵横于板上，光将能量传入，将它们接在一起，既避免了高温会带来的一系列问题，又完成了对碳丝的紧密结合。我们也明白了 3D 打印技术在当下各个领域的重要意义。军事上，它是零件的后台修补工具，半小时，损坏零件即可完好如新；医学上，它是救命的法宝，即可以打印出作为细胞的载体的结构，也可以打造出与人体准确匹配的骨骼。科技成果，用于人民，科技兴国，展英雄主义。“长安大道连狭斜，青牛白马七香车”，在陕西博物馆，我们了解了长安城的繁华，了解了辉煌的历史。

我们来到生命科学实验室，亲手制作了细菌图画，用注入了不同荧光蛋白基因的大肠杆菌绘出美丽的图画。实验前的知识是不可少的，教授为我们讲解了生物学的发展历史，细菌学的有关知识和基本实验操作，令我受益匪浅。身披白大褂，手持移液枪，揭开培养皿，也是接触生命科学神秘领域的第一步。纸上得来终觉浅，绝知此事要躬行，于实践中我体会了科学的魅力。

营员校园留念照片

燕园百廿，不说再见

宋佳蔚（河南）郑州外国语学校

故事的开始下着雨，那时的我们各不相识；故事的最后雨下了整夜，杨柳岸边没有晓风残月，所以百廿燕园，我们不说再见。

营员专心致志学习

我们来自江南塞北，跋涉的辛劳压不倒我们的身躯，一路的冷雨浇不灭我们心中的火苗。在踏进北京航空航天大学报告厅的那一刻，一场绝美的盛筵拉开序幕。“胸有壮志云，无高不可攀”，这是院士房建成给我们的激励；“八万里坐地日行，九万里扶摇直上”，是北航学长学姐激昂的号角。《科技梦绽放新时代》的诗歌朗诵慷慨激昂，《罗阳》的音乐剧表演精致感人。我们从他们手中接过接力棒，一周的时光近在咫尺。

踏进北京大学二教的 101 教室，我的第一感受就是宽敞明亮，而黄杜斌学长关于碳材料的分享更让我们体会到科学世界的广阔。他告诉我们不仅要认真学习，更要学会思考，毕竟学习只是在汲取前人的智慧，思考才能获得真正属于自己的成果。

昨日下了那么大的雨，今天虽未“彩彻区明”，却也“云消雨霁”。然而，这并不能改变定向越野取消的决定。于是今天一天都在听讲座……上午的宇宙学，下午的经济学，看似风马牛不相及，但究其根本，都是为了探索人类存在的真正意义与价值。多种宇宙学说的神秘，对宇宙起源的探索，对是否存在外星生命的疑问，武向平院士深入浅出地分析着这一个个有趣的问题。他从无限宇宙讲到平行宇宙，从宇宙膨胀讲到背景辐射……这一切的一切，都深深令我着迷。

你可知经济学可用于非经济的生活中？在听李虹教授的讲座之前，我的答案也是否定的。但当一个个活生生的例子被举出，我才明白，原来生活也需要仔细“经营”。如在你选择大学或大专时，你要考虑机会成本；在你选择出国与否时，你要考虑成本收益；在你决定读几年时，你要运用边际效用理论；在你决定专业时，你要运用比较优势理论……

我去三教补眠的时候，看到每个教室都坐着抱着笔记本做课题的学长学姐。已是盛夏，早已放假的日子里，他们依旧在努力拼搏。我想正是那种向上的氛围感染了在校生，也改变着整个校园的风貌，让所有人永远向着更优秀的方向努力。

“才饮长江水，又食武昌鱼。”这大概是我下午参观国家重点实验室时最深切的感受。还没从昨日大师深入浅出的精彩演讲中走出，我们的脚步又踏上新的领域。这里有微电子技术研究所，也有环境污染实验室。如果说昨天听到的是理论，那么今天亲身感受到的就是实践的力量。一台台精密仪器被千娇万“宠”着，但研究人员并不为投入而后悔。在他们眼中，技术高于钱财。也正因如此，我国才能在新世纪里迎来飞速发展。这正应了那句话：“科技就是力量。”

营员在鸟巢合影留念

天南地北的营员相会一堂

如果要用一个成语来形容我听科技成果报告时的心情，那非“赞叹不已”莫属。智能门锁探测器，可以消化发泡胶的黄粉虫，重金属吸附器……这些贴近生活的奇思妙想启示我们，科技就在生活中，关键要勤于探索、格物致知。

同样贴近生活的还有另一项活动，那就是社会调研。移动支付正在普及，LGBTQ 人群的权利保障问题亟待解决，“佛系”生活方式逐渐被接受……我们的调研也许粗糙稚嫩，甚至还存在无数问题，但它们毕竟是我们几天的辛苦结晶，寄托了中学生关心时事、关心社会的责任感和使命感，证明了绝非“百无一用是书生”。

最后一夜，如约而至。文艺会演精彩得出乎意料，所以哪怕空调不再制冷，哪怕大厅中早已人声鼎沸，我们也不愿离开这里，离开来自五湖四海的朋友。我们本如平行线般的命运，在北京大学产生交集，又在北大挥手告别，走向江南塞北。但我相信，有缘还会相见，所以闭营典礼只是告一段落，我们不说再见。

我相信，五天的北大生活，足以改变我们的思想情怀，足以在我们心底留下深刻的烙印，足以让我们永远记得那碧波荡漾的未名湖、古朴高耸的博雅塔，记得和我们一起笑、一起闹、一起品尝喜怒哀乐、一起体会悲欢离合的远哥和暄姐，还有来自天南地北的朋友。

游学——我走过的四川大学

王驰 （河南）滑县第一高级中学

我走了很长的路，来到这里，为了我以后走更长的路。

骄阳放肆地舔舐着大地，我踏出了生活十多年的小镇，坐上了开往成都的列车。风雨拍打着和谐号的窗子，向我们问好，我向往着诗一般的成都，更向往着属于我的青少年高校科学营。

营员正在唱国歌

延迟的列车终于到达了钟灵毓秀的成都平原。在这天府之国，有我所热爱的西部第一学府——四川大学，它的发展经历与它的校训形神俱似。“海纳百川，有容乃大”象征了它发展历史与现实的统一，体现了继承和创新的统一，也是民主精神的体现。川大扎根于中华民族五千年文明的沃土，以海纳百川的博大胸怀吸收世界优秀文化。

川大开启了我们的破冰之旅。怀着青春梦想，我眼中的高校科学营热情洋溢；向着科技梦想，我眼中的高校科学营不落窠臼，引领着祖国的下一代。开营式的小小舞台，装不下我们的热情。创新、科技、青春、梦想，八个大字，四个字幅悬挂在大厅两侧，这正是青少年所需要的。

川大的张蕾教授给我们进行了一场别开生面的专题讲座。坐在音乐大厅，我们思考着人工智能与神经网络，张教授通俗的语言，让我们用十分有限的知识认识到了人工智能。人工智能是人类智慧的结晶，它三起三落，每一次都是一个新的时代。

四川大学望江校区的校史馆和江安校区的文化长廊，向我们展示了川大丰厚的文化底蕴。我们看到了川大独特的魅力。现代化的江安校区图书馆刷新了我对图书馆的认知，科技日新月异，走在前沿的川大向我展现了新科技下的图书馆。

走进江安校区的体育馆，高校科学营开展了多米诺骨牌创意设计比赛。毫无疑问这个过程是曲折的，无数次的倒塌考验着我们的意志。我想过放弃，却又不想向失败低头。在小组同学的互相配合下，终于完成了我们的杰作。也许它并不炫酷，甚至谈不上美观，但它浇灌了我们的汗水，有一种不后悔，叫我曾努力过。

丝丝清风拨开云霭，朝阳吹响了新一天的号角。我们乘车来到华西口腔医学院，在这里，我初步了解了口腔医学。参观过口腔疾病研究国家重点实验室，我们开始虚拟仿真 3D 口腔临床技能训练。

营员在多米诺骨牌创意设计竞赛中搭建作品

艺术和科技是关联的，但又不同，艺术离不开手艺，它需要思想和方法，更需要传承。传统手工扎染源于两千年前，今天它的火焰依然在燃烧，我们要把这项手艺传承下去。

营员文艺表演剪影

当空气变得灰蒙，成都的雨沥沥。小小的插曲，推迟了出发的时间。早已等不及的我跳上了去往金沙遗址的大巴，刚刚的困倦一扫而空，看着窗外的街景，听着赵雷的《成都》，有一种心情在沉淀。撑起花花绿绿的伞，排队进入博物馆的大门。三千年前的金沙，标志着成都的城市史，太阳神鸟的标志遍布展馆，这是古蜀国的印记，这是成都的骄傲。总有些东西是我们引以为傲的，总有些文化是需要传承的。蜀人对眼睛的崇拜，对更广阔世界的向往，引领我们对新事物的探索，引领我们的科技梦。金沙遗址里，高校科学营带给我们一段文化盛宴。

这次的高校科学营活动，使我能够近距离接触科学，接触大学，点燃了我对科学的热情，培养了我的科学思维和创新意识。虽然只有短短七天时间，但通过高校科学营，我收获了知识，锻炼了能力，收获了友谊，分享了感动，为未来的成长奠定了基础。

展示自我，放飞希望

秦钰涵 （湖北）沙市中学

为期七天的“2018年青少年高校科学营山东大学分营科学之旅”已结束，但我忘不了那里的风、那里的景，更忘不了那里给我们的希望。

山东大学校区遮蔽在繁华的闹市，不动声色，不事张扬，透着一种安静朴素之美。校园不远处的绿树小山，恰似一道天然屏障，将校区与山的那边间隔开来。迎接我们的，不只是山大的志愿者、学长、学姐，还有不同种类的鸟，它们或仰头在人群中嬉戏，或低头在路旁觅食，好一副悠游自在！能在这样的环境中学习，想必是幸福的。

废旧塑料矿泉水瓶能做什么？看！那操场上空，谁的火箭在飞？骄阳似火，丝毫没影响我们对科学的好奇。两只平平无奇的空水瓶，经裁剪、拼接、包装，调节火箭头的重量、调整装入沙子的比例，再添上特色的装饰，竟成了一飞冲天的火箭。

营员用矿泉水瓶做实验

是的，沙市中学的小伙伴们通过老师的指点，在现场志愿者指导下，掌握了水火箭加水、安装、打气、发射的方法，让水火箭一飞冲天。飞翔的水火箭将抽象的物理原理转化为具体的科学作品，让我们动脑动手，用合作方式学习知识，增进友谊，在展现机械特色的同时，多了对科学的向往。一道白痕直冲云天，放飞的是我们的科学梦。

营员参加陶艺活动

山东科技馆内，山大实验室中，科学、求真、务实的精神在每一台仪器间蔓延。一间小小的实验室，近乎大半都被各种大型实验仪器占据，有些甚至用了十年之久。在它们身上，我感受到了当今学者对待科学的严谨与敬意。虽然这些设备和知识似乎离我们很遥远，但山大人“学无止境、气有浩然”的精神给我留下了深刻的印象。

最令我难忘的是“DOBOT 巡线挑战赛”。DOBOT 是小车形机器人，我们的任务是拼装小车并让它在圆形轨道上巡线。拿到小车的盒子，大家满心期待又忐忑不安，待电路板、导线等零配件和英文说明书放在眼前，看着一桌错综复杂的集成电路板和电线，担忧浮上心头。但经过小组合作——大家相互打气，学习了说明书后慢慢理清思路，研究了各个零件后分工合作。从车灯到电池、电路板、车顶盖，看着小车慢慢成形，我的成就感爆棚，迫不及待地试行。终于，车灯亮了，小车冲了出去。一阵欢呼过后，真正的挑战才刚刚开始——还需要编程。

打开电脑，在技术人员的指导下开始编程，小车可以匀速行驶了，但离终极目标沿黑色的轨道行驶一圈还有差距，我们又进行程序修改，一次、两次、三次……终于小车能沿着黑色轨道行驶了，巡回一周的时间差不多要10秒，这个结果大家并不满意，于是开始反思，一次次的失败，一次次的调整，历经多次实验后，我们的小车绕一圈时间缩短到9秒！我们唯恐小车在比赛时没电，便把小车拿去充电。然而再次去测试时结果却出乎意料，小车总是偏离轨道。顿时我们又沮丧又着急，会不会是充电导致车速太快引起的呢？在无数次放电、调节车速，以及班长的协助、工作人员的耐心指导下，我们的小车在临比赛前重回正轨，虽速度不及之前，但仍以9秒22的成绩获得第三名。这之中领悟的点点滴滴，都成了我们在山大收获的珍贵宝藏。

短短几天的学习实践，让我们感受到山大“为天下储人才，为国家图富强”的办学理念。我们的梦想在这里扬帆起航了！理想在这里放飞了！

相逢是首歌，相聚是种缘。七天，我们经历了太多，也记住了太多。能在这美好韶华遇见来自五湖四海的同学，于山大相聚共同感受科技的魅力，我感到十分开心。山大，放飞了我们的科技梦！让科学与创新的火种在我们心中燃烧，让强我中华的梦想启航！

营员拍照留念

遇见华中大 未来梦出发

丁铧益 （湖北）丹江口市第一中学

在华中科技大学愉快而短暂的游学之旅早已结束，时隔多日再次回想这七天的时光，仍然会一帧帧清晰地显现于我眼前。相信这美好的回忆一定会永藏心底。遇见华中大，我看到了她的悠久历史和强大实力；遇见华中大，我看到了我未来的路。遇见华中大，我饱览了她秀丽的美景。

开营前一天的下午，汽车一开进校园，浓浓的绿荫顿时将我们淹没。因为炎热的天气而焦躁的内心，由此也平添了几分宁静。早就听过 1037 号森林的美名，亲眼见到果然名不虚传。73% 的森林覆盖率，俨然使这所校园成为武汉这座蓬勃发展的城市中一个永恒的绿岛。能够在这样优美的环境中学习，自由施展才华，为自己的未来努力，这里的学生们也是幸运的。

遇见华中大，我了解了她悠久的历史。在同济医学院，我们听取了院长陈建国教授讲述的从上海德文医学堂到如今华中科技大学同济医学院的历程。从这所

营员参观留念照片

学院的变迁史来看，我们也得以窥见整所学校的悠久历史。我们在绿荫遮蔽的校史馆里观看了学校的历史影像，以及各种颇具历史意义的物件，从华中理工大学，同济医学院和武汉城市建设学院的分设到合并发展，这所被誉为“新中国高等教育发展缩影”的高等院校，有着令人骄傲的历史。在这悠久的历史中，涌现出一大批优秀的校友，他们为共和国的发展，乃至世界的改变注入了强劲的动力。他们是母校、祖国，乃至世界的骄傲。沧海桑田，不变的是一代代华科人的努力拼搏。

遇见华中大，我领略了她强大的实力。在开营的第一天，我们便在启明学院报告厅听取了物理学院副院长涂良成教授题为“从牛顿到爱因斯坦”的演讲。从牛顿到爱因斯坦，数百年间繁杂的科学探索史被教授梳理得简洁明了，井井有条。接着，教授不无自豪地介绍了华中科技大学桂冠上的“三颗明珠”之一——国家精密重力测量中心。在这所国家实验室中测量重力常数的精确度，已经处于世界领先水平。在接下来的几天，我们又参观了解了另外的“两颗明珠”——国家脉冲强磁场科学中心，以及武汉光电国家研究中心。每年国家在此投入的资金数以亿计，而每年这里产出的成果也都令人骄傲。而且，更令人感到骄傲的是，在这所学校最顶尖的科研部门工作的人员，大多数都是年轻人，45岁的涂教授便是其一。这些年轻人在如此的年纪已然取得了重大的成就，这也让我倍感振奋，我们也必须向这些有为青年看齐。

营员一丝不苟做实验

营员全神贯注研究实验说明

遇见华中大，我坚定了未来奋斗的道路。很多人都曾说过："高中辛苦三年，到了人学以后就轻松了。"然而我在华中大看到的却并非如此。一幢幢教学楼内静的似乎没人，然而走近一看，里面却坐满了安静自习的学生。在如此炎热的夏天，别的学生都过暑假的时候，他们自觉地来到教室里学习。"学在华中大"果然名不虚传。这些在高中三年艰苦奋斗，经历过残酷高考的优秀学生，到了大学仍在努力学习、提高自我，我们又有什么理由不努力呢？我们一定要时刻铭记师长的教诲，要像华中大的各位学长一样努力奋进，做新时代的有为青年。

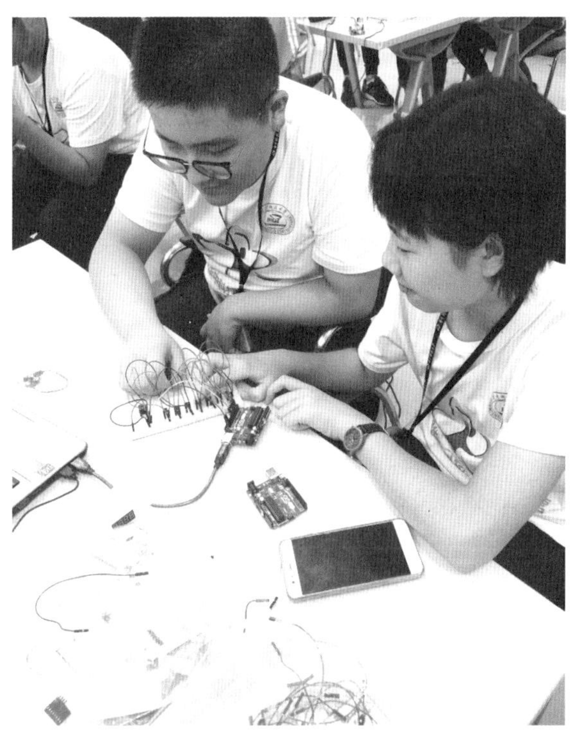

营员实验中追求精益求精

华中大，梦起航。虽然我只在这里度过了短暂的七天，但正是在这短暂的七天中，我看到了未来的路。遇见华中大，三生有幸。我一定会从现在出发，去追寻我的梦。

哈工程——这个夏天最美的遇见

陈子盈 （吉林）公主岭实验中学

哈尔滨工程大学（简称哈工程）——这个只待了一周却在脑海留下深刻印象的地方，早已成为我心里一个特殊的存在。离别的时刻总是猝不及防，回程前我们与连长、班长告别，连长那样平日里嘻嘻哈哈的人，出乎意料的此刻竟也抹起了眼泪。空气里夹杂着伤感，那一刻，我多希望时光能再慢些，而我们还能在一起。

翻看着高校科学营的照片，一个个美好的瞬间在眼前显现。为期一周的高校科学营时光里，我相信每个营员都收获颇丰。犹记得，初来乍到的我们对陌生的人与环境警惕而好奇，却在身为志愿者的小哥哥小姐姐的热情关怀中瞬间敞开心扉；犹记得，一进入新寝室两位室友就向我绽放她们灿烂的笑脸，把我忐忑不安的心抚平；犹记得，机器人的制作与比赛，那是我与班里的同学第一次协作，虽然只知道彼此的名字，但短短几分钟内我们便熟悉了彼此，安装调试，默契配合，虽然最后没能成功，但我相信只要给我们足够的时间，我们会是最好的拍档；犹记得，运动友谊赛上，小哥哥小姐姐们接连登台亮相，展现自己的才艺，将整个活动带到了高潮，

营员活动掠影

营员活动成果展示

而我们也在之后的游戏中放飞自我、欢乐互动；犹记得，带队的刘老师一周的相伴，像妈妈一样细致温柔，让我即使离家在外，也能感受家的温暖；犹记得，哈尔滨工程大学里的名师讲座，两位教授已白发丛生，但为了向我们传播科学知识，几个小时下来始终站着为我们讲解，面对我们的提问也都耐心回答，让我们不仅领略了大师之道，也感受到了科学的魅力；犹记得，参观科学技术馆期间，一个个科学原理、知识和奥秘，都能在这里得到生动形象的展示，一个个新奇有趣的游戏，让我们在动手操作与游戏娱乐中产生对科学的探索欲及享受科学带来的乐趣，短短一上午时间里，我们玩得不亦乐乎，而科技馆内仍有大半没有被我们探索，让我们意犹未尽；犹记得，731 遗址纪念馆——沉重肃穆的黑盒里，随着解说员的叙述，日本侵略者的滔天罪行也在我们眼前被揭开，每个人的内心都被深深地震撼，继而就是愤怒与悲痛，最后留在心里的则是深深的思考；犹记得，沙漠掘金活动中，我们组的成员从一开始莫衷一是不能统一，到后来齐心协力，积极献言献策，我们将所有想法结合起来以寻找最佳通关方法，而事实上，我们也确实做到了，游戏胜利的那一刻，我们彼此对视时眼神里透着理解与默契；犹记得，闭营晚会上，三校高校科学营营员齐聚一堂，各营营员与志愿者大展风采，舞台上他们多才多艺、活力四射，让观众看得目不暇接、心潮澎湃……

身处全国各地的我们，因为高校科学营相遇，平行的人生线也因为它有了美妙的交汇。也许，这就是缘分吧。脑海里突然冒出曾在网上看到的一段话：所幸，我遇到了你。把握今天，展望未来，人生的路途中总有一些风景会被我们错过，有时，我们错过那些风景，只是为了看更美的风景。虽然高校科学营已结束，但温暖长留，情谊永存，我们的梦还在远方等待。正如我始终相信：一切的分别都是为了更好的相遇。

哈尔滨工程大学之梦，风中绽放，而我们的梦才刚刚启航！

漫漫科技梦，悠悠农大情

王新鑫　（江苏）新沂市第一中学

“所有的结局都已写好，所有的泪水都已启程。”时至今日，每当想起 7 月 22 日那个上午，凝视“中国农业大学”的字样，以及这一段刻骨铭心的记忆，心中暗涌的潮水便充满眼眶。而那一段为期七天的青葱过往，璎珞旧事也在脑海中幽幽浮现，成为永恒。

营员参观中粮我买网

我是在一个小雨淅沥的夏日午后，遇见农大。偌大的校园，放眼望去，多么可亲！拎着农大赠予的生活用品，沿着杨树林的荫蔽一路小跑，每一脚踏在地上，都是一个响亮的吻。两侧的苍松翠柏在这闷热的午后绿得恣意葳蕤，随行身着白色 T 恤的辅导员更是笑得清凉欢悦。

曾记否，那一夜的破冰之旅欢乐非凡。热情洋溢的平一帆姐姐，品学兼优、英俊帅气的贾景皓哥哥，聪明腼腆的谢思远学长，还有我的小伙伴们：振宁、云川、俊博、王冉、陈雪、环宁、宇轩、松罡……多么想一一喊出你们的名字。在灯光铺满的宽敞大厅中，话剧社、自行车社、相声社一一出场……一阵阵此起彼伏的笑声在四周回响，我知道那是青春的气息、生命的律动。没有一首歌比我们的笑声更加悦耳，没有一支舞比我们的跳跃更加律动。

曾记否，那一天北航的高校科学营开幕仪式震撼人心。“这是一扇门，通向未来的门；这是一扇窗，展望未来的窗。”领导慷慨激昂的讲话铿锵有力，抑扬顿挫的字句唤醒了我们沉睡的心。梁启超先生说：“少年强，则国强。”在这里，我感受到无数颗炽热年轻的心一起搏动，满怀激情挥洒青春汗水，科技筑梦共创无上荣光。前路需要我们去开拓，鲁迅先生说：“什么是路？就是从没有路的地方践踏出来的，从只有荆棘的地方开辟出来的。”为了使愿景变成现实，为了使青春绽放光彩，负重逆行，虽千万人，吾往矣。

曾记否，那三天中粮的科技之旅。从瓶瓶罐罐的原粮识别到显微镜下的害虫鉴定，从车间看面包制作过程到品尝亲手制作的月饼，从“我买网”的仓库进行物流包装到寻找各种物件，我对农大高校科学营的主题“情系稼穑，科技筑梦”有了更深的领悟与体会。“情系稼穑”需要我们了解民生之多艰，亲身实践，亲自掬捧每一种粮食稻谷，才能深切感受天下苍生辛苦劳作的成果；“科技筑梦”则要求我们与新时代同行，用创新发展的科技解决“三农”问题，用前人薪火相传的成果，成就

营员参观中粮集团并学习面包制作

营员参观中粮丰通公司，品尝各色面包

营员认真的模样

华夏儿女的茁壮成长。诚如周教授所说："人生就是一个过程，我们终将老去。"我知道青春是短暂的，我们要用自己的青春做有意义的事情，而不是虚度青春的美好时光。这三天我收获的不仅仅是科学知识，还有对科学的热爱与执着的科研精神。

还记得，最后一天我们在国家博物馆的文史之旅。青铜礼器的古朴厚重，传统瓷器的典雅芬芳，西蜀文化的光怪陆离……中国，历经五千年的沧桑巨变，峥嵘岁月，而今屹立在世界之林，多少流血牺牲，多少风雨兼程，多少先辈独唱的痕迹，多少见证历史的文物……忽而觉得，虽然我于这时间的长河中只不过是沧海一粟，可正是无数平凡的我们团结一心、众志成城、继往开来，才有今日祖国的繁荣昌盛，而我们能做的就是在我们的时代勇立潮头，"到中流击水，浪遏飞舟"。

还记得，最后一晚的告别晚会，欢闹中弥漫着忧伤离别的气息。第二天，当我穿着农大的营服，踏出校门的一刹那，我突然明白，从今往后，我们就是一个个小农大人，在中国各地奋斗进取，追求卓越，用我们拳拳的赤子之心，去感染周围的人，去点燃他们，以求真务实的科学态度与执着探索的科研精神继续走下去……

那年暑假，相遇在湖大

刘镇瑀 （江苏）江苏省新海高级中学

暑期我有幸参与了科协主办的“高校科学营”活动，并在湖南大学做了为期五天的游学。虽然只有短短五天，但我们乐在其中、收获颇丰、满载而归；也都结下情谊、难分难舍。

千年学府，百年名校，一举一动都有着不一样的气质底蕴。逸夫楼里承载着我们太多的记忆。大师在这里授课，学长在这里传经，思维在这里碰撞，观点在这里争鸣。我静静坐在台下，便能领略异彩纷呈的信息，咀嚼意味深长的话语，迸发标新立异的论点。

滕教授带来的“三进三出”与“大学之大”，让我们对大学有了初步印象；陈院士在回忆中，曾语重心长地叮嘱我们积极准备、抓住机遇，也曾有过诸如“数学是一种思维方式”的精彩论述，让我们醍醐灌顶；何人可教授带来有关艺术设计的讲座，成功点燃了“Designed in China”的激情，使传统文化焕发新的生机与活力；

营员制作天气瓶

失败了四次的创业先锋也以亲身经历告诉我们——敢拼，因为青春的拼搏不需要成本；立志，因为梦想的实现需要坚强的意志……我看着他们，对着台下那么多人演讲时竟坦然自信，似乎背后有着看不见的底蕴在默默支撑。

营员品尝湖南小吃臭豆腐

来到高校科学营之前我对科学有一种误解，似乎我们非得到实验室里听艰深晦涩的理论，到课堂上处理复杂难懂的习题才是学习科学知识。可高校科学营完全颠覆了我的认知，高校科学营告诉我：科学同样可以文理并进，科学同样可以丰富多彩。著名的物理学家爱因斯坦曾说："我们的问题不能由科学来解决，只能由人自己来解决。"在高校科学营里既有人文景点的参观，又有前沿知识的介绍：桥梁设计、化学化工、3D 打印、人类干细胞、科技馆等等，令人目不暇接、心驰神往。

文理并进的高校科学营，注定了和其他同类项目不同，它海纳百川，收放自如；它兼收并蓄，百家争鸣。它注定给我们留下难忘的回忆，留下广阔的视野，留下富有哲理的箴言。在高校科学营的熏陶下，我们变得更加从容大气，走得更远更笃定，笑面人生，一如带来满堂欢乐的滕召胜教授。

如果有人问我：这五天你收获了什么？我不会去细数这五天的行程，而是先告诉他：我收获了更广阔的视角、更丰富的底蕴、更深厚的兴趣、更强劲的动力。这些指引我在漫漫人生路上砥砺前行。

五天时间不长也不短，仅仅弹指一挥间，但高校科学营的伙伴都已结下了深厚的情谊，也与湖大结下了不解之缘。生机勃勃、古灵精怪的你们让我感到亲切，感受到青春的韶光，一切都那么美好而难忘。

由于参赛日程冲突，我不得不提前启程去北京，与联欢晚会无缘。但我永远不会忘记在这里游学的足迹，不会忘记编剧时的字斟句酌、劳神费心，不会忘记排练时你们辛勤付出的汗水。看到作品成熟的喜悦，让我有一种冲动，把一切录在手机里。我坐在离开湖大的车上，挥别这里的山水，挥别已经不见的你们，心中突然浮现那一句："山一程，水一程，身向榆关那畔行，夜深千帐灯。"

晚上下了飞机，看到演出圆满结束，心中算是松了口气；看到团圆的合照里缺了自己的身影，还是不免遗憾唏嘘；听说你们恋恋不舍，我的心情也随之低落。

无论如何，这里是我们走进科学的地方，它载着我们的憧憬缓缓启航；这里是梦开始的地方。虽然我们来自天南海北，但在高校科学营是一家人；虽然我们准备各奔东西，但在逐梦路上永远不见不散。

营员照片

饮水思源

潘文漾 （江西）宜春中学

第一天，头顶是轻薄的月光，我在明信片上一笔一画写下："今天夜色温柔，也愿，拥有一个温柔的明天。"舟车劳顿，我在疲倦中被推搡着下了车。推着行李箱，摘下耳机，喧嚣鼎沸的人声一瞬间涌进耳朵，我抬起头，怔愣地看着"北京西站"四个大字，心想，这里是北京，是我心心念念的北京。

营员合影

志愿者带我们穿过校园去宿舍，紧接着是食堂，再之后是班会。自我介绍，做游戏，写心愿。一切的一切都是崭新，陌生的脸，陌生的环境，一张张灿烂的笑靥，一个个忙碌的背影，不同的口音，不同的衣裳，这些细节在微扬的晚风中汇成一条温暖的河流，划过心间。这晚仿佛一场绚烂的梦境，美好得不可思议。我安下心，期待接下来的碰撞，向往明亮的未来。我要揭开北交大迷人神秘的面纱了。

踩着潮湿的石阶，我们去北航参加开营仪式，开启一扇新的大门。现场热闹非凡，此起彼伏的口号声、加油棒敲击声，仿佛是对现场讲话的回应。精彩纷呈而不失创意的表演，诠释了如何成为有理想、有情怀、有责任、有担当的新一代青少年。出了场馆，耳边余音绕梁，久久不散："科技梦，青春梦，中国梦。"

下午的小剧场中，知识与乐趣齐飞，掌声共笑声一色。在大师的谆谆教诲与细致讲解中，我们惊叹中国前沿科技的蓬勃向上，感受中国铁路运输的飞速发展。榜样知多少的环节让我们受益匪浅，学长学姐从自身出发，以语言为桥，带着我们窥探大学生活的一角。晚上的团队素质拓展中，我们开始相熟，开始了解，开始接近。我们欢笑，我们打闹，我们合作，我们的生命轨迹开始交错。

这一天，我才感受到科技的真实气息。参观实验室，我们在教学楼里穿梭着，脚步匆匆。力学实验室里，机械褪下冰冷的外衣，简单的物理现象妙趣横生，让我们领略科学的魅力。光学实验室中，光的神奇变换迷花了我们的眼，世界在三棱镜的折射下散发耀眼的光芒。在铁道博物馆中，历史的厚重感扑面而来，它承载着火车的种种过往，不论是艰难前行还是辉煌时刻，中国铁路都在慢慢成长，以一己之力屹立世界之林。呼啸而过的火车不再陌生，它的过往、现在、未来的脉络都在我们面前清晰呈现。

营员参加活动剪影

营员离别前的留念

去高校科学营前，我对自己说：“尝试一切新事物，忠于内心，生命才饱满。”在参加科技发明竞赛后，我践行了这句话。学习过程苦并快乐着，努力听懂复杂的公式，认真模拟实践，还有发下试卷时和朋友的笑闹，回想起仍会忍不住嘴角轻扬。之后的比赛小组意外连连，大家却仍拼尽全力。最奇妙的体验是天文馆和科技馆带来的。天文馆内，当群星闪烁，四下悄然，心中突然通透，要好好爱头顶这片星空。科技馆中，科学与缤纷的仪器完美结合，寓教于乐，让我们满载而归。运动会在嘈杂中开始，当比赛开始的手势一下，加油呐喊声此起彼伏。少年们喘着气，在操场上撒野奔跑，蹦着跳着，不管不顾，将青春淋漓挥洒。

总结晚会在期待中如约而至。上台前，同学们一遍遍练习，抬头、挥手、弯腰，还有杯子舞阵阵的敲打声，融合成一曲奇妙的交响乐。站上台，灯光打在头顶，我闭了闭眼，熟悉的音乐响起。昨日已逝，明日太远，我只要这分钟。那就让世界和我们一起燃烧吧。心中庆幸，我迈出了这一步，做了曾经不敢做的事。我在向我的目标努力，也意味着我在踮起脚尖，茁壮成长。

在科学交流中学习、成长，是我参与这次高校科学营的重要收获。

山大之行，助我圆梦

刘敬贤 （山东）枣庄市第十六中学

随着风的步伐，将我的思绪带入了我现在所在的山东大学。

营员活动掠影

我们来到了 2018 中国青少年高校科学营山东大学分营，我的眼睛里映入了一个美丽的舞台。我们开始了开营仪式，美丽的主持人和帅气的小哥哥将我们的思绪带入了山大的氛围中。在这片土地上，我领略到了浓厚的学习氛围，并在开营仪式中下定决心，立志要考上山大。

随后，我们来到了大讲堂。当邢教授步入讲台时，我内心瞬间被他的外表震撼了。在我的记忆里，如此厉害的教授应该穿着一身大长袍，表情严肃，可他的衣着休闲却不失端庄，态度和蔼可亲。听了教授的讲座，我了解了许多知识，明白了当今世界成功人士的一些秘密，这些经验会为我未来提供借鉴。

然后，我们来到了山东大学博物馆和校史馆。在这里我领略到山大的历史，领略到山大的色彩。山大从创建开始，克服了重重磨难与挫折。正所谓愈挫愈勇，历经磨难而弥坚，山大才能屹立于大学之林。忆往昔数理师资谁与争锋，看今朝文学著录再铸辉煌！

视野转到下一幕，我们来到了创客一条街，在这里我们参观了咖啡、陶艺的制作，拓展了我的知识面。

大家想必都知道浪潮公司，这座闻名世界的公司也是山大行的一个环节。我在这里了解了更多知识，拓宽了视野。杨胜华老师给我们做了十分精彩的讲座，使我受益匪浅。大数据时代，浪潮公司无疑是跑在了时代前端，我相信国家也会在这些像浪潮一样的大公司默默付出的基础上而繁荣昌盛。

我们在山大学长学姐的陪同下来到了科技馆。在这里我们看到了许多没见过的发明与创造，这不免令我感叹时代变化如飞箭般迅速，我们更应该注重了解时代的发展。在这里，我们还观看了大电影，这种电影使我们完全融入进去，仿佛置身其中，这种真实又虚幻的感觉，不禁令我再次感叹时代变化之快。

切换镜头，我们来到了大明湖畔，在这里没有烦恼忧虑，只有一颗平静的心。看着周边景色，再想想在山大的这几天，我的心不禁为几天后的分离而悲伤。俗话说“这一次的别离是为了下次更美的重逢”。可我悲伤依旧，在大明湖畔，我们参观了诗人李清照的故居，我不禁为她悲惨的遭遇而伤心，也倾慕她的才华。接下来

营员拍照留念

营员在活动现场

营员在认真听课

我们又来到了趵突泉，看着不断涌出的泉水，我的心也越发激动起来。我再一次笑了，笑自己刚才的悲伤，所谓“有朋自远方来，不亦乐乎”。我的心情也越发好起来。

下午参观了工业基地，在这里学习了工业知识，了解了许多工具的用途，增长了新知识，我也暗暗佩服这些师傅们。无人机航拍我确实不陌生，但看到今天这种发展现状，我就相形见绌了。我所了解的无人机和学长讲的完全不是一个级别，我了解的只是表层，学长讲的却是真正的知识，真正的技术。我也明白了看事物不应该只了解表面，更要认真钻研，只有这样才能更深入地了解它。

山大“为天下储人才，为国家图富强”的创校初心牢记我心。山大的校训更是令我难忘：“学无止境，气有浩然。”

通过山大之行，我了解了许多知识，在接下来的生活中，我会运用这次山大之行的收获，努力学习，争取成为一名真正的山大人！

走进海大，逐梦未来

张皓翔 （山东）蓬莱市第一中学

诗人海子说“面朝大海，春暖花开”。海洋之美，无疑令人向往。海洋是生命的摇篮，是风雪的故乡，是资源的宝库，是人类未来的家园，它与人类之间隔着一层蓝色的面纱，拥有神秘魅力的海洋，正等待着我们去探索。2018 年 7 月 18 日到 7 月 24 日，我参加了中国海洋大学的海洋科学专题营，和海大同呼吸，共心跳。这七天的海大生活让我有受用终身的感受和心得。

海纳百川，取则行远，在风光秀丽的黄海之滨，水天一色的汇泉湾海，有一所专门以探索海洋为终身事业的高等学府，正等待着我们去敲开它的大门，跟随它走入海洋的世界。它叫中国海洋大学。

崂山校区的中午，阳光温柔地勾勒着海大的轮廓，一靠近，海大的校园文化便扑面而来。“海纳百川，取则行远”是海大的校训，短短八字道出了中国海洋大学对学生的期待。

营员与小伙伴合影

取则行远，说的是君子求学之道：欲达远大目标，必定从近处出发；要想攀登高峰，就得从低处起步。海大人既遵循科学精神，又眼界高远、目标远大、脚踏实地、身体力行，朝着既定目标奋进，勇攀高峰。我将牢牢记住这八个字，海大教会了我求学的态度。

度过了在海洋大学的一天，我收获良多。“北极，令人依恋的梦境”这篇报告既有数据考察，又幽默诙谐，让我们听得如痴如醉，从中受益颇多，也对北极心生向往。我收获了许多与北极有关的知识，也深知环境保护的重要，决定从点滴做起，用自己微薄的力量守护好北极这片令人依恋的梦境。在海大的这几天，我们在大学生活动中心参加了各种活动，如海洋知识竞赛、观看中国海洋大学的纪录片等。各种活动都很有意义，我感受到了高等大学的优秀学风。

营员临别前的留念

中科院海洋研究所中，藏着海洋精灵的秘密。首先，我们听取了专家对海洋所的介绍和关于近几年考察船对世界各个海域的考察报告，然后参观了中科院海洋标本馆，看了从 20 世纪 50 年代至今各个时期各种海洋生物的标本，还去了创新成果展厅。神秘的海洋和海洋中的生物在我脑海中挥之不去，我多么渴望再多接近它们一点儿啊！

第三天，我们进入了研究所的实验室，借助实验仪器，我终于接近了它们。在

营员认真听报告

海洋所邵老师的指导下，我们怀着虔诚的心，团队合作提取凡纳滨对虾 DNA。原来这就是凡纳滨对虾的 DNA 吗？我不禁从心里喜欢上了海洋科学，感受到了海洋的神秘。我心中充满了惊叹，海洋生物是神奇的，是充满了魅力的，它们是海洋中的精灵。因为走进中国海洋大学，我才有机会见到它们的真面目。

组织方还带我们参观了青岛啤酒博物馆、青岛水族馆等青岛有名的景点。在青岛啤酒博物馆，我们了解了青岛啤酒的百年历史，看了那些有年头的设备，了解了啤酒的生产过程，还品尝了一杯原浆啤酒。在青岛水族馆，我们对这所已有 80 年历史的水族馆发展历程有了大致了解，依顺序参观了 5 个展馆，了解了多种多样的海洋生物。

海洋大学拥有不断向前、披荆斩棘、为国争光的伟大任务，海大充满年轻的活力，海大学子不断向世界海洋教育科研领域的前沿冲刺。我多希望有一天，我也能加入他们。

海大校歌唱着“走进海洋、建设海洋、开发海洋”。这正是我梦寐以求的，海大是我的梦想，也将会是我未来梦想的起点，我将不断努力，奏响蓝色华章！

青春南大，科学之路在这里起航

张泽一 （山西）山西大学附属中学

人们在青春的岁月里挥霍青春，只盼望回首，不要遗憾。酷暑时节，骄阳热情地投射光芒，连风儿也被热的失了踪影。我们一行人怀揣着对南京大学的向往，踏上了南行的列车。带着满心的欢喜与期待，不再畏惧这炎炎夏日，此时的我们已经踏上了一条科学之路。

合影留念

第一次听说南大，不是在 C9 大学的名单中，而是在余光中老先生的《钟声说》中。“常青藤攀满了北大楼，是藤呢还是浪子的离愁，是对北大楼绸缪的思念”，在这诗意的语言中，我第一次领略南大的美，心中更是萌发了向往之情。走进南大，新的校园散发出全新的活力，拥有现代化教学环境的仙林新校区与诗中的老校园已然不同，这是另一种独一无二的美。独具特色的各系大楼，通向星际天空的天文台，热情绽放的映日荷花……南大的美，美的令人心醉。

在这一周的时间中，讲座是每天的必备内容。五场精彩绝伦的讲座可谓场场引人入胜。如今再回味，仍感到自己在各式各样的城市规划中，探寻着城市活力的奥秘；我仔细观察多媒体上的图片，细微的思考中包含着心理学与生活的密切关联；我漫步于奇妙的动物王国，挖掘隐藏在它们异常行为背后的真相……

有趣的讲座不胜枚举，但其中最吸引我的，则是一场人文讲座“南京：从这里认识中国”。坐在杜厦图书馆的报告厅中，在教授绘声绘色的讲解中，大家走入了历史长河，以旁观者的身份看南京——这座历史上享有盛名的六朝古都，如何从那个偏僻落后的秣陵县，一步步发展为明都应天府。

在南京大学，我第一次接触并亲手操作了当今的高科技产物——机器人。

作为本次高校科学营的压轴活动，机甲争霸赛自是引人瞩目。一入场，我们便被桌上的机器人零件吸引。未等志愿者宣布规则，机器人零件已在我们手中转来转去。拼装并非难事，在队友的密切配合下，机器人在欢呼声中被拼装成功。接下来的编程工作，是此次活动的精华所在。在配套软件中，我们一次次调制机器人各舵机的运动参数，从简单的直立行走，再到小幅转弯，我们在讨论中培养出默契，在尝试中获得了成功。终于，在数不清的失败后，翻滚与抬腿的动作被制造出来，我们的秘密武器——射门，也被编入其中。

比赛的那个下午，我们亲手操控机器人，见证它走过一个个障碍，转过一个个

营员临别前的留念

营员认真做实验

拐角，最终到达终点。在自选动作比赛中，我们的动作大放异彩，伴随队员的精彩解说，机器人凌空抽射，早已放在脚前的小球被射入门中。那一刻，我们是多么欢欣，多么愉悦。在我们心中，我们的机器人是多么可爱与能干。机甲争霸赛最终在一片欢声笑语中落下帷幕，我们依依不舍地拆卸陪伴我们两天的机器人。活动虽然已经结束，但它教给我的团队协作能力和科学精神已永存我心。

一周高校科学营，一生科学情。正如我在高校科学营采访中所说，我心中的科学，是一种与宗教相对立的信仰。我怀揣科学信仰来到高校科学营，高校科学营也用妙趣横生的科学讲座与科技实验带我饱览科技之美，使我大开眼界。在这里，我获得了与来自全国各地小伙伴们一较高下的机会，也领略到了不同地域的文化风情。高校科学营使我成长，使我更相信科技的力量。我将心怀科学梦，走出自己的科学之路。

同行济梦

沈文萱（上海）崇明中学

“同心同德同舟楫，济人济事济天下”。因为共同的梦想，我们集结在同济大学。在短短一周里，大家由相识相知到相熟相别。精彩的高校科学营悄然接近尾声，留给我们的却是别样的感动。

开营仪式上，来自五湖四海的少年点亮中国版图；科创达人的经验分享，点燃了每个人心中的科技梦、青春梦、中国梦。破冰会时，来自新疆、西藏的同学腼腆地伸出手来；简单的小游戏，意外地让我们把每个人的名字熟记在心。

彼时的我并不知晓，丰富充实的活动就在前方。朋友却是早早羡慕道：“生命科学分营的活动，最是丰富多彩！”

诚然，但不尽然。

犹记得急救培训中的心肺复苏教学，老师认真的一句“等待救援过程中不断地按压，就是你在帮他，或她还活着”；标本陈列室里，讲解员对如婴儿般沉睡的人体敬之如师如长的举动，从细节里给人留下对生命、人类尊严、人文关怀、个体存在价值和意义的思考。

营员合影留念

实验课上我们仔细观察血液在载玻片上或聚或散，谨慎地轻刷叶片。我想这一切不仅得益于教授的循循善诱，四周林立的设备仪器，浓郁的学术氛围，以及认真负责的志愿者小哥哥小姐姐们，更是那大学生活专属的自主思考、自行其道的校园氛围在潜移默化地影响我们；科学的客观严谨、理性求真的精神，让我们感触颇深。虽是浅尝辄止，却足以让我们陶然自乐于其中。

营员正在参加实践活动

这次高校科学营教会我更多的是——工欲善其事，必先利其器。从少年新星樊悦阳，反复选取可行草药样本的尝试；从魏珂教授潜心研究心肌细胞再生可能，多年的孜孜不倦；从吴志强院士带领小组对世界各地城市化标本的数据采集、量化和分析……正是日复一日的实验、观察、思考、调整，成就了今日站在聚光灯下，自豪宣讲成果、“把论文写在祖国大地上”的他们。又或许，这亦是科研工作者的共同特点——十年霜雪磨一剑，阅尽千帆，身形疲惫，双眼却晶亮如少年。科研之路必定漫长而辛苦，有时候只能一个人走，一个人熬。

一周下来，对于未来的大学生活，对于自己心仪的专业方向工作的细况，对于科研院所“研究猿”们平凡又充满未知的生活……我们都在亲身尝试中，得到了个人独到的体验。

忘不了，我们和来自台湾的伙伴用牙签搭出的“海峡两岸友谊之桥”；忘不了，结营仪式上大家手牵手的温暖；忘不了，最后互道珍重的惜别……和所有那些闪闪发光的片段，一起在心中交织融汇。

这必将是令我难以忘怀的一周。

感谢所有的人，给我留下如此美好珍贵的回忆。

如此与同济大学结缘，希望不远的将来，我能够再次踏上这片熟悉的土地，就在这方天地中仰望星空，与身边的人一道，同行济梦。

高校科学营结束了，但科学还在路上。

追梦青春，寻梦北大

张靖瑶　（天津）南开中学

我们在蝉鸣声声的夏季相聚北京，迎来了为期一周的北京大学高校科学营。当我们到达本次驻地时，我对周围环境充满好奇，怀着期待又激动的心情，憧憬着七天未知的科学之旅……

营员合影留念

第二日清晨，我们乘坐大巴车前往北京航空航天大学参加 2018 年青少年高校科学营北京营的开营仪式。在北京大学营旗被交授的那一刻，全营 400 人共同呼喊本次北大分营的口号——“百廿薪火，代代相传”。惊天动地的口号声如雄狮怒吼、气势磅礴。

在高校科学营中，北京大学的三场讲座是浓墨重彩的一笔。首先，北京大学挑战者杯特等奖获得者展示了他的研究作品，并引出了讲座主题——身边的碳材料。学长从身边的无机碳开始，一直延伸到国际上对无机碳材料的研究进程、前沿理论及其未来发展方向与前景。这丰富了我们在材料学方面的知识，激发了我们对材料学的兴趣。

中科院院士武向平关于“宇宙的结构和命运”的讲座更是精彩绝伦。从宇宙大爆炸理论的产生到人类首次观测到引力波，从现代物理学到对未来新物理诞生的设想，逻辑严密、内容丰富。在院士问答环节，各种耳目一新的理论与思想的碰撞，让我意识到我掌握的知识在同龄人中是那么浅薄，我尚需更进一步。

北京大学李虹教授从经济学的基本假设开讲，用小故事引出生活中的经济学，内容涉及机会成本、成本收益、决策陷阱、供求关系、博弈与占优均衡、市场失灵、信息不对称等经济学知识。正如教授所说，经济学是一门让人增长智慧的科学，它体现于生活各处，教会我们更“经济”的人生。

在“未名创新展示”过程中，八项被选中的优秀创新成果再次刷新了我对北大高校科学营同侪的认识。他们在科学或人文方面别出心裁，投入大量时间、精力、心血去创新研究，他们发人深省的创新成果，在台上展示时娓娓道来的风采，都令我对他们刮目相看。

此次北大高校科学营把全国各地高中生营员次序打乱重新编班，使大家和来自五湖四海的营员有更多交流合作的机会，我被分配到了“江泽涵班”，一个以南开中学校友命名的班级。而贯穿高校科学营最重要，也让我收获最多的，是我们班的社会调研和闭营典礼节目准备。

起初，我加入了更具挑战的社会调研调查问卷设计。平日不善表达，又从未做过社会调研的我，认真听大家讨论，不断地思考，因为我渴望参与大家的讨论，和大家交流我的想法。经过左思右想，我终于在众人面前阐述了我的想法。几番讨论后，我的几条建议最终被采纳了。这大大提升了我的自信。

在高校科学营求知进取氛围的感染下，我开始渴望体验更多，挑战自己，去面试主持人。当我找到辅导员何得奇，得知已有十来人报名时，顿时打了退堂鼓：和这么多人竞争，还是不要白费力气了。正当我决意放弃时，辅导员多次鼓励我，希望我尝试一下，成与不成都是一种经历。于是我重整心态，积极参加主持人选拔面试。尽管最后没成功，但这意义非凡的第一次面试让我

营员与老师合影

合影

学到了很多，也让我有所成长。

后面的三天，我成了演出组的“插班生”，为此，我更加努力练习歌曲、背歌词、练习杯子歌的动作。每天一早，我就戴上耳机开始练习；晚上回宿舍尽管时间已经不早，也还是会先练上一阵子；甚至有时吃饭也戴着耳机。很快，我跟上了进度，融入了大家的节奏中。

“未名群英会”是社会调研总结，在这里，各班的精彩展示都是这些天大家共同努力、协作奋斗的结果，从幕后的调查问卷设计与发放、采访、数据收集与分析、幻灯片的制作到台前信心十足的展示与答辩，都饱含着大家的心血。

最后，闭营典礼在期盼和不愿接近的矛盾情绪中开始了。一个个节目让台下观众掌声不断，欢笑与尖叫此起彼伏。我的心情却开始变得复杂。恍惚间，倒数第二个节目轮到我们上台了。台上灯光灿烂，台下同学热情应和，气氛欢快而热烈。谢幕时我对着台下深深鞠躬，起身时却异常沉重，这一躬凝结了太多眷恋、道不尽的感谢和再聚北大的期待。

回首七天，我们于北京大学相聚，收获了真挚的友谊；七天，我们在各自的班集体中，分工协作又紧密团结，发出自己独特的光芒；七天，我们在对科学技术的体验、对宇宙和人生的哲思中不断成长。同学和辅导员们，我们来日再见；北京大学，我们后会有期！

我是未来工程师

曹博阳　（天津）大港油田实验中学

7月1日，十位来自天津的青年搭上飞往大连的飞机。此次出发，并非出门旅行，而是参加大连理工大学未来工程师夏令营。伴着轰鸣，飞机到站。几位大学生志愿者举着接机牌，提醒我大工夏令营生活的开始。

中巴上志愿者简短介绍后，彼此的陌生渐渐消除，简单的互动也拉近彼此距离。首先介绍的是范姐（范怡然），还有佳昊哥（刘佳昊）。但印象最深的是一位新疆志愿者，他的名字长得连答题卡姓名栏都填不下，他是大工的学生，还是尚书班三组三位志愿者之一。

我悄悄问范姐："那我怎么称呼他呢？""沙哥，我们都这么叫他。"范姐带着唐山口音回答。紧接着，中巴由西门驶入大工，到达住宿地点——大工二十一舍。休整一天后，第二天的开营仪式代表着本次夏令营活动正式开始。

人都需要成长，但成长的方式各不相同。这次的船模竞速比赛，的确可称

营员活动现场

营员活动剪影

为成长路上的试金石。从到达大工的第一夜，我就开始着手准备，无论是材料的选取，还是船身结构、框架的设计，以及查阅资料……为了船模竞赛，我孜孜不倦。

营员在活动现场

第三天的船模竞赛，我们五人组经过一番讨论，紧接着便确定大体按我的这份设计来造船。第一次试水，可以说非常成功，但我们发现船速和同行五人组不相上下。求胜心驱使我们改变设计，希望通过减轻船重达到增速。在刻刀的裁剪下船只变矮了许多，心想这次能“稳赢”了。但第二次试水后，我们发现忽略了平衡问题。轻质的雪弗板船模除了动力系统，就只剩下船身，船只左侧质量与右侧质量稍微偏差了一点儿，这容易导致船只偏离航线。按原设计船只左右完全对称，而裁剪后船只左右质量偏差超过了某一特定值，于是船只原地打转，就像闹了脾气的孩子不愿前行。我们顿时慌了手脚，本打算重新做一辆新船，怎奈时间不足，只能临时采取补救措施。最后一次试水，在右侧增加配重后船只终于直线前行。然而天有不测风云，赛前我们打算在场地上试一次水，因操作不当对船只造成较大伤害，而增加的配重也脱离了船体。不出所料，比赛时我们的船只偏离轨道，在距离终点两厘米处原地旋转，就在这时对手赶超了我们。结果已经很明显了，我们输掉了比赛。五个小组成员脸上阴沉沉的，你看着我，我看着你，不言一个字，气氛沉重。同行五人组获得亚军更让我们有种说不出的滋味。回想之前的辛勤付出，真有种付出不值的感觉。这样的气氛一直萦绕着，直到晚上我们回到二十一舍。“今天的船模差点儿意思啊……”我说着，摆了摆手，又是沉默。“不行，我们不能止步于此。”伟东说，犹如光芒撕裂暗夜。“是啊，明天 π 空间的比赛我们要加油了。”志强接着说，似乎充满自信。又是一阵畅谈，又是一阵欢笑……或许，这就是这次夏令营的意义所在。在这“佛系”盛行的社会，在理想与现实摩擦碰撞的社会，不论是小小的船模竞赛，或是未来学业水平考试，步入社会后的工作与生活。这种面对困难不服输、面对目标敢拼的精神，才是我们所需要的。

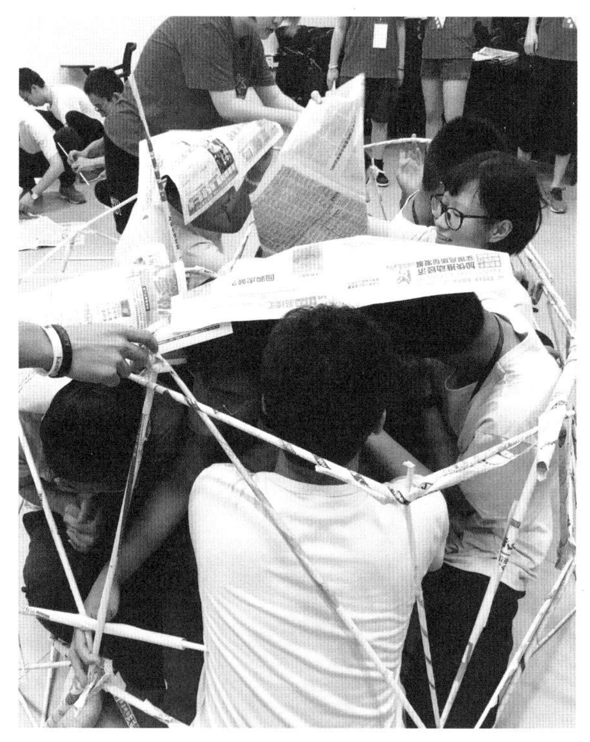

营员乐在其中

“每一个不曾起舞的日子，都是对生命的辜负”，的确如尼采所言。背负着失利的我们打算在“π 空间”比赛中背水一战。所谓 π 空间，是集近现代所有创新科技于一体的创客研发中心。那里为我们夏令营的成员准备了许多活动，并以闯关的形式呈现。每四个关卡构成五角星的一条线，相互交叉重合，完成两条线就可获得创客咖啡的奖励，而完成越多奖励越丰厚。在完成所有线路后，位于中心的机器人创新工坊是最后挑战项目，之后就能获得“通关 π 空间”奖章。后来，成功通关 π 空间，也成为我们团队的骄傲。

今天，距告别的那天已过去半个月，回忆夏令营的生活，我仍然会百感交集、思绪万千……

寻南开足迹，悟科技之美

田川 （天津）海河中学

南开大学是一座有百年风雨历程的老校。七天的夏令营之旅让我有机会牵手这座老校，了解他的沧桑历史，更有幸踏寻南开发展足迹，感受科技的神奇，创新的魅力。

营员参加活动剪影

隆重的欢迎仪式结束后，南开大学前校长龚克为我们做了关于信息技术进步的演讲。他用生动的事例展示了信息技术进步带给人类社会的变化，让我们感受到科技创新的强大力量。“虽然我们的科技在不断进步，但中国，核心技术受制于人的状况并没有得到根本性解决，并且不断受到发达国家的阻挠。”龚校长的这一席话让整个会场变得鸦雀无声。从“小我”的个人心态走出，树立“大我”的社会心态，引领择业观念的转变是这个讲座带给我的最大的收获。

第二天上午公安局的法医主任李晖为我们做了一场别开生面的演讲，题目是“法医是什么”。他为我们讲解了法医的职责，使我们对法医这一职业有了进一步认识。同时李主任还为我们讲解了死亡的定义，以及如何判断死亡性质、死亡原因、死亡工具等。告诫我们要排除迷信，理性看待死亡，同时要热爱自己的生命，也要尊重他人的生命。

之前我认为法医是一份十分辛苦的职业，对于从事这项职业的人感到不解。于是向李主任提问：是什么力量让他一直坚守这份工作？他回答：是热爱和责任。他说小时候自己就对医学十分感兴趣。在他的故乡，因为对尸体不能充分解剖，对案发现场不能正确研判和分析，导致一些杀人案无法破案，让凶手逍遥法外。为了让死者安息，为死者代言，将凶手绳之以法，所以他转行做法医。他说这就是自己前进的力量。像李主任这样从事特殊职业的人很多，他们大都默默无闻坚守一生。我想除了兴趣之外，更多的是责任的力量让他们坚守。他们不能名留史册，但是他们平凡的付出，执着的坚守同样值得我钦佩和学习。大国工匠同样有他们！

下午的医学活动让我印象深刻，我不但学到了测血压、人工呼吸等技能，还近距离地观察生物标本。在一个个大大小小充满福尔马林的玻璃容器中，浸泡着因各种疾病去世的人受病毒侵染的器官，还有那些不幸因病死于腹中的胎儿。他们不但为人类对疾病的研究做出贡献，还警示我们生命的脆弱。健康的我们，更要珍惜自己的生命，加强锻炼，养成好的饮食习惯。同时还要感谢捐献器官的死者及其家属，是他们的无私捐赠才让后人更好的认识疾病，让后人不再受到疾病的困扰。这种精神值得我们敬佩。近距离的接近医学，让我对医学和健康有了全新的认识。

营员成果展示

对我影响最大的是第四天下午的物理实验了。老师给每个组都下达了课题，要求学员在规定的时间中，提出问题，设计实验，探究实验，得出问题答案，最后将结论汇总写出实验报告，并和其他课题小组竞争。一开始，因为没有明确研究方向，我们组都自己研究自己的，实验进程迟迟没有推进，眼看规定的时间临近，大家都有些急躁。带队老师了解情况后，让大家先停下手头工作，坐在一起分析讨论实验研究方向，合理分工。实验逐渐步入正轨，我们组在规定的时间内圆满完成了任务。在实验中，课本中的知识不再是呆板的死知识，我们将它鲜活的应用于生活，做到学以致用。同时，在合作中我们领略到团队合作对于实验研究的重要性，团结真的就是力量，集体智慧力量无穷！

营员临别前的留念

我们还聆听了院士报告，葛墨林是中国科学院院士，长期从事理论物理和数学物理研究，已经八十多岁高龄。当他进入会场时，全场响起雷鸣般的掌声，对科学家的敬仰不言而喻。葛院士从自身经历出发，向我们介绍人生历程。他语言幽默风趣，会场不时爆发掌声和笑声。葛院士的成长经历和授课风格让我感觉成为科学家不再那么遥不可及，如果我们如同他勉励的那样，从小保持科学兴趣，不断培养科学素质，立志为科学献身，未来科学家里一定会有我们的身影。

随着南开校歌的响起，夏令营宣告结束。七天很短，短到那一幕幕精彩的画面仿佛就在瞬间完成。七天很长，长到南开已融入我的梦想。七天里，所见所闻，所思所想，已经把科技的兴趣，科学家的梦想作为一颗理想的种子种入我心田。我愿意踏寻一代代南开人足迹，去感悟科技之美。南开，等着我，两年后，我们再见。

畅游科学之海，圆梦中山大学

吕创 （浙江）永康市第一中学

科技，science and technology，这个颠覆认知、改变世界极有效的工具，无形中为人类打开了一扇通往无限可能的大门。它创造了拥有“自主智慧”的人工智能，开启了工业 4.0 时代，用不一样的想法，将未知无限地缩小，将已知无限地放大。

作为一位科学的忠实粉丝，从小到大，我对科技创新的热情从未削减，陆续参加了几次青少年科技创新大赛，也很荣幸在 2018 年的浙江省青少年科技创新大赛中取得了浙江省二等奖的佳绩，从而让我有幸参加 2018 年的青少年高校科学营。

一周时间转瞬即逝，但这场与科学的邂逅却在心中成为永恒。第一天，一路上满怀期待，经过六个半小时行程，我心中那只激动的小鹿终于抵达那片大草原——中山大学。早在历史课上就听闻这所大学，今日真正领略到它的风采。古朴的校园中弥漫着生机，随处可见树木绿意婆娑，就像学堂中的莘莘学子充满朝气。来自全

合影

国各地的科学爱好者在此欢聚一堂，一同开启科学之旅。

接下来的几天，我与前沿科技来了个零距离接触。在对暗物质的探究中，我体会到科学的突破往往来自理论与实践的冲突，正由于理论计算所得的速度与实际观测的速度相差甚远，才有了暗物质这个新的物理模型的提出；在真菌的分类课题中，我明白科技创新往往来源于生活实践，正是由于学长对生活的处处留心，引发了他对一种陌生真菌的探索，进而激起了他探索未知菌类的热情；在学习程序设计时，我与计算机进行了一场简短的会谈，我也有幸学习了第二门计算机语言。还有美国的智能机器人阿特拉斯和日本服务机器人阿西木让我不禁对目前人工智能的成就啧啧称赞。要说最令我感到骄傲的莫属天河二号超级计算机了，它黝黑的身躯闪烁着红蓝交替的光，闪耀着祖国科技工作者的智慧。

营员活动现场剪影

每一次走进这些不同的科学领域，都是对我认知的一次刷新。在参观实验室时，我深深体会到科学研究所需的不断探索、不断创新、坚持不懈的精神。在与教授的交流中，我对科学有了更深理解；在与志愿者的谈论中，大学生活和学习模式在我心中有了模糊印象，对专业的选择，也更加清晰了；在与同学们的讨论中，我们了解了彼此，感受了丰富多彩的民族文化。

要说活动印象最深刻的，那不得不提投石机的制作。我们需要用二十双一次性筷子、六条橡皮筋、透明胶、棉线这些材料做出一架投石机。我们小组先是讨论想法，画出了设计图，然后开始动手制作。大伙儿分工明确，没一会儿的工夫，投石机雏形便出现了。我们原先采用的是正四面体结构，但几次试验下来，由于结构本身的不足，投石轨迹总是偏离。又一番讨论后，我们重新调整结构，换成四棱锥结构，这次改进有了立竿见影的变化，投石机投石方向更加准确，而且投石距离也加大了。接下来我们对它的性能进行了一系列测试。根据物理学原理，我们在测试中调整杠杆支点、发射角度等参数，通过控制变量的方法获得了最佳发射参数。虽然最后在比赛中没有夺金揽银，但这次活动提高了我们的动手实践能力，更增进了小组成员间的感情。

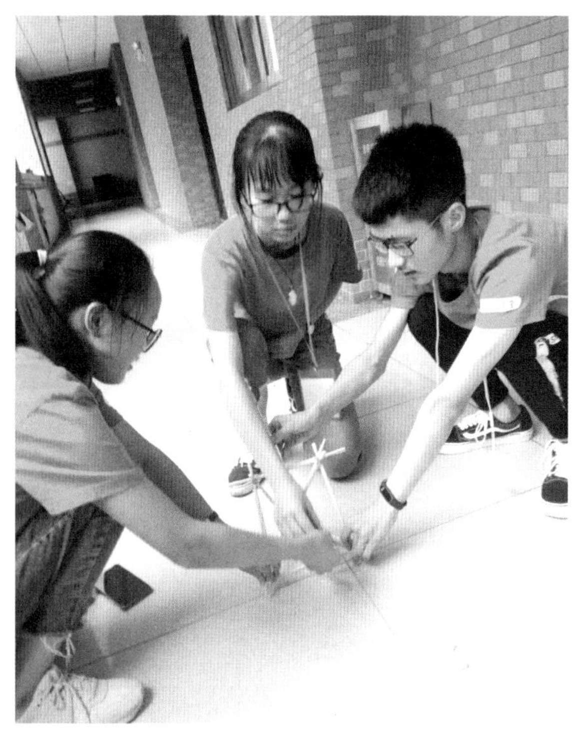

营员专心致志的模样

此次夏令营的收获远不止于此，三位志愿者学姐给予我们关心与帮助，教会我们奉献与善良；书香四溢的校园激发了我学习的斗志，引领我登上知识的殿堂……我在精神和性格上的收获要远大于在知识上的收获，这也许也正是高校科学营的魅力所在，它教会我们传递爱，让我们向上。愿我能够以此为起点，开启人生新篇章，圆我科学家之梦，用我的所学所得报效社会和祖国，像志愿者们一样传递爱与正能量。

在科学道理中，体验人生道理

张志宏 （广东）惠东县惠东高级中学

我有幸参加了2018青少年高校科学营中南大学分营的活动。开始，我认为有一周时间的高校科学营，我可以慢慢去体验。后来，我发现这一周的时间，宛如握在手中的沙子，留也留不住。在高校科学营的日子里，我参观了岳麓书院、粉末冶金国家重点实验室、三一重工、湖南省博物馆、科技馆，还听了一些科研工作者的讲座，参加了许多有趣的活动和竞赛。美好的时光转瞬即逝，但是高校科学营带给我的人生启迪，却是永恒的。

营员合影留念

“业精于勤，漫贪嬉戏思鸿鹄；学以致用，莫把聪明付蠹虫。”这是我在高校科学营第一站——岳麓书院中得到第一个人生道理。这是一副门联，刻在岳麓书院的教学斋门边。这句话的意思是：学业精深是由勤奋得来的，不要因为贪玩而去想天上飞的鸿鹄；要为实际应用而学习，不要把自己的聪明才智用在做一个损害别人利益的蠹虫上。在我们的学习生活中，业精于勤、学以致用是成绩优良的关键。我遇到过很多看似勤奋，成绩却没有起色的同学，大概是不会学以致用的原因吧。放眼我们未来的工作与人生中，业精于勤、学以致用也是成功的关键。假如我是一位匠人，我会勤奋练习使我的技术更加精湛。假如我是一位科学家，我会将学到的理论真正地转化成发明与创造。业精于勤才能实现自我，学以致用才能改变世界。

机遇转瞬即逝，成功要靠创新。这是我在高校科学营收获的第二个人生道理。这也是我在参观三一重工，了解了三一重工创始人梁稳根的故事后受到的启迪。梁稳根在砸掉了他的铁饭碗，开始创业后，经历过多次的失败。20 世纪 90 年代，是国家大兴土木时期，梁稳根发现在国内混凝土输送泵产品中，国外产品占据了中国市场的 95% 以上。于是他抓住机遇，开始研制混凝土输送泵等工程建筑机械产品。但是国外技术严密封锁，梁稳根几乎是从零开始，踏上了自主创新的艰苦历程。在技术上坚持尝试创新，终于获得成功，并拿下专利。因此，在三一重工讨论技术问题时，有两句话不能说：一句是“国外是这么做的，我们也这么做”；另一句是“国外没有这么做过，我们也不能这么做”。三一重工的成功值得我们每一个人学习。机遇是给有准备的人的，我们只有努力学习，善于观察，重于准备，才能抓得住机遇。抓住机遇后，要敢于迎接挑战，勇于创新，才能成功。“沉舟侧畔千帆过，病树前头万木春。”这个世间的一切都在更新，在新陈代谢。若我们不敢去创新，就会跟不上世界的脚步。那么

营员参观三一重工

营员活动成果展示

我们就会落后，落后就要挨打。这是血与泪的教训。

莫以善小而不为，莫以恶小而为之。这是我在高校科学营收获的第三个人生道理。高校科学营的第三天，在中南大学的毓秀楼，我们进行了多米诺骨牌创意摆放竞赛活动。多米诺骨牌的玩法是将骨牌按一定间距排列成行，轻轻碰倒第一枚骨牌，其余的骨牌就会产生连锁反应，依次倒下。比赛开始后，在摆放多米诺骨牌的过程中，我多次不小心碰倒了骨牌，导致一大片的骨牌倒下，之前的工作功亏一篑。但是伙伴立即说道："没事儿，我们重新来过，下次小心点。"或许说这些话的小伙伴们，是无心的。但是对于心存愧疚的我来说，这是多么的令人感动啊。而多米诺骨牌效应，带给我们的就是这样一个道理：莫以善小而不为。你无心的一件好事，对身边的人或许是莫大的感动。你带给他的感动会使他像你一样，做好每一件小善事。而他做的每一件好事，也会带给别人。最终，整个世界就会充满了美好。这就像骨牌中的一张倒下，带倒的是一大片骨牌。同理，莫以恶小而为之，你认为无所谓的一件坏事，产生的后果可能是非常严重的。就像蝴蝶效应一般：一只南美洲亚马孙河流域热带雨林中的蝴蝶，偶尔扇动几下翅膀，可以在两周以后引起美国得克萨斯州的一场龙卷风。莫以善小而不为，莫以恶小而为之。是我们每一个人都应该践行的原则。

纸上得来终觉浅，绝知此事要躬行。这是我在高校科学营收获的第四个人生道理。在我以往的学习中，由于学校设备的简陋，对书中各种实验，以及原理，只能靠想象。但是，在中南大学，我走进了物理与电子学院的实验室，进行了两项有趣的实验。第一项是示波器的操作实验，想起试卷题目上神秘的示波器，就摆在我眼前，真是难以置信。通过操作示波器，我渐渐悟出了其中的原理，使我对课本的理解更加透彻。第二项实验，是研究光伏发电及太阳能电池板的伏安特性。在这个实验中，我了解到光伏发电的原理是电子跃迁。由于学过电子跃迁，光伏发电这项尖端科技对我来说，突然简单了起来。书上了解得再多，不去亲身体验一番，很多知识是不能融会贯通的。不仅仅是科学，文化更是如此。早已在书中看到过岳麓山、爱晚亭的美景与岳麓书院的深沉。但是，当自己真正站在爱晚亭下，才知道什么是："停车坐爱枫林晚，霜叶红于二月花。"当自己真正站在湘江之巅才懂得什么是："漫江碧透，百舸争流。鹰击长空，鱼翔浅底，万类霜天竞自由。"所谓读万卷书，行万里路。在以后的人生中，我要走得更远，去收获更多。

本次的高校科学营活动，使我能够近距离接触科学，接触大学，点燃了我对科学炙热的喜爱。时光总在我们的笑脸中悄悄流逝，短短七天很快过去，但我在这里收获知识、锻炼能力、收获友谊、分享感动，体验人生道理，起步追逐梦想。

今日，我梦起中南大学。恰同学少年，风华正茂；书生意气，挥斥方遒。中南大学，愿我们以后，还能相遇；在你的启迪下，我将一往无前去追梦。

营员参观高速列车研究中心

你我同行，铸就创新梦

农腾骁 （广西）南宁市第三中学五象校区

撑着油纸伞，独自彷徨在悠长又寂寥的雨巷，我希望逢着，那个丁香一样的、牵动我思绪的姑娘……

她是有，大自然一样的颜色——当你聆听到游鱼曳尾的声音，当你观察到蜻蜓点水起的阵阵涟漪，那就是了，这便是宛如蓬莱仙境的冬九湖了。当盛夏悄悄从身边走过，池中含苞的初荷渐渐被渲染成了粉嫩粉嫩的颜色，阳光打落了太阳的光华，似金粉般洒落，点缀在嫩荷上，似闺中女儿上着胭脂的羞红的脸庞。行走在华科的路上，周围总少不了这怡红快绿，空气中弥散着书香的气息，不愧是被誉为“森林中的大学”啊，这就是来自华中科技大学的颜色。

她是有，科学一样的芬芳——在院士专家讲座中，涂良成教授向我们介绍了引力学发展史。原来，历史的书卷中不仅有华佗创编五禽戏，还有亚里士多德的水晶球模型；不仅有四大发明传播世界，造福人类，还有开普勒的行星运动三大

营员工程实训之门口合影

定律……先人用他们的探索和实验向我们诠释人类的求知欲和锲而不舍的精神。而今，从爱因斯坦预言引力波的存在，到首个探测结果的新鲜出炉，再到诸多发现横空出世，仅仅是引力波的研究过程就令人赞叹，况且还有华科光电国家实验室，脉冲强磁场和精密重力测量实验室的各种研究成果。冰心曾说："爱在左，情在右，走在生命路的两旁，随时播种随时开花，将这一径长途点缀得香花弥漫。"而我想说："思考在左，探索在右，走在科学路的两旁，随时播种随时开花。"没错，这花的香气就是华科蕴含的科学的芬芳。

她是有，创新一样的姿态——我国光领域又一全新研究成果，深紫外 LED 灯问世，而它是华科研究团队的心血结晶。不要小瞧这些大学生研究的发明，它是与法国雪铁龙公司等知名公司合作发展的，而且，其性能可追及韩国、美国的同种类型深紫外 LED 灯。更令人惊叹的是，它的出光角可定制，而别的国家只能定格在 120 度，这是我国在这一领域的一大创新。在这次优秀大学生讲座中，我欣赏到了，这就是华科创新的姿态。

营员工程实训之集中讲解

像梦中飘过一支丁香的，我身旁飘过这女郎……我的印象中，她的名字是，华中科技大学。昨天的你，是我憧憬的梦境，我把你藏于心底；明日的你，是我依恋的土地，你把我搂在怀里；今朝的你，同我一起，谱一段青春的韵律。

营员工程实训之激光加工

讲学之韵，铺前行之路。迎一束晨光，携一缕夏风，你静静地伫立在一片绿林中，你甜甜地向我微笑着，引着我踏入了神圣的学术殿堂——启明学院报告厅。在这里，你向我展示了“创客与互联网 +”探索实验的辉煌成就，介绍了一批优秀的创业前辈；在这里，你告诉我一个靠谱的人应具备的精神；在这里，你同我一起开启了我的创新之梦。

实践之韵，照征途之向。一座学院，一间教室，一个工作台，我在你的带领下开始了我的第一次创新实践。初次尝试，让我体会到了理工魅力；历经失败，让我感受到了团结的力量；取得成功，让我领略到了科技的风采。于此时，你同我一起，点缀了我们的创新之梦。

展示之韵，点未来之光。披一袭夏夜的衣裳，赴一场学术的盛宴。应你的邀请，我怀着满心的欣喜，于静寂的傍晚，又来到了报告厅。美轮美奂的创新产品，凝聚着营员们的汗水；自信昂扬的实践报告，洋溢着同伴们的热情；激动人心的颁奖仪式，充盈着队友们的喜悦。在此刻，你同我一起，铸就了创新之梦。

在最美的青春遇见最美的你——华中科技大学，你的美是醉晚亭里的芙渠，涤我之目；你的美是启明学院的教导，促我奋进。

一曲南屏啸晚钟，万里相思梦

胡凯翔 （广西）北海市北海中学

2018 年 7 月 14 日。盛夏未央，清风润雨。在许久的怅惘后，我的目光终于离开了远方南宁的匆匆行人。头一转，便登上了大巴车，准备赶赴南宁火车站，开始自己历时一周的上海行。

营员合影

论上海，我从来不慕于鳞次栉比的繁华，亦不慕于达官贵人的挥金如土。前者，早已被种种经历所磨灭。后者，也难逃一声视其为俗子的嬉笑。真正令我着迷的，正是那一曲南亭晚钟的浪漫，以及那一股为科学赴汤蹈火、万般求索的痴情和对白衣飘飘年代的长思。

广阔的天地，星点的街市，再配上三两行人。这便是黄昏到访同济的初印象。这样的风景，便是从前歌中“白衣飘飘年代”的最好解释，或许也是木心老人诗中“从前慢”的最好照应。在这一处风景中，我目光放远，脚步放慢，只是随心走着，尽情享受，对于我还道之甚早的大学生活。脑子里也不自觉地浮现出三两诗句。我忘乎一切，只是想着：从前的日色变得慢，车马邮件都慢，一生只够爱一个人。

但百年的同济，自然不会只有从前的风景。于是，我们第二天便开始见识到同济的大师云集及先进科技。我们聆听了一场场讲座，接触了一次次实验，参观了一台台仪器。在同济的短短七天，同济大学将看家本事全部展现给我们。而我们也乐得接受，于是，这一次同济游就好像一场科学的饕餮盛宴，我们拼命吸收着科学知识，享受着知识激荡的快感，体会着那离我们并不遥远的科学情怀。

对于高深的科学我并说不上太多，在我看来，人也是最美的风景。鲁迅说过，我们自古有苦干兴邦的人，有为民请命的人。我们说不得太高大上，那便是一群可爱的人。

我不会忘记宿舍里同学们畅快地撕扯着炸鸡的快意，也不会忘记同学们相互照应的欣喜，更不会忘记志愿者们为我们奔波操心的劳苦。在遥无故人的异乡，你们便是我最亲近的人。

时光荏苒，只留给事后人无数的怀念。踏上行程前，我或许有着各种各样的担心，或者有种许许多多的不舍。但这一切，最终还是被离别的伤感冲淡了。我们或微笑，或抽泣，嘴里说着再见。我们送走了一程又一程的人，直到身边只剩下自己，我们便开始怀念和大家相识的第一天。不会再有这样的行程，但是大家在我心中，永远是相聚在那一天。那天，有一条河，河上有一座桥。阳光倾彻在河上，生出淡淡烟波。那天，天很蓝，好像一直都可以这么蓝下去。没有日暮，没有黑夜，更无论阴天。

青年时代，我们的每一段旅程都值得好好收藏，在未来的时光里，我们便学会慢慢去品味。上海行七日，回想都如梦幻一般。一群人天南海北地相聚，数日后又回到各自的地盘，重新开始了不相交的生活。但这次行程最大之意义，便是在我们心里种下了种子。

营员在认真学习

这是一颗科学的种子。我们明白了中国与世界的差距，同时也了解了自己与名校的距离。这一颗种子，未来在我们辛勤汗水的浇灌下，必然会蓬勃生长。这也是高校科学营活动的最大意义。我们钟情于神奇的科学机变，将学习科学知识作为最大的精神享受，我们选择应用科学的人将多于理论科学。到这颗种子蓬勃生长之时，也就是中国科学又一次迎来大发展的时候。

营员在认真听课

这还是一颗友情的种子。我们不再沉寂于广西的山清水秀，开始与四海的朋友相交。广西、山西、澳门……无论天南海北，在地球的尺度来看，我们都是中华儿女。而当以宇宙的尺度来看，我们都是有着自我意识的人。求同存异，共奋斗同荣辱。当这颗友情的种子蓬勃生长之时，我们四海一家，无论身处何地，总能凭着一腔真情，找到自己的朋友。

这更是一颗未来的种子。我们播下这颗科学的种子，收获的却是未来。我们走进高校科学营，或懵懂，或惆怅。但我们都拥有一颗展望未来的心。我们将把高校科学营的收获，宛如珍宝般储存起来，凭着这些，我们以后无论遇到什么困难，都会想起在高校科学营的生活，并将点滴感动化作奋斗的动力。当这颗种子蓬勃生长，我们不仅收获自己的光辉明天，还将迎来祖国民族的光明未来。

人世浮沉，危如细缕。故有此记。亦作一词以记之，其词云：

卜算子·舟车遥

层次森林中，更有清风送。
一曲南屏啸晚钟，万里相思梦。
沧海太悠悠，相思什么用？
莫道人间恨太多，浩荡青冥共。

仰望星空　脚踏实地

李紫晗　（贵州）遵义航天高级中学

在晨曦中起身，赶清晨的班车踏上北京之旅，天空中有残星闪耀。

后来我才知道，离家时无意瞥见的这颗星星，名叫启明星。

眼前的景物飞速向后掠去，窗外的地形逐渐变得平坦，千里之外的北京，也不过几个小时就到了。或许，绕一圈地球也要不了多长时间吧？下高铁的时候，我这么想着。说不定有一天，我可以坐它环游世界。

合影

在宿营地，大家热烈讨论着每一天的行程。想起出门时爸爸对我说过的一句话：你应该利用这次高校科学营的机会，认真规划一下自己的未来。曾经在书上看到过这样一句话：如果你真想成为一个更好的自己，你需要用七天时间来好好思考。这次高校科学营正好七天时间，我的确应该好好想想。

这次科技营，我被分在天文专题营，是宝瓶座的成员之一。以前看过一些关于星座的书，知道属于这个星座的人，最大的特点就是创新，对新知识有着浓厚的兴趣。

在天文馆，我们观看了一部名为《奔向月球》的科幻片，它讲述了人们前往月球之路的艰辛与曲折。从久远的“嫦娥奔月”传说，到 1906 年伽利略用望远镜观测月球，并绘制了世界上第一幅月面图；从 1959 年，苏联“月球一号”探测器开启人类对月球的考察，到美国“阿波罗计划”把人第一次送上月球……人类正把对月亮的幻想一步步变成现实。而在“嫦娥奔月”美丽传说的发源地，我们也把“嫦娥”系列探测器和“玉兔”号月球车成功送到了月球。而在未来，我们对月球更宏伟的蓝图：把宇航员送上去、建立月球基地、开发利用月球上的能源……晚上，我梦见自己坐着高铁奔向宇宙，原以为目的地是月球，但是，高铁掠过遍布基地的月球，奔向离家时看到的那颗启明星。

在北大的教室里，我还听了一场让人大开眼界的讲座——“宇宙”。我们的宇宙已经有 138 亿岁了，而我们的地球，只不过是其中一个微不足道的点，连尘埃都比不上。在如此渺小的地球上，人类创新精神激发的思维又是如此的伟大，它可以超越感官的极限，跳出地球、跳出太阳系，甚至跳出三维世界，去观察并思考宇宙，探索着宇宙的过往和未来。

无数次仰望星空，我常常在想：在这浩渺的宇宙中，有没有和我们人类一样的生灵。有，也许没有。生命的形成来自各种机缘巧合。地球刚在宇宙中形成时，是没有生命的，经过一系列漫长的化学演化，在各种有机元素的作用下最终合成了有机分子，这些有机分子进一步合成变成了生物单体，然后再变成生物聚合物。在原始海洋中发生的这一系列变化才终于产生了原始的生命。这短短的几行文字，远远无法表述生命形成过程中那微乎其微的偶然性，任何一个条件，只要稍稍有一点儿偏差，生命就会和地球擦肩而过。

营员活动剪影

生命有诞生，也会有逝去，据科学研究表明，地球上最后的生物将会是一种顽强的生物——水熊虫。

认识宇宙，认识生命，认识自己，人类在这认识的循环中变得越发聪慧。物理学家在认识宇宙的过程中，认识生命和自己；生命学家在认识自己的过程中，认识生命和宇宙；出发点不同，但是目标是一致的。虽然，我们既不是物理学家，也不是生命学家，但我们一样可以在不断地认识当中提升自己。

“仰望浩瀚星空，探索宇宙奥秘”，听完这个讲座之后我们来到国家天文台。在这里，我对讲座中的那些理论知识有了一个更具象更直观的理解，心头的疑问得到了部分解答——在这浩渺的宇宙中，也许还有和我们人类一样的生灵。经过九年的不断探索，快要退休的开普勒望远镜，发现了 10 颗类地行星，另外还有 30 颗宜居行星。这些类地行星和宜居行星上，就算没有外星生物，也可能会成为未来人类的移民之地。

可是，人类为什么一定要考虑星际移民呢？我们为什么要搬离我们诞生的地球？我们为什么不从现在起，保护好我们的地球，保护好我们生存的环境，让它不要再恶化下去呢？那么，是不是我们保护好了地球，就可以不用再考虑移居到其他星球？其实没这么简单，就算我们保护好地球，但地球在将来也无法容下我们，因为地球维持生命生存的周期是有限的，而且人类在地球上的生存发展必然会导致对环境的破坏。所以寻找到一个适宜的星球，我们人类就多一条后路，未雨绸缪，人类才会更好地发展。当然，说这些，并不意味着我们要放弃对自然环境的保护，恰恰相反，保护环境，保护我们赖以生存的地球，任务艰巨而又迫切。否则，地球上的最后一个人，将会在人类还没有找到离开太阳系的方法之前，倒在这块被自己

大师报告现场

营员专心致志听讲座

营员临别前的留念

破坏的土地上。

在天文台，老师告诉我，天亮时候，东方那颗明亮的星星叫作启明星，也就是太阳系中八大行星之一的金星，那是离地球最近的行星。但是很可惜，金星并不是宜居行星，人类未来的希望，还需要在更辽阔的深空中寻找。

在兴隆观测基地，我试图在浩瀚的星空中找寻适宜人类居住的那一颗行星。当然，这只是埋藏在心中的一个小小的愿望。要有仰望星空的实力，还需要脚踏实地从现在做起。在这里，老师给我们分享她的追星旅程。为了拍摄到流星极光，她整整等待了三个昼夜。也许有一天，我也能够利用位于咱们贵州平塘的射电天文望远镜“天眼”，去找到一颗承载人类未来希望的行星，这就意味着，我得从现在开始加倍努力。

在科技馆，我印象最深的是“挑战与未来”这个主题的展厅。在这里，你可以亲手“造就”青藏高原；可以“操控”核裂变与核聚变；可以重温科学家克隆多莉羊的过程……在这里，不只是能感觉到知识的伟大、科技的伟大、创新的伟大，更能感觉到，人类的未知领域，正如头上浩瀚的星空，无边无际。有太多的知识宝库，需要我们去发掘，有太多事关人类生存和发展的难题，需要我们去尽快解决。在这里，我有一种马上拿起书本，立刻开始学习的冲动。

七天的时间转瞬即逝。七天里，我们在星空里遨游，探索宇宙奥秘；七天里，我们惊叹着科技的进步，感受着科学的魅力；七天里，我们用一颗充满热血和激情的心遥望未来。

仰望星空、遥望未来，我将从现在开始脚踏实地，让那颗明亮的晨星为我指引方向。感谢高校科学营给了我这样一个机会，这将永存我记忆深处。

心之所向　水木清华

林宥润（海南）琼海市嘉积中学

白驹过隙，时光亦如流水一般匆匆逝去，6天的高校科学营活动转眼间就过去了。现在回想，仿佛来自五湖四海的学子的欢声笑语仍萦绕耳畔，老师与辅导员的谆谆教诲仍记在心头。晨起，面向窗外，蓝天白云，一望无际，而我的思绪却回到了那几个雾气朦胧的早晨，那个朝气蓬勃而又充满着期待的自己。

营员在参观的路上

由于飞机延误，我们这些海南营员遗憾地错过了开幕式，但这并不影响我们接下来的生活。早上，大师们的讲座，以及他们自述的亲身经历使我敬佩并受益匪浅；下午，参观活动令我大开眼界，艺术与科技的交融，使我这个来自椰岛的学生体会到了北京这个文化中心的魅力；而晚上，辅导员的各种有趣的科学课程，更令我增添了探索科学奥妙的信心。

虽然我们每天的日程是那样的紧张，但也很充实。在活动外的时间里，我学会了如何在极少的空余时间里将自己的个人事情做好，不给大家拖后腿，也第一次体会到了宿舍生活。

最令我印象深刻的是“Wander Bridge”（弯的桥）课程，我们一起开动脑筋，贡献智慧，令我这个不善于交际的男孩也被大家所感染，全力地参与到这个“声势浩大”的造桥活动中，使我真正感受到了“集体”这个词的含义及其重要性。桥墩、桥面、吊索这些难点我们都经过了认真的讨论，可惜的是，我们的桥最终未能解决重心偏移这一难题。但比起结果，最让我受益甚多的是设计过程中体现的那种“三人拾柴火焰高”的合作精神，我相信埋下了这种精神种子的我们，在未来的日子里，遇到再大的困难，在与伙伴共同努力下，也会有“五岭逶迤腾细浪，乌蒙磅礴走泥丸”的豪气。

夏天的清华校园，清凉、静谧，是远离浮华与喧嚣的一块净土，似乎连空气中都弥漫着知识的芳香，散发着青春的气息。清华不愧为中国一流学府，莫说我们这些营员起得早，哪怕是五六点钟太阳刚刚升起的时候，就已经有许多学生从食堂走出，匆匆赶往教室，或是响应“为国家工作五十年”的号召，与同伴一起晨跑；甚至在夜里，在我们快要就寝之时，仍然能够看到学长们对着电脑敲着我还看不懂的代码，或是在看着一本本厚厚的教材。但这些并不意味着清华学子都是些书呆子，实际上，他们兴趣广泛，健身、摄影、看动漫等都是他们的爱好。看着这些榜样，我仿佛也确立了自己的目标，这个目标对于现在的我来说看似遥不可及，但每当想到这个，我又会记起黑格尔说的一句话：“只有那些永远躺在坑里而从不仰望天空的人，才

营员认真聆听讲座

营员临别前的留念

不会掉进坑里。”实现梦想的道路必定困难重重，但为者常成，行者常至，我也相信只要不断向前，再远的目的地也能到达，而又有“取法乎上，仅得其中；取法乎中，仅得其下”的道理，高目标才有高水准。清华，两年后见！

在这段短暂的时光里，我们5班的33名同学齐心协力，兵来将挡，水来土掩，完成了许多任务，克服了许多困难，最终这些情谊在闭幕式上汇成了三段舞蹈，张扬了我们的青春活力，为这段旅程画下了完美的句号，但也难免有些离别的不舍与伤感。我没有忘记表演中同学们“清华我爱你”“科学营我爱你”的呐喊，也清晰地记得某个班的两个女生相拥而泣时眼角泛起的泪花。象牙塔里的我们并非两耳不闻窗外事，一心只读圣贤书，我们聚集于此，互相认识，互相帮助，解决困难，将绚丽多彩的青春在这里释放，但天下没有不散的宴席，我们也只能好聚好散，先是与5班的同学们告别，然后又在美兰机场与同为海南分区的营员挥手道别，回以对方一抹苦涩的微笑，一切离别的酸楚深埋心中。有些微笑它就如同创可贴，掩盖住了悲伤，但心痛依旧。一切抱怨时光太快的话语都是多余，唯有真挚的祝福才有意义。活动虽然结束，人虽然分别，但我相信，友谊长存。

心之所向，水木清华。愿我们以梦为马，在未来共同书写我们的篇章。

写给北理工的四行情书

何雨晴（河北）唐山市第一中学

古有“苟日新，日日新，又日新”的警世恒言；今有“要矢志不移自主创新，坚定创新信心”的美好期望。正值这“机遇如泉涌”的创新时代，我怀着对科技的向往踏上了北理工科技创新之路。

此次旅行，最可贵的是来到北理工参加高校科学营；最难得的是结识志愿者、相遇同龄人。接下来，便让我来诉说对北理工的一见倾心，再见倾情。

北理工初相识

2018 年 7 月 16 日 8：35，我们登上列车，踏上了北理工科技创新之征途，目的地北京理工大学。

北京理工大学，对于这所诞生于革命源地延安的第一所工业大学，我与同行伙伴的内心都充满了无限向往。也是因此，近三个小时的车程，忽磅礴忽淅沥的雨，闷热潮湿的天气，似乎都显得不那么烦心。

终于来到首都北京，一行人浩浩荡荡下车前行，微雨过后，空气里满是泥土的

营员成果展示

芬芳。刚一出站，便看到接站的两位志愿者小哥哥。坐上“足球”专用大巴，仅二十分钟的车程，我们便抵达了梦寐以求的北理工。紧接着，我们报到，领营员用品、宿舍钥匙，摆放行李，去食堂吃饭……虽然雨还在下，但这清洁优雅的校园环境，热情洋溢的志愿者学长学姐，干净整洁的宿舍，和蔼可亲的宿舍办阿姨……都足以使我对北理工一见倾心。

合影

北理工再相熟

心中是山间日月，征途是星辰大海。

晨光微醺，清风微拂，终于迎来了来到北理工的第一个好天气。

今天的行程是观览北理工校园，虽然已经提前了解了行程也做好了心理准备，进行了半天的徒步旅行后，同学们还是疲惫不已。不过与游览所得之收获相比，疲惫就是不值一提的小事了。在堪比证券中心的金融中心，我们领略了工商管理与经济的魅力；在北京智能机器人与系统高精尖创新中心，我们与先进的高科技机器人近距离接触；在文化氛围浓厚的校史馆，我们深入了解了北理工 78 年的前生今世；在有如汽车工厂的机械与车辆工程学院，我们惊叹于学长们动手创造的能力。尤其是“乒乓能手”汇童 -5 型仿人机器人让我和同学们都跃跃欲试，想与它切磋一番；当然对于热爱生物的我，最令我难忘的就是机器人与生物医疗的巧妙结合，这为我拓宽了思路与眼界。

下午有着最引人注目的活动——国防知识竞赛。虽然我对这方面不是太了解，但是由于喜爱还是踊跃报名参加了最后的小组抢答比赛。赛台上，同学们聆听题目，思考答案，积极抢答；赛台下，同学们加油助威，同步动脑，欢呼呐喊。虽止步于第三名，但比成绩更重要的是我收获了国防知识和与伙伴协同比赛的团结互助精神。

晚上罗庆生教授精彩的讲座点燃了我和同学们对机器人世界的兴趣与向往。无人机控制作战，作业机器人工厂做工，服务型机器人服务人类，娱乐机器人唱歌跳舞……各种各样的机器人让我们大开眼界。

在北理工的第三天，我开阔了视野，升华了认知。它让我意识到青春不只是速度、激情与自由，更是求知、拼搏与梦想。

北理工复相悟

爱迪生说："科学需要幻想，发明贵在创新。"

艳阳高照，清风不来。怀揣着对科技创新的梦想，我们来到中国科学技术馆。刚下车，"中国科学技术馆"几个气势恢宏的字便映入眼帘，怀揣着对科技创新的梦想，我们踏入了这座载着知识与智慧的建筑。

中国科学技术馆有五大主题展厅，因为想静静地感受科技的魅力，所以我们径直去了三楼的展厅，从上往下参观。

科技与生活展厅中，衣食之本，栩栩如生的植物标本；居家之道，细致易懂的家具历史；交通之便，生动形象的比例模型，丰富多彩地展现了我国科技发展路程中一步步脚踏实地的印记。

探索与发现主题展厅中，宇宙之奇让我们领略了日月星辰的奇妙；声音之韵带我们探索了音乐旋律的奥妙。坚实有力的彰显出中华民族生生不息的探索精神。

营员活动剪影

华夏之光展厅，是目前国内唯一综合介绍中国古代科学技术成就的展厅，它建立了系统的中国古代历史科技发展框架。最令人惊喜的是展厅中有许多供人亲手操作的制作，让游客能够亲身体会科学的乐趣。

中国科学技术馆可以说是中华民族五千年科技发展的缩影，包含了灿烂辉煌的古代文化，囊括了令人叹为观止的现代科技，它代表了中国的科技文化水平，也代表了千千万万中华儿女对科学的不懈追求。

营员在知识竞赛现场

结束一天的旅程，我的心仍在科技创新的海洋中畅游，无法自拔。

爱科技，爱创新，更爱中国的科创之路。

北理工终相别

今天，我们就要结束这一周的北理工科技创新之旅了。

当初，我们满怀对科学的热情，对创新的喜爱和对大学校园生活的憧憬，唱着歌儿踏进北理工。一切都是那么有趣，那么可爱，那么美好。在高校科学营的大家庭中，我们同来自五湖四海的同学一起学习，共同进步，收获最纯真的友谊，收获最前沿的知识。

虽然只是短短的一周时间，但朝夕相处让我们建立了深厚的友情，即将分别，难免神伤。

《一生有你》的旋律还在耳边回荡，《离别》的淡淡忧伤已盘旋在心头。无论如何，这段难忘旅程将是我生命中的一颗璀璨明星；无论如何，这段珍贵时光将是我一份永久珍藏的礼物。

房兵老师说：“我们不是生活在和平的年代，而是生活在强大的祖国。”这次的北理工科技之行，更加让我意识到这一点。唯有我们年轻一代，刻苦学习，创新科技，才能做到真正的“抬头仰望北斗星，手持长剑吹东风”。

至今犹忆科学营

吴俊 （湖南）张家界市民族中学

自湖南张家界始，先经怀化，后转贵阳，方得入成都。道阻兮，路长兮，虽舟车劳顿，形疲体惫，余心终兴奋不已，何哉？入科学营以寻梦兮，吾心乐哉！驻锦官城以探远方兮，喜哉吾心！寻梦兮，远方兮，路遥遥兮心无悔。

营员留影

初入营中，分配寝室，灰灰兮似数年无人，草草兮乃空无一物。至深夜始得热水以洗身，经辗转方得器具以浣衣。事皆无所依，于是自立之心出。至今忆之，方知高校科学营苦心久矣，唯无靠无依能炼人心性。盖求学探知一途，以强心炼性为本，初来乍到，炼之以心性，此举可谓善矣。

余入山地营，深感大幸。川蜀之地，物竞天华，人杰地灵，然自古有山洪地震之难，于山地防治之事，可谓究之至深，无人及也。余与众同学，皆四海八方之弟兄姐妹，于首日同学于成都之山地所。视滑坡，洪水之大害，闻防洪，治灾之科技。至今思之，听王世革大师一言，收获颇丰，竟在吾心种下防灾之警示，有此一心，可谓足矣。

又有山地灾害实验之会，以一人之想象防滑坡于一室。置土一杯，有纸数张，铁钉数枚，以治防之技术，何能使覆杯而土不落，真难题矣！正所滑“同学少年都不贱”。虽有难题，八方营友，人无不言，言无不尽。讨论研究之声盈室，惊湛绝伦之作满堂。或成功，或失败，能尽抒己怀，交流学术，可谓尽兴矣。

都江堰一行，至今犹忆。自宝瓶口，至飞沙堰，后到鱼嘴，路途远兮心未觉。岷江分流，壮丽雄浑，深撼人心。外江入长江，内河养成都。李冰已千年之人物矣，何以流芳至今哉？都江堰造福万世也！盖秦地能以一国之力抗六国之攻，蜀地之沃土助之也；蜀地能治洪灾而成天府之国者，都江堰之水利助之也。

然都江堰一人文底蕴之地，高校科学营带吾往而为何！正是“此中有真意，欲辨已成言”。战国之时，未有炸药开山之利器，何以短短数十年便筑此举世之工程哉！此亦科技之推也。单宝瓶口一处，本山连山，李冰以“热胀冷缩”之法，使民烧山，以泯江水泼之，山石开裂，八年而宝瓶口成，众人以为神矣。亦不说飞沙堰以一堤而分二江，旱时蓄水于成都，洪时泄水于长江，至今犹使人惊叹，且看鱼嘴四六分水之自动化，存千年而无人改，成天府之盛名，美成都之沃野，皆科技之利也。先进之技术当实践于工程，唯实践能使科技以发展，发展能使科技造福于人民，此都江堰所悟，亦因科技所感。

汶川映秀之行，沉重无比。天灾兮难挡，却无奈何吾中国儿女！川中地震，名全国兮震世界；中国救灾，八方援兮众心一。然人心齐而无先进之仪器，伤亡终大矣。故汶川一震，亦使对地震防治之科技发展，亦能应对未来之不测也。科技岂止动力也，更为保护伞。使人以自立自存自享于自然，亦使人不畏自然、改造自然也。此映秀一行之悟也！营中学友，皆自五湖四海，分居十四省，会于蓉城，求学兮，

合影

探真兮，各显英才。各究真理，谈天论地，欢聚一堂，明技术之日新，解科技之发达，尽性兮，开怀兮，明智而知礼，见大学之学风，感大师之风采，此行足矣。

营员与伙伴合影

亦有大学生为师，关怀者如沐春风，嬉笑者令满座开怀，虽烈日炎炎，心中亦如有甘泉涌流。纵前路漫漫，心中亦能无悔前行，此同学师友，亦何惧梦之难寻，何惧远方之远？

然芳时易度，岁月难留，千里相聚终有一别，感今朝胜友如云，忆昨日满座开怀，有千言万语之意，以诗表之：

纵横宇内少年心，追梦遂光锦官城。

七日七夜求学路，至今犹忆科学营。

中南大学科学夏令营有感

李宏坤　（湖南）武冈市第二中学

科学是永无止境的，它是一个永恒之谜。

——题记

合影

在中南大学的七天高校科学营经历是难得而珍贵的。从7月15到7月20日，从毓秀楼到岳麓书院，从科学知识到人间情谊，我们无不受益匪浅。

这几天，我们接受了春风化雨般的安全教育；经过破冰仪式，我们感受到了同龄人的风采；参观岳麓书院，我们踏寻了历代名人的足迹；参观三一重工，我们领略了大国重器的骄傲……

既称高校科学营，无疑以科学为中心。而中南大学作为国家重点高校，拥有几座国家重点实验室，自然在科学技术方面有着排头兵地位。尤其是铁道学院更是我国铁道学的引路人。在这样浓重的科技氛围下，我们深切感受到了科技的意义及其强大的力量与无限的趣味。

曾几何时，我国与世界断绝了来往，就此落后。就在近代，我国却凭借一己之力打破了帝国主义在铁路领域的垄断。而在当今，我们更是以百米冲刺般的速度跨越式前进，成了世界高铁领域的大哥大。如果没有我国近代科学家们精湛的学术，孜孜不倦的奋斗，中国又怎会崛起？如果没有如今我国强大的科学技术做后盾，我们又如何领先？

科学技术是第一生产力。

那么科学技术可真是一样好东西，自然而然好东西就不是那么容易得来的了。屠呦呦带领她的团队提取出了青蒿素；侯德榜发明侯氏制碱法；自古以来有无数科学家将自己一生“丢进”了科学大熔炉，却只是在后台默默终去。在 3D 打印技术报告讲座中，那位鬓若星辰的科学家告诉我们科学技术研究的困难难若登天。若没有三十年如一日的决心与毅力，是决计无法做出任何成果的。

科学研究是如此苦累，却仍有无数人毫不犹豫地投身其中，正如长江后浪推前浪。人们探求科学真理的脚步是如此坚定，无法阻挡，是因为科学中有万物无法匹敌的乐趣，它对人们求知的灵魂有强大的吸引力。正如“名侦探与化学探秘”讲座中教授告诉我们的，科学是如此的有趣，是如此神秘。真正爱科学的人，眼里真正看重的不是那点苦头，不是那些荣誉，而是那探索真理时的快乐。

现在这个社会强调“工匠精神”，我想这种精神对于科研极为重要，它能赋予我们强大的意志与一颗充满灵感的心。只有这样，我们才能够在极大的压力下坚持探索，才能在湍急的逆流中勇往直前，才能在广阔的天地中放飞梦想，才能品尝科研带来的无限乐趣，从而愈走心里愈亮堂，愈走意志愈坚定。

营员认真听讲座

衣带渐宽终不悔，为伊消得人憔悴。作为活力迸发的青少年，我们应以百分之百的精力，效仿前人不顾一切、奋勇向前的精神，为祖国做贡献，为科学做贡献，为人类做贡献。

不一样的夏天

谢永景 （青海）西宁市第五中学

这个非同寻常的夏天，我感受了武大的校园文化及学习气氛，感受了来自全国各地同学间短暂的友谊，体验了大学生活，目睹了他们之优秀，让我对大学梦有了更高的要求，并有更大的动力为之奋斗。

抱着满心的好奇，带着激动的心情，火车经过二十多个小时的跋涉终于抵达武大。

走进校园，第一个吸引我的是宿舍门口暂时担任门卫的学长，在人来人往中，耐心地做着一道道物理题，貌似这种喧闹的环境对他毫无干扰，这就是武大学子的态度及学习气氛，这就是国家的未来，这就是我们的榜样。

其次，在我看来最有趣最有意义的就是定向越野室外活动。活动中，将我们与各省份同学分成一组，只给了我们一张地图和一个指北针。行程中我们相互配合、团结协作、分工明确。在这炽热如火的夏日，大家都汗流浃背，但还是坚持渡过了

合影

定向越野挑战赛合影

一个个难关，打完二十多个点，终于抵达终点，完成任务。本次活动中，我不仅开启了友谊之航，还激发了自己的潜力，收获了成功的喜悦。最后，每个人在领奖台上洋溢着甜蜜的笑容。

此外，还有“以水取水”虹吸水泵科技制作，测绘科学实战，制作琥珀等实践活动。这些活动不仅锻炼了我们的动手能力，还让我们学到了一些物理、数学方面的知识，了解了更多科学知识。

炎炎夏日，走进古老而又深奥的地方——武大老图书馆。在这里，了解了武大的历史，更深地感受到了它的强大之处，其强盛不仅在于校园之历史悠久，领导之非凡理智，更在于每一位学子的艰苦努力和默默付出。在这里，深深记住了：自强，弘毅，求是，拓新。建校时主张“武大不办则已，要办就应办成一所有崇高理想，一流水准，院系多样，规模宏大的大学”。启示学子：不学则已，要学就应学得有水平，有成绩，为自己寻找一个有意义而又美丽的人生路，让自己的人生绚丽多彩。

在专家讲座中，最有意义的是刘胜教授讲的“新时代”新工科的前景与未来，在这里，了解了国家科研方向的重点领域，以及学科交叉创新方面的知识，让我们知道了国家发展的重点及奋斗的方向。作为祖国的未来，应该担任这个重任并为之奋斗。另外，刘教授还跟我们分享了他的人生经历，第一次看到一位经历这么丰富、生活这么美好的人，对他的人生是羡慕及向往的。是的，只要你奋斗了，未来定会给你最好的回报。此外还有徐红星教授讲的光学纳米，重点科研实验室中讲的测绘遥感信息工程方面的知识等，虽然似懂非懂，但感受到了大学的课堂及大学教授的思路，挺有收获。

营员在参观测绘遥感重点实验室后进行小组讨论

接下来是社团送给我们的宝贵经验。两位学长分别给我们讲了英语单词记忆方法和汉语中大量分散词及诗的记忆方法，这些方法在有趣中带给我们知识，让我们能够更快地记住一些东西。这也让我感受到了大学生活的趣味。

在武大，有这样一群人，他们热情无私，他们阳光开朗，他们真诚善良，他们奉献着自己的青春，他们有一个共同的名字：志愿者。从刚下火车那一刻开始，他们就一直陪着我们参加活动，帮助我们，保护我们，班长还为了我们的安全及秩序，耽误自己上课，真的很感谢他们。他们无疑是这个社会里独特的风景，像阳光一样温暖人心，让社会回归最原始的真善美。志愿者这个响亮的名字，不愧是时代的骄傲。真心地想对你们说一声：谢谢，我爱你们！内心已下定决心，我也要做一名志愿者，为社会奉献爱心，服务他人，让这种精神永存。

这个夏天，不一样的体验，不一样的收获，不一样的感受。

这个非同寻常的夏天，对武大了解的还不够时，与各省同学相处的恰有味时，对学长学姐们还没来得及亲切地说声谢谢时，就要离开了，是那样的不舍与留恋。天下无不散之宴席，只好满载而归。这个夏天，有了更高的要求，为自己梦想中的大学奋斗吧！

另一番七月的味道

马欣雅 （青海）西宁市第二中学

对于从小生活在夏都的人来讲，七月，不过是一年中可以为数不多的让我们感受夏天气息的季节，对于我们这样一帮充满着好奇与期待、渴望与憧憬的孩子来说，这次旅行便又多了一层意义。从出发前的得知消息到真正出发的那一刻，内心始终怀着满满的期待与幻想，带着这样的心情，收拾起行李，背上行囊，真正踏上了旅程。

——题记

武汉理工大学高校科学营开营仪式剪影

得知消息是在期中考试过后的一周里，起初因为时间原因，父母一直不答应，总以一种担心的姿态来对待这次的活动，对我来说，却也总有一些失望在其中。在失望和最后一丝希望里，我们终于填写完了个人资料，终于被允许穿上了印有“武汉理工大学”字样的队服，终于在七月的武汉里开始了为期一周的活动。从得知消息到匆忙准备，从憧憬向往到激动难眠，从五月到六月，再到这烈日下的内心澎湃，终于坐上了开往武汉的火车。对于初次单独出门旅行，

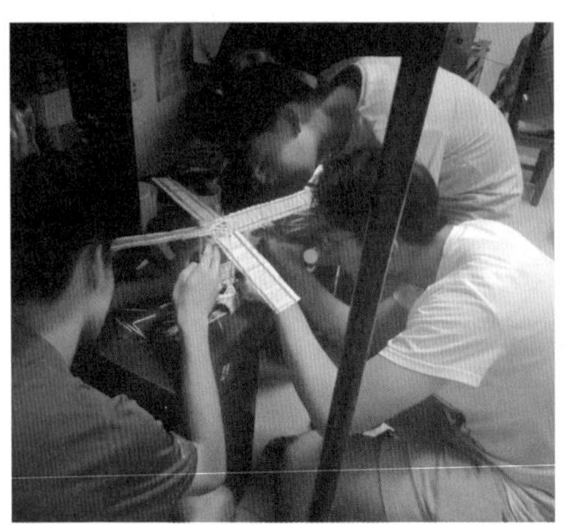

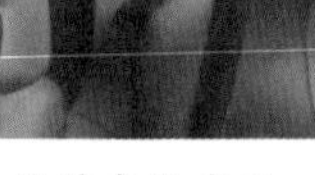

营员在做实验

营员认真听讲座

激动的心情溢于言表，心情与眼前的风景一般，从七月流火的夏都，到烈日当头的武汉，我们终于到了这个日思夜想的地方。

武汉，简称“汉”，别称“江城”，湖北省省会，中国中部地区的中心城市，地处江汉平原中部，长江中游，是国家历史文化名城，楚文化的重要发祥地，又称“东方芝加哥”，是20世纪初与大上海共享荣耀的城市，代表着中国当时的城市发展方向和希望，但对于我们来说，武汉这座城市留给我们的初印象，更多的是一下火车的热浪了。

或许我们的初来乍到打破了暑假校园本应宁静安逸的氛围，校园中除了阵阵蝉鸣外，又多了几分热闹，从周日晚上的安全讲解，到周一的开营仪式，学校的用心良苦便也可以感受一二。

周一的活动分为早上的开营仪式和下午的汽车展厅参观，以及高空护蛋装置的讲解，也让我们明白这次旅行并非简单的休假，其中也蕴含了学习与提高的机会。我们将从这次活动中学习到的东西，会成为我们可以铭记、珍惜一生的财富。下午的汽车展厅参观，走进展厅的那一刻，我们聆听着学长学姐认真的讲解。从他们眼中，我看到了一个人真正做自己喜欢的事情时发自内心的热爱和对未来的美好期待与展望。或许在自己喜欢的城市，做自己真正喜欢的事情是所有人的愿望，但大多数人却有心而无力，但是学长学姐却可以利用假期的时间，利用现有的资源去追寻自己的梦想，这是多么的幸运。只要坚持最初的那份心与期望，有朝一日，梦想也许就会成真。

第二天的活动分为上午的组装家庭电路和下午的组装音乐电路。对于电器元件，初中的时候就有所了解，我们轻松地完成早上的项目任务。但下午的焊接音乐电路就有了一定的难度，让我们在游戏中同时明白天下没有简单的事情，看似简单的东西却也有不一样的难度。第三天的活动是参观学校图书馆、艺术馆，以及学校海洋工程技术的发展。武大图书馆的布置是我心中理想图书馆的布局方式，柔软的沙发，舒适的座椅，明亮的自习室，以及各类活动室，还有播音录课等工作室，专业的设备让我对大学生活充满了期待。作为参观者，我们甚至不忍心去打扰任何一位正在工作和学习的学生，安静的室内和聒噪的室外形成了鲜明的对比。下午，当看到模拟航海器和木质航模时，从内而外又有了更多精神上的安慰，看到为了国家航海事业而做出努力与贡献的人们，便也想为他们的付出献上最热烈的掌声。

营员参观活动剪影

营员参观拍照留念

不得不提及的是各位教授的讲座。充分的准备，精彩的演讲，无一不体现着各位教授对我们的重视，他们的敬业精神，让我为之动容，他们的态度深深打动着我，除了美妙精彩的演讲内容，这种严谨的治学态度更是深深烙印在我心中。

对于高校科学营的另一个活动“高空护蛋”，也是让人深有感触。从刚

营员临别前的留念

开始的难以置信到后来的尝试突破，再到最终取得较好的成绩；从准备材料到开始制作，每一步都记录着我们付出的点点滴滴。学长学姐亲切的介绍并及时的补给物品，更是让我们心头充满了暖意。无论是看起来多么不起眼的小物件，只要用心去搭建，也会慢慢垒砌成自己梦想中的样子。最后一天拿着荣誉证书，站在闭营仪式的颁奖台上，我如是想。五天，每天的认真细致，终还是不负我们的努力。

“轻轻地我走了，正如我轻轻的来，我轻轻地挥手，不带走一片云彩。”我们迎着晨曦而来，同样也迎着朝阳而归。我们轻轻地来，在这个充斥着热情和欢笑的校园中成长；我们轻轻地走，逐渐减轻的背包，和逐渐加重的友谊并存。我们满怀一腔热血而来，也收获累累硕果而归。

行于坚守　成于创新

王彦然 （四川）达州市宣汉中学

看天光云影，我们能测阴晴雨雪，但难逾目力所及；打开电视，我们可知全球天气，却少了静观云卷云舒的乐趣。漫步林间，我们常看草长莺飞、枝叶枯荣，但未必能细说花鸟之名、树木之灵；轻点鼠标，我们可知生物的纲目属种、迁徙演化，却无法嗅到花果清香、丛林气息。不亲自体验，我们就难以感受科学的奥妙。

在这个季夏之月，我有幸参加本次重庆大学高校科学营分营活动。

这个夏天正是热情似火、壮志凌云的时候！来到重庆大学的第一天，我怀着一颗求知的心和大家一起探索科技的魅力。在这里，我体验到了烈日与激情的碰撞、实践与梦想的结合、生活与科技的交汇。

科学——一个伟大的名词，从前我以为科学离我们很远，是一个陌生难懂的东西，但经过这次科学之旅，我对科技有了更深的理解。

太阳炙烤着大地，天热得发了狂。柳条无精打采地垂着，纹丝不动，水泥路被

重庆大学高校科学营授旗仪式

晒得泛出点点银光，仿佛一切都要融化了。但酷热的天气丝毫没有影响我对科学的渴求。3D 打印、焊接机器人、激光切割……一个个新奇的事物等待着我去探索。进入实验室，各种奇妙、精巧的机械设备深深地吸引了我。我十分佩服这些科研人员的智慧，可以想象，这些成果的诞生离不开技术人员废寝忘食、孜孜以求的钻研，这种精神值得我们学习。

“耐劳苦、尚简朴、勤学业、爱国家”，这是重庆大学的校训。来到这所大学，我深切感受到了这里的学风和悠久历史，以及教授们兢兢业业的科学精神。

我的目光聚集在一台庞然大物上。这是什么？看到这台机器，我倍感疑惑。经过博士生姐姐的耐心讲解，我才知道这是一台电子显微镜。我的好奇心陡然上升，认真倾听研究员的讲解后，我了解了它的大致结构和工作原理。它由镜筒、真空装置、电源柜三部分组成。其中的电子枪发射电子束，在真空通道中穿越聚光镜，通过聚光镜将之汇聚成一束尖细、明亮而又均匀的光斑，照射在样品室内的样品上。透过样品后的电子束携带有样品内部的结构信息，经过磁透镜逐步放大就能成像。放大倍数可达几十万倍，最大能放大到 2 纳米。

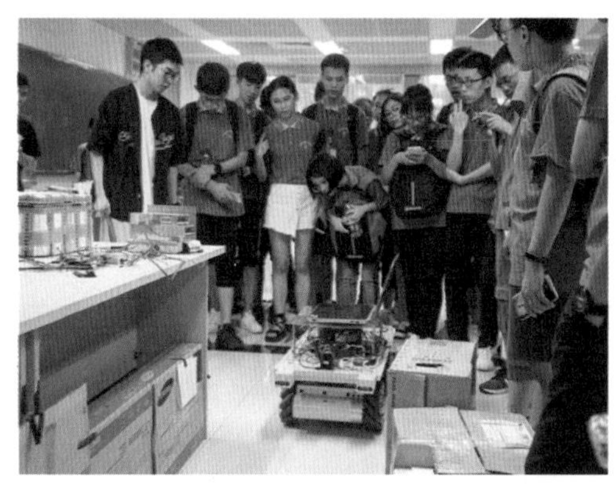

营员参加活动剪影

这台机器功能强大，造价也不低。一台电子显微镜高达 1000 万人民币。博士生姐姐告诉我们，为了做好一个清晰的图像，需要花费数月乃至数年的时间。听到这里，我内心极其震撼。

营员聆听讲解

为了观察到物体内部真实结构，科技工作者们需要花费大量精力和时间。居里夫人曾说：“科学家的天职叫我们应当继续奋斗，彻底揭示自然界的奥秘，掌握这些奥秘以便能在将来造福人类。”我佩服科学家的精神，他们不懈追求真理，精益求精。我认识到，在科学研究上没有平坦的大道，只有不畏劳苦沿着陡峭山路攀登的人，才有希望达到光辉的顶点。博士生姐姐还告诉我们，做科研需要极大的耐力，要耐得住寂寞，坚守自己的信念。是啊，做任何事都要学会坚守。

营员合影

坚，坚持不懈，坚定不移。是在逆境中坚守希望的信念，是在困难面前从容镇定的心态，是在失败时高高扬起的头颅。纵然面前是汪洋大海，狂风巨浪，扬帆的小舟仍能站在风口浪尖，紧握住日月旋转。这，是一份自信，一种执着。

守，守护，守候。是对自己钟爱不渝的事业的决心，是对正确观念坚定的信心，是对漫天尘土毫不畏惧的行道树。即使面临地动山摇，天昏地暗，孤独的守望者依旧伫立在那一片宽阔无垠的麦田里，守着心灵的纯真。这，是一份成熟，一种正直。

此次科学之旅，让我懂得了何为坚守。为了民族进步，国家富强，我们要学习这些无私奉献的科研人员们的坚守精神。生活就像一条溪流，有过平缓，也会有激进，更会有阻遏。生活如同大海，有风平浪静，也会有海浪，更会有海啸。当我们面对挫折，我们要坚守信念。

但，仅有信念是不够的，我们前进的方向更加重要。研究员姐姐也和我们谈心，她认为中国科技起步相对较晚，一些高端设备只能从国外进口，其核心技术一直被国外垄断。她将希望寄托在我们身上，鼓励我们要不断开拓进取，勇于创新。看着她眼神里对我们的殷切希望，我感触极深，回想历史，重大的科技成果都离不开创新。25 岁的爱因斯坦敢于冲破权威，大胆前进，赞赏普朗克假设，提出了光量子理论，奠定了量子力学的基础。随后又打破了牛顿的绝对时间和空间的理论，创立了震惊世界的相对论，一举成名，成了一个更伟大的权威。

“水稻是自花授粉作物，没有杂种优势”，这曾经是世界经典著作中论述的结论。但在 20 世纪 60 年代初，袁隆平不迷信权威和书本，从“鹤立鸡群”的稻株观察中

重庆大学高校科学营可爱的志愿者们

悟出天然杂交水稻的道理，从而勇敢承担起杂交水稻研究的课题，不畏艰难，反复试验，终于研究出杂交水稻。

勇于追求真理、不迷信权威、不因循守旧、不断探索。这是祖国科技工作者们秉承的科学精神。透过教授们的报告，我深深地体会到了他们身上不断实践、敢于创新的品质。正是因为善于创新的科学家、工程师一次次的实验，一次次的改进，一次次努力所凝聚的心血，造就了我们富强的新中国！

这次高校科学营活动，我亲自体验了最前沿的科学实验，了解了许多以前在中学接触不到的新知识，我明白了任何事都要行于坚守，成于创新。在今后的学习生活中，我都会自主学习探索，敢于创新实践，努力学习基本理论，做一个科学的实践者、青春的圆梦人！

踏历史，寻科技

羊欣瑶 （四川）眉山中学

伴着七月的骄阳，迎着清晨的和风，踏着愉快的步伐，我坐上了前往西安的高铁，开启了自己的西安之行。

营员参加活动剪影

正如俗话说：“看十年的中国在深圳，看百年的中国在上海，看千年的中国在北京，而看上下五千年的中国还要在西安。”西安，十三朝古都，是举世闻名的世界四大文明古都之一，居中国古都之首，是中国历史上建都时间最长、建都朝代最多、影响力最大的都城，也是我最向往的古城之一。我向往兵马俑的雄伟，我向往大雁塔的厚重，我向往这千年历史的积淀。但是，我此行的目的却并非去纵观滚滚的历史长河，而是去拨开历史的风尘，看透岁月的篇章，寻找到现在的西安，科技发展的西安。为此，我来到了西安电子科技大学。

“半部电台起家，长征路上办学”。西安电子科技大学的历史是与中国革命史紧紧连在一起的。在中国革命发展的每一个时期她都是党中央的“千里眼”

认真聆听的营员

和"顺风耳"，红色的电波传播大江南北，它为革命争取全国的胜利建立了不朽的功勋。战争时期，它自强不息、坚忍不拔。在长征途中，在敌后根据地，处处都留下了它创办现代工程教育的足迹。和平时期，它打破西方对我国的技术封锁，不屈不挠，创建了我国电子与信息技术领域一批新的学科和专业，为新中国成立后我国自主建设电子与信息学科门类院校积累了丰富的办学经验，进行了必要的人才储备，在中国电子高等教育史上谱写了辉煌的篇章。而如今坐落于西安高新技术发展区和终南山脚下的它依然在用科技改变着这个世界。

来到校园的第一天，一早我就有幸见到了段宝岩院士并聆听了他有条不紊的讲座。或许其中许多辞藻于我而言还有些晦涩，但在他的讲解中我也能感受到天线技术对航天的重要性，科技对国家的重要性。在提问环节有人问到如何能够成为像他一样的人，本以为段院士会侃侃而谈，但他当时所说的话却深深地震撼了我，现在都还深深印在我的脑海中，将来也会是难以忘怀的——"无论再远大的目标，前提都是脚踏实地地做好当前的每一件小事。"或许，这句话也是千万科研工作者所传承的工匠精神吧，一屋不扫又以何扫天下呢?

西电，作为一座名校，浓厚的文化底蕴也是其一大特色。下午，在灼灼的烈日下，我们漫步在西电的校园中——承载历史的校史馆、独具风格的科技博物馆、书香四溢的图书馆、积目万里的体育馆，这些建筑都是西电一张张吸引眼球的名片。

航拍，一个我只能在电视节目中看到，以为只有专业人员才能使用的技术，竟被我们的辅导员哥哥熟练地操纵着，从另一个角度为我们拍下了一张张别有含义的照片——花朵、地球、信号，这些我们用身体摆出的图案就这样通过"上帝视角”被展现出来。让我不得不佩服科技的强大。

或许在很多人看来科技都是与前沿技术相关的，是常人无法接触的，我也如此。而在入营的第二天，这个观念就彻底地消失了，因为甚至高雅的艺术都是与科技息息相关的，就比如西方乐器进化出按键，就是运用了基本的物理知识。正如李老师讲到的：“科技的发展为艺术提供了新的发展空间，而科技又可以从艺术中获取启发与生命力。”二者就是如此相辅相成，看来科技也不是那么遥不可及。就像我们参加的无线电测向游戏，虽然看上去只不过是一个有趣的游戏，但实际上融入了通信最常用的技术。

在西安这样一座历史名城自然得与这上下五千年的历史来一场别开生面的约会。在入营的第三天，我们便听了有关大唐壁画的报告。西安，古称长安，取长治久安之意，而其布局更是按照宇宙观来设定。下午，我也如愿参观了历史博物馆。

而整个活动中最让我记忆深刻的便是组装收音机。原本以为只是装装零件的简单操作，谁知竟是从焊电路板开始做起。在听老师讲了关于电烙铁的注意事项后，更是对这项工作产生了畏惧。但是当握起手中的锡条，一点点地焊上一个又一个零件时，信心也随焊上的零件逐渐增强。虽然有一些地方并不熟练，但是在老师和同学的指导下，我的收音机也最终面世，听着它从发出沙沙的白噪声到收到清晰的电台，我的脸上也绽出了灿烂的笑容。

营员临别前的留念

在科技营的短短五天，我经历的却是我人生中非比寻常的五天。就算西安的太阳再怎样毒辣，也逼不退我的热情。在这五天里，我深深地明白了科技与

营员参观众创空间

营员参观博物馆

知识的伟大。

一个国家只有拥有千千万万的如段院士般的知识分子才能在这“一超多强”的世界占一席之位。知识确实改变命运，而且改变的是整个中华民族的命运，而知识带来的“塞恩斯”先生也是立世的关键之一。科技，帮助我们创造了优越的生活环境；科技，提高了我们的生活质量；科技，是全世界人们智慧的结晶；科技，也让我们在世界上拥有了一席之位，拥有了发声的能力，拥有了独立自主的权利。在21世纪的今天，科技作为第一生产力，无疑说明了它重要的地位，而身为中学生的我们便承载着肩挑未来的责任。正如百年前梁启超先生在《中国少年说》中所言：“日出将来之少年中国也，则中国少年之责任也！故今日之责任，不在他人，而全在我少年！少年智则国智，少年富则国富；少年强则国强，少年独立则国独立；少年自由则国自由，少年进步则国进步；少年胜于欧洲则国胜于欧洲，少年雄于地球则国雄于地球。”身为中华少年的我们唯有自强不息，方能报效祖国。

筑梦未来，圆梦成电

仁青卓玛 （云南）迪庆民族中学

炎炎夏日，蝉鸣不断。踏入这里，你可以感受不一样的风景；踏入这里，你也可以领略不一样的风格；踏入这里，你还可以接触奥妙的科技领域……这里，就是四川成都的电子科技大学。

开营仪式

四川电子科技大学原名成都电讯工程学院，简称“成电”，坐落于有“天府之国”美誉的成都市。这是一所以电子信息科学技术为核心的全国重点大学，被誉为“中国电子类院校的排头兵”。当然，它也位列“211 工程”“985 工程”。1956 年，在周恩来总理的亲自部署下成立。

在活动期间，我们可以与知名大师进行对话，聆听他们的教诲，领略科学的风姿，引领我们塑造正确的价值观，感悟科学知识，树立科学精神。其中，使我记忆犹新的有两场讲座。一是李滚教授的“美丽航天科技趣谈”，他说：“成电是一所‘物华天宝，地灵人杰’的高校，它的大门永远向我们敞开。”他也对我们进行了提问：

为什么要进行航天探索活动？二是李中余助教的精彩讲座，他主要给我们讲解了成像技术的原理、种类、清晰度、应用方向等。虽说他们的讲解过于高深，我们对很多知识知其然，不知其所以然，但他们传授的却是最珍贵的经验与精神。从中我懂得：实现我的梦想，首先需要激发我的梦想，而我来到成电，就是为了激发我的梦想，使我拥有成为优秀人才的渴望。在追梦的同时，我要做到把自己的梦想与国家的梦想高度统一。在高中学习期间，我不仅仅需要掌握老师传授的知识，更要努力培养动手能力，激发自身的创新型思维，敢于质疑权威，敢于提出疑问，而且创新要从事物的本质出发，努力成为复合型人才。

其次，我们参观了国家的重点实验室，比如机器人基地、创新基地、航协等。我们倾听了大学生给我们讲解的机器人的装配原理，施行原理，也亲身体验了与机器人打羽毛球的过程。最后，我们参观了成电的图书馆，在校内，因为图书楼的外形特征又被称为“八角书斋”。我们在里面体会了阅读之美，不仅参观了“荷兰屋图书”，还参观了有着“品味、品读、品学”寓意的“三品堂”。在图书馆里还提到了成电校长李言荣的名言名句，“做一个‘有趣’的人，不只是做一个‘有用’的人”。我们也感悟了“博观而约取，厚积而薄发”的高深。

我们还进行了航模比赛，而且用于比赛的航模是我们自己在航模教练的指导下独立完成的。这主要培养了我们的动手能力，创新思维，我们也收获了不一样的经验。

营员与羽毛球机器人对战

营员进行航天知识竞答

在比赛结束之后，我们又举办了关于航天航空的知识竞赛，使我们对航天航空领域的了解逐渐加深。最后，我们举行了文艺表演，每个人都积极展现了自身的才艺与自信。我们的高校科学营就这样顺利落幕了。

短短七天的旅程，带给我们的知识、成长、友谊、视野……这是不能用时间来衡量的。成电带给我们的是心灵的启迪，梦想的激发，前进的动力，目标的确立……这是在高中学校中无法获得的。短短七天，成电如同我的母校一般亲切，我对它的感情是真挚而依恋的。是的，我舍不得成电！有人说，海浪与海岸的别离是为了下一次更好的相聚。而我说，我与成电的别离是为了下一次华丽的相聚。我有信心，两年之后，我可以以优异的成绩考上成电！

等我，我的成电！

路是开，梦是栽

邓嘉阳（重庆）南开中学

江南里，夜的荷塘。栈桥两旁的荷花朦胧着，只是宝蓝夜色中，殷红黛绿的交影。还有一汪月轮，随微波慢慢流溢……

今晚是浙大的闭营仪式。所以我准备了一个下午，只为最后五分钟的表演而奋战不殆。结果我仍然是忘了词，于千人之目下急中生智，结果还是差强人意。或许没有经历过的人无法体会这种由紧张到释然的过程，欲演一出完美无缺的小品，着实必需大量的艰辛努力。

当掌声响起，我们在聚光灯下谢幕，心中顿时凝固一般，不知是欣喜还是不舍了。转念想到，高校科学营就要结束，这七日的光阴竟飞梭般逝去，难免有些依依不舍之情。

七天之前，在蝉鸣中步入浙大的绿荫，今日却于满月中道别留念。七日之光阴甚短少矣！月色下，那方沉睡的荷塘有夏虫与蛙鸣。月光微弱，无以在湖面潋滟。不过却直入我心河，留下一抹月华。

这七日，曾于烟雨中赞叹江南墨色，也于实验室走进科学之心，细触医学纹理。

合影

优秀营员合影

在动物科学院研究鸡雏破壳，在科技楼学习自动化操作，在星光灿烂的路上与同学放声大笑，在艳阳酷暑下喝着藿香正气液，徐行西湖之畔。

“国有成均，在浙之滨……”这旋律似乎仍在脑海中，余音绕梁。“求是”二字，荡涤在我的心海。“诸君来浙大做什么？将来要成为什么人？”每一个浙大人，甚至耄耋之年的教授，都在思考竺可桢先生的两个问题。他们是否在用生命解答？“我是否在用生命‘求是’”……

数十分钟前，我们接过那份沉甸甸的奖状。那位老教授用充满智慧的眼睛凝视了我们每一个人。听着颁奖旋律中他的低声鼓励，心底却是那般热流涌动。我知道，我没有白费这数日的光阴——重新点亮我的灯塔，为梦想开一条明亮的路……

那一刻，我是浙大人。我在荷塘之畔栽下梦之树，等待再次相会，采下它的星星。

闭营仪式在一片欢呼里淡入夜空，可梦仍在上演。明月将前路铺成银色大道，延伸到远方，消失在一片光晕中。就让照片尘封一段岁月，等我归来——荷塘月色正好，江南细雨依旧。

2018 YOUTH UNIVERSITY SCIENCE CAMP
青少年高校科学营

名家大师精彩报告

中国科协青少年科技中心　编

科学普及出版社
·北　京·

图书在版编目（CIP）数据

名家大师精彩报告 / 中国科协青少年科技中心编. —北京：科学普及出版社，2018.11
（2018青少年高校科学营）
ISBN 978-7-110-09881-3

Ⅰ. ①名… Ⅱ. ①中… Ⅲ. ①科学技术—演讲—文集 Ⅳ. ①N53

中国版本图书馆CIP数据核字(2018)第241298号

总 策 划 《知识就是力量》杂志社
策划编辑 郭 晶 何郑燕
责任编辑 吴秀玲
封面设计 张 跃
版式设计 胡美岩
责任校对 杨京华
责任印制 徐 飞

出 版 科学普及出版社
发 行 中国科学技术出版社发行部
地 址 北京市海淀区中关村南大街16号
邮 编 100081
发行电话 010-62173865
传 真 010-62173081
网 址 http://www.cspbooks.com.cn

开 本 720mm×1000mm 1/16
字 数 568千字
印 张 35.25
版 次 2018年11月第1版
印 次 2018年11月第1次印刷
印 刷 北京盛通印刷股份有限公司
书 号 ISBN 978-7-110-09881-3/N·245
定 价 180.00元（全3册）

前　言

为贯彻落实《全民科学素质行动计划纲领(2006—2010—2020年)》，充分发挥高等院校在科学普及和提升公众尤其是青少年科学素质方面的重要作用，促进高中和高校合作育人，为培养科技创新后备人才和中国特色社会主义合格建设者服务，自2012年起，中国科学技术协会联合教育部共同组织开展青少年高校科学营活动（简称高校科学营）。

2018年青少年高校科学营活动由国内60多所院校、企业和科研单位承办，来自全国各省、自治区、直辖市，以及港澳台地区的11000名高中生、1100名带队教师参加。为进一步扩大高校科学营的受益面和影响力，探索高校科普资源的开发、开放的长效机制，推动高校科学营的内涵式发展，提升高校科学营的组织管理水平，特整理出版《名家大师精彩报告》《营员眼中的科学营》《特色营队活动案例集》三本书。

《营员眼中的科学营》收录了参加2018年青少年高校科学营活动部分优秀营员的心得体会，为大家展现了丰富多彩的高校科学

营活动，以及青少年对于自我、社会、科学、国家的感想和思考，希望此书能够给同龄青少年和教育工作者带来启发。

《特色营队活动案例集》收录了 2018 年青少年高校科学营各高校、各专题营承办单位策划组织的主题突出、特色鲜明、内容丰富、形式新颖的营队活动案例文字和图片资料。

《名家大师精彩报告》收录了 2018 年青少年高校科学营开营期间，各高校、各专题营承办单位邀请的院士、专家为各地营员举办的专场报告内容和图片资料的基础上，从中优中选优，汇编而成，以飨读者。

编　者

2018 年 11 月

2018 YOUTH UNIVERSITY SCIENCE CAMP
青少年高校科学营

目录 CONTENTS

从诺贝尔奖谈创新思维的养成

金涌院士 （报送单位：清华大学）

金涌，化学工程专家，中国工程院院士，现任清华大学化学工程系教授、博士生导师。重点研究方向为生态工业工程和循环经济，主持和指导多项国家发改委、环境保护部的工业生态园区和循环经济规划建设，积极推动循环经济与低碳经济的工程科学的学科基础建设。在国内外发表学术论文 400 余篇，获技术专利 37 项。先后获国家技术发明二等奖 1 项、国家科技进步二等奖 1 项、部委级科技进步一等奖、二等奖及三等奖多项。

金涌院士

今天我非常高兴能和在座的年轻的同学在一块儿交流。首先我要代表学校对各位优秀的中学生来到清华园参加这次活动表示热烈的欢迎，对你们的支持表示衷心的感谢。今天我们讨论的话题是“从诺贝尔奖谈创新思维的养成”。

一、引言——从诺贝尔奖看化工造福人类

我们知道，科技创新最大的标志之一就是诺贝尔奖，诺贝尔奖不仅对认

识世界非常有用，而且对于改造人类生活的战略价值贡献非常大。例如我们首先说肥料，肥料研究获得了三个诺贝尔奖，分别是 1918 年获奖的哈伯、1931 年获奖的博施以及 2007 年获奖的埃特尔，我们国家在新中国成立初期没有肥料时年产 1 亿吨粮食，现在我们国家年产 6.5 亿吨粮食，我们人口增加了三倍，粮食产量增加了六倍，假如没有肥料我们无法养活这么多人口；其次，50 多年来我们主要的药物是青霉素，一直到今天用的孢头霉素也是从青霉素改进的，挽救了多少亿人的生命，与此相关的诺贝尔奖如下：格哈德·多马克（G.Domagk）发现抗菌药磺胺，开创合成药物时代，1939 年获诺贝尔奖、弗莱明发现青霉素可灭葡萄球菌；弗莱里（H.W.Florry）、钱恩提取出青霉素，他们三人 1946 年获诺贝尔奖；鲍林（C.Pauling）发现纤维状蛋白质螺旋结构和化学键理论，1954 年获诺贝尔奖，等等。其他的比如我们现在用的合成纤维，中国棉花产量不足，但我们现在合成纤维产量占世界 60%，我们可以给世界平均每人做四套衣服，相关的诺贝尔奖如下：1963 年获奖的施陶丁格、齐格勒和纳塔，成就了石油化工中规整性高聚物，形成千万吨级产业。由此可见，诺贝尔奖代表的科研创新对改善人们生活、促进人类文明发展具有重要意义。

二、科技创新的价值与意义

科技创新能力是未来国际竞争的主要体现。我国几十年来经济高速发展，跃升成为世界第二大经济体，但是这种粗放型模式已经走到尽头，近年来党和国家创造性地提出了创新驱动发展战略。科技进步是社会发展的内生要素，科学发展观在于科技拉动经济。历史事实证明：一个国家的经济实力、国防实力、民族凝聚力、综合国力的竞争，最终取决于科技水平、人才素质、创新能力的竞争。

一流技术是市场换不来的。改革开放几十年的经验告诉我们：通过引资、让出市场，会失掉自有技术和品牌，成为依附性国家。自 1984 年德国大众合资建第一个汽车组装厂开始，各国与中国“一汽”“东风”“上汽”三个规模最大、非常具有政策和资源优势的厂家已合资 20 年，没有出现自主品牌车。取得突破的是“奇瑞”“吉利”等民营汽车厂。

一流技术是买不来的。外国不会把第一流的技术卖给潜在的竞争者，从美国 UOP 公司引进五条十二烷基苯生产线，全部是用剧毒的氢氟酸作催化剂，是美国已淘汰的技术。20 世纪 80 年代我国布置下 120 条彩色电视生产线，发现没有买到彩管技术。引进了彩管生产线，发现电子枪关键技术没有生产特许权。引进了电子枪生产线，发现电视已平板液晶化、等离子化了。打铁还需自身硬，外国人是指不上的，在综合国力竞争激烈的大背景下，提高科技创新能力刻不容缓！

一流技术是模仿不来的。例如我国 DVD 是世界第一生产大国，每台 DVD 要向 3C 联盟、6C 联盟缴纳专利费，分别为 9 美元和 6 美元，国内每台利润要少于 5 美元。现实告诉我们，技术产权保护、产品更新速度快、贸易和环保壁垒，没有给学习者留下空间和时间，只有依靠自主创新，才是唯

金涌院士与营员交流

一的科学发展模式。

第一次工业革命是蒸汽机的发明和产业化，第二次工业革命是电力的运用，第三次工业革命是信息技术和新能源技术结合推动导致产业集群，个性化技术，分布式技术，绿色技术等。绿色制造包括可再生能源、资源的循环利用、全生命周期清洁；增材制造包括 3D 打印、个性制造；云计算包括并行计算、分布式计算、网格计算、计算能力作为商品流通；分布系统包括时间、空间变换（从集中到分布），定位格局重组（分布式能源资源优化利用）、扁平化。我们要树立高度的自信心，要通过艰苦奋斗实现从“跟跑者”到“并行者”，再到“领跑者”的转变，在第三次工业革命中抢占先机。

三、如何培养创新思维

我们再来讲创新的特征。人们对创造力有不同的定义，创造的能力是艺术的、智力的发明才能。创造力是根据一定的目的、任务，在脑中创造出新技术、新产品……并使之实现的过程。心理学家雷夫达尔说：“创造力是人

金涌院士为高校科学营题字

产生任何一种形式的思维结果的能力，这些结果是新颖的，是产生它们的人事先所未能预料的。”心理学家指出创造有四个要素：创作者（Person）较着重创作者的人格特质。创造历程（Process）着重创作者的心理历程。创造产品（Product）着重创作者的作品。创造环境推动（Press）着重个人与环境的交互作用。

我们怎样培养有创造能力，有创新思维的人格特质呢？创造力人人皆有，“创造性”行为却并非人人都具备。创造力需要有充实的知识与经验背景，但知识不等同于创造。创造需要天才，但智力高不等于有创造力。善于创造的人需要有想象力、联想力、观察力、思辨力、好奇心、变通力。这种能力不是天生的，而是后天培养的，所以我建议大家从现在就开始锻炼培养这种能力。一般“天才”“高能力”通常表现为数学（定量的）的分析能力、空间判断想象能力、逻辑的分析和语言能力等基础素质，但这其中不包括创造能力。创造能力也许不是“天才”都自然而然具备的。

1. 想象力

创造的第一个能力素质就是想象力。爱因斯坦给了想象力极高的评价，他说“想象比知识更重要”。想象力包括臆测性想象：指未曾实际经历，根据片断资料，推断而创造构想。创造性想象：根据确定目标，“无”中生“有”。构造性想象：根据多要素如用途、机能、效率、精密程度综合而成。替代性想象：欲改良已有事物的不合理、不方便之处。

臆测性想象是全新臆推，例如地球直径的测算：公元前 3 世纪，亚历山大图书馆馆长埃拉托色尼，利用在阿斯旺小镇日光直射地面的同一时间，测亚历山大市的阳光倾角，计算出地球直径。创造性想象是“无”中生“有”。如可降解塑料的制造，采用在普通塑料（PP.PE）成型时，大量加入淀粉、木屑等，使生成可解体材料，废弃后即分解成小块。采用发酵法，生产乳酸，再用化学法聚合为乳酸塑料，采用在细胞内合成聚羟基丁酸酯（PHB）塑料，用于人造器官。构造性想象是构造型综合创新，例如复合材料的制造。

2. 联想力

创造的第二个能力素质是联想力，联想行为是自某种记忆、印象而引发的另一种观念或心像的产生，包括：类似、延伸、逆反等。

类似联想例如仿生学膜分离技术：动物消化系统，营养通过肠壁吸收与残渣分离，呼吸系统肺泡吸收 O_2 而与 N_2 分开，排泄系统肾脏分离尿液。液—液膜分离，用于海水淡化分离膜；气—气膜分离，用于 H_2 与 CO_2 分离。

延伸联想例如功能延伸，压电陶瓷：在陶瓷受压变形时，产生电流，或相反，通过电流时，会发生变形。延伸到电动机构造，在陶瓷杆内设置一组类似电极。在顺时针方向分别向电极通电流时，陶瓷杆顺时针连续变形形成扭矩力，而造成微型电动机。

逆反联想例如隧道二极管的发明。日本新力公司由江崎博士主持开发新一代晶体管，以提高锗元素的纯度为目标，已达到 99.99999999%，再提纯困难太大，成功无望。刚毕业的学生黑田由里子，提出反向思维，向纯锗内掺杂，在掺杂加大到原含量的 1000 倍时，得到特殊性能的隧道二极管（负阻特性）获得成功。在低品位铁矿浮选中，一般为浮选出氧化铁，由于氧化铁呈多价态等因素选出率不高，逆向思维改为浮选杂质 SiO_2，成功把铁矿石从 30% 富集到 62% 以上。

3. 变通力

我们再讲一个能力叫变通力，变通力是以新视角、方式、方法去看一个问题，讲一个伊伦·约里奥·居里（1897—1956）夫妇的故事。1930 年玻特（W.W.G.Bothe，1891—1957）发现用 α 粒子轰击铍，打出了一种强度不大，而穿透力很强，在磁场中不偏转的射线，称“可能是 γ 射线之类的东西”。1932 年 1 月居里夫妇发现石蜡不仅不吸收“铍射线”，还从石蜡中打出了质子，他们认为它是一种“新的 γ 射线”。1932 年 2 月查德威克宣布铍射线就是卢瑟福 12 年前预言的又一基本粒子——中子，并独获 1935 年诺贝尔物理学奖。居里夫妇庆幸的是，用 α 粒子轰击铝原子核，得到自

营员们认真聆听讲座

然不存在的 P 同位素，有放射性并放出正电子衰变出稳定元素 Si，轰击 B、Mg 都有类似现象，为此荣获 1935 年诺贝尔化学奖。

4. 观察力

我们再来讲观察力或洞察力，包括对小概率现象的观察、对平淡无奇事物的注意、对交叉领域的观察、对跨尺度现象的观察，善于发现已有理论与实践的矛盾，勇于挑战传统理论，坚持，反复完善。

对偶然出现事物观察力的例子是生物学家弗莱明（A. Fleming，美）注意到窗外葡萄球菌（致命病菌）培养皿被污染，出现被分解的透明斑块。能抑制葡萄球菌生长的是青霉菌代谢产物（青霉素），是楼上一位学者研究青霉菌时飘落下来的。该论文 1929 年发表。1939 年生化学家钱恩（E. B. Chain，英）和弗洛里（H. W. Florey , 英）注意到该论文，分离出青霉素晶体，证实其疗效，且对人毒性小。1940 年美国军方介入，开发了大规模深层发酵技术，这一突破从第二次世界大战（1943 年完成）以来，抗生素拯救了无数人的生命，也为当今发展生物技术打下基础。1960 年后，金黄色葡萄球菌变异为耐甲氧西林金黄色葡萄球菌的超级菌而使青霉素失效。南卡大学纳米中心唐传丙教授发明“加强版青霉素”。青霉素因有特别 β – 内酰胺结构，阻碍葡萄球菌分裂，所以有效。葡萄球菌进化出 β – 内酰胺酶，专门攻破 β – 内酰胺结构，使青霉素失效。唐传丙等在青霉素链中加入“二茂钴阳离子”金属酶，瓦解其酶的作用力，而且无毒性，为“加强版青霉素”找到希望。

5. 辩证思维能力

还要培养的能力是辩证思维能力。例如气固流化床反应器的发明，细粉悬浮与气流之中进行化学反应出现气泡，气泡使气流短路，床层压力被动加大，细粉夹带增加。气泡出现，使气流通量成数十倍增加，而细粉仍保持较高浓度。尾涡使粉体强烈混合，温度、浓度均匀。晕层中气体与细粉密切接触，发生反应。

6. 坚持力

最后一个例子是坚持力。坚持力是排除侥幸，坚持信念。典型的例子是细胞癌基因的研究。1910 年弗朗西斯・佩顿・劳斯（Francis Peyton Rous）发现，鸡肉瘤（一种瘤）细胞裂解物，经除菌过滤器过滤后，注射到正常鸡体可致癌。首次提出癌变是病毒（RSV）引起，到 20 世纪 60 年代初被广泛

2018 青少年高校科学营开营活动现场

接受，1966 年 85 岁的弗朗西斯·佩顿·劳斯（Francis Peyton Rous）获诺贝尔奖。哈沃德·特敏（Howard M.Temin）发现是劳氏肉瘤病毒在诱导细胞癌变时，可将自己的遗传信息稳定地传递给正常细胞。黑子水谷证明存在逆转录酶可用 RNA 为模板合成 DNA，进入遗传。1975 年获诺贝尔奖。迈克尔·毕晓普（J.Michael Bishop）创立癌基因理论，即正常细胞都带有能导致自己癌变的基因，它有控制细胞增殖等作用，一旦受病毒感染、化学致癌物作用，会使这些基因突变，引发细胞癌变。1989 年获诺贝尔奖。迈克尔·毕晓普发现人体每天大约有 3000 多个癌细胞产生，同时被免疫细胞杀死，10 亿个癌变细胞，肿瘤仅为 1 克。2011 年拉·斯坦曼发现，免疫系统中的树突状细胞（DC）对免疫细胞具有独特激活和调节作用。采集患者体内免疫细胞，体外培养，获得成熟的 DC 细胞和 CIK 细胞，重输入患者体内，发现安全有效持续杀伤癌细胞而不产生严重排异，成为继手术、放疗、化疗后第四种治疗模式。获 2011 年诺贝尔生理学或医学奖。

四、对创新人才培养的思考

通过这么多诺贝尔奖的例子我们不难看出，创造能力培养的基础还是在于对已有知识的系统、全面、深刻的掌握，这样才能真正站在巨人的肩上有所发现。创造出于思索，成功出于勤奋，活的知识有利于思维创新，死的知识束缚学习者的思维。科学理论体系的客观真理性，不能单纯靠科学本身来判定，实践是检验科学理论和客观真理的最终标准。没有广博知识，就很难有深刻的思想，深刻的探索很少不具有渊博的知识，“博”与“精”是相辅的，娴熟运用各种知识而不被其束缚。今天跟大家分享了很多故事和案例，希望对大家培养创新思维、提高创新能力有所帮助。

最后我在这里代表学校，欢迎年轻优秀的中学生们未来到清华大学学习深造，我们一起努力去攻克世界难题，为我们国家的强大、为人类的进步做出重要的贡献。清华大学欢迎你们，谢谢大家！

核科学技术及其应用

王乃彦院士 （报送单位：北京师范大学）

王乃彦，福建福州人，核物理学家，中国科学院院士。1956 年毕业于北京大学。中国原子能科学研究院研究员，中国核学会理事长，核工业研究生部主任，国家自然科学基金委员会委员。参加建立了我国第一台在原子反应堆上的中子飞行时间谱仪，测得第一批中子核数据。对 Yb 和 Tb 同位素的中子共振结构的研究做出了贡献。为核武器的设计、实验、改进提供了重要的实验数据。在我国开辟并发展了粒子束惯性约束聚变研究，并取得突出成就。

王乃彦院士

今天非常高兴有机会到这里给参加 2018 年北京师范大学高校科学营的同学们做一场汇报。刚才已经介绍过，我从大学毕业以后，一直是搞核科学与技术的，最早是在中国原子能科学研究院，后来到苏联杜布纳联合核子研究所工作，回国以后就在四川、青海搞核武器原子能和核聚变。听说你们都是高中生，高中之后就要升大学了，在这个阶段，希望你们能够培养对核科学技术的兴趣，将来如果有一些同学有志投身于国家核科学技术，我会感到非常高兴。欢迎各位同学来到北京师范大学参加青少年高校科学营，衷心祝愿你们在这里生活愉快，希望这次北京高校科学营活动能在你们今后学习科学的生涯和旅途中留下美好的回忆。

下面我要介绍核科学技术。我会在一个半小时之内结束，然后留下一些时间给同学们提问。因为这里随便哪个课题都可以讲上几个小时，那我就给同学们讲一个大致的纲要。首先介绍一下核科学技术发展简史，核科学技术是怎么发展到现在的，它在军事上、国防上、经济上发挥了哪些巨大的作用，它这些路是怎么走过来的。

19 世纪末，物质结构的研究开始进入微观的领域，一个世纪以来，取得了重大的进步，在物理学中奠定了一个研究物质微观结构的分支科学，形成了三个分支科学，一个是原子物理，一个是原子核物理，还有一个是粒子物理。在以前，还有现在一些地方，也把粒子物理叫作高等物理，但标准的叫法还是粒子物理。所以，核科学技术是非常丰富、有趣的。在这个研究中，科学家们发现这些微观世界的运动规律，创立了量子力学和量子场论。在应用方面，原子能的释放，为人类社会提供了一个新的领域，

营员提问

营员认真听讲座

它推动社会进步到原子的时代，在所有这些发展中，原子核的作用非常大。现在报纸上报道，欧洲核子中心发现物质生成的结构，是五个夸克组成的。大家知道原子吧？我们现在喝的这个水（H_2O），是两个氢原子和一个氧原子组成的。原子是由原子核和电子组成的。原子核是由质子和中子组成的，中子和质子是由夸克组成的。所以我们简单一点，这是原子，原子里面有个原子核，原子核是由中子和质子组成的。原子核带电，因为中子是不带电的，但质子带电，所以原子核是带电的。那外面的电子呢，电子是绕着原子核的一个轨道上进行运动的，所以这就是原子结构。原子是由原子核和电子构成。那大家知道，原子的大小是 10^{-8} 厘米。原子核是原子的万分之一大小，也就是 10^{-12} 厘米。原子核在原子里面是很小的，但是质量 99.9% 以上都在原子核上，电子的质量很小。原子核由质子和中子构成，质子数相同的原子，中子数可以不一样。比如说氢，氢就是一个原子核中是一个质子，带正电的。这个是氘，原子核里面也是只有一个质子，但它多出一个中子，原子量是 2。这个是氚，它有两个中子，但是原子核也是只有一个，所以氢氘氚，带的电都是 +1，它外面带的电子都只有一个。大家知道碳，碳是 6，6 就是碳里面有 6 个质子，质子加中子是 12，所以质子是 6，中子也是 6。碳的重量是 12，那么原子核外面的电子有几个？有 6 个。那么铀，铀是 92，铀是 92 什么意思呢？就是铀有 92 个质子，铀的外面有 92 个电子。

核科学是怎么开始的呢？1896 年，贝可有一次在观察核衰变的时候，发现铀矿会发出一种光，是银光。事实上这种银光，是铀矿的射线，x 射线、γ 射线射出来之后电离了周围的空气。当时并不知道铀矿为什么会发光，但是发现在铀矿旁边放了一个感光的电，就会感应到有光线射出来。那铀矿为什么会发银光呢？是因为铀矿有一种很强的东西，后来就把它叫作射线。这种射线眼睛是看不见的。那这种射线到底是什么东西呢？后来就开始研究这种射线，给射线走过的路程加一个磁场，电磁学发展远远早于核科学，那么就发现这种射线有三种，有一种射线在磁场中会偏转，它偏转的方向和正电偏转的方向是一样的，因为带正电的粒子通过磁场会偏转；有一种成分就和正电偏转的方向一样，有一种就和带负电的粒子偏转方向一样；有一种是不带电不偏转的。带电的粒子会受到洛伦兹力的影响发生偏转。射线里不偏转的叫 γ 射线，跟带负电的一样叫 β 射线，跟带正电的一样叫 α 射线，那个时候不这么叫，只知道一种不带电，一种带负电，一种带正电，这是原子核物理的开始。α 粒子穿透力很差，塑料就能挡住。β 粒子能穿透塑料，钢就能挡住。γ 粒子穿透力很强，因为它不带电，是中性。射线后来成为一种很重要的工具。1911 年在卡文迪什实验室，里面有个卢瑟福，是原子核物理学家，也是原子核物理之父。他认为 α 粒子带正电，那用 α 粒子去轰击一下原子，用的是气体，轰击的时候会发生偏转。α 粒子带正电为什么会偏转呢，因为电学里异性的电相吸，同性的电相斥，那就说明原子里面存在着一个带正电的东西，就叫作原子核。这就是原子核的开始。原子核占原子质量的 99.9% 以上。从卢瑟福发现 α 粒子之后，

就用 α 粒子去轰击，这就是首次的人工射线，以前都是天然射线。

刚才讲到质子，现在说中子。一位德国的物理学家玻特，用 α 粒子去轰击铍，会产生一个穿透力很强的射线。当时居里的女儿和女婿，约里奥居里夫妇发现用 α 粒子轰击石蜡，会产生反攻的质子，这个质子的能量很大，穿透力很强，就把它当作 β 射线。约里奥居里夫妇本来可以因为人工射线的发现获得诺贝尔化学奖。但他们当时搞错了，认为怎么能有物质将质量这么大的质子撞击出来呢？他们没有往另外一个方面想，是不是还有另外一种中性物质存在呢？科学的关键就是突破传统、敢于创新，突破原有的传统。他们没有突破，就朝着错误的思路走下去，错过了获得诺贝尔奖的机会，本来他们是可以最早发现中子的。我的老师王淦昌先生当时在德国，就在讨论这个射线是从哪里来的，是不是一定是 γ 射线，是不是还有一种中性的物质，因为它的质量非常大。最后 1932 年，查德威克发现了中子。中子是有一定质量的、中性的粒子，它的穿透力比较强，可以去轰击其他物质，又由于它是会质变的，所以在轰击的时候，效果就会比 β 射线还厉害，所以就都用中子。有一位德国的科学家 1939 年发现核裂变然后获得了诺贝尔奖。当时用中子去打铀 238，铀就发生裂变了。现在的反应堆、核武器都起源于这里。德国的物理化学家就用钡去提取裂变产物，用钡或镧作为载体去提取裂变产物，提取出来的东西里有很多钡和镧，有的有放射性。德国的物理学家一定要把这些分开。哈恩自己也不相信，用一个中子去打铀 238 的时候，怎么会产生钡或镧这些处在中间的东西呢？中子打到铀 238 以后，它产生 α 粒子，质量是 4，再经过 β 分裂。当时在德国，希特勒排挤犹太人，迈特纳就不得不从德国迁到丹麦，她就把哈恩的研究成果全都交给侄子弗里施，而弗里施最终突破了旧的传统。中子打到铀 238 以后，原子核分裂，产生能量，这就是核裂变。然后在美国加州，弗里施去参加一个会议，把哈恩发现的结果在会上报告，说这就是核裂变。这也是唯一一次没有开完的核科学会议。但是我们物理学是实验科学，是尊重实验事实的，哈恩的报告虽然没有把现象解释清楚，但他的实验记录呈现了钡和镧，所以他因此获得了诺贝尔奖。这就是裂变的发现。

中子被发现之后，物质会裂变，这个裂变产生的能量很大，比化学能大得多。一位意大利科学家在美国芝加哥大学建成了第一座原子能反应堆，1942 年建成，1945 年爆炸了世界上第一颗原子弹。原子弹是不可控制的裂变，反应堆就是可控制的裂变。二战的时候，非常爱国、热爱和平的科学家在德国就害怕希特勒拿到原子弹。铀用来打中子，现在用来做裂变、做反应堆的还是铀235，剩下的是铀 234，铀 238 也能用，但必须换中子。1945 年 7 月，在日本广岛爆炸的原子弹是很初级的，它是枪式的，不是内爆式的。我国的第一颗原子弹爆炸时，国外的科学家都非常惊奇，中国能在这么短的时间内造出原子弹。爆炸的时候，周围的房子唰地就倒了，都是朝着一个方向。当时威力是两万吨，现在的氢弹都是三百多万吨，美国的氢弹可以到一千万吨，苏联的氢弹是五千万吨。所以核武器的威力是很大的。1967 年6 月 17 日，我国第一颗氢弹爆炸，爆炸的时候就出现了两个太阳。邓小平同志说，我们国家如果在 20 世纪 60 年代以来没有氢弹，没有发射卫星，中国就没有现在这样的国际地位，这是一个民族和国家兴旺发达的标志。

王乃彦院士

第二个是核科学技术在能源领域的应用。巨大的核能从哪里来，如何取代一些化石能源？烧煤是把碳变成二氧化碳，但实际上煤并没有被烧掉，物质不变。但这种化学反应并没有牵涉原子核的改变，只是涉及原子核外层的改变。所以这些反应只能释放出 4.1 电子伏特，能量很小。所以想产生一个一百万千瓦的火力发电站，要烧三百万吨的煤。而且还损失了碳，碳以二氧化碳的形式排放出去了，碳是 12，氧是 16，二氧化碳是 44，把一个 12 变成一个 44，所以三百万吨的碳变成二氧化碳是多少吨？所以大量二氧化碳的释放是现在以火力发电为主存在的最主要的问题。但是化石能源为世界和人类的进步做出了重要的贡献。爱因斯坦的质能公式 $E=mc^2$，这是物质突变，质的突变，是能量的降低或升高，物质减少要变成能量。这边是质量，这边也是质量，两边质量不等，质量的亏损变成能量失去了，就产生了能量。每一次反应能产生 192 个百万电子，化学反应才 4.1 个电子，能量是非常巨大的。一个核裂变会产生 2 亿电子，一个 2 亿，一个 4.1 个，差好多。保持一个以上的中子被铀 235 吸收，然后不停地裂变，原子弹就是没有控制的，反应堆或核电站是可以控制的，所以一个一百万千瓦的核电站一年要烧的煤是 30 吨，一个火力发电站一年烧掉的煤是 300 万吨。核裂变不停地释放出能量，就把水的温度煮的很高，压力有 300 多个大气压，所以水蒸气是 200 摄氏度以上的。这是三四百摄氏度的蒸汽，蒸汽传过来之后就把水加热到 100 摄氏度以上，蒸汽发电机就把电送出去。事实上核电站的区别就是原子波。这里的水泵从高温传到蒸汽发射器，是热交换，把热量传出去发电，然后再通过水泵打回去，这条回路是极其重要的，它保证水的温度不会一直上升，是确保安全的至关重要的回路。核电站是非常安全的。氧化锆是 3000 摄氏度以上才会融化，把氧化锆放在组件里面。秦山核电站里的压力壳最早是由日本制作的，它很厚，所以一般有放射性物质都在压力壳里面，跑不出去。所以核电站它有四重保险，燃料本身是一个，然后是一个连接壳，一个压力壳，最后是一个安全壳。每个核电站外表都是一个很漂亮的半圆形或者圆形的建筑，外面就是安全壳，把整个罩在里面确保安全。先进的国家的电力大都是由核电供应的，法国核电站是 80%，英美是 20%，日本是 3.3%。特别是第三代核电站做得很好。

高校科学营营员与王乃彦院士合影

核电站肯定会出事故吗？现在一般的核电站都是用第三代核电技术，美国和欧洲出现事故是由于堆芯融化，温度太高导致发生事故的概率是 10^{-6}，就是一个反应堆一年有一百万分之一的概率发生危险。一般的反应堆的寿命也就是四十年到六十年。然后发生堆芯融化之后，这个东西冲出了压力壳，冲出了安全壳，这个概率是多少，是 10^{-7}，一千万分之一。那么就可以回答我们国家核工业制作出来的反应堆是不是最先进的，其实它反应堆里面没有什么差别。基本上每个核电站都有个大水包，上面全是水罐，万一出现什么事，它上面有一个阀门，可以使化学物质“啪”的一下炸开，水瞬间流下，整个反应堆都被水浸没，浸没后，这个反应堆根本启动不了。这就是第三代反应堆，我说起来很简单，但操作较困难。现在美国的 AP1000 比较完善，我们很多电站是采用美国的 AP1000 和 EPR，到现在为止已经两年多。但是我们中国自己有知识产权的“华龙一号”安全指标和技术性能达到国际三代核电技术的先进水平。这个一百万千瓦的核电站如果二十四小时工作，就可以一天发出两千四百万度电，一度电赚五毛钱，就是一千二百万。所以说秦山、大亚湾有好几个核电站，那就是N乘上一千二百万。关于核电站的安全，我们要破除迷信，秦山核电站以及第三代反应堆它的堆芯熔化的概率是一百万分之一，它的放射性外溢的概率是一千万分之一。但核电站事故还是发生了，为什么呢？美国三里岛事故大量放射性物质溢出，堆芯熔化。那么它对中国老百姓有什么影响呢？美国包括联合国的调查报告，平均每人受到的剂量不到一年内天然本底的百分之一，最大浓度在0.6—1.5，空气也是允许浓度的25%，土壤做了147个样本，没有发现放射性物质。美国三里岛事故发生后美国老百姓报怨得很厉害，政府对80千米以内的30万老百姓全部体检。体检的结果是，对老百姓的影响相当于抽五六支香烟，这影响是很小的。所以要把这些数据告诉老百姓，建核电站不会对老百姓产生有害影响，但是我们千万要谨慎。

讲座中的王乃彦院士

好的，我们现在讲讲三里岛事故，三里岛事故发生了严重的灾害，它的厂房有很大问题，这么简单的厂房，哪里有什么压力壳，哪里有什么安全壳，反应堆里可以看到主要是用石墨做慢化剂，用水做冷却剂。因为他冶炼的是块状物，用石墨碰撞，把速度降下来，变成热合剂，就是这么简陋。冷战时苏联的核武器、核反应堆应该说是世界第一的，当时美国为什么会建设这么一个核电站，主要是用来制备核武器里面需要的东西。所以三里岛核电站的设备不是为了发电，而是为了制备武器。所以冷却完了，当时用的是最简单的石墨。这么多设备制造完后，冷战结束了，用不到这些东西了，所以就赶快把这个核电站改成发电的。改成发电站后，大家都知道这个反应堆一定要有功率，必须要有温度防御，使温度奏效。就是反应芯高，温度就低，反应芯低，温度就高，不能说反应芯高，温度就高，反应芯低，温度就低。因为这种堆冷却水可沸腾产生空泡，而堆芯设计成有正的空泡反应性系数，即空泡增加，反应性（功率）增加，又导致空泡数增加，堆就会失控非常危险，幸好在高功率情况下反应性燃料温度系数是负的，在满功率下功率系数是负的，堆是安全的，但在 20% 满功率运行时，功率系数会变成正值。因此，运行规程中不允许堆在低于 700 兆瓦热功率下运行。

切尔诺贝利事件发生在 1986 年 4 月 26 日凌晨，那些人专门要做一个实验，研究当反应堆关闭、蒸汽不再向涡轮发电机传送能量时，涡轮的惯性旋转能否产生新的电能。很少有人做这种实验，因此做这种实验就能发表文章。然而，基辅能量公司并不清楚这个实验，一名能量公司官员命令反应堆工作组立刻启动第四核反应堆。而此时尚不知情的涡轮发电机工作组却已经关闭了涡轮机。反应堆产生的蒸汽是供给涡轮机的，在关掉涡轮机时，一般自动保护系统会自动关掉反应堆。但是，涡轮发电机工作组在做该实验之前已先切断了自动保护系统。这样反应堆不断工作产生蒸汽，却没有宣泄的出口，引发了热能爆炸。

核电机组采用的是苏联独特设计的大型石墨沸水反应堆，用石墨做慢化剂，沸腾轻水做冷却剂，轻水在压力管内穿过堆芯而被加热沸腾。反应堆厂房只不过是一个普通工厂的大车间，至多只是一个没有门窗的“密封厂房”而已，根本没有“安全壳”，本身存在着安全隐患。事件发生前几天是苏联劳动节，是苏联的一个大节日，工作人员都很松懈，把安全帽都绑住了。36 个安全帽，没有剩下几个。动用任何一个安全帽都要经过工程师批准，工程师也没批准。任何时候反应堆不得少于二十个人。发生这个事故的凌晨，反应堆熔化燃烧，引起爆炸，冲破保护壳，厂房起火，放射性物质源源不断地泄出。用水和化学剂灭火，瞬间就被蒸发了。冷却剂泵功能扰动或泵气蚀，空泡增加，在正空泡系数的情况下，会放大其效应，燃料通道的损坏会引起局部闪蒸，引入局部正反应性，并会在堆芯中快速扩展，这个时候根本来不及了，就必须往下插。所以当我们建大亚湾核电站时，借鉴了苏联的经验教训，把这个有一定危险性的设置舍弃。但现在俄罗斯不承认是堆芯熔毁的原因。大家去参观都说这个堆芯是不安全的，是操纵不了的。我回家乡做报告老百姓会问我你怎么操作它是安全的呢？你怎么能担保它是安全的呢？所以联合国后来才意识到切尔诺贝利是严重地违反操作才造成事故的。但根本原因还不在这儿，根本原因在于反应堆的堆型是严重错误的。这件事是需要着重强调的。这种石墨沸水反应堆，用石墨做慢化剂，用沸腾轻水做冷却剂，轻水在压力管内穿过堆芯而被加热沸腾。反应堆是双环路冷却，每个环路与堆芯平行垂直耐压管相连，冷却剂进入燃料管道，向上流动，被加热局部沸腾，汇流到一边两个的四个汽包中，汽包中的蒸汽直接进入汽轮机厂房。这种设置是有严重缺陷的。中国、欧美是坚决不允许用石墨做慢化剂的。切尔诺贝利事故造成了很多人伤亡。至 1992 年，已有 7000 多人死于这次事故的核污染。这次事故造成的放射性污染遍及苏联 15 万平方千米的地区。

在航空基地，把黄瓜、西红柿放在太空里照，黄瓜的大小有我手臂这么粗，西红柿就像西瓜这么大，我都吃过。基因的变化造成生物科学，对粮食的态度要科学，你不要想总是去利用它，也不要想它就一定有害，对它的态度要靠实验为证。但我们核科学和生物工程还是有区别的。生物工程是把 DNA 的一个片段与外部片段分离开来，我们没有涉及外部的变化，所以我们是安全的。我们曾经帮助合肥的物理研究所做了一个实验，把两个品种相交，得出新的品种。联合国有规定，所有这些光子在电子数的能量少于 10 个单位以下，是绝对安全的。大家一说到核武器就害怕，其实核一点儿都不可怕，核辐射是无处不在的，空气、水、泥土里都有放射线，电视、微波炉、手机里都有放射线，我们住在发电厂周围的老百姓每年要受到一点点危害——万分之二，放射线危害是很小的。为什么我们现在要对医生做防护工作，我念大学的时候做放射，医生是站在旁边的，因为医生对放射性物质接触得比较多。宇航员到太空去也要穿防护服，因为很多宇宙射线都躲避不了。没有放射性物质还不行呢，很多技术都做不了。

所以核技术的发展历史在理论和实践上都是非常重要的，但核物理还是一个需要发展的学科，有更多的内容等待大家去探索，发展军民两用的核技术，大力发展核技术科学，需要大力培养优秀的青年核技术人才。

志存高远　实现航天梦

戚发轫院士（报送单位：北京航空航天大学）

戚发轫，辽宁省复县人，空间技术专家，中国工程院院士，神舟号飞船总设计师。1957 年毕业于北京航空学院飞机系，分配到中国运载火箭技术研究院工作，1976 年调入中国空间技术研究院从事卫星和飞船的研制，曾任研究院副院长、院长，同时担任过多个卫星型号和飞船的总设计师。现任中国空间技术研究院技术顾问，兼任北京航空航天大学宇航学院院长，博士生导师，国际空间研究委员会中国委员会副主席，国际宇航科学院院士，第九、十届全国政治协商会议委员会委员。

戚发轫院士

同学们好，我是 1957 年毕业，毕业的时候我是学航空的。但是工作的时候中国创立了一个搞航天的单位叫国防部第五研究院，所以我就到那里去工作了，到现在已经六十多年，那么今天有幸给咱们年轻人介绍介绍航天。

从哪儿说起呢？这个航天大伙儿都很关注，都很想了解，咱们从几个名人，他们对航天的一些说法说起。咱们都知道，一百多年前，苏联有个科学家叫康斯坦丁·齐奥尔科夫斯基，他说过，地球是人类的摇篮，但是人类不会永远躺在摇篮里。人类在不断扩大自己的生存空间，首先呢，小心翼翼地穿过大气层，最终要征服整个太阳系。那么现在我们人类，就是要发展航天技术，要征服整个太阳系，也就是航天要干吗？另外，航天为什么发展这么快，取得这么大的成就？中国有一位科学家，我想你们都知道，叫钱学森，是中国航天事业的奠基人，他说过一句话，“航天技术是 20 世纪发展快、取得成绩大的学科之一，是一个国家最新科学技术和传统工业密切结合的结果，是一个国家的科学技术水平和综合国力的重要标志。”航天很重要，也很需要整个国家综合国力的支持。这是两位科学家对航天的认识。下边我仔细讲讲。应该说，航天是世界大国也好，小国也罢，都关注的一件事情。那么习主席也给咱们航天提出要求，说的也很明白，就是，“探索浩瀚的宇宙，发展航天事业，建设航天强国，是我们不懈追求的航天梦”。现在，我们是一个航天大国，还不是航天强国，所以建设航天强国是我们追求的目标。

中央对咱们中国的航天事业很关注也很重视。在中国航天事业创建六十周年的时候，就是 2016 年确定了每年的 4 月 24 号叫“航天日”，你们知道吗？咱们 2018 年已经是第三个航天日了。为什么定这个日子为“航天日”呢？在 1970 年 4 月 24 日，我们中国人发射了一颗人造卫星，叫“东方红一号”。选取这样一个日子是要我们铭记历史，传承航天精神，激发全国尤其是青少

戚发轫院士与营员交流

年崇尚科学、探索未知、敢于创新，为中华民族伟大复兴积蓄力量，就是希望你们能够完成科技强国、航天强国这么一个伟大使命。

那么讲航天呢，首先要知道，什么叫天？天在什么地方？因为你们在媒体上经常看到，太空、空间、宇宙……叫法很多。但是咱们中国把它叫作“天”。我现在这个单位叫中国空间技术研究院，我们的上级单位叫中国航天科技集团有限公司，现在我们把北京航空航天大学叫宇航学院，说法都不错，但是比较准确地讲叫“天”。所以我们叫“航天员”，不叫“宇航员”，叫“航天服”不叫“宇航服”，所以叫“天”，就是说“天”是中国特色的一个叫法。天是什么地方呢？是什么东西呢？是人类生活的第四环境。咱们都知道人类最早是生活在陆地上，以后到了海洋，又到了大气层，再然后就穿过大气层，到了天上了，天是人类生活的环境。同时，天也是国家主权的第四个疆域。在陆地上生活，国家的主权就是领土、陆军，到了海洋就是领海、海军、航海技术，到了大气层就是领空、空军、航空技术，穿过大气层到了天，就是领天、天军、航天技术。你们现在看报纸，美国总统特朗普下令要建立天军，在我们中国已经有了天军，你们可能知道叫战略支援部队，就是指航天，就是天军。所以大伙儿要明确这么个概念，就是说我们国家的主权从陆地，到海洋，到大气层，现在已经到天上去了。

咱们都知道，我们的祖先从农耕社会起，对土地很关心、热爱，对海洋有点儿忽视，所以现在就带来一些麻烦。比方说南海有争论，东海也有争论，本来就是我们中国的事情，你不重视它，你不关心它，所以别人就给占了。所以习主席在青岛提倡，要关心海洋、认识海洋、运筹海洋，就是希望我们对海洋更重视。同理，对天也是这样，也得了解和认识，懂得运筹，否则以后也会有麻烦。

那么就是说，天，大伙儿都很关注，又有资源，谁能利用它，谁就能够安全，又能够有财富。到底天上有什么资源？要用这个东西，那我们就简单说一说。因为大伙儿都知道，地球上的资源越来越枯竭了，人越来越多，需要消耗的东西就越来越多，固有的、不能再生的东西越来越少，科学家估计50年以后，石油和天然气就用完了，煤炭100年以后也用完了，人类下一步怎么生活，而且要生活得很好，会面临一个挑战。科学家给指出方向了：上天、入地、下海。咱们蛟龙号到深海，到8000—10000米，进去干吗？不是为了去旅游，也不是为了抓几条鱼，而是要找石油和天然气，找可燃冰。我们要深挖地球，现在已经达到了7000米，是亚洲第一了，世界水平比这还要多，我们还需要努力。

但我们今天讲航天，首先要了解天上有什么资源。

一是轨道资源。什么叫轨道资源？就是说在天上的卫星，它是天体，是按照天体力学的规律运行的，不像在地上修条路就可以走，大气层里有航线，要想让一颗卫星在天上运行，不是你想怎么走就怎么走的，它那个轨道面一定要通过地心才能够像一个天体绕着地球在运行，否则就掉下来了。所以这个轨道还是有限的。比方说，地球上只有一条静止轨道，在什么地方呢？赤道上空上面6000千米这个地方。一个国家有能力把卫星放到这个轨道上，那个卫星相对于地球就是静止的。这个轨道就很珍贵，谁都想能够利用这个轨道；还有太阳同步轨道，我设计一个轨道发射一颗卫星，这颗卫星每天下午两点半从我们北京航空航天大学这个教室上空通过，当然我想到另外一个国家去也可以，这就是太阳同步轨道；另一个轨道叫极地轨道，我们通过南极北极，地球是自转的，那么发射一颗卫星，在一定周期里把地球全部覆盖。所以这个轨道资源要去利用，利用了就有安全和财富。

二是环境资源，就是到了天上以后，这个环境和地球完全不一样了。最大的不同是什么呢？就是没有重力了。在地球上我们人类、生命、物质和材料都是在重力情况下的，有重力，但是克服地球的引力到了轨道上就没有重力了。如航天员是飘着的，在这个无重力情况下，人类、生命、材料、物质的规律是什么样子的，这是一门学问，叫微重力科学。我们很多科学家在研究它，当年没有航天技术的时候，是建一个高塔，把东西从顶上撂下来，在

营员给戚院士献花

短时间内失重，但没有办法取得很好的成果，所以很困难。现在有了航天技术，我们就可以在天上长期失重的情况下做科学研究。还有辐照，大家都知道太阳有强大的辐射能量，但照射到地球上来要穿过一百多千米厚的大气层，衰减得很厉害。这个辐照虽然我们地面可以用同位素什么的来模拟，但是不真实。辐照对人、对生命、对材料有利有弊，我们要研究并利用它有利的方面。现在已经发现，我们在微重力和辐照情况下，我们的庄稼、花卉的种子在天上生活一段时间，它的基因会有变化，可以培育出地面上培育不出来的种子，产量高、品质好，这叫太空育种。现在我们市场上都有卖的，这些辣椒、西红柿产量很高，味道也很好，这是环境资源。更重要的是天上有太阳能。咱们地面也可以广泛使用太阳能，但是下雨天，晚上也没有太阳，所以利用率很低。并且太阳光穿过一百多千米厚的大气层，衰减得也很厉害，所以在轨道上，大气层之外，没有大气层了，也没有下雨天和晚上，每年 365 天每天 24 小时都有太阳。所以我们现在所有上天的不管是卫星、飞船、空间站都是两个大翅膀，或者几个大翅膀，就是利用太阳能。所有的能源都是可开采的，我们能不能在轨道上建立一个太阳能发电站，把电送到地球上？应该说现在从工程上，建立这么一个太阳能发电站还是可行的。但是它有一个问题没有得到很好地解决：这么大的能量怎么传到地球上？总不能拿根电缆传输吧。所以，还需要在座的各位你们去研究，就是怎么能够在轨道上，把这么大的能量传到地球上，是用微波还是用其他的方法。这就是天上的环境的资源，有微重力，有辐照，还有太阳能。

三是物质资源。我刚才讲了，地球上的能源越来越少，物质资源也很少，能不能在天上就是太阳系，找到地球上稀缺的东西？这是探索浩瀚宇宙的目标、任务之一。大家都知道太阳系有八大行星，每个行星都有它自己的卫星，而且还有那么多小行星，还有彗星，在这些星球上有没有地球上稀缺的东西？能不能拿回来用？这是一个非常重要的问题。现在离地球最近的一个天体就是月球——离地球 380000 千米，但是它不是行星，而是地球的一颗卫星。人类首先对它进行了研究，我们的遥感卫星去侦察过，探测器也去研究过，还拿回来点儿东西。美国人从月球上拿了几十千克的石头和土样，苏联也拿了几十克东西，就是要检测有没有地球上稀缺的东西。美国从这几十千克石头里拿出 1 克送给中国表示友好，那 1 克的一半放在天文馆展览，另一半给谁了？给了欧阳自远。你们知道欧阳自远吗？他是研究地质的，现在是研究天体的。他通过公开的资料，通过这 0.5 克的研究，预见月球上有一种元素叫氦三。氦三在地球上是很稀缺的，它可以聚变发电，是核能发电需要的元素，它在地球上只有几百吨，但在月球上有几百万吨。假如把它发成电，可以供地球的人类用上万年。这是他的预见，到底有没有，中国也会去拿月球的石头和土样，去继续研究这个事。当然还要研究这些星球里有没有空气，有没有水？假如没有空气，而有水的话，水可以电解成氧气，有了氧气和水就可以生活。所以要找一个类似地球的人类可以生活的环境，这也是探索浩瀚宇宙的任务之一。目前，八大行星的无人探测国外都做过，我们还没做，我们只对月球做过，通过研究可以肯定月球没有空气，所以真正要探索浩瀚的宇宙，我们的任务还是很艰巨的。

天上有轨道资源、环境资源、物质资源要去探索。想要利用这片资源，人类也好，一个国家也好，要有能力和科技实力。最近这六十多年，中国从一个发展中国家，汽车不能造，汽车拥有数量寥寥无几的情况下，到现在成了航天大国，这其中的艰辛可想而知。

航天大国的标志是什么？我归纳出了三个能力。

第一个能力是进入太空，就是能上天。所谓能上天，并不是指飞机上天。飞机能飞起来，是利用大气的升力，有速度有升力才能飞起来，航空的发动机要用大气层里的氧气才能工作，但是离开了大气层，航空技术不能够完成这个任务。进入太空靠什么呢？靠火箭的发动机，火箭的发动机不用空气里的大气，火箭是带着燃料的。另外火箭的发动机可以把一个物体加速，加速到什么程度呢？要达到第一宇宙速度。我想你们都学过物理，第一宇宙速度是多少你们都知道，把一个物体加速到第一宇宙速度就可以克服地球的引力，绕着地球运行，这叫进入太空的能力，这是发展航天的一个基础。中国什么时候拥有进入太空的能力的呢？ 1970 年 4 月 24 日，中国用自己的长征一号运载火箭把“东方红一号”卫星送上了天，克服了地球的引力，成为世界上第五个有这种能力的国家，很不容易。第一是谁呢？是苏联。1957 年 10 月 4 日，苏联把一颗卫星送上天，这是人类的第一次，很了不起，震动了整个世界。美国紧随其后，1958 年也发射了一颗卫星，但是很小。苏联发射的卫星是 83 千克，美国是 8 点几千克。第三是法国，1965 年发射的重 38 千克的卫星。日本成为第四个发射卫星的国家，但是日本的卫星只有 9 点多千克，咱们的卫星重多少呢？ 173 千克，所以虽然我们晚了，是第五个，但是我们的卫星做得最大，比前四个国家第一颗卫星加在一起还要大。并且，法国的卫星温度没控制好，冻死了。日本的卫星温度没控制好，热死了。而中国的卫星做得非常正常，还会唱《东方红》乐曲。

你们一定想知道，中国现在的卫星发展到什么程度了？我们的长征五号是 25 吨，能够把 25 吨的重量克服地球引力送到轨道上去是多么了不起的事。

很遗憾的是打过两发，一发成功一发失败。没有长征五号的时候，我们只能把 10 吨的东西克服地球引力送到轨道上去。我是神舟飞船的总设计师，所以就有人问我：你干吗不做大一点儿呢？就只能坐三个人。为什么只能做 8 吨的载荷呢？为什么天宫一号是 8 吨，天宫二号也是 8 吨呢？其实归根到底是因为我们当时只有 10 吨的能力。所以说进入太空的能力是我们国家发展航天的基础，到现在我们已经有了 25 吨的大火箭。

我们有 25 吨的能力是不是就够了呢？远远不够。现在假如我们中国人到月球上去，这 25 吨差得太多了，至少需要 100 吨的运输能力。当年美国阿波罗登月有过 100 吨的土星五号；苏联也想到月球上去，做了，没成功。现在我们中国人要不要到月球上去？我说要，要就需要有 100 吨运输能力的大运载火箭，现在正在努力研发。你们真正喜欢航天，希望参与到这样的大工程中来，还是有机会的。

这是第一个能力，第二个能力是利用太空的能力。运载火箭就是把航天器加速到第一宇宙速度，送到轨道上就完成任务了。要做我们说的那些东西靠什么呢？就要靠航天器。航天器分为三大类，一类是各种各样的卫星，另一类是载人航天技术，再一类是深空探测。

卫星多种多样，也把它分分类吧。现在是信息社会，我就按照咱们怎么利用信息来分类。第一类，叫传输信息。每天我们在享受着，要把信息从这传到那，通信、广播、电视都是这种情况。说一个故事，当时我们中国没有通信卫星的时候，中央电视台的节目要覆盖到全中国 960 万平方千米很困难，靠微波中继，50 千米一个站，这样领空覆盖率只有百分之三十几，所以形不成很大的产业。再讲个故事，1972 年尼克松来了，尼克松说："我们美国人要求总统离开美国到外国去时，每天的行动民众得知道。"所以尼克松到中国来访问，在北京的活动都需要传到美国去，实时地传播，你照个照片传过去这不算。咱们周总理说我们有点儿困难，美国人说可以用我们的通信卫星。周总理说可以，我们租你的通信卫星。但是美国人说要从中国传到美国，地面站要放在北京。周总理说美国的地面站不能建在我们北京，这是主权问题。我们买你的地面站可以吗？所以我们就把美国的地面站买来了，美国再租用我们的地面站。问题是解决了，但是租人家的通信卫星，买了美国的地面站再把地面站租给美国人。通过这个事让我们意识到通信卫星的重要，所以这件事是个刺激，那时才开始想搞通信卫星，具体什么时候开始实施的？1975 年 3 月 31 日，中央决定搞“三三一工程”，就是中国的通信卫星工程。1975 年到 1984 年，用 9 年的时间，由长征三号运载火箭把东方红二号通信卫星从西昌卫星发射中心发射，送到了赤道上方 36000 千米的地方，定点在东经 125 度，相当于把中央电视台的天线送到了 36000 千米的高度，它的信号一发射，地球的三分之一都接收到了，所以这个卫星的意义很大。想象一下中国现在的通信卫星停了，电视马上看不到了。所以传输信息我们每个人都在享受，假如它们有一天不工作了，我们就回到了 50 年前啊。有了东方红二号以后，又有了东方红三、四、五号，这些卫星不仅中国在使用，而且尼日利亚、委内瑞拉、白俄罗斯、老挝、巴基斯坦、玻利维亚……都用我们中国的通信卫星。更重要的是，我们在静止轨道里每隔 120 度都放了一颗卫星，一颗卫星管地球的三分之一，所以三颗卫星就把地球全覆盖了。当年没有中继卫星的时候，杨利伟到了地球背面就不能和家人通电话了，我们的遥感卫星获得的信息也不能立刻传过来，只能存起来到了中国的上空才能发下来，咱们现在有中继卫星就保留了这种情况，所以说中国通信卫星在信息传输方面也取得了很大的成绩。

第二个就是信息获取，在地球静止轨道和太阳同步轨道上装着各种各样的遥感器，所以说地球现在应该是公开的，没有什么保密的东西，现在我们在搞这个“高分”的卫星，高分一号、高分二号等搞了很多，分辨率也很高，已经亚米级了，那么原来是用可见光，下雨天和晚上不行，后来变成用红外线，红外线有遮挡不行，再后来变成用微波、雷达，所以现在有多种手段在不同轨道上使用。而且中国也把这个卫星卖给别人了，委内瑞拉就用中国的遥感卫星，现在要买中国卫星的国家也有很多。我们用得比较好的就是我们的气象卫星。世界上只有四五个国家既有静止轨道也有极地轨道，而且我国公布的气象资料，是可以无偿提供给世界各国的，所以在获取信息领域上取得很大成绩。最近我们又发射了一个静止轨道的气象卫星，定点在西边，为我国这个“一带一路”沿线的国家提供服务。

另外一个就是信息发布，咱们这个导航定位卫星，最近刚刚又发射了。就是说在天上卫星发布信息，在地面收到后确定自己的位置、自己的方向、自己的时间，叫北斗一号、北斗二号。到现在为止，我们在天上已经发射了32 颗卫星了。当然有些卫星已经完成任务，寿命到了。我们原来是区域性的，就是说我们中国这个区域的导航，现在我们要建立全球自主导航卫星，叫北斗三号。现在我们已经解决了亚太区域，包括中国、巴基斯坦、泰国都是利用咱们中国的导航卫星在工作。这件事情是一个国家国防方面不能缺少的东西。因为无论是咱们老百姓车上的定位，还是要完成精密打击武器的导航定位都要靠导航。我们绝对不会利用外国人的东西，外国人也不会给你用。所以美国有了全球定位系统（GPS），苏联就有了格洛纳斯，欧洲本来是美国的战略伙伴，但是他们也建立了自己的伽利略导航定位系统。我们中国这么一个大国，应该有自己的导航定位卫星。国家现在明确了，到 2020 年的时候要建成由 36 颗卫星组成的全球导航定位系统，而且中国的导航卫星还有一个自己的特色，有通信的功能，就是说我知道在什么地方，家里也知道我在什么地方，这是很重要的一件事。因为国外的导航卫星，自己知道定位在什么地方，家里不知道在什么地方，家里要知道需要通过通信卫星告诉家里，我们导航里面就有通信的功能。

在利用太空资源的三个领域当中，我们应用卫星传输信息、获取信息、发布信息等都取得了很大的成果。现在天上已经有 200 多颗卫星为中国服务。

再一个就是载人航天技术，这个大家了解得多而且也很公开。中国的老祖宗，几千年前就想上天，但是那个时候是不可能的，只是一种幻想，所以就有了嫦娥、吴刚、玉兔的神话。但真正讲中国人想上天，咱们也曾经有过这样的人。400 多年前有个名叫“万户”的人，他有一个创新想法，坐在一把太师椅上，绑了 40 多根当时的固体火箭，拿着两个大风筝，就准备上天了，可以想象结果——壮烈牺牲。但这体现了中国人敢想敢干敢闯的精神。外国的航天员也承认第一个敢于上天实验的人是中国人，所以月球的环形山有一个叫万户，纪念中国人闯天下的精神。

戚发轫院士为营员题字

但是，实际上到了 20 世纪才有可比性，我们第一颗卫星发射成功的时候，才有进入太空的能力。那时苏联和美国这两个超级大国正在搞载人航天比赛，苏联上去转一圈，美国转两圈，你上一个人，我就上两个人，你上男的，我上女的，反正在比赛。上天干吗？从技术上科学上并没有搞清楚，但是从政治上两个超级大国在比赛，比得热火朝天。我们当时的院长是钱学森，他作为一个科学家说中国人也得准备了。所以在 1971 年的时候中国就有了一个计划，叫“714 工程”，准备人上天，我也参加过这个工作。当时设计的飞船名叫曙光一号，久攻不下，困难太多了。另外，咱们国家当时各方认识也不一致，我们需要花这么多钱跟美国去比赛吗？我们把这个钱建个水电站，能发多少电？建个化工厂，能做多少化肥？能够生产多少粮食？所以在认识到困难以后，1975 年就把这个项目下马了。我们不跟他们去搞比赛，我们先把地球上的事管好，准备去做各种各样的卫星，所以 1975 年中国载人航天的计划下马了，就去搞通信卫星、气象卫星、返回式卫星，这个决策是很正确的。当时的条件决定我们不可能样样都搞，我们也没有那么大的能力，叫有所为有所不为，集中力量打“歼灭战”。咱们居家过日子也是一样的，既要买房子，又要买车，还要吃得好，不可能的，只能一样一样来。但是到了 1986 年，咱们国家综合国力提升了，科技上的发展也很快了，当年有四个科学家——王大珩、王淦昌、杨嘉墀、陈芳允给中央写信，说世界现在发展很快，我们国家形势也很好，要致力于高新技术发展。国家领导人说我们不能延误这个事，要推动高新技术发展，就提出了“863 计划”。

这四位科学家说了四句话。第一句话：谁能够准确地判断世界发展的动向，谁就能够在竞争中占优势。第二句话：高新技术是买不来的，所以就要干。第三句：要干这个事是要花钱的，是要花时间的。第四句话：只有通过重大科学技术的攻关，才能够锻炼人才。人才不是写论文、念书就行的，书要念论文也要写，但是还是得干实事、干工程。所以国家领导人就把这个事当作“863 计划”七个领域当中的一个领域。中国人上天到底怎么办？经过专家论证，有三条结论，中国人一定得上天，而且得快上。中国人上天，要坐飞船不能坐航天飞机。这个可能你们都知道了，航天飞机在那个时候是世界上最先进的科学技术。但是中国没有这个能力。我们不能像美国人那样办。

美国人现在也认识到了他们办了但没办到的两件事：一是，想重复使用降低成本，没降下来。因为它回来一次烧蚀过的部分就烧坏了，它回来时经过大气层温度很高，两千多摄氏度，烧都烧坏了，把它再修好，那个费用比搞一个运载火箭还贵，就是这个预期没达到。二是，安全性没想到。你不可能做一个东西是百分之百成功永远不出事，得想好，万一出事怎么办？它出了两次事故，死了十四个人，摔了两架飞机。一共就做了五架，摔了两架死了十四个人，这没法交代了，所以就把它淘汰了。所以咱们看到当年中国人说咱们不坐航天飞机，坐飞船，现在看起来很英明，但在当时的历史条件下，却是有前瞻性的。飞船要做的准备也做了，到 1992 年的时候，认识一致了，技术路线也清楚了，一切准备就绪了。所以，1992 年中国载人航天上马了。

但是那个时候就明白了，飞船只是天地往返运输工具，人上去回来不是目的。什么是目的呢？就是要建设空间站，让科学家在空间站上利用空间环境来对地面上所需要的课题进行研究。所以就定了三步走，第一步，就是上去能回来。第二步，就是空间实验室阶段，解决四个关键问题。第三步就是建立空间站。

从 1992 年到 2003 年把杨利伟送上天，我十几年就主要从事这方面的工作。从 1992 年开始，做了四次无人，最后做了一次有人完成任务。

第二个空间实验室的阶段到现在已经完成了，完成了四个问题。第一个问题是出舱，就是人上去回来不是目的，上去以后还能出来干活，干什么活呢？出来组装空间站、修理空间站。现在是要修理天上的卫星。比如哈勃望远镜坏了，空间站的人去修一修。第二个问题是交会对接，人到了空间站，居住一段时间还要回来，就要求两个航天器在轨道上能够交会，连在一块，人能过去，再回来回到地面。咱们一共三次发射，一次无人的，两次有人的，这个也完成了。第三个问题要有补加，什么意思呢？就是人在空间站，在空间实验室，要吃要喝，要用东西。我们的飞船能送三个人，300 千克东西，再做不大了，做大了没有那么大的运载工具送上去。这 300 千克的东西远远不够，所以要有一个货运飞船来把 5 吨重的东西送到天上去，解决吃、喝、用的东西。咱们使用天舟一号把 5 吨的货物送到天上去，完成了这个任务。第四个问题就是长期住人。人在上面长期居住，它是解决什么呢？解决再生式生命保障技术。这水可以送上去，但是送这么一瓶水要几万块钱，长此以往是负担不起的，怎么办呢，水喝了，排泄了，收集起来，处理了，再喝。这个心理上不太舒服，但是技术上不难，难在什么地方呢，要把这个水分解成氧气。同时要在这个地方建立一个环境，让一些生物或者藻类能够在那里生长，提供航天员吃的东西。这个问题解决了我们就可以建立空间站了。

到现在为止，我们已经把四个问题都解决了，就等着长征五号发射空间站了。长征五号要发射我们的空间站是什么规模呢？一个核心舱，23—24吨，再加一个实验舱，也是22—23吨，再加一个实验舱，又是22—23吨，人上去了，飞船在那等着。因为万一有事要回来，还需要救生艇。另外，货运飞船在那待着以便上货，所以这样一个将近一百吨的空间站将在2022年左右组建完成，那个时候假如16个国家的国际空间站，不再计划去延长寿命的话，它们也到时间了，那个时候，可能地球上、世界上就只有这么一个唯一的空间站了，所以我觉得也很了不起啊！所以，中国在利用太空资源这个领域走在前列。

第三个，就是深空探测。我刚才讲到八大行星，先从地球的一个卫星——月球做起，我们也分三步走。第一步，绕月飞行。绕月飞行是什么意思呢？就相当于我们地球的侦察卫星一样，把月球的表面状态全部搞清楚。我们的嫦娥一号落在月球了，嫦娥二号是近距离绕月卫星，把第二步落月的地方找到了，确定了，它也完成任务了。这第一步绕月飞行我们用嫦娥一号、嫦娥二号完成任务了。第二步就是要“落”，要用嫦娥三号把我们的月球车“玉兔”送到月球上去，运行一段时间把数据传回地球，它完成任务了。但是有点儿遗憾，出了一点儿故障，它不走了，现在固定在那完成任务，继续在获取资料。第三步就是在月球上要取几千克的石头和一些土样回来给欧阳自远这个团队，让他们研究到底月球上有没有水？是什么状态的水？有没有氦三？有没有那么多？但是也等着长征五号，这是月球任务。本来说今年有可能的，现在看今年没有可能了，要把第三发的长征五号打成了之后才能完成这个任务。但是现在我们做了一个世界各个国家没做过的事情，大家知道在月球的

戚发轫院士为营员答疑

背面，因为它的公转、自转和地球的关系，地球上的人永远也看不到月球的背面，现在还没有哪一个国家把一个探测器放到月球的背面。月球车这一面都放过，美国人放过，俄罗斯放过，我们中国也放过，但是背面没有。我们即将完成把探测器放到月球背面的工作，用嫦娥四号完成这个任务。下半年就准备发一个月球轨道的中继卫星，因为在背面它不好直接通信，只好靠中继卫星，叫鹊桥一号。把这个中继卫星发到月球的轨道上，接下来就准备把我们的玉兔送到月球的背面了。

通过运用三种空间资源，三个领域都取得了很大的成绩。这三个领域都有一个标志的日子，我希望同学们能够记住，第一个 1970 年 4 月 24 日，是中国第一颗卫星上天的日子，也把它定为航天日了。第二个 2003 年 11 月 15 日，杨利伟搭载神舟五号飞船上天了又回来了，这是中国人第一次上天。第三个 2007 年 10 月 24 日，嫦娥一号脱离地球到月球了。这三个日子是中国利用太空资源能力的三个标志。我很荣幸参加了前两个。

最后一个就是要控制太空。说了这么多，其实归根结底就是你能利用太空资源，你就能获得额外的财富和安全。另外天上已经有 200 多颗中国的卫星了，现在有一个空间实验室，还要有一个空间站，国家利益不能侵犯，我们要有能力保护它们。

所以我说我们是一个大国，因为有这三种能力，但是我们仍然还没有成为一个强国。比方说，我们的卫星有 200 多颗，美国有 500 多颗，但是咱们中国发射的卫星成功率是最高的，我们还是有信心赶上的。第二个领域，载人。咱们还没到月球上去，美国人已经到月球上去了，这也是差距，也得努力。深空探测，我们就探了个月球，火星还没去呢。火星咱们也有计划，在 2020 年的时候我们也要到火星上去。总的来讲，探索浩瀚的宇宙，发展航天事业，建设航天强国，挑战是很严峻的。

所以希望我们在座的各位，能够关注航天，也希望你们能加入这个队伍里来，我觉得它有很大的吸引力。我们中国确确实实有很大的优势，这个优势在什么地方呢？就是奥巴马说过，在航天这个领域，我们美国是老大，但是要有危机感，中国人不可小视。他说了三个理由，我觉得这三个理由很有道理。第一个，说我们中国有强烈的政治需求，有强国梦，中华民族伟大复兴，要求我们在中国第二个一百年的时候，就是中华人民共和国成立一百年的时候要成为科技强国，要并肩美国成为世界科技强国。第二个，说我们是世界第二经济体，有钱，要想探索浩瀚的宇宙，是要花钱的，不花钱是不行的。第三个，更不得了了，中国有一大批年轻的、很有贡献精神的科技队伍。就在 2010 年我做了一个小调查，当年美国阿波罗登月计划的时候，美国国家航空航天局科技人员的平均年龄是 28 岁。28 岁正是精力充沛、敢于创新的年纪，到 2010 年的时候，他们平均年龄 42 岁，42 岁就老了。我刚从俄罗斯回来，我每年去一次，航天领域我跟他们接触，老的老，小的小，就像我们 1992 年的时候，老的就很老，年轻的确确实实也很年轻。而且我今年去呢，比方说有个年轻的很能干，我再去，那个先生现在哪去了？到别的公司去了，流失得很厉害，这是美国。咱们中国现在的科技人员平均年龄 34 岁，而且都是敢于奉献、勇于创新的一批人。

中国航天取得这么大的成绩，原因是很多的，中央的决策很重要，也离不开全国人民的支持。更重要的是伟大的事业铸就了伟大的精神，具体我认为有三种精神。

第一种精神就是传统航天精神，20 世纪五六十年代形成的自力更生、艰苦奋斗、大力协同、勇于奉献、严谨务实、勇于攀登的精神。它的核心是什么呢？自力更生，一切得靠自己。六十年来我们中国人确实没有靠别人，开始的时候苏联人曾经帮过我们，我们也很感谢他们，我也受过益，我们搞导弹的人从来没见过导弹是什么样，就我们的院长钱学森见过导弹，给我们上过导弹概论课，是苏联人给我们送来了导弹，从那之后我看见过导弹，我在导弹的部队当过兵，和苏联人学习操作导弹，但是三年苏联人就撤走了，以后我们完全是靠自己的。我的体会，要想超过别人靠别人是不行的，要靠我们自己。咱们开始没什么东西，最初想买人家也不卖，费了好大劲，搞得差不多了，人家才同意卖给我们。就像咱们这个北斗，北斗的原子钟原来是欧洲的，美国说不能卖，结果我们自己做出来了。现在我们好汽车的发动机是进口的，大的轮船的内燃机是进口的，我们飞机上的发动机也离不开俄罗斯，但是我们航天方面，导弹上的、火箭上的、卫星上的、飞船上的、空间站上的发动机全是自己的，不是最好的但是自己的，不受别人控制，所以一切都要靠自己。现在中美贸易战咱们也看到了，如果靠人家，人家说不给就不给了，这一点是很重要的。

第二种精神是“两弹一星”精神，即热爱祖国、无私奉献、自力更生、艰苦奋斗、大力协同、勇于登攀。在 20 世纪五六十年代时，爱国不用讨论，新中国成立了，谁都爱国，为这个做出榜样的人是钱学森等一大批从国外回来的老科学家。在国外的生活条件、工作条件都很好，美国还限制他们，不让他们回来。他们冲破重重阻力才回到祖国的。钱学森被美国人软禁了五年，是周总理在日内瓦用抗美援朝中美国的俘虏换回来的。回来之后干什么呢？那时的条件很差，我们的办公室就是飞机库。飞机库是什么样的？飞机库是铁皮的，夏天热冬天冷，他们为什么要回到这样的环境来啊？因为爱国啊！都感受到祖国落后挨打，希望凭借自己的努力，让祖国繁荣富强。

我给你们讲，我是 1933 年出生，1933 年到 1945 年我是日本人。为什么这么说呢？因为我是大连人，当时的朝鲜、大连、旅顺等是属于日本的。假如说第二次世界大战不结束的话，我就可能拿着枪和中国人干哪，那时日本的小孩可以无缘无故打中国的孩子啊，没有任何道理就可以打你，你是亡国奴嘛。终于大连解放了，中华人民共和国成立了，又赶上抗美援朝，抗美援朝时我是在大连念中学，那时志愿军的伤员就是用船从朝鲜前线运到大连，我们学生把伤员从船上抬到码头，由苏联的医生把他们分类，我们再送到医院里去。那些志愿军的伤员，惨不忍睹，都是被美国飞机轰炸扫射的，所以说国家不强大你就受人家欺负，这个体会是刻骨铭心的，所以爱国不用讨论。所以我就立志要学航空，造飞机保家卫国，所以 1952 年我就回来了，学了五年造飞机，后来成立了老五院，搞导弹我也干，搞完导弹了搞火箭，搞卫星也干，搞飞船时，我 59 岁，我就不想干了。但是到 1999 年的时候，年青一代起来了。世界在变化，社会在进步，你们没有我们这种经历，让你们和我们一样，太难了。所以要提倡爱国，所以把热爱祖国加进去了，你不爱你不可能奉献，你不爱你怎么可能把你最宝贵的都拿出来呢？最大的爱就是爱国，所以提倡热爱祖国。一个人要有爱，最大的爱就是爱祖国，还有爱事业、爱团队、爱你的岗位，有爱才能把你最宝贵的东西献出来，你爱你的父母也可以，爱你自己也可以，那些不爱的就是铁公鸡，一毛不拔。要想把中国搞好，把自己岗位的工作做好就可以了，学生就学好功课，老师就教好书，你干什么事都干好，那国家一定强大。所以爱国、爱岗位、爱事业是很重要的事情。

第三种精神就是载人航天精神，叫特别能吃苦、特别能战斗、特别能攻关、特别能奉献。这我就感觉找不到核心，天天吃苦、天天奉献谁还干啊！但是最后我悟出个道理，国家有特殊需要的时候，我们就有特殊精神。1992 年的时候，搞导弹的都不如卖茶叶蛋的。那为什么这样呢？改革开放了，搞军

戚发轫院士与营员互动

工的不是很吃香，既不光荣，也不实惠。我当时是五院的院长，就在我们中关村这一带，很开放。外企来要人，车开到我们院里了说，“上车吧，不要介绍信”，我给他的待遇不如“卖茶叶蛋”的，为什么不让人家走，那时候很多年轻人就走了，这也没有错。但当时要组织个队伍搞载人航天，就需要有人留下来，有一些人就选择留下来，最典型的例子你们可能知道这人叫袁家军，现在是浙江省省长，原来就是和我们一块儿工作的。他没走，没走我当然很尊重他，走的也没错，留下的更值得尊重。在这样的环境下，完成载人航天这样人命关天的任务，我觉得很了不起。但是出去的人也可能变成了企业家，也为社会做出了很大的贡献，没有谁是谁非，但是在那个历史条件下、国家需要的条件下，需要这种奉献的精神。我再讲讲争八保九，叫争取1998 年确保 1999 年发射，很紧张，最后的一发确实完不成任务了，国家领导人来了，说军令状就是争八保九，明年是大庆，要阅兵，这里有澳门的同学，澳门要回归，你们要想办法 1999 年发射，这确实是很难的。我们经过努力，还是在 1999 年让卫星回到中国，不仅回到中国，离预定地点只差 10 千米。我也觉得自己很光荣，很不容易的。再讲一个故事，2003 年杨利伟上天的时候赶上非典，非典在北京是很紧张的，我们这么多人，什么沈阳来的、上海来的，谁都不能回家，就在这航天城，把全国送来的东西装起来做完实验，到发射场送杨利伟上天，什么时候干完了什么时候走，那时一两个月就在北京待啊，我是老头了，上没有老、下没有小，年轻人家里很困难。所以那时候遇到了很多特殊情况，所以我就想到了精神的力量是无穷的，一个人要是能为国家做出贡献，成为一个值得尊重的人，是要有种精神的。

所以我就将这三种精神给大家讲一讲，希望我们每一个同学，不管你将来在哪一个岗位上，不管你将来搞航天还是不搞航天，这种精神都是要有的。我想我们在座的年轻人，都承担着强国的任务，要热爱祖国、崇尚科学、尽快成才、服务航天。

热爱科学

葛墨林院士（报送单位：南开大学）

葛墨林，教授、博士生导师、理论物理学家、中国科学院院士。1938 年 12 月生于北京。1965 年兰州大学物理系理论物理研究生毕业。长期从事理论物理、数学物理等方面的教学与研究工作，发表文章 180 余篇，编著专著多部。曾从事广义相对论、高能物理理论研究，近二三十年从事杨—Mills 规范场量子可积系统、杨—Baxter 方程等领域的研究。近年来主要研究杨—Baxter 方程在量子信息中的应用、电磁波在复杂介质中的传播、压缩感知理论在极微弱探测中的应用等。曾获得国家自然科学三等奖（1982），国家教委科技进步一等奖 2 次、二等奖 2 次，何梁何利科技进步奖（1997）等。曾任亚太地区理论物理中心委员，国际群论方法大会常务委员，Wigner 奖评奖委员会委员，一些国际科学杂志编委等。2003 年被增选为中科院（数理学部）院士。培养博士 20 余人，其中有院士、长江学者、国外名校教授等。他除理论物理研究外，目前还承担科技部重大仪器专项，在我国发展极微弱信号探测。

葛墨林院士

非常高兴今天能跟大家一块儿交流，我年龄差不多八十岁了，应该是你们祖父辈的人。很高兴看到你们这么多青年人来，今天有机会跟大家交流交

流，我感到很荣幸。首先抱歉的是，我长期脱离中学教育，我上中学的时候，还是在 1950 年抗美援朝的时候，已经是六十多年以前的事了。现在有的社会风气，对于踏踏实实做科技的人来说是不利的。可是，要想真正让国家富强起来，其他方面的不多说，最核心的是科技兴国，没有先进科技就要落后，落后就要挨打、挨欺负，这是我这一辈人非常深切的感受。

今天我跟大家谈的题目，就是“热爱科学”。科学和技术是有一些差别的，科学是技术之母，是技术的基础。大家可能看过一些通俗的读物，谈科学的定义，很多都有论述，我不再重复。那么科学最重要的核心是什么呢?它是先通过观察现象，然后弄清楚它的道理。你看到一些现象，要想搞清楚背后道理，要有胆量去猜测，产生一些想法。有了想法以后，由于实际的情况太过于复杂了，你要挑出最本质的、常常是单项的、突出某一个特点去做实验，然后确定一些规律。建立的规律对不对? 要用实验去检验。也许对于这个现象是对的，但对于另一个现象不一定合适，就得改一改、再猜一猜，改一改、再试一试，就这样一个反复的过程。这个就是科学的特点，因为我是做物理的，三句不离本行，科学尤其是物理，本质上都是猜测和实验的学问。许许多多实验证实，并且在一定条件下自身又没有矛盾，就形成了我们对规

营员正在认真听讲座

律的认识，成为基本理论。

就拿高中都学过的牛顿力学举例。常常是一个物理规律的发现，会引起人类社会文明巨大的变化。我们先看牛顿力学，大家学过 $F=ma$，F 是力，m 是质量，a 是加速度，$F=ma$ 的出现在人类历史上是一个巨大进步。我们知道牛顿力学的三个定律说，一个质点运动的时候有三个基本规律。第一个就是没有外力的时候它做匀速直线运动；第二个就是 $F=ma$，加了外力怎么办，它就要产生加速度，在牛顿力学里面质量是不变的；第三个是作用力等于反作用力，但是作用于不同物体上。我推给你这个力是作用在你身上，你反推给我就是作用在我身上了。别小看牛顿这三个定律，他之所以能总结出来，是以开普勒定律为基础。你们将来学开普勒定律的时候，到了大学，都是拿微积分讲的，其实开普勒时代是没有微积分的。开普勒这个人很伟大，他是拿多面体把星体运动给框出来，这件事是很不容易的，这件事著名数学家项武义有专门的一本书论证，细节我就不说了。有了 $F=ma$ 这样一个定律，所有的宏观机械运动是符合这个规律的，弹道和很多武器也是应用这个规律，包括现在航天还用牛顿力学，相对论修正很小很小，预言轨道等。喷气式飞机怎么能出现？就是因为喷出东西有反作用力。

我们再看法拉第电磁感应定律，当初就是把线圈连一个电流计，拿一个磁铁在里面一捅，表针就动了，就这个实验。物理学史说，法拉第在做这个实验的时候，去英国皇家学会表演，给大家表演就像变魔术一样，磁铁这么一动，表的针就动了。当时有一些人就问他，你这有什么用？法拉第回答：“下个世纪没准就是它的时代。”这就是发电。我们现在想一想，如果没有电的话，我们怎么生活？因此这是一个从基础研究的理论，到最后发现电的过程。这是在实验室里做的东西，然后逐渐推广到工业上形成技术。

这里要跟大家谈，当初爱迪生在美国建立直流发电系统，就是当时美国输电线路都是直流输电的；可是特斯拉在欧洲提倡交流电，他觉得直流电传输有很多问题，所以要用交流电，这当时在欧洲就行不通，最后跑到美国去见爱迪生。他去之前找了一个爱迪生的朋友，给他写了一封推荐信。推荐信是封着的他也没看，就去见爱迪生。爱迪生坐在桌子跟前，爱迪生问，你看过这个推荐信没有，特斯拉说没看过。爱迪生说你看吧，特斯拉一看——这个推荐信写得好，你们将来写推荐信就要写这种——写的什么？给爱迪生写的是“You are the No.1, he is the No.2”。对爱迪生说你是老大，他是老二。这种推荐信是最厉害的推荐信，希望你们将来也能达到这种水平。因此爱迪生就给了他一个实验室，最后他就推广了交流电。这个就是电磁感应定律。

大约二百年前，麦克斯韦写出了麦克斯韦方程。这个方程有一个最重要的物理结论，就是预言了有电磁波。三十年以后赫兹做了实验，发现了电磁波。以后马可尼发明电报传输，大家想一想，这种科学的规律，如果当时没有电磁波的方程式预言电磁波，现在没有电磁波，生活是什么样子？你还看什么手机，什么都没了，还看什么电视，那想都不要想了。

再比如相对论，上大学的时候要学，就是质量乘上真空光速的平方。光速是很大的，每秒接近三十万千米，与核物理相结合，产生了核能，可以和平利用，也可以制造核弹。我认为在微观理论方面，20 世纪最伟大的就是量子力学，现在我们实际上生活在量子力学的时代。量子力学导致了半导体器件的出现，晶体管就是量子力学的结果，激光也是量子力学的结果，我们现在享受着量子力学的成果。社会生活就是这样，我们在享受着科学技术的成果时，不一定要懂它。就像看电视你不一定要懂麦克斯韦方程；你用晶体管，但你不一定要懂能带论；弄激光不一定要懂粒子数反转……你不一定要懂科学的理论，但是想当初它是怎么来的，如果当时没有这些科学的研究，现在这些都没有。

当然光有这些科学研究，没有技术上的重大推动也不行。这里边有很多的因素，比如说数学和物理的结合，像和数学结合出来的计算机。当初冯·诺依曼做计算机，那个时候是电子管计算机，还没有晶体管。他们的目的是干什么？有两个，第一就是那时候做原子弹需要大量的计算，咱们中国，过去拿算盘、电动的手摇的计算机进行计算的，他们那个时候的计算机就是电子管的；第二就是气象预报需要大量的计算。实际的推动就形成了计算机。还有比如医疗器械，我也经常去医院，现在所有的医疗器械几乎全都是物理的应用，比如说做 X 线计算机断层摄影（CT）、做核磁共振，就是物理方面的应用。核磁共振的一位祖师爷，是我的学生的老板，原来做高能物理。在美国哈佛毕业后找不到工作，到威斯康星大学转行，最后跟他的学生们发明了核磁共振。这都是从基础的东西、从科学的规律出发，弄清楚以后再发展成技术。因此，科学认识到一些规律以后，要应用到实际的技术当中。而这改变了人类的文明，这是我们应该认识到的。

为了说明这一点，我们来看看我们国家的祖师爷们，主要是看物理方面的。先来说说王淦昌先生，王先生已经过世了。我跟王先生非常熟，新中国成立以前王先生是浙大物理系主任。他是从德国回来的，他的老师非常厉害。在我国王先生可以说是高能物理和核物理奠基者之一，他的物理学得特别活，我给大家举一个例子。在第二次世界大战期间，日本侵略中国。大家知道北大、清华以及南开组成西南联大，老师们带着学生从北京南下到长沙，再到云南。浙江大学没有加入西南联大，他们自己往西走，逃到遵义，稳定了一点儿就开始上课了。上课的时候都是土房子，墙壁很黑，当时想弄些蜡、煤油来照明，让大家读书都很不容易。王先生自个儿配置了一些荧光粉，涂到墙上，晚上的时候教室就比较亮。等到新中国成立以后我们中国出了八千万美元给苏联，加入了苏联联合核子研究所，主要是研究杜布纳高能物理加速器。最后这个加速器最大的成就，就是发现了反西格玛负超子。这些都是理论上预言过的，但是一直没有被发现，发现者就是王淦昌先生。他回国以后不再做高能物理了，去做原子弹了。王先生对人也特别好。我本人当时是在兰州大学，他对我关怀备至。他很多的观念都非常超前。他除了做物理之外对中国的其他贡献也很大。他去世前特别关注宇宙射线。

钱三强钱先生跟何泽慧是夫妻，他们夫妇是我们核物理的领导人和奠基者。我们那时候都很年轻，当然比你们现在大。我那个时候在学校做教师，工资很低，一个月才五十多块钱，钱先生工资特别高，一个月三百多块钱，有时会议上钱先生请客，买点儿西瓜什么的，钱先生对我们非常好。

邓稼先先生，大家知道，也是核物理原子弹的奠基者。他的夫人许鹿希大姐现在还在世，我去年还去看望了她。邓稼先是当时国家公派留学到杜克大学的，当时杨振宁先生是在芝加哥大学，那时杨振宁已经是讲师了。清华园里曾有三个孩子最淘气，杨振宁先生是一个；还有一个叫熊秉明，后来在巴黎去世了，在法国是一个很著名的雕刻家；第三个就是邓稼先先生，他最小。那个时候杨先生是孩子王，经常在清华园里惹祸。邓稼先和熊秉明就跟在后头，邓稼先和杨先生关系特别好。等到了 1946—1947 年的时候国民党政府没钱了，邓稼先在美国没了资助，都是杨振宁先生在芝加哥大学挣钱资助邓稼先在美国完成学业的。

钱学森先生我不熟，程开甲先生是我老师在南京大学的老师。程先生做固体物理学，出了本教科书，后来做原子弹的防护材料，一直在青海的基地，再后来当副司令、司令。“文革”中，我和我老师在兰州大学物理系四楼做非接触引信，当时真是无知者无惧。教室里放了好多箱炸药，我们把反坦克弹的炸药柱拿钢锯就锯，那个炸药性能特别好，万幸一点儿事没有。那要炸了，别说给大家做报告了，整个楼就没了。有一次我记得特别有意思，程先生路过兰州便去看我的老师段先生，那个时候也没什么通报直接就进来了。正好是我拿着引信，我的老师抽着烟在那焊雷管。程先生一进来就一屁股坐在炸药箱上，幸亏没出事，现在想想就后怕。

彭桓武先生也是非常有名的理论物理学家、“两弹一星”专家。彭先生一辈子非常简朴，不坐专车。他那个时候做理论物理研究所所长，快 80 岁了还挤公共汽车。彭先生是个非常随和的人，但彭先生学问真是高。这里我插一句，以后你们接触一些学术界的人，凡是摆架子的基本都没学问，有学问的都没架子，因为他不需要靠摆架子来支撑。

“两弹”功勋还有于敏先生和周光召先生，但他们现在已经是90岁的人了。

其他的我就都不是很熟，没有接触过。这些人在基础理论上、实验上做得非常出色，同时他们在国家最急需的时候，承担起了国家最核心的任务。可以说没有他们就没有核弹，那美国想怎么欺负你就怎么欺负你。所以说他们是我们的先驱，我们都特别尊重他们。另外这些人学风都特别严谨。我们年轻的时候，学术方面在他们面前不敢乱说话，你乱说一个不太精确的话，他们马上就提醒你：不能这么说，应该怎么说。

下面要谈的是，大家都经历过很长时间的教育了，我们要发扬我们民族的传统，这很重要。背诗歌、学习一些其他的，因为我们是中国人，所以我们要有自己的传统，这个我就不细说了，你们老师肯定给你们谈了很多了。

我虽然是做物理的，过去做过军工，但是业余我有两个爱好，一个是爱看金庸武侠小说。另外我喜欢看点儿历史，但是现在眼睛也不行了。但是我的看法就是——不知道你们是怎么看的——中国从技术上来说，自古以来都是很不错的。到了明朝中叶，我们就开始慢慢落后了。这是什么原因呢？主要是明朝中叶时期，在西方是欧洲的文艺复兴时代，他们研究自然，总结出了

葛墨林院士正在为营员做讲座

不少规律。比如哥白尼和伽利略等，这些人都是先驱。他们观察一些自然现象，总结出一些规律，然后把这些规律运用到实际中，像各种机械的发明。明朝中叶以后我们因为各种原因，自己不开放，自以为是老大，完全关起门来，结果一打起仗来我们是大刀长矛，人家是坚船利炮，这是没有办法的事情。

明朝中叶以来我们就是没有重视科学发展。其实你们去看历史，西方的传教士到我们国家来本来是传教的，但是也带来了一些西方的文明。故宫里有康熙做的欧几里得平面几何的习题集，他得了疟疾吃金鸡纳霜痊愈了，这个很不容易，一个中国皇帝当时能吃西药。后来就不行了，到了雍正时候就很糟糕了，人家从国外进口来的望远镜，他就看着玩，不像伽利略一样看看月亮什么的。我们就逐渐地落后，再加上封闭的社会，所以现在我国提出改革开放，要打开我们的思路、见见世面、看看人家的科技是怎么发展的，我们吸收进来，努力地做，要做得比他们还好。

大家要有科学的素质。关于科学的素质，很多人有不同的观点。我觉得特别简单，最重要的就是要遵从规律，实事求是。我们要承认科学有规律，有种胡干胡来的人，不顾规律想干什么干什么，这很可怕。自然界是有规律的。然后就要实事求是，承认事实，这一点是做科学最基本、最重要的。在这里我要插一句，同学们有经常看报看电视的，有些人说我们有重大的发明，我觉得这些发明创造固然很好，但是最重要的是本专业行当的承认，这个是最关键的，而不是记者制造出来的。现在我对一些记者很有意见，他们不懂，有的就乱说，说完了又不负责任，如果说他乱说以后付出代价就没有人敢胡说了。

你们都是高一高二的学生，我想大家都很关心学习的问题，我不想谈太多，我给大家几个很简单的建议。第一，听课也好，学东西也好，学的东西很多，你要抓住本质。比如说老师推导、算习题等，不管是物理还是数学，最核心的东西是什么？这个一定要弄清楚。我给大家举个简单的例子，我好多年以前去韩国，正好赶上金融危机。我在韩国首尔大学演讲——韩国这点不错，还没演讲钱就先发下来了——我到韩国的银行，把韩元换成美元，结果服务人员说你请坐，然后老打电话。我在旁边等了有半个多小时，我以为他是在跟别人聊天。我就有点儿不高兴，我就说你怎么让顾客等着，自己老打电话。他说不是，汇率三五分钟一变，我不知道怎么给你换。我说那不行——我当时不知道是金融危机——我不能老坐着等。他说好，那把你朋友的电话给我，多退少补。当时金融危机就这么厉害，我就一两天没换这个钱，就折了三分之一。这也太快了。后来，我在教授俱乐部跟朋友一起吃饭，我就问金融危机到底怎么回事? 朋友就掏出韩元老头票。问为什么一张纸能买这么多东西。关键是你要信它，它就值这么多东西，如果你不信它，它就连张白纸都不如。白纸还能写东西，这花花绿绿的老头票什么都干不成。所有的政府也好，银行也好，社会也好，就是让你相信这些花花绿绿的一张小纸就值这么多东西。因此，金融的本质就是信心两个字。所以这个就很好，抓住本质的东西。后来我朋友就告诉我，这个人原来就学过点儿物理。我一听就说，学物理的还是厉害，能够抓住问题的本质：金融的本质就是信心，你随便问一个经济学家他都不敢否认这一点。你不信它就全完了，信就有，不信就没有。所以你听他们说得很复杂，但是一堂课，最本质的就那么几个字。我就随便举个例子，你听别人说事情，你得弄清楚最本质的东西是什么。

第二个给大家讲的就是灵活处理，因为大家以后要应对考试，这是没办法的事情。同样一个东西，比如说习题什么的，你最好用两三个方法做，要动脑筋。这么做行，那么做行不行，不行的话你可以看参考书，适当参考。还有就是你学了以后，能不能提一些问题，在现在理解水平的基础上，提出自己的问题跟老师和同学讨论，提出问题就是进步的开始。不要混混沌沌、死记硬背，开始笨一点儿不要紧，不要投机取巧。开始笨一点儿，以后熟了就巧了，比如说老师讲的是一般的，你就举个例子，你就可以理解深了。讲的是这个例子，你就想想在其他方面怎么用。接下来讲讲兴趣的重要性。陈省身先生——他是真正的数学大师，1985 年回国建立了南开数学研究所。

营员在认真听讲座

我经常和陈先生谈，问成才能不能总结一个公式，他就跟我谈——这不是他的原话，我总结出来的，大体如下：第一个要有兴趣，兴趣常常是在克服困难的过程中形成的。比如你原来不会弄，想了什么办法弄成了，你就很有自豪感，很开心，你就有了兴趣。我不知道你们现在怎么样，我看有的孩子走在路上都看手机，这是很危险的，车也不管，这就是兴趣。现在手机里有什么呀？什么都有。你要是用你看手机或是看武侠小说的兴趣对待学习，那不让你学你也想学。所以说就是在克服困难的过程中养成兴趣，千万不要被迫地坐下来看书，那就没意思了，还不如不做。

你们现在都高一高二了，现在这个条件已经非常非常好了。我不是倚老卖老，我在北京长大的，1944 年年底 1945 年年初上小学。那时候家境不好，也没有人管，我自己也不知道要上小学，我是听说人家孩子要上小学，自个儿乱找走到一个像破庙的地方，一个老师，前面有个桌子，他就坐在后头说，你可以登记上小学。我连小学名都不知道，就说我也登记一个，我就是这么上了小学。名儿还写错了，我本来不叫葛墨林，那个管登记的老师是河北人，他就给我写了个葛墨林。后来才知道墨林是个很好的名字，古色古香。我就这么稀里糊涂地上小学了。那时候也没人管，后来日本投降了以后，老师领着我们把日本的汽车修理厂占了，说这就是我们大石桥小学的地儿了，我这才知道我们小学叫大石桥小学，这时候才算是一个正常的小学。

考中学的时候也是懵懵懂懂地就上了十三中，原来是辅仁附中。十三中还是不错的中学，初一初二学得还可以，就是贪玩儿。男孩子就是贪玩，我们那个时候也很淘气，在学校院子里踢小足球，经常把教室的玻璃给踢碎了。到了初三高一的时候就有一个质变，喜欢学习，这跟老师也有关系。那个时候的老师们——我不知道现在的老师们是怎么样的——那个时候老师们很有意思，还在实验室里做实验。比如我举个简单例子，氢气和氧气混在一起会爆炸，对不对？我们男孩子淘气，做化学实验老想着它炸。老师就说，你们不要动，我现在就表演怎么炸。老师就给表演了一下，“砰”的一下真把那个玻璃瓶给炸了。以后我们就听老师的话，按规则去做。

到了高一是最关键的时候。我们那个时候很多课外小组。我们当时学俄文，后来才学的英文。当时参加各种俄文比赛。后来上大学，我本来要考清华大学的，因为我哥哥曾是清华地下党。我当时考得不错。后来忽然北京市教育局通知我，让我去兰州大学。说老实话那时候也学点儿地理，但还不知道兰州在哪儿，后来赶紧找地图，一看就觉得还不错，稀里糊涂就去了。但是在那儿我就发愤图强，因为那里有很多上海来的同学，上海同学学得好，聪明，我就老想跟他们比，我们北京的不能比上海的差太多，这也是个动力。在这儿我要跟大家谈，因为大家从各个地方来，有上海、四川、陕西来的。我在兰州待了快三十年，我 1956 年去的，正好是 1986 年来到的南开。别人说三十年河东三十年河西，我是先三十年河西后三十年河东。人哪，越是处于困难的时候越是考验你的时候，你要能撑得住，你要自己能够拼搏出来，这个才是关键。说到考大学，你们肯定有很多人要考北京大学和清华大学，我给大家一个忠告：你不要以为进了北大、清华就一定能够成为不得了的人才，这是两回事。当然，条件会好，但不一定保证你会成功。我是个比较坦率的人，我当年要真是上了清华——我当时的考分去清华是没有问题的——

肯定选不上中科院院士。这个原因我就不细说了。

这个报告之前，我还和南开的院士工作站的王义洁交流，大家知道，你们将来——我指的上大学，不管是什么大学，你都要有自己的能力和方向。尤其是科研方向。选什么非常的重要。不是说上了大学就把你的一辈子给定死了。我举个例子，前一段时间北大的校长王恩哥当选了中科院的副院长，后来不当了，现在退下来了。王恩哥哪个大学毕业的？他当过中科院物理所的所长。他是辽宁大学毕业的。张杰，上海交通大学的校长，当了美国科学院的院士，后来当了科学院的副院长兼中国科学院大学的书记，现在退下来不做了。知道他是哪个大学毕业的吗？内蒙古大学。还有很多例子，就像中国古话："将相本无种，男儿当自强。"当然女孩子也一样。就是说，不是说你上了哪一个大学就把你的一辈子定死了。我的看法，最核心的是在研究生阶段。他们都是在研究生阶段抓住了当时发展的最重要的方向，再加上自身的努力。

所以，我鼓励你们，学习厉害的，自不待言。稍差点儿的一定不要自暴自弃。还有，在座的都是学习比较好的，但是将来进入大学，强手林立，也许相对的学习成绩可能差些，这没有什么关系。我经常和大学生探讨，必然有一些学习好的和学习差的，这是相对的。比如说，你们都是拔尖的，但是到了北大，你没准就是落后的，这有什么呢？你到了一个小学校，你也许就变成领头的了，这又有什么呢？但关键是，你要学到了真东西，自己能发挥自己的作用。我只在北京理工大学兼职，在做报告的时候常说，你将来学了真本事，到了一个没有几个懂物理的单位，如果它非你不可，你就是专家。

我来举一个简单的例子。北京理工大学过去有个女学生，山东人，学得一般，硕士毕业。她很聪明，找到了一个医科大学放射科的工作。你知道放射之前，需要计量、聚焦什么的。其他人都不懂物理或者懂得很少，就她懂一些，在小单位就是一把手。所以我觉得，她如果到一个物理很强的单位，比如物理所，在一千个人里面当第一千个，那永无出头之日。

就是说，考好了，不必多说什么。不要因为你将来考大学考得比较差了就自暴自弃，千万不要，那你就彻底完了。你要自己奋斗，沿着科学的规律去做，把方向掌握好。学习和研究这方面，就和跑百米一样。跑百米抢跑十米，这怎么可能？早跑一步都不容易。

当年我在兰州大学，那时候学生毕业以后就分到农村去了，有的学生就来找我。我说，你一定不要忘记中国需要科技，要坚持学习。有的给我来信说在公社放羊。我说放羊挺好，我也放过羊，那个羊就听头羊的，只要把头羊控制好，就不用管了，你们就坐在那儿念英文，羊不丢就行。有的人就听了我的建议。后来，“文革”过去之后恢复考试。那时候我在兰州大学物理系主持了一场考试，当时分很低的都录取了，现在的工作生活条件就非常好了。可是那些什么都没读的，考零分的就没法录取。更有一位，回来以后不到三个月，省里考英文，要选一批去国外留学，他就考上了。你说，当初一样在农村劳作，可不到半年人家就跑欧洲去了。这就是他比别人早走了一步，他没有自暴自弃。当然这是个极端的例子。

有了兴趣你就会勤奋，但是勤奋就必定会成功吗？陈省身先生常跟我说：“光勤奋没用，你呀，一天干 12 个钟头还不如有人干 2 个钟头！”这什么道理呢？差别在哪呢？就是悟性。你有兴趣，你辛苦、努力地去学、去做，你还要悟出点儿东西来，这就是你进步的开始。你自己提出些问题，还悟出点儿道理来。你现在的水平比较差，悟不出来多少。当你的水平高了，这成了习惯，你提出问题，又悟出新东西来。在悟性的基础上，有新见解，这就是创造。

但是，你有了创造就一定能成功吗？还要抓住机遇。你去问问那些大人物，他们成功很多是因为好的机遇。机遇和你自己的观点等东西也是有关系的。比如陈省身先生，他说：“我的第一个机遇就是那时候念了南开大学，数学系毕业，到清华大学去做了博士。”那时候的清华大学不像现在一样，那时的清华大学还很小，数学只有陈先生一位博士，所以不能成班。陈先生就在那里当了一名助教，之后去了德国。到了德国又面临方向的选择，跟着几何名家嘉当，他以后成了整体微分几何的开山祖师。前几年有诺贝尔奖得主来演讲，我就问他你怎么这么成功呢？他说我有好朋友，大家帮我，所以我就得了奖。这倒是实话，你要有朋友，也要他会为你说话，如果你平时跟这个人斗完了、跟那个人斗，谁还会愿意帮你？当然这是他客气的说法。这样的例子有很多很多，机遇这个东西，谁都会碰到，你有准备你就能抓住。因此，将来大家不管做什么，建议大家：在奋斗中产生兴趣，有了兴趣再就是勤奋，光勤奋不够，还要悟出点儿东西来，最好写在笔记本上，与别人讨论并且记录下来。这样循序渐进。当机遇来的时候，抓住机遇。

所以，总的来说，对于中国现在的考试、教育的制度我不多加评论，但是，我非常佩服达尔文的“适者生存”。你首先要适应下来，先活着再说，先适应、后改造。你们还好，有些大学毕业生出去之后，自个儿不适应，想要改造别人，最后让别人改造得一塌糊涂。所以，要根据自己本身的条件，思考你去做什么、去学什么，甚至于考什么大学、学什么专业。没有一成不变的好的学习方法，适合自己的就是好方法。特别要自己掂量掂量，要找到一个能发挥自己特长的地方，

大师讲座交流互动

当龙头最好，但很难。做不成就宁为蛇头，不为龙尾。如果在一个大队伍里你属第一千，这没意义；但若在一个小组里面，几个人，你是老大，非你不可，那你的重要性就增加了。

关于科学素质有很多很多，我就不多说了。自然界有它的规律，我希望大家尊重规律，实事求是地做事情，根据自己的条件，走自己发展的道路。当然家长都希望自己的孩子要成长的顶天立地。但是我觉得，能做好是最好，不好也没关系，你不断地在做，有一个踏踏实实地做事情的态度，开心就好，这样你们将来都会成功的。谢谢大家！

互动问答环节

学生：请问葛院士，您觉得天赋在一个人的学习中有多重要？

葛墨林院士：首先要承认天赋，有的人就是聪明，你要承认，人是有差别的。但是，拿我本人的体会跟你说，好多人都说我聪明。其实我客观地说，我在兰州大学上学时，有很多保送去的人，上海去的人比我聪明多了。可是，人生经历中，种种的问题都可能发生。坦率地说，在当时的条件下，不是我想怎么样就怎么样。你们现在很好，可以自己去发展。我们那时候就像浪一样，把你冲到哪儿就是哪儿。我就比较幸运，把我冲到这儿来了。当然我自己也有一定的努力。所以我觉得，天赋是重要的，但不是决定性的，根据我这么多年教学的经验，成绩特别好特别聪明的学生不如成绩中上的学生。当然成绩太差的也不行，但当时成绩中上的这些学生最后都起来了。这很奇怪，可能太聪明的稳不住一个地方，一会儿这一会儿那，不能抓住重点。成绩中上的有一定基础，专注一个地儿就进去了，所以专注很重要。我最成功的学生都是成绩中上水平的，不是最拔尖的，最拔尖的现在在美国，早就听不见他的消息了。

学生：老师您好，最近我也关注了两院院士大会，习主席强调说我国关键的核心技术受制于人的局面尚未真正的改变，那么您认为是什么导致了这种局面？是因为我们的基础科学和创新还没有完美的结合，还是其他？

葛墨林院士：这是一个很大的问题，我先说技术方面，当然这只是我的看法，我也是一知半解。技术方面我们的基础工业发展很差，因为我们发展很快，以前很落后，能追到现在很厉害。但是从科学转到技术，我觉得在中国存在很大的问题。中国和美国比差在哪？美国有一群人搞基础研究，这种基础研究分两大部分，第一种就是自由探索，就像刚才说的，想干吗就干吗。还有一种是公司由于需要设定的题目，比如光伏材料、CT 等。但它有个优点，最大的优点就是基础研究和技术的发展结合得非常好。我们中国是基础研究和技术之间有一个很大的鸿沟，这个鸿沟难以克服，我觉得我们国家已经认识到这一点了，但怎么克服还是个问题。

我觉得物理问题探究还是两方面，一方面是自由探索，另一方面是抓住国家重视的科学问题，很迅速地转化为技术。我举个例子，我以前有个学生，他主要做核磁共振。10 年以前，有一个数学理论叫 compressing sensing，我给它翻译成压缩感知理论。现在测量的数据成像，按通常取样定理要取很多样本，再做软件来分析成像。原来有个取样定理，就是说怎么成像才能不丢失信息。要取带宽的两倍，这时候取样数 N 常常很大。这几位数学家就说，你为什么要取那么多，是因为假设你对它一无所知，就像大海捞针。现在做胸部 CT，你不知道癌在哪，就要全肺都照一下。这时候就有一个代价，有很多数据要处理。他就拿 CT 做例子，整个这么多方块里，癌占很小一部分，这叫稀疏信号。他们说，你这么大数据有用的只有这么一点儿。比如说你看星星或者输密码，有用的部分都占很少很少的。所以他提出来如果信号是稀疏的，这个时候还要不要测 N 个？三个大数学家解决了。他们证明若信号是稀疏的，你不需要测出 N 个，你只要测出 $\log N$ 个，可精度相当高。成像原来测 100 次，现在测大约 7 次就可以。我这个学生是学物理的，他们就把这个应用到心脏 CT 里面，原来经常出现伪影，开胸之后发现血管根本没堵。他们就用猪做实验，后来 IBM 就买了威斯康星大学的这个专利。我这个学生上了北京师范大学，又教了两年书，然后才考上我的研究生。但是他很厉害，从他着手做这个事情到完成，用了不到三年，IBM 两年就转化为成品。前几年他来了，我就问他，你们那个东西转化怎么样了。他说，IBM 卖都卖了上百台了。我每次在国内讲座都要说这件事情。但大家都为了写文章自己做自己的，很少有人具体做它的应用。我的这位学生因为这个成果被评为正教授、研究所所长，这个在美国是很稀少的。所以，他把基础研究和技术方面打通了，我们国家就缺这个。我们国家在基础研究上能发挥到很好，技术方面有很多人才发挥到极致。但我们现在绝大部分是跟跑，并跑还可以，领跑还是很少。像上海光机所，强激光绝对比美国强两倍到三倍，美国现在因为这个想要跟他们合作。所以我的看法是，基本研究和发展应用直到形成技术创新，这个隔阂要打破，打破的核心是评价方式。国家层面也已经意识到这一问题。

学生：现在有研究说“寒门再难出贵子”，对这个您怎么看？

葛墨林院士：这个事我就不好多说什么了。当然，我现在说说我的学生。我算了算，我培养的学生中硕士、博士加在一起大概五十多个吧。

我总结他们三个特点：第一，家里都穷，人都很踏实厚道；第二，特别喜欢物理，很有兴趣，拼命去做；第三，英文都不好。我有个学生现在在美国，他家很穷，都已经是博士了，假期还要回家里帮忙插秧。他毕业后去美国，还要把他的破棉絮带过去。我说你赶紧扔了。有一位女学生，现在已经在美国工作了，上学时父母下岗了，就只好到美国挣钱养家。还有一位现在在北京大学做教授的，从小没有父亲，靠母亲养大，英文也不好，当时出国美国规定托福最低 550 分，他每次就差 5 分。最后只能把他送到新加坡去先挣钱养家，再去美国。他现在在北京大学做教授，前几天刚评上杰出青年基金。我举这些例子是说，家里穷不怕，就怕没志气。

所以关键是看自己，自己尽最大努力能创造的生活就是好生活，不要跟别人比。我想你们现在年纪小体会不到，等你们将来快到 80 岁了就能体会得到了。就是说自己尽力了，做得开心，就很好。

大师讲座交流互动

学生：年轻人都有些许的浮躁和自以为是，请问您在年轻时是如何保持谦逊的？

葛墨林院士：我年轻的时候绝对不是一个特别谦逊的人。我在某些人眼里就属于一个软硬不吃的人，我也不求什么，我就做我的学问，努力去做。但是，当时主要的理论物理研究中心在北京，我们都不算主流。可是当时我心里不太服气。我觉得这是正常的现象。人不能没有个性，我常说，如果一个人完全没有个性，要么就是太差了，差到完全都提不起来；还有一种就是装的，等他有机会表现，比谁都有个性。

人要有个性，但是个性不能胡来，要讲道理。这就是杨振宁先生说的，人不可以有傲气，但不可以没有傲骨。就是说人要有傲骨，不能在学术上让人压迫我欺负我。当时是 1986 年，陈省身先生请杨振宁在南开数学所办一个理论物理研究室，现在改名叫陈省身数学研究所了。因为理论物理和数学联系很密切，杨先生就介绍我来了，那个时候我来数学所以后压力非常大，因为是白手起家，不是主流。比如申请基金，当时唐敖庆先生是基金委主任。那时候我申请主任基金，唐先生还请我吃顿饭。拿了一点儿钱，这意见可大了，说钱都跑到葛墨林那儿去了，什么也做不出来。有人就劝我，说赶快把钱退回去。这个时候怎么处理？你要是为了讨人家的喜欢，就什么都不要干，你最后什么出息都没有；你就去干，只要这个方向是对的，即使最后干砸了，也尽心了。只要我做的学问这方向是对的，就坚持做下去。现在没人敢说南开陈省身数学理论研究所的研究方向不对。

但是你不能胡来，有些人就是为了个人义气去斗气，这就没意思了。你要有自己的一定之规，努力去做，做得好，把握这个历史的科学发展的洪流，就会有收获。不要说我们，获最高奖的赵忠贤院士，有一段时期他都很难拿到资助。但他坚持奋斗，一直去做，最后成功了。所以最后成功的人都具有这种个性。我就不多说了，物理的例子还有很多很多。所以我觉得，你狂不狂看你怎么说。但是有个性，有自己的见解，我觉得是好事。

所以，我总结我成长的经历，第一，有人支持我，比如刚提到的陈省身先生、杨振宁先生；第二，我有好多好朋友，刚才谈到的方守贤院士、郝柏林院士等；第三，我碰到一群好学生，他们跟我合作都很好。所以我觉得要争取别人的支持，但万变不离其宗，要坚持自己的方向，不受别人阻碍。同时要讲求方式，我想你们慢慢就会明白这点。

漫话力学

芮筱亭院士（报送单位：南京理工大学）

芮筱亭是发射动力学家，中国科学院院士，现任南京理工大学学术委员会主任、发射动力学研究所所长、中央军委科学技术委员会委员（兼职）、5个国际刊物编委或特刊主编。

芮筱亭院士

芮院士长期从事发射动力学和多体系统动力学研究，建立了多体系统发射动力学理论与技术体系。提出了多体系统传递矩阵法，成为国际上计算速度最快的多体系统动力学方法之一；提出了弹箭高精度设计、等起始扰动非满管精度试验、发射安全性评估的发射动力学新原理与手段，提升了我国9项国家高新工程等13型重大装备精度设计和试验水平、安全性水平。荣获国家技术发明二等奖2项、国家科技进步二等奖2项、国防科技工业杰出人才奖、全国创新争先奖等。

力学是什么?“力学是研究物质机械运动规律的科学。”这个概念比较抽象，简单概括，力学是研究物质机械运动的规律，让物质按照人类的意愿进行运动的一门学科。如机器人，要让它跳跃、旋转，需要在特定的部位施加特定方向和大小的力，这就需要用到力学中的牛顿运动定律和动量矩定理。

力学是人类最早开始研究的学科之一，人类对力学知识的获取是典型的“实践—认识—再实践—再认识”的模式。力学知识最早来源于人们对身边自然现象的观察和生产劳动中经验的积累。人们在建筑、灌溉等劳动中使用杠杆、斜面、汲水器等器具，逐渐积累起对平衡物体受力情况的认识。古人还从对日、月运行的观察和弓箭、车轮等的使用中，了解到一些简单的运动规律，如匀速的移动和转动。

我们平时感觉重的东西要比轻的东西自由落体下降得快，亚里士多德就认为体积相等的两个物体，较重的下落得较快，并且这个观点被广泛接受。伽利略认为重的物体和轻的物体在同一高度下由静止释放，会同时落地，于是进行了一个著名的比萨斜塔实验，虽然未能达到预期的目的，但他“开创了以实验事实为根据并具有严密逻辑体系的近代科学”。先贤们把这些眼见的现象加以总结提炼，就成了以实验事实为根据的科学。科学的发展开始摆脱直观感觉的束缚了。后来在美国国家航空航天局自由落体实验中，证明了在真空的环境里，同样重的铁球和羽毛是同时落地的。

营员认真听讲座

院士讲座现场

不只是力学，所有的科学都是这样，第一手知识总是来源于生活中的观察，是直观感受。但科学的要点在于，用理性的逻辑思维去分析我们从生活中观察到的第一手材料，去推测，去解释，然后再把我们这些假说，放到实践中去检验，如此反复，最终形成理论，这就是科学家所做的事。

17 世纪末，牛顿继承和发展前人的研究成果，提出力学运动的三条基本定律，使经典力学形成系统的理论。到了几百年后的今天，我们生活中的绝大多数问题，都可以用牛顿三大定律解决。许多力学前沿理论、方法，都是基于牛顿三大定律而推导的。牛顿把力学乃至科学的发展带入了一个新时期。经典力学至今仍有顽强的生命力和广泛的发展前景。

现在我们的生活日新月异，科技发展非常迅速，生产生活中，我们的机械化主要靠的还是力学的研究和设计。

我们国家乃至全世界装备量最大的火箭武器，都会面临射击精度低、安全性差、不可靠等问题。所有的武器，它的性能好坏，最终都是要通过试验验证的。武器的研制费用，大量的用在了试验上。现代武器系统复杂、发射环境恶劣，经历超高温、超高压、超高过载、超高冲击，极易引起发射不安全问题。要保证武器系统的发射安全性，就需要武器装备设计研发人员具有极深的力学功底。

一个复杂武器装备系统的设计，需要大量的计算，像四十管火箭，光是射击顺序就有 40！，大约有 8×10^{47} 个不同排列的方式。即使用现在世界上最快的计算机（1 秒可以做 20 亿亿次计算），那也是算不完的。

为了解决复杂装备系统动力学计算速度慢、计算稳定性差等问题，我们提出了一个全新的力学方法，叫作多体系统传递矩阵法，在国际上被称为“芮方法”。这是一个以牛顿定律为基础的方法，我们通过建立任意一个元件的传递矩阵，然后就像是搭积木一样，按照各个元件间的传递关系将这些传递矩阵乘起来，形成系统的总传递方程，实现多体系统动力学的快速计算。

到目前为止，多体系统传递矩阵法已经应用在许多重大工程中，对某型火箭破障车设计了新的射击顺序和射击间隔，射击精度提高了四倍。我

芮筱亭院士在做报告

们在国际上首次通过满管与非满管射击对比试验，验证了非满管射击试验理论。从此开创了非满管射击精度、非满管射击密集度设计定型试验。这套理论已用于十种武器的设计定型试验，减少试验用弹量50%—86%，大幅降低了研制成本。

力学还有很多很多的应用，比如航天领域的人造卫星，航空领域的飞机、航空发动机，船舶领域的潜艇、航母等的设计研制都需要很深的力学功底。

力学这门古老的学科，对人类社会的进步有不可替代的重要意义。近几年我们国家对力学人才的需求非常大。很多工程问题，到最后就是力学问题。比如航天领域，卫星的帆板展开需要进行精确的力学计算，要计算给帆板提供多大的动力才能让它像预期的那样展开。在航空领域，我们需要计算飞机的升力，飞机关键零部件的强度、刚度、稳定性。国防科技领域，我们需要计算导弹的轨道。精密加工领域，我们需要计算机床的振动。一句话：只要是机械，我们就需要计算它的强度，只要是能动的东西，我们就要计算它的动力学性能。可以说，我们中国制造要想顺利走进世界前列，我国力学的发展必须率先走进世界前列。

城市更新与城市活力再生

王建国院士（报送单位：东南大学）

王建国，中国工程院院士、东南大学教授。1957 年 7 月出生于江苏常州，1989 年毕业于东南大学建筑研究所，获博士学位并留校。1989 年至今在东南大学工作，现任东南大学教授，博士生导师，东南大学教学委员会主任、东南大学城市设计研究中心主任。国家“万人计划”领军人才（教学名师）。教育部“长江学者奖励计划”特聘教授（2001 年）、国家杰出青年科学基金获得者（2001 年）。国家一级注册建筑师。2015 年 12 月 7 日当选中国工程院院士。长期从事城市设计和建筑学领域的科研、教学和工程实践并取得了系列创新成果。先后获得教育部自然科学一等奖 1 项，教育部科技进步一等奖 1 项、二等奖 3 项，华夏建设科学技术奖一等奖 1 项，全国优秀规划设计和建筑设计一等奖 3 项、二等奖 2 项，国家级和省部级教学成果奖多项。曾在美国哈佛大学、麻省理工学院、英国伦敦大学等世界著名高校讲学交流，在国内外具有重要的学术影响。

王建国院士

亲爱的同学们，大家上午好！今天很高兴能够来到大礼堂和这么多年轻的朋友一起分享我一些关于城市活力方面研究的认识和成果，今天所在

的大礼堂于1929年设计，1930年建成，是一座历史悠久的古建筑。今天我一进入大礼堂就听到了王菲唱的《致青春》背景音乐，歌声把我带回到43年前我中学刚毕业时，回想起我当时对于未来的憧憬和梦想，感到非常亲切，今天归来我已经是两鬓白发的“少年”，非常高兴有机会和大家交流。

我今天讲的主题涉及建筑和城市，是一个综合了自然科学、人文科学和艺术的话题。大家知道，人文内涵和生活活力是城市发展中永恒的主题，即使在当前全球化和信息化的时代依然如此。我们看到今天城市的风貌，都是由城市规划、城市设计、建筑设计，以及景观、市政工程等把它营造出来的，正是这种风貌让我们感受到城市里包含的生活意义、文化意义和视觉之美。比如说我们南京的“钟山龙蟠、石城虎踞”就表达了这种有内涵的城市特色风貌；再看杭州，“三面云山一面城”就是对历史上杭州山水形胜的形象比喻。这些美景就是过去的城市设计者所创造出来的。在世界上，也有数不胜数的历史名城具有这样的城市风貌，如意大利威尼斯就是一座由400多个岛屿构成的著名水城。

城市永远面临着新生与衰亡、保留与淘汰这样双重的挑战，我们的城市永远处在演变过程中。今天我们看到的南京也是这样，我们既看到了南京最现代的高楼紫峰大厦，也可以看到远处的紫金山、玄武湖及明代城墙。我们再看看城市内部的发展，这是南京的新街口，左图是1980年代初新

20世纪80年代的新街口

2010年的新街口

街口的场景，我们看到只有金陵饭店一座高层建筑一枝独秀在那儿，37层，是中国当年的最高楼。而到了右图，这是2010年前后的新街口，可以看到原来的金陵饭店周边已经新建了很多高层建筑，金陵饭店在高度和体量上已经变成了“小弟弟”，后来南京的地铁1号线和2号线在此交汇，地上和地下建成了非常复杂的城市综合体，并且将这些高层建筑都连在一起成为整体，非常方便市民使用。

以往我们感知城市景观，较多关注视觉美学效果。对于大多数同学来讲，你们每天上学路上，或者在日常生活的过程中，都会感知到城市当中一些特别的地方，也就是说从你们的认知来体验这个城市。我们的建筑师和设计师也会从美学的角度塑造我们的城市，从法国凡尔赛宫到美国首都华盛顿，它们都是按照几何规则和视觉美学塑造出的世界著名城市景观。设计师也总结出一些关于视觉美学的规律，并用数学方式把它表达出来，比如说我们常见的关于视觉美学的三个角度，一个是18度角，可以看到建筑和周边环境的关系；第二个是27度角，可以看到建筑全体的关系；再到第三个45度角，我们就可以看清建筑的细部，大家平时拍照留影的角度和这个也是有关系的。我们可以从视觉的角度分析研究一些著名的建筑群。由文艺复兴巨匠米开朗琪罗设计的罗马市政厅广场，该广场的平面、尺度及其与周边建筑的关系均由视觉美学和人们感知舒适所确定；东南大学中央大道轴线上的大礼堂、喷水池、南大门亦构成了由上述典型视觉角度所决定的空间关系。通过这样的分析，大家就能大概认识感知我们的城市。

可是我们仅仅从视角的角度体验空间、认知城市好不好还不够，城市好不好还有别的评价维度。我今天重点谈谈城市活力，活力的营造和催生对城市非常重要，或者我个人认为是比美学更基本的重要话题。我先给大家看一张照片。这是很多人聚集在菲尔林赛广场等待佛罗伦萨夕阳西下的良辰美景，人们就某一时刻或事件集聚就能产生城市活力（图略）。再看一张我在意大利维罗纳晚上看歌剧阿依达的场景，此时的表演利用了一座古罗马时代剧场历史遗迹，维罗纳整个城市因此在夏季变得活力绽放（图略）。同样在西安的钟楼广场，也形成了一个市民能够交往、交流，能够在这儿邂逅，有各种行为产生的场所，这些恰恰是城市中最为重要的一些因素。广州的北京路原先是一条通车的城市道路，后来把它改成了步行街，就是因为要激发城市的活力。广大人民群众喜欢这样的生活场景，这样的城市空间。在东南大学校园里，经常可以看到毕业季有情侣在这儿拍婚纱照，下午也有很多家长带着小孩在我们大礼堂前的水池边玩耍，这样一些活动事件都构成了这个场所的活力。因此，我们的设计师和规划师，我们的城市领导，应该要关注这样的场景营造。

城市活力从什么地方来？我们经常讲市井文化，首先就从最基本的生活开始。在一个村落的取水井台附近，就会形成人际交往场所，市井就是生活、聚会和大家交往的一个重要场所。我们平时关注到的民间很多节庆、活动，每年春节的庙会、端午节的划龙舟等活动，都是城市活力产生的因素之一。在一个健康发展的城市，无论社会贫富分异、层次高低，都可以看到城市活力四处迸发。即使在城中村，我们也可以经常看到大家感兴趣的一些活动，所以市井生活和场所应该是无等级、无特定地点、无特定针对性的，这是非常重要的基本前提。这样一些活动就是跟我们的邻里在一起，跟我们的同伴在一起，或者说跟我们素不相识的人在一起，共同在一个场所中互动，然后产生对场所的认同。这个场所感知它不在于场所设计本身有多精美，而是在于它对你的生活有没有价值。一般来说，城市活力特别容易产生于步行化的环境中。在有些场所，一些世俗化的宗教场所，比如在庙宇和教堂附近，也会产生民间活动的载体，如图所示的日本上贺茂神社前的跳蚤市场。如果我们平常观察，这种案例实在是非常多的。南京夫子庙的元宵灯会，就是因为南京历史上一种传统形成了文化习俗，我觉得城市塑造的物质空间就是一个载体，而里面的文化习俗活动才是它最

上贺茂神社周边的活力集市（世界遗产）

重要的内容。

对于城市活力的专业关注由来已久，有几位学者的工作值得提一下。首先是雅各布女士。她原来是一位专栏记者，通过采访和调查，发现城市管理决策者和城市百姓心目中的城市环境评价有很大差异。1961 年，她出版了一本书，叫《美国大城市的死与生》，书里面讲了很多关于城市活力方面的内容，雅各布认为城市的生命力、活泼、安全来自于人的活动，人的活动总是沿着线进行活动的，所以她提出城市的街道非常重要，认为城市的街道不应该过长，应该较为曲折，在街道两边的建筑应该有不同年代的建筑。同时人行道要比较宽，人行道上应该容纳两旁住宅的小孩的活动，而家长在家里边做家务就可以同时看护小孩，雅各布的学说对后世有很大的影响。第二位我想介绍的就是威廉·怀特，他对美国很多城市的广场和街道做了研究，特别是对小型的广场空间活力做了研究，他的研究结论就是说在广场中，能不能产生吸引力，并不完全是因为这个广场设计的精美与否，而是因为这个广场能不能照到太阳，以及这个广场有没有可以活动和坐的地方。他甚至对这个广场中的男女比例，包括哪些地方更受公众的欢迎，包括公共空间依赖性的特征，都做了比较多的研究。第三位介绍的是杨·盖尔，他是我们专业界非常熟悉的一位学者，他带着他的研究生对广场做了很多的实地计量研究，以及对广场中人们的各种行为特征做了很多研究，他的结果对广场设计有着重要的参考作用。

所以，对于活力的研究其实一直是一个历久弥新的话题。进入 21 世纪以来，一个城市是否具有活力已经成为城市竞争力的重要尺度，我们经常看到城市之间的比较，当然有比较科技的，有比较文化的，但城市活力其实也是重要因素。根据我个人的观点，城市活力主要分两种：一种是比较具象的，一种比较抽象的，具象就是我们能够直接感知和观察到的活力，广泛存在于街道、广场、公园等一系列空间中，也包括广泛存在于中国、墨西哥等国家的非正式性经济活动，比如小店铺、小作坊、摊贩等。抽象的活力则可以表达为城市公众有没有参与规划的机会及其他科技创新等方面的活力。

我们认为与城市活力密切相关的街道、广场、滨水码头等城市外部空间，自古就是人们日常生活的一个重要部分，特别是街道原本就是生活的基本空间，它有不同的功能、活动点和活动方式之间的关联性。其实大家看看《水浒传》和《三国演义》等经典小说，以街道为代表的城市市井生活场所所发生的种种活动都记载在这些作品中，专业学者、文人墨客也常以此著书立说，艺术家也多以家乡生活经历和场所记忆为重要的创作来源。

我们今天讲乡愁，其实我们的“城愁”也是重要的。我们已经找不到家了，美国著名建筑师路易斯·康曾经讲过，现代城市只有路没有街道，讲的就是你只看到了有车行的马路，而看不到人走的街道，这是一个非常重要的危机。这是我们学校旁南京太平北路拍的一张照片，即使在这样一个人行空间当中，我们也可以大致分成三个区域，最里边滨水的是幽静的休闲区，中间是半静半动的活动区，而靠近马路这边主要是人行、非机动车过路短暂休憩区。再看看这里的活动，靠近里面的常常是情侣幽会，在中间这个地方就有可能承载更多类型的活动，如美团外卖小分队每天早晨在这儿集结分配任务。我曾经指导一个研究生做了东南大学南边四牌楼街区的沿街空间，这个社区表面看上去平淡无奇，可是我们进到街里面去，其实是非常有活力的，每个沿街住宅底层都租给了商户，形成了业态多样性的商业小社会。各种活动支撑着整个学校，以及周围工作人员的生活、购物等需求。那这里的城市活力是怎么产生的，哪边人多，哪边人少，她把它的人群从早到晚的分布做了一个研究。这个时候就讲到了我们的专业，其实就是要对人生活在空间载体中的一种活动规律进行研究，根据这个规律我们做出科学的规划和设计。

南京太平北路人行道设计

作为城市设计师和建筑师如何营造这样的活力呢？我认为有六个要点：

第一个要点是尺度宜小，节奏要慢一些，最好步行化。要注意小微环境的营造，城市呈现给人的不都是宏伟开阔的大场景，我个人认为一定的碎片化和异质性是可以合理并存的。人是有不同尺度的，大家现在都是青少年，正在长身体的时候，在座的各位身高上下也差得比较多，其实在不同的年龄段，男女之间尺度是不一样的，所以我们就要在设计中研究人体工学。

第二个要点是杂而不乱、喧而不闹、动静相宜。城市活力需要合理的人群密度和有效的人际互动交往，密度和拥挤是两个概念，我记得自己1991年到美国当访问学者，在美国待了半年多，我回来的时候就到了香港，一回到香港满街都是人，就感觉特别亲切，因为我们从小成长在高密度的环境中。成都太古里商业街区做得蛮有意思的，它把古代建筑和现代建筑很好的结合在一起。下图是北京的侨福芳草地的室内空间，我觉得做得非常成功，做成了公众有利于交往的空间。

“多样性”的活力（北京侨福芳草地）

第三个要点是关注自发、自愿、自主、自为的活动，城市活力不能说用自上而下的方式规定它要干吗，我们以往的设计规划，或者领导做决策，往往是少数人要去给多数人做决策，这个时候就容易产生偏差，所以为什么要讲公众参与，就是这个概念。另外，你的设计当中应该留有较大的空间余地，让大家有一种更加自发、自愿参与的可能性。纽约高线公园是近年比较火爆的一个改造再生项目，所谓“高线”（High Line），就是一条高架铁路线。20 世纪初，曼哈顿主要的货运码头在南边，南边经由水路运输的货物需要转运到曼哈顿中部的铁路货运站，开始就在地面利用城市道路进行运输，但对城市交通影响很大，曼哈顿人太多，有严重的安全隐患，也出了很多事故。1930 年修造了一条高架铁路，1980 年后慢慢不用了，这个时候这条铁路还要不要继续保留就成为一个问题。纽约市政当局和很多人都觉得应该把它拆掉，但是有两位环保人士就觉得不能把它拆掉，认

美国高线公园

为这是纽约城市发展的一段特殊历史记忆，他们坚守了很多年，最终把这条高架线留下来了。如今这条高架线已经变成了纽约一个最有吸引力的景观公园。今天到纽约去，基本上都会到这儿来进行观光，特别难得的是因为它跨越了很多街区，所以为纽约提供了一个高视角欣赏纽约城市街景的绝佳线路，是一个非常成功的案例。

第四个要点是要去中心化，注重大众的喜好，要以他人的身份留意观察注视城市活动和景观。人看人也是最常见的活力提升的重要途径，现代社会特别讲分享，比如说街头有一些街舞、杂耍等表演，我们在过去的建筑设计当中也遇到这样的问题。以前，我们到一个酒店去，基本上就是到酒店一个门厅，拿到一个房卡就上楼了。今天大家看到酒店一般有一个中庭，就是一个共享空间。人看人也是一种很有乐趣的行为，在大堂当中人和人之间也可以交往，中庭的产生对后来的建筑设计产生了非常广泛的影响。南京的德基广场中庭经常举行各种文艺、节庆和促销活动，在广场上层都可以看到表演。纽约时代广场我去过好几次，第一次去是 1991 年，当时车水马龙。等我 2009 年去的时候，突然发现这个地方变成了步行区域。步行街一开始试行时担心会不会影响这个地方的交通，但试行下来觉得很好，所以就改成了步行街。全世界都有一个趋势，就是城市更新中尽可能去营造步行空间，也就是增加城市的活力。

第五个要点是要处理好建筑空间和功能内外关联一体化，遍布巴黎大街小巷的室内外结合的咖啡馆，就是典型的案例。我们不能简单的把那些街头摊贩、商家和夜市全部清除，关键是要管理好。

最后一点也非常重要，就是营造场所感可以使城市活力获得质量并持久。中国现在讲乡愁，其实讲的就是场所感。现在我们讲应该看得见山，望得见水，留得住乡愁，这个乡愁就是对故土地理空间情感上的恋地情结，是对家乡过去时光的一种回忆。在座的各位可能年龄比较小，像我这样的年岁，对过去的回忆追怀就比你们更加强烈，所以乡愁是介于怀旧、恋地，以及思乡之间的一种情感。这个乡愁含有我们东方的背景，如陶渊明所描述的“采菊东篱下，悠然见南山”。丹麦的挪威学者舒尔茨指出，建筑师的工作就是创造出有意味的场所，就是要帮助人们去诗意的栖居，而不是简单的生活。城市是一个博物馆，各个时代好的东西必须保留下来，这样才变成一个琳琅满目的博物馆。一个城市不应该只是一种风格的东西，城市是演变、进化和积淀的一个产物。所以，我们需要给物质空间带来有情感属性的内容，一种超出物质性、边缘或限定周界的内容，这就是所谓的归属感。我们看到世界上很多著名的城市案例，都具有这样的属性，如罗马的西班牙广场，很多人都愿意在这儿逗留；如成都的宽窄巷，这个地方之前很破烂，通过一些历史场所的再建，通过建筑师对它的精心打造，现在变成了旅游观光景点。

前些年我带着团队做了宜兴市丁蜀镇古南街聚落的保护再生研究。古南街位于丁蜀镇蜀山和蠡河之间，是历史上非常有名的陶艺一条街。历史上很多陶艺大师，如顾景舟等都出生、成长生活在这条街上。在城市化的大潮程中，由于历史因素和基础设施不足等问题，其存活面临着很大压力。很多大师都迁到了外面另建工作室。然而，我们去调研的时候，发现这个地方虽然已经破败，但是在这里面仍然有很多生活、生产形态存在，仍然有不少陶艺工坊，还有原住民生活在这儿。这个时候要对它进行重新规划设计和保护，还是能够焕发它曾经的活力的。于是，我们开展了设计研究工作。在我们之前，古南街保护规划就是东南大学历史研究所陈薇教授牵头做的。我们后来做的事情主要结合了科技部的科研项目，对传统民居进行形态、风貌保护和适应性再利用。第一期我们启动了南入口等几个地块的民居改造，为此，我画了不少设计草图，把政府已经收储的房屋改造成为南街的入口展示馆，同时增设上下水基础设施、房屋结构也进行了加固，保护了古建聚落一部分的形态完整性。通过几处民居的“针灸式”改造介入示范，改变了当地居民的观念，在地性的、尊重原来风貌、当地材料和

重要节点建筑改造

技艺工法的基础上进行环境提升和改造再利用，再度激活了古南街的活力。在其中一个改造中，我们把一个两层的局部空间改造成一个可以演戏和交流的地方。这个建筑的重要性在于，古南街过去曾经有地方性的民间演艺活动，在我们改造之前已经濒临灭绝，由于我们恢复了这些可以演出的场所，这个活动又恢复过来了。为了让广大原住民参与缔造共同的家园，我们做了各种改造的样板，按照大家都能够接受的，符合文化传统的做法去改造，我们也做了改造的各种菜单，建造的时候让老百姓自发按照我们设计的指导原则去做。如果要装空调应该怎么装，门窗应该怎么做，我们都有一些指导。古建聚落改造必须面对产权的多样性，但老百姓看到我们改造之后很好，所以他们一旦需要改造翻新也会有样学样。我们的工作激发了当地的活力，让当地老百姓看到这样一种改造和提升更新是比较好的方式，而不是大拆大建的方式，让他们焕发了对自己家园的热爱。

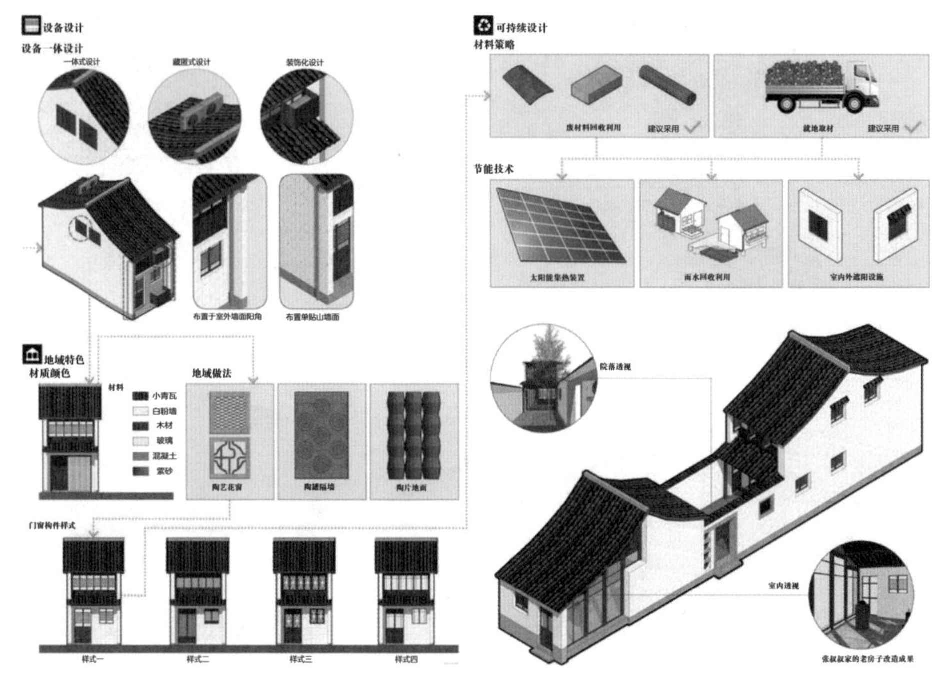

古南街传统建筑改造菜单

在这个过程中，当地的政府也做了很多工作，做了大量的宣传和沟通工作，同时也举行了一些文艺活动，和更多老百姓沟通。就这样，一条古街活力再生就可以通过这样的方式能够持续做下去，里面的改造，不管是政府主导的，还是老百姓自建的都按照我们当时设定的导则去做，这条街道就能很好的保护下来。这个项目最后参加了世界建筑师大会（UIA），作为中国区代表作品展览，作为示范案例依托的科研项目也获得了华夏建设科学技术奖一等奖。

最后，有几点延伸和讨论，因为你们这一代人跟我们这一代人，生活的过程和经历都不一样，在座的每天都离不开手机，离不开移动互联网。我们现在的购物行为都不太一样，网络购物大行其道。我们经常讲近在眼前，人却远在天涯，就是说大家虽然面对面，但各自玩各自的手机。现在更多的街道从室外变成了室内，我们如何保留传统街道的优点，又能够在未来实体加虚拟的城市中生活，不可避免地要进行万物连接，移动互联网正在深刻改革传统的人际交往和交流方式。现在到了高铁站和别的一些地方，都有手机充电的设施。你们离开了手机就没法生活了，这是一个很大的问题。所以在这个时代活力的产生和人际交往到底有什么新的方式，就变成了比较大的问题。我在前一段时间看了一则新闻，说在新的时代我们到处都可以支付宝付款，有可能未来的人际交往和彼此之间的邂逅会有新的形式，这是我们也关注的一个新的方向。2016 年我在南京也发现了一个很有意思的情况，在很多线下商店，特别是百货商店很凋零的情况下，我在我们学校旁边发现了一家凯瑟琳店，进去都要排队，我后来就去查了一下，是网红形成的吸引力。同时共享社区也是当代重要的一个特点。共享社区在丹麦比较早的时候就有了，现在是很多人家在一起，他们可以共同看管小孩，除了自己的居住、阅读生活空间是可以分开的，但其他的空间是可以共享的，这样人和人之间、人和自然之间就有更多交往的可能性，尤其老年人交往的需要会变得更加迫切，这是非常重要的。我们也可以看到过去的一些交往活动都是在水平维度上展开的，比如说街道、广场，现在更多的是高密度的城市，有可能在垂直的维度上，已经有很多交往的空间，包括我刚刚讲的人看人的中庭空间，就是在垂直维度上一种增加交流的机会。现在很多建筑师的设计，都有关注竖向的人际交往空间。

所以，我得出一个结论，当今的城市活力不仅与我们通常所理解的，既与城市环境要素、空间区位有关，又与网红形象的中心性临时建构和流行时尚因素也密切相关。大家知道网红它不是一个永久性的内容，它也是一种挖掘日常生活提升的重要渠道，同时也要挖掘基于日常工作场所的人际邂逅交往的机会。当传统的城市空间交往功能逐渐衰微，当我们的广场街道逐渐成为老人聊天、跳广场舞、打牌、打麻将等的空间，慢慢成为健身休闲，以及建立在移动 IP 线上的终端交往基础上的人际沟通、商业购物，是设计师在营造城市空间中特别需要关注的问题。我做规划设计的时候，我一直跟我们的团队讲，不能总用鸟瞰的方式观察城市，公众微观视角同样重要，老百姓需要享受生活丰富性和环境多样性，注重个性化的城市特色空间和形态营造，除了自上而下的规划设计管控引导，应该让城市环境有自下而上的成长、调适和优化的机会，我们历史上优秀的城市都是通过这两种方式共同成长起来的，而不完全是规划出来的，是给了一个路径生长出来的。同时我们要关注人们的感知体验，创造具有宜人尺度、催生城市活力的优雅场所环境，刚刚我讲了很多案例。对于我们城市设计来讲，特别要关注伟岸建筑，你们平常到一个地方去，往往更多地关注地标建筑，如天安门广场和那些高楼大厦等，但平凡建筑作为城市的基础同样重要，我们要关注日常生活，即一些表达城市抱负等的集体意志，要等量齐观，这就是我跟大家要讲的一个概念。所以城市活力不仅是城市竞争力，是城市生存和健康发展的根本所在，也是 20 世纪 50 年代以来全球城市研究最热门的话题之一。中国已经进入了中国特色社会主义新时代发展转型期，中共十九大提出社会的主要矛盾已经变成人民对美好生活的需求与不充分、不平衡的发展之间的矛盾，这是下一阶段我们攻坚克难的重点，所以我们需要以人民为中心，我们需要有温度、厚度、深度、精度的城市设计和建筑设计。

我今天想给大家分享的就是这些，最后祝愿各位学业有成，谢谢！

化学反应与结构

郑兰荪院士（报送单位：厦门大学）

郑兰荪院士

郑兰荪，厦门大学化学系教授、中国科学院院士、“长江学者计划”特聘教授、“973”首席科学家、全国优秀博士学位论文指导教师。1982年厦门大学化学系本科毕业后考取首届中美联合招收的化学类留美研究生，赴美国莱斯大学攻读博士学位，师从1996年诺贝尔化学奖得主斯莫利（R.E.Smalley）教授。1986年获博士学位后即回厦门大学工作至今。主要从事原子团簇科学研究。在《科学》等刊物上发表了300多篇论文。2006年、2015年两次获国家自然科学奖二等奖。2011年获何梁何利基金科学与技术进步奖。现任福建省科学技术协会主席、分子反应动力学国家重点实验室学术委员会主任、教育部高等学校化学类专业教学指导委员会主任。

同学们下午好，欢迎参加2018年高校科学营厦门大学分营！

我首先说明一下，这次不是做报告也不是讲座，而是一次讲课，我也不会讲什么大道理。我不知道大家的化学知识水平怎么样，所以希望等一下课堂上可以有些互动。这样如果有听得懂或者听不懂的地方我能够得到反馈，我也尽量讲得通俗一些，使得大家能够听明白。

第一，我给大家讲一下，什么是化学?

大家是否知道化学与物理学科以及其他学科有什么差别，也就是说化学的特点是什么？

我讲一下我的认识，我觉得化学最大的特点是创造新物质，这是化学与物理、生物以及其他相关学科相比，比较特殊的地方。

第二，化学在各个学科中占有什么地位?

我们以前讲，学会数理化，走遍天下都不怕。就是说数理化构成了我们现在的基础学科，所以说化学属于基础学科。现在大家所熟悉的前沿领域，比如说能源、材料、生命、环境、信息等，应该说化学就和数学、物理一样，对于这些前沿学科而言，是构成这些学科的基础。以能源学科为例，现在我们新的能源，比如太阳能电池，它的合成离不开化学。进一步的储能所用的各种电池，本身就是基于电化学的原理。其中各种材料也离不开化学合成，所有电池材料的制备几乎都来自化学合成。不管是无机材料，还是高分子材料都是通过化学合成得到的。甚至现在的生命科学也是以化学作为基础发展起来的。还有环境科学，我们经常说的化学污染造成了环境问题，事实上现代化工是可以走循环利用的道路的。我今天上午还在与一个化工企业探讨，这个化工企业在合成中产生很多氯，怎么清除氯的污染? 要用到硅铝酸盐也就是水滑石，它是一个插层化合物，可以把氯吸附进去，就变成了氯铝酸盐，本身还可以再利用。我们发现吸附了氯的水滑石又可以把土壤里面的重金属吸附回收，现在正在试验把它放到土壤里面去，让它把污染土壤的重金属吸附进去。所以说现在的化学工业靠着化学技术的进步完全可以走循环的道路。

第三，我要讲一下，我们国家化学水平在国际上的地位。

我们的化学研究水平在国际上从跟跑、并跑到领跑循序渐进地发展。应该说我们国家的科学研究发展得非常快。首先是研究条件非常好，像我们厦门大学的科研条件，相比国外的一流大学，应该说只会好不会差。研究设备条件也是国家领先水平，重点大学的水平。那么研究水平怎么样呢？接近于先进水平，应该说大部分处于跟跑状态，而且跟得非常紧，但是还是缺乏可以领跑的，也就是说我们现在很少有几个项目是我国科学家先做出来，然后国外科学家跟着我们走的，目前这一步还没有很好地跨出去。大概你们进入大学到研究生的时候，我们国家应该慢慢达到这个水平。我们厦门大学的化学学科，在国际上也是处于领先水平，大家可能早就听说过我们系的著名化学家卢嘉锡先生。大家也都知道厦门大学的化学和经济是强势学科，化学应该是卢嘉锡先生起的决定作用，而经济则是王亚南先生起的决定作用。

今天这次课，我大概要讲两个方面：一个是化学反应方面，我想主要讲催化，另一个是化学结构方面，我主要介绍 C_{60}。因为我讲授大学本科第一个学期的化学课，与中学化学知识是衔接在一起的，有些可能是重叠的，所以我尽可能根据你们的知识水平来讲解。我们刚才讲到了化学创造新物质，化学还有个特点，容易“被妖魔化”。大家有时候觉得化学好像造成各种污染，化学本身就是各种污染源。这一点我刚才讲过，化学可以通过循环的方式来解决各种环境问题。那么化学究竟怎么创造新物质？通过化学反应。我们对化学反应一般关注两个问题：一个是能否进行？这是一个热力学的问题，热力学方面的问题基本已经解决，大家进了大学之后很快就可以学到这方面的知识。另一个更关键的是如何进行？这是一个动力学的问题，这个问题我们现在的研究水平还处在初级阶段，对于绝大多数反应过程还需要长期的研究。对于能否反应，我们的化学基础知识是能够解决的，但是很多反应我们知道它能够反应，可是这个反应太慢，所以必须要想办法来提高反应速度。一般来说，反应物的能量比产物要高，那么这个反应应该就可以进行，当然我们这边没有考虑熵变的问题。但是对于大多数反应要过一个能垒（就像爬山），就是所谓的活化能。它还要翻过一个能垒才能进行，所以我们大家就理解了，为什么所有的反应加热以后温度提高，反应速度就会增加，就有利于反应的进行。尽管这个反应可能是放热的反应，但是它需要加热才能进行。那就是因为从反应物到产物还要翻过一个能垒。那么催化剂起什么作用呢？就是要降低这个能垒。那你们在中学是怎么定义催化剂的？就是能够提高反应速度，但反应过程中不消耗，对不对？从反应前到反应后没有变化，但它能够提高反应速度。我们一般把这个叫作催化剂。当然你进了大学以后会知道更确切一点是降低反应的活化能。但这两个定义是有一定差别的，等一下我们会讲到这个问题。

对于绝大多数化学反应我们都希望这个反应加快，希望能够提高反应速度。所以大概 80% 的化学反应都用上了催化剂。那我今天接下来想重点讲一下催化作用。我们平常讲一个催化剂好不好，怎么评价这个催化剂，要根据几个方面来看。第一，我们希望这个催化剂有活性，用更化学的语言来说就是希望它的转化率要高。第二，我们希望它的选择性要高，也就是对反应产物具有选择性。第三，我们还希望它具有一定的稳定性，就是它有比较长的寿命，在实验室这个不是很重要，但是在工业生产里面就很重要。

我们所说的催化剂有哪几种呢？大致分为三类，一类是均相催化，一类

营员专心致志听讲

是多相催化，还有一类就是生物体内的催化剂，我们一般叫酶。什么叫均相？大家有没有学过相的概念？那我们讲通俗一点，反应物和催化剂都在溶液中，所以它就溶液一个相，就叫均相。严格地说，所有均相催化中，反应物和催化剂实际上都是以分子的状态存在，所以我们可以说它是分子间的反应。那均相催化有什么特点呢？它是分子间的反应，选择性高，反应机理清楚。它又有什么缺点呢？因为它都溶解在溶液中，所以这个反应不容易放大。那适合做什么呢？一般用于精细化工。什么是精细化工？只要是你需要的化工产品它的量比较少但是价值比较高。这种情况下，一般用均相反应生产均相催化产物。大多数催化剂，80%—90% 的反应用的都是多相催化。在多相催化过程中，催化剂是固体，反应物和产物则是气体或者液体，因为固体与固体是很难进行化学反应的。从理论上来讲，多相反应催化剂也可以是液体或者是气体，但实际上我们现在还没有找到这样的催化剂，所用的绝大多数催化剂或者固体，或者是溶解在溶液中。所以对于多相催化，实际上是分子与固体表面的反应。那我问一下大家，我特别提到表面，为什么是表面？因为对固体来说，它只有表面的分子可以参加反应，但是固体表面的分子与体相的有什么差别？就是说固体表面有什么特点？表面的原子和体相的原子在化学上有什么差别呢？最关键的是表面的原子的化学键是不饱和的。我们可以形象地说它是有悬挂键的，就是它的一部分化学键是悬挂在那边，没有和其他原子结合，所以它非常活泼。这是一个很有趣的问题！对固体来说，物理学用的是它整体所有原子的性能，化学是用它表面原子的性能。因为它表面原子的化学键是不饱和的，非常活泼。你可以想象，任何固体从这个地方切开，它的化学键肯定是暴露出来的。对化学来说，固体的反应都是在表面进行，所以表面的原子是高度活泼的。大家想一下，表面化学键是不饱和的，那平常这个固体是怎样保存的，是个什么状态？它的化学键是悬在这边吗？

第一，它肯定会和周围的比如说空气中各种物质尽可能地进行反应，它才可以稳定地存在下来。第二，固体表面都是“肮脏的”，表面为了保持这

现场气氛活跃

些化学键饱和，要和周围空气中的氧气、水反应，一般氮气比较不容易反应，然后才能使它的化学键饱和，从物理上使它稳定下来。而这个结合实际上是无序的，所以我们用肮脏来形容，它不是一个很有序的结构。因为它是无序的，所以固体表面结构是难以表征的，就是说现在我们所掌握的表征的方法都没办法看清楚到底固体表面的化学键处于什么状态，没办法很准确地看清楚，这就是固体表面原子的特点。那么这就带来一个问题，就是多相催化的优点和缺点。在多相催化中，催化剂是固体，反应物是流动相。那么这就是很明显的优点，反应可以连续进行。不像在均相催化里面，反应物和催化剂都在溶液中，这个反应完了以后就要重新开始。所以多相催化的优点是它的反应可以连续进行。把催化剂固定在那边，反应物是气体或者液体，它可以从催化剂表面不停地经过，这个反应就一直进行下去。所以一般大的化学工程都用多相催化。那么缺点是什么呢？缺点就是我们刚才讲的这个问题，它表面太复杂，不好表征，所以它的反应机理不容易研究清楚。因为表面太复杂，反应的选择性一般比较差。所以我们可以看到均相催化和多相催化的优点与缺点实际上是互补的，刚好相反的。目前怎么来优化这个催化剂？怎么来制备多相催化剂？一般用的是沉淀的方法。通过反应形成沉淀，从而制备出来。一般来说，多相催化剂大多数是金属或者金属氧化物。从目前的催化研究来说，大部分还是调控它的组分，从某种意义上还是类似炒菜的方式。加入或者改变哪个组分以后，它的催化活性或者选择性提高了，然后再根据这个改进。

下面我要讲一讲，大家都知道的名词纳米。一般来说纳米材料或者纳米科技的发展正在为多相催化起到革命性的作用。为什么这样说呢？因为我们刚才讲过，对于固体催化剂我们只用表面的原子，也就是它体相的原子基本上没有发挥作用。对一块固体来说，表面的原子数量实际上是有限的，大部分都是浪费掉的，所以我们可以改善。颗粒越小，表面原子数越多。纳米材料的一个特点就是它有一个高的比表面积。举个例子，比如金，大家都知道金是非常稳定的金属。金可以拿来保值，稳定就意味着它在化学上面的惰性。但是它如果到了纳米级别的话，它的活性就大大增加。实际上纳米尺度的金

营员向老师提问

是非常好的催化剂。曾有过一个说法，一个立方厘米的金表面的金原子可能才几毛钱，我们能够把它固体颗粒尺度尽可能做小的话，可利用的表面原子数就增加了。而且还不止这一点，假设是一个立方体，表面跟在顶点上原子的悬挂键数量肯定是不一样的，肯定顶点上的最活泼，再就是面。当然我们希望它不是立方体，而是一个更复杂的晶体，这样子它的顶点也就更多。现在纳米科技可以做到调控它的尺寸、形貌，尺寸可以很均匀。当然从活性角度来说，我们希望它越来越小。形貌也能够很均匀。大家想形貌有什么意义？它在不同的晶面，它的原子的不饱和度是不一样的。或者说不同的晶面它表面的原子分布也是不一样的。如果能够调控出固体的裸露晶面是特定晶面的话，它的催化反应的活性和选择性就大不一样了。我们平常制备的催化剂可能各种尺寸形状都有，所以它的反应选择性就差了。实际上控制了暴露的晶面，就是控制了它的形状。可以是立方的，也可以是更复杂的。所以纳米科技的发展正在为催化剂的研发带来革命性的推动。最大的一个好处就是它能提供一个高的比表面积。

我们前面讲，评价一个催化剂大概三个条件，一个活性，一个选择性，还有一个稳定性。如果活性太高，它怎么稳定？这是目前一个大问题，正因为它非常活泼，不但不稳定，催化剂纳米颗粒自己都会发生团聚。那怎么办？有没有好办法？我们系郑南峰老师，他提了三个方法，大家听听看是不是有道理。一个是在大颗粒上面，附一个小颗粒催化剂，数量是一比一的关系，这样子小的有活性的催化剂相互之间接触面积就很小，不是绝对没有，但是就变得很小。当然不能表面都是，如果都是那就没有意义。这个当然有难度，但还是可以做到的。第二个方法就是让它的活性面凹进去，那么就不会相互接触发生团聚，这也是一个办法。第三是一个更可靠的方法，在催化剂表面用一个壳把它包起来，那它就稳定了。大家可能会想包起来以后，反应物怎么进去？催化剂怎么起作用？所以它的表面还要开很多孔，这样子反应物可以进去，但是催化剂本身不会跑出来。所以每个里面都是一个微反应体系。

那这个方法听起来比较难，但实验还是可以做的。首先催化剂表面要包一层硅酸盐的壳，然后在壳上面还要想办法打孔，孔不能太大，反应又能进行。总的来说，这些方法实验室可以做到，可以很均匀，但是工业上还是存在规模化的难题。

我们已经讲了纳米材料，纳米材料已经有二十年的发展历程，那到底纳米材料有什么用处？它的优点实际上是高的比表面，也就是高活性，还有一个就是它的量子效应，我来给大家解释一下。纳米材料的结构并没有发生变化，只是尺寸发生了变化，为什么性质会发生变化，一方面是因为活性高。大家知道春秋战国时期，思想非常活跃，当时有诸子百家，其中有两位，一位是庄子，另一位是墨子，它们曾经有个争论。拿一根木棍，每天切一半，是不是一直能切下去，庄子认为能够切下去，就是认为物质是无限可分的；墨子认为有一个极限，不是无限可分的。这个故事我觉得把纳米材料的特点讲出来了，就是尺寸到纳米以后结构没有变，性质变了，这是一个问题。关键就在于量子效应起作用了，我通俗地给大家解释一下，实际上在微观世界，原子、分子都是量子化的，每个能级都是整数倍，都是不连续的，是分立的。到了大块固体的时候，每个原子、分子还是量子化，但这个原子数量太多了，大概有 10^{20}，还会有相互作用，你会看到它能级还是很多的，但是它们是分不开的，我们一般用能带来表示。当原子数量是一定数量的时候，这个效应就开始体现了。一般来说，对物质体现出量子效应，一般在几个纳米左右，但纳米下面还有几千甚至上万个原子。一个很典型的例子就是量子点，现在电视机显示很多都说是量子点，是纳米尺度的颗粒，体现出量子效应来，其中最典型的是硒化镉，它尺寸变化以后能级就发生变化，所以它对光的吸收、发射和颜色都不一样。

我们再来讲催化，最理想的催化是均相催化剂多相化，选择性高，同时又能大规模利用。这个负载也不容易，还要保持它的稳定性和活性，这是一个重要的方向。另外还有一个方向就是贵金属替代，现在往往好的催化剂都

郑兰荪院士与营员互动

用贵金属，到现在为止都找不到更好的催化剂，所以我们现在只能减少它的用量，我们对它为什么不可替代还认识不清。现在一个解决方法是和普通金属形成合金来减少用量，可能还能产生某些特殊的性能。刚刚讲纳米催化剂，其实最早研究，也是我们中国科学家先提出来的概念，就是“单原子催化剂”。我们刚刚讲，把大块固定变成纳米尺度以后，它的活性就增加了，那我们把它变成单个原子的时候，活性不就达到了极限，所以这是我们目前的一个努力方向。但实际上单个原子是没办法存在的，实际上是单个原子分散，采用的方法就是把铂的原子分散在氧化铁的表面，反应的活性大大提高。但实际上要活化，单个原子是没办法的，所以铂的活化还和铁有关系，所以双原子应该是最理想的情况。单原子相对比较容易，保证它都有两个原子就更加困难了，这需要配合化学的方法，一开始就要保证它是两个原子的化合物，再把它分散开，我觉得这是催化发展的方向。

接下来我想说一下固体酸催化剂，这其实是均相催化剂多相化的一个例子。我给大家讲个反应，就是苯的硝化反应，要加硝酸对不对？然后还有产生水？这个反应的条件是浓硫酸，这个反应本来很简单，但是在工厂出现了问题，因为这个反应产生水，那硫酸会变稀，变稀以后就没有用，这对工业污染是个大问题，尤其是现在环保抓得越来越严了。那这个硫酸稀释以后，浓硫酸加了水以后怎么样？变成稀硫酸。然后它就不能用了。那这个硫酸变稀以后怎么办？当时大概想到一个办法是，我加氨进去，变成硫酸铵，就变成化合物。但是现在农民不太喜欢用硫酸铵做化肥，一般都用尿素，因为这个硫酸铵容易使土壤酸化。那怎么办呢？他们就想能不能把它做成固体酸。我们这边郑长方老师，他想到一个办法，他用这个氧化锆，氧化锆颗粒。当然，他怎么想出来的，我不是很清楚。氧化锆一般是球状的，是拿来做磨料的。把它泡在硫酸里面，就会带有很多磺酸根的基团。然后用它来代替这个浓硫酸，结果真的就变成固体酸催化剂，就可以解决这个问题！但是这个问题还是没有根本解决，为什么呢？这个反应生产水，原来这个水是靠浓硫酸吸走的，现在没有浓硫酸以后，硝酸又变成稀的了。硝酸稀到一定程度的时候，它的活性就没有了，就不能用了。所以问题还是没有彻底解决。当时我们给他提什么方案呢？当时就说那就不要用硝酸，用五氧化二氮，五氧化二氮就不会产生水。但是周围的厂家没有生产五氧化二氮的。如果从很远的地方，把气体五氧化二氮运过来成本太高。那怎么办呢？于是就想能不能把这个水吸掉。怎么把这个水吸掉？原来是用浓硫酸在吸，那么现在就用一些无机的吸水剂。当时就想到硫酸镁，结果硫酸镁加下去不但把水吸掉了，而且还不需要催化剂了，它本身就有催化作用！所以这个过程，我觉得是对整个催化反应的不断认识的过程。发展到现在，虽然不断地进步，但是问题最终却是还没有解决，为什么呢？因为又出现了新问题，硫酸镁吸了水以后活性又没有了。我们又想到，既然吸了水，你把它放到烘箱里面烘一下，把水赶走不就又可以再回收利用了，但发现这个活性还是降低了。所以这个问题我们还在不断努力研究中。今天在这里我给大家讲的这个有关催化剂的问题，就这么一个很简单的反应，直到现在，我们在工业生产上都没有完全解决。而且这个反应在工业上是很重要的，因为很多比如染料工艺都要经过这个步骤，实际上目前国内外也都还没有解决这个难题。

下面我给大家讲一讲结构。大家有没有学过“杂化”？没有学过的话，我给大家大概讲一下这个概念。我们看看能不能比较通俗地来讲这个概念。首先我们看碳原子，它内层是一个 s 轨道，有两个电子，这两个电子是不参加反应的。它外层有一个 s 轨道，三个 p 轨道，外层有四个电子。那么碳为什么会在化学中出现，而且在有机化合物中占了绝大部分？就是因为碳可以形成多达四个化学键，四个电子可以形成四个化学键，所以它在结构化学中最为丰富。最典型的就是金刚石，为什么金刚石坚硬，就是因为碳原子形成了四个化学键。如果我们从分子结构来说，很典型的例子就是甲烷分子，它可以提供碳氢键，而且后来发现四个碳氢键都是等价的，它方向不一样，整个形成了一个正四面体结构，夹角是 109° 28′ 。我们再来认识 sp2 杂化，可以形成三个化学键，三个 σ 键。其中典型例子就是石墨和石墨烯。石墨烯和石墨有什么差别？石墨烯就是单层的石墨，石墨就是一层层石墨烯叠起来的，它用了一个 s 轨道和两个 p 轨道，形成大 π 键，它们会相互作用，让石墨一层层叠在一起。为什么从石墨变成石墨烯它的性能就好了很多？石墨烯一般来说有非常好的导热性和导电性，因为没有相互作用，π 电子可以自由移动。从分子结构来说，sp2 杂化典型例子是乙烯，它的夹角是 120° 。那最后还有一个 sp 杂化，最典型的是乙炔，实际上碳碳形成三键，它的夹角是 180° ，所以它是线性分子。我们假设碳原子个数是 n，那它应该是什么结构？我们从最简单开始，如果是 2，它应该是什么结构，碳与碳之间就是 sp 杂化，但是这个结构肯定是不稳定的，那我们把它加长，它的碳还是稳定的，随着碳个数的增加，它的悬挂键并没有增加。但是仍然不稳定，怎么使它稳定？怎么消除悬挂键？就是让它形成环。这样虽然没有悬挂键，但是它的键角是 90° 。它是 sp 杂化，夹角是 180° ，肯定是直线，把它变成一个环肯定有得有失，虽然它没有悬挂键，但是它的键角被扭曲了。这个环越大越稳定，键角扭曲程度越小，当 n 大于 10 的时候，它就倾向于形成环。现在我们让它更大一点，就变成 sp2 杂化，我们假设又有悬挂键，怎么消除？

郑兰荪院士正在为营员讲课

就是变成笼状结构，但是这个跟刚才一样也是有代价的，键角应该是120°，它永远就是一个平面，那就是石墨烯的结构。要使它变成笼，它不可能是六元环，大家一起来看这个球（图略），它上面是黑色的，黑色的是五元环，五元环才能使这个平面卷起来变成笼。这边有 12 个五元环，有 20 个六元环，但是五元环也是有代价的，五元环的夹角是 108°，与 sp2 杂化不一样，但是与 sp3 杂化靠近。五元环是里面的不稳定因素，怎么使它降到最小，这个结构把所有的五元环用六元环包围，六元环都围在一起，五元环都被分离了，尽可能地保持它的稳定性。它还有一个特点，它每个顶点都是两个六元环和一个五元环的交点，所以它高度对称，C_{60} 应该是最完美对称分子，足球刚好也是这个结构。

现在我们把它还原到数学，从六元环和五元环所构成的凸多面体，有一个几何定理的描述，欧拉定理，$V+F-E=2$。正四面体的顶点数量为 4，面数量为 4，边为 6，所以满足。大家可以自己试一下。我们再回到这个结构，我们用欧拉定理来描述。那我们用 $F5$ 来表示五边形数量，$F6$ 表示六边形数量，

顶点数量我们用 N 来表示，边的数量和顶点是 2/3 的关系。大家现在假设 N 已知，可不可以把 $F5$ 和 $F6$ 求出来？大家自己试一下。我们可以得到另外一个公式，就是三分之五个五边形加上三分之六个六边形等于顶点的数量，大家可以自己解解看。先算五边形的，有算出来的说一下，12，对！那大家说 12，没错是吧？我们刚刚讲是 12，但这个 12 是一个前提，这个是 60 个顶点，这个 a 是任意一个顶点，那这个就很有趣了，就是说，假设我们这个是五边形换六边形构成凸多面体，它的五边形数量就一定是 12，是一个常数，不管这个顶点数有多少。现在这只是个特例，是 60 个顶点的特例，它可以更大或者更小，但它的五边形数量总是不变的，是个常量 12，这就很有趣了！所以我们来看它可以更大，但增加只能增加数量，也可以更小，减少也只能减少六边形的数量，所以它不可能无限小。它最小是多少呢？就 12 个五边形，就没有六边形，12 个五边形就是正 12 面体，就是 20 个顶点，现在我们再来看一下六边形的数量。二分之 N 减去 10，刚好是 20，它也可以是其他数，这个六边形数量肯定是和顶点数有关，但这个还是有意义的，六边形数量怎么样？肯定是整数，肯定不是半个六边形，那这个应用怎么样呢，N 就是偶数，N 必须是偶数，那这就很有趣了！其实大家以后还可以设想一下，也可以用其他多边形来构筑，也可以发现很多独特的数学问题，所以我们想它这个笼状结构怎么样，是可以变化的，可以大可以小，但是最小就是 20，就只有五边形，再大就增加为六边形，它可以一直递加，没有限制，那应该是个很奇特的结构。

现在我想再用一些时间来讲一下，这个 C_{60} 是怎么发现的。因为发现者是我的研究生导师，他发现的时候我还在研究所当研究生，所以我当时还是个听命者。尽管我没有直接参与，不知道整个过程。现在讲一下这个故事，大家可以看一下这个诺贝尔奖是怎么产生的。刚刚介绍过，我的导师叫 Smalley，任职于美国 Rice 大学，他已经去世很多年了，其实他去世的时候年龄并不大，只有 60 岁多一些。我是 1982 年到 1986 年读研究生，在我去之前，大概 20 世纪 70 年代末，他发明了一种技术，可以产生 C_{60} 这样的团簇，就是可以产生各种原子构成的原子簇。那这个技术是什么呢？其实我想到的就是电影《速度与激情》，为什么要用这个比喻呢？因为它用到一个“速”字，用到一个“激”，就是超声分子束。超声分子束听起来很玄妙，但是道理很简单，我来给大家描述一下。我们用一个容器，里面放一些高压气体，然后我们周围真空系统会把它包住。在这边给它开一个小口，那会发生什么情况？气体会喷出来，就像气球一样，如果这个真空跟那个高压比例适当的情况下，这个产生的就是超声分子束，这跟我们平时坐喷气式飞机的原理，同流体力学角度原理是一样的。那这会产生什么结果呢？我们关心这个技术应用。为什么要用这个方法？超声分子膨胀会产生什么效果？它的效果是它所有产生的气体速度均一，它的速度为什么会均一呢？我举个简单例子，假设我们现在这边坐着 200 个同学，如果突然发生什么火灾或者地震，大家都要从这个门跑出去，但是只有一个人能跑出去，那结果会怎么样？就是速度均一，为什么人速度均一呢？快的人快不起来，因为被挤在那边快不起来，慢的人你会被推着走，所以它速度均一。速度均一会有什么效果呢？这个可能就超过大家的知识范畴，速度均一在物理化学上就意味着它温度趋于绝对零度，就意味着它要冷冻起来，它本来就是原子的话，如果你把它冷冻一下，它就会聚集起来，如果是碳原子的话，就变成 n 个碳原子，就把它变成团簇，就变为原子的团簇。现在有个问题，就是说它要产生 C_{60}，它就要用碳原子进行超声分子膨胀，现在问题是碳原子怎么产生？产生碳原子就用到激光。早期的时候这个方法是用来产生一些金属团簇，比如碱金属的原子团簇。因为碱金属它很容易变成原子，它的熔点、沸点很低，但是碳的熔点、沸点很高，所以你要用炉子把碳加热成碳的原子就很困难，所以他就想到用激光，因为激光用很高的能量聚集在一点上面可以汽化，不然你要用几千度的炉子放高压容器就很困难，用激光就很简单，从外面穿过去就可以，就聚集在那个点。所以，当时用石墨汽化就变成碳原子，现在它产生的，肯定不会只产生一种，各种大小都有，那么各种大小的怎么把它分开？怎么知道它有 C_{60}，有 C_{70}，有碳 C_{80}，有 C_{50}？怎么能够把它们分开？这就利用到一个技术，就是飞行时间质谱。那什么叫质谱？就是质量不一样，其实 60 个碳、70 个碳、80 个碳，它的差别就是质量不一样，现在要怎么把不同质量的不同分子分开，不同离子分开，那它用的就是飞行时间的办法。其实道理很简单，大小离子都放在一个点上，然后给它加一个电场，然后那个离子怎么样，你中间给它一些孔，离子就可以往这边飞，那它的动能等于多少？最后拿这个仪器来检测。这有什么特点？你可以注意它的质量和速度平方是成反比的，就是它的质量越大，速度就越慢。这个道理很简单，就像你去赛跑，如果两个人的能量是一样的话，那肯定是胖的人跑得比瘦的人慢，所以这样子跑一段距离，那就分开了，实际上它的坐标就是时间，但实际上就相当于质量可以换成时间，那就可以看到一个个峰，就分开了。在当时什么情况？当时为什么会想到做碳团簇？这倒不是斯莫利的贡献，这个诺贝尔奖是三个人共享的，当时想到碳的是另外一个英国人，叫克罗特（H.W.Kroto）。斯莫利只是发明了这个技术，但他对碳并不感兴趣，他当时感兴趣的是金属，克罗特为什么会对碳感兴趣，因为他是一个天体化学家。天体化学家听起来很玄乎，就是他看宇宙空间有什么分子？有些什么化学的问题？他当时认为天体里面有很多碳的原子团簇，当然是小的，就是刚才我给大家描述的，是链状的。但他没有实验，他就想借用这个方法来证明这个想法，但他们俩又不认识。其中又有一个介绍人就是苛尔（Robert F.Curl），苛尔还健在，苛尔其实比斯莫利还大 10 岁，现在大概 80 多岁，我曾经邀请他来过厦门大学。他也是莱斯大学的，而且是比斯莫利更资深的教授，他们两位刚好认识，因为苛尔曾经在英国的牛津大学、剑桥大学工作过很多年，然后再到莱斯大学，所以他和很多英国科学家都认识，就这样他们三个就合作来做克罗特感兴趣的实验——碳的原子簇。但是在做的过程中他们就发现，C_{60} 的峰特别高。当时我已经是高年级的研究生，那是 1985 年的事情，我是 1986 年毕业的，所以我是资深的研究生，那个时候做实验，斯莫利当时交代我做金属的，他个人感兴趣的就是金属，所以说是低年级的在做碳。当时我问一个师弟，为什么 C_{60} 的峰特别高？当然还有一个现象，就是没有出现奇数的，只有偶数的，当时那个师弟就跟我说，一直都是这个情况。遗憾的是我们当时没有往下想，为什么会这样？我觉得他们的贡献，就是观察到这个现象，之前另外一个实验室，这个工作的谱图都已经发表了，这个现象都已经观察到了，但是都没有往下想！ C_{60} 的峰特别高，为什么没有奇数的？具体他怎么想出来，现在是个谜，为什么呢？因为这个论文发表以后，斯莫利跟克罗特两个人就闹翻了，他们两个人都自称是他们先想出来的，因为他们都知道这个工作的重要性，其实最后这个诺贝尔奖他们都有份。当时他们都坚持他们自己先想出来的，斯莫利的证据是什么呢？他说，他用很多六元环和五元环的纸片，把它粘成一个球，而且这个有拍的照片作为证据。但是这个事前事后，我们时间上不能肯定，但是确实他有想到。据说当时还有一个故事，他当时先想出一个这样的结果，但是怎么描述，他就打电话给那个莱斯大学数学系的主任，有这样一个结构，在数学上是什么东西呢？结果这个数学家在电话里面听了一下，突然叫起来说，这就是个足球！然后斯莫利才恍然大悟说，想到的就是这么一个结构。克罗特也有一个证据，他说他很早就注意到了拱形的建筑物上面有很多的多边形，而且他还找出一张照片，说他曾经在那个建筑物前面怎么样，也就是说他早就注意到有这样一个结构，受到启发。当然最后还是他们三个分享了这个诺贝尔奖。但实际上他们没有得到这个结构，这个结构是个大胆的推测。这个结构提出来的时候我们几个中国学生很难接受这个结果，因为产生的碳原子是个高温的离子体——几千摄氏度的高温，是个非常混沌的状态。在高温下，原子竟然能够排列出这样一个高对称性的结构，好像是不可思议的。后来，由一个德国科学家和一个美国科学家合成出来。他们是用电弧得到一些黑乎乎的东西，发现他的红外光谱与已知的碳的红外光谱都不一样，于是做了核磁共振谱，发现 60 个碳的对称性一样，进而证明了这个结论。但是我们推

营员正在向郑兰荪院士提问

想只能是事后推想，这个峰是什么样的。峰高就说明产量特别高。产量为什么高呢？因为和稳定性有关系。为什么稳定呢？因为和对称性有关，最后他想出这个结构来还是不可思议的，因为当时我们学生是很难做出这样结论的，他想出这个结构，是我们很难接受的。实际上，C_{60} 的形成机理到现在都还是个谜，他最后想出这个还是基于一个科学灵感。所以我研究生毕业的时候，斯莫利就跟我说，我什么都可以教会你，但有一点我没办法直接教你，要你自己去领会，就是科学意识。

纳米光学简介（节选）

徐红星院士（报送单位：武汉大学）

徐红星院士

徐红星，物理学家，武汉大学教授，2017 年当选为中国科学院院士，现任武汉大学物理科学与技术学院院长。1992 年毕业于北京大学，1998 年和 2002 年分别获瑞典查尔莫斯理工大学硕士和博士学位。主要从事等离激元光子学、分子光谱和纳米光学的研究。发现成对金属纳米颗粒在光场作用下能够在其纳米间隙中产生巨大的电磁场增强效应，是单分子表面增强拉曼光谱的原因，也是其他的基于纳米间隙效应研究的物理基础；提出了等离激元光学力和单分子捕获、表面增强拉曼与表面增强荧光统一的理论，发现表面增强光谱的纳米天线效应，研发了针尖增强拉曼光谱系统，实现等离激元催化反应。发现纳米波导等离激元的激发、传播、发射，与激子相互作用的物理机理和调控机制；在纳米波导网络中实现光子路由器、完备的光逻辑、半加器和光逻辑的级联。在国际著名科学杂志发表论文 180 余篇，被 SCI 杂志引用 12000 余次，单篇引用超过 100 次。

同学们，大家上午好！今天非常高兴能够给你们这些充满活力，具有旺盛求知欲的青年介绍一下科学最前沿的进展，简单来说，就是介绍

一下我们科学家在做什么。

今天主要是讲纳米光学，从这个名字上来看，就是研究纳米尺度下的光学现象。当然纳米科学本身是一个发展非常快的学科。那么，当纳米科学与光学结合时，会出现一些新奇的物理——这就是今天我想讲的一个前沿学科——纳米光学。

同学们可能已经开始学一些基础的物理知识，从伽利略到牛顿的研究，这个可能是中学里面教的比较多的，而现代科学涉及的可能会少一些。

光学是一门古老的学科。早在两千多年前，我们的祖先墨子就知道小孔成像，所以我们的祖先在光学方面有很大的贡献，但这只是经验上的认识。光无处不在，对我们的生活和人本身的感知产生重大的影响。比如说光线比较柔和的时候，看到天空绚烂的云彩的时候，我们可能会非常愉快，或是说有非常深的感悟，甚至会有哲学和文学的思考。光不仅给人提供一个交流的介质，还能使我们感受到自然的神奇，它是最直观的。光学作为一门探究类学科，是非常重要的。大家知道黑体辐射、光电效应，这些是现代科学的基础。量子力学怎么产生的？传统的认识认为能量是连续的，但是，如果向小的尺度走的时候，比如到原子尺度时，会怎么样呢？原子尺度又是什么概念？比如你的头发丝，头发丝一般来讲是十个微米，十个微米就是十万个原子的尺度。也就是说，十万分之一头发丝的质量基本上就是原子的质量。头发丝很细，它的十万分之一才是原子的尺度。就是描述一个物质时，它就会是某个物理量的倍数。我们知道现代科学的启蒙，就是量的倍数。这个基础有两个比较著名的现象：一个是黑体辐射，普朗克用能量的量子化给出了合理的解释；一个是光电效应，爱因斯坦借用光量子解释的。黑体辐射的规律，只有把能量进行量子化以后，才符合黑体辐射规律。光电效应也是，只有把光变成一份一份的，引入粒子性才可以解释实验现象。但是当再小的时候，能量再细分的时候它必须是一份一份的。这样的话，能量就不是连续的

营员认真听讲座

了，是独立的。包括我们所说的原子、分子，这些都是一个个独立的东西。这与流体是不一样的概念，但是你再细分的时候它是独立的。这个独立，一百多年前人们很难理解，因为没有什么手段观测。但是光学的那些规律你都要理解清楚，必须要用非连续的“量子”的概念。所以研究黑体辐射与光电效应，只能是用量子的概念，而不能说用连续的概念。量子的概念可以理解了，这个又激发出量子力学的产生。另外，相对论也是大家比较好奇的一个理论，它产生的直接原因是在证明以太是否存在时提出来的，而实验上否定以太存在正是基于光的干涉现象。所以，光学本身是现代科学的一个非常基础的科学，是支撑现代科学发展的一个最根本的学科。

同时，它也很有用，我刚才也说到，我们简单的感知都是通过光学来获取的。比如说通信，手机视频，通信效率很高，非常方便。整个的骨干网络是光谱，它是支撑我们信息社会的一个基础。再就是我们的电视，都是用一些非常先进的光学技术，才可以显示出五彩斑斓的颜色。投影也是如此。电视电脑的显示屏越来越大，并且越来越好看，就是各种各样的光学技术的应用。所以，光学作为一门古老而充满活力的科学与我们生活密切相关。大家进入大学以后不管从事什么科学研究，或多或少都会与光学有联系。所以，我花一点儿时间给大家介绍一下，让大家有个概念。

再说微纳光学，就是纳米光学，这是今天我要讲的内容。为什么我要讲这个呢？因为它的研究对象变得越来越小了。大家也知道，比如用显微镜我们可以看到细胞，但是显微镜下细胞里面还有东西，有一些细胞器，还有一些蛋白，蛋白里面还有一些小分子，再往下研究的时候，有的显微镜就看不到了，或者说传统的光学显微镜就不行了，要用电子显微镜了。目前一些新发明的显微镜还是可以看到的，当然用电子显微镜可以看一些更精细的结构。但是电子显微镜必须要一个特殊的环境，不是那么便捷。这样，我们进入了纳米光学时代，因为我们的研究对象在改变，微纳光学就会有一些新的光学规律。它和传统的光学很可能就不一样。因为它研究的对象尺寸非常小，并且空间的尺度非常小。在小尺度的空间里，光的一些传播行为，一些物质的光学特性、光和物质相互作用的机理，都有可能发生变化。我们要看某种东西，而传统的办法很难看到，我们就需要一些新的手段、新的方法、新的原理。

那么微纳光学和传统光学有什么不同呢？我们知道折射定律和反射定律，这个可能是高中里面学到的，解释了反射和折射现象。对于镜面反射，角度肯定一样的，入射角等于反射角。折射现象中入射角和它的折射角，满足正弦函数的关系。但是在纳米光学里面，它的公式是怎样的？例如，表面看起来是平的，但是具有一些金属的纳米结构，大概就是一两百纳米的尺度。它的金属结构可以是不一样的，这个结构明显是肉眼看不出来的，因为它很微小，看起来是平的。但是它会给折射和反射带来反常特性，比如反射，入射的时候它基本上没有这种反射关系；那么折射时，它会倒过来，在同一个平面内也是因为这个底下的纳米结构所调制的结果，这些平面它们会改变。至于它的机理，就是纳米光学要研究的一个内容，它会告诉我们不一样的东西。

还有光学的衍射极限。我们知道显微镜为什么会看不清楚？这里其实也是量子力学的原理，海森堡的不确定原理。那么有个极限，一般来讲是我说的半波极限。当然它表现出来非常复杂，我们做数值统计，具体来讲，就是二分之一波长。在二分之一波长以下就看不清楚了。简单地说，我们知道可见光的波长是什么样？可见光一般是在 400—700 纳米，所以它的半波长基本上可以近似认为是 250 纳米。如果这个分子是 250 纳米，光学显微镜也看不清楚，那么就需要新的一些技术来看这些小的东西。

在光学上，从 250 纳米的半波极限，一直可以走到原子分子这个尺度，这就是光学技术的进步。

徐红星院士为营员祝福

光波本身是一种电磁波，它是分布在空间的光学能量。我们说它的光学本身，在不同的体系中有不同的展现形式，也就是我们所说的光学现象。所谓的信息载体，也就是光可以携带不同的信息，这些信息就是光波或者光子本身的性质。它的一些成像技术，你可以把那些像做得非常小，作为显示，也可以用来存储。比如说光盘，它存储的容量是非常大的，传统的大概是 30 个 GB，可以存放几个高清的电影。但是用一些新的光学手段，可以把总量提高很多倍，因为这里是 GB 啊，TB 就是 10^3 个 GB，1 个 T 等于 10^3 个 G，就可以把容量提高 1000 倍。说 1 个 G 已经很强了，用纳米光学的手段可以把它做得更强。

互动问答环节

学生：您好，徐院士，听完您的讲座之后，我对纳米光学有了一些了解，也明白了它的一些基本的原理和应用前景。我有两个问题，一个是纳米光学发展到现在依然还会有一些问题，我们这一代人，如果要从事纳米光学的研究，我们可以去解决哪些问题？另外一个是如果纳米光学广泛应用到生活中，我们需要做出什么努力？

徐红星院士：这是非常好的问题。你具体从事的研究，会碰到一些新的问题。我刚才就是在讲述，这个领域因为它的发展，造成了一些新的需求。如果你进入一些具体的领域，比如说纳米显示，那么它有没有更好的显示方式？更新的显示原理？或者是更便宜的显示技术？或者是人类更容易接受的一些新的技术或者新的一些进展，这些都需要一些具体的探索和研究。你进入这个领域以后，当然整个科学也在不停地发展，它会渐渐提出更多的问题。然后你提出的第二个问题。如果你对科学感兴趣，你会注意观察，你会感受到身边的这些变化，也要思考为什么？比如新的一些显示技术如量子电视，它很快就会有，那么你就可能会观察量子点是什么样的一个东西，然后量子点它会不会发光。它发光，为

营员与徐红星院士互动

什么会有不同的颜色？这些都是基本的。综合来讲，就是仔细地观察，仔细地思考，你会发现这些纳米光学的基础。我想最重要的，是要树立一个梦想，然后为之付出努力。我们处于一个非常好的时代，因为全社会都在提倡创新。创新的空间非常大，并且从事科学研究的技术手段和条件也在不断进步，比我们读大学时要好得多。热切希望大家以后投身于纳米光学的研究，这是一个非常有前景的学科，因为它不仅原理上有好多新的东西，它在技术上也很有用。

学生：您好，徐院士，听完您的讲座，我想问一个基本的问题，请问您对我们这些年轻人有什么建议，觉得我们应该培养哪些良好品格？

徐红星院士：我也是从你们这个年龄走过来的，就我的感受来讲，要对科学有兴趣，最最重要的就是兴趣了，它会让你做科研不枯燥。你花的时间值得，就是说你愿意为之付出。还有就是思路要开阔，当然这个需要你自己各方面的积累，多读书，读万卷书，你的眼界会更丰富。

还有就是要有健康的身体，健康的身体是从事别的事情的基础，否则一切都是空谈。

学生：徐院士您好，我想请问您在研究上有没有遇到过什么比较大的困难，然后是如何解决的？解决又花费了多少时间？

徐红星院士：这个是有的，我们是交叉学科，就因为它有好多学科的交叉，比如需要你有生物化学的背景，如果是学物理的，可能就没有这个背景，那么就会遇到一些困难，但是这些困难都是暂时的。只要你这个时候非常专心地去思考。从事科学研究这条路，所有的困难都是暂时的，可能是半年，可能是一年，也可能是两年，但是最终都不会成为困难。

营员积极互动

电子信息科学与技术
是第四次工业革命的基石

管晓宏院士 （报送单位：西安交通大学）

管晓宏院士

管晓宏，中国科学院院士，智能网络与网络安全教育部重点实验室首席科学家，博士生导师。管晓宏分别于1982年、1985年获清华大学工业自动化专业工学学士，控制理论与工程学科工学硕士学位，1993年获美国康涅狄格大学电机与系统工程学科博士学位。管晓宏1993—1995年任美国PG&E公司高级顾问工程师，1999—2000年访问哈佛大学，1995年起任西安交通大学教授、系统工程研究所所长，1999—2009年任机械制造系统工程国家重点实验室主任，2000年任长江学者特聘教授，2008年至今任西安交通大学电子信息工程学院院长。管晓宏自2001年起先后任清华大学讲席教授组成员、双聘教授，2001—2015年任智能与网络化系统研究中心主任，2003—2008年任清华大学自动化系主任。管晓宏2006年成为美国电子电气工程师协会会员（IEEE Fellow），2017年当选中国科学院院士，现任《控制理论与应用》等期刊编委。

非常高兴今天能有机会给同学们做这么一个报告，电子科学技术是第四次工业革命的基石。这是我们学院的院长以前写的致辞，我很高兴仍然没有过时。信息科学和技术是世界科技的前沿，是半个多世纪以来影响最广泛，发展最迅速，创新最活跃的学科之一，它使人类进入了信息社会。信息社会与能源、环境、生物、材料、航空航天，以及数学、物理、化学等学科的交叉，正在孕育新的科技革命。信息化带动工业化，是现阶段的国策，也是推动国民经济发展的强劲动力。

那么信息科技，它的内涵到底是什么呢？应该说是从信息的获取，到信息的存储、信息的处理计算、信息的交换，再到基于信息的控制决策，是一个非常广泛的内容。那么它研究的对象从材料到工艺到元器件，大家知道元器件尤其是芯片，是世界科技特别关注的，是中美贸易摩擦的一个重要的内容。再到系统，再到网络。所以从微观到宏观，研究对象是一个非常大的范围。电的微观世界到宏观的联系全球每一个角落，包括我们无处不在的网络。那么，近期的科学和技术的趋势，一个是网络化，一个是智能化。智能包括人工智能，现在正在改变我们人类的生产和生活方式。再一个就是信息技术和物理系统的高度融合。那么，无处不在的信息网络，连接了人、个体、事物，所以从互联网、商务网、社会网、传感器网，到物联网。物联网比如说航空定向系统，或是一个专门处理某一个商务系统的网络，包括我们现在说的电商，都是相关的一些网络。到智能电网，我们的电到智能的交通网络，从我们拿的手机，这个智能的终端，到智能的家居、智能的楼宇、智能的工厂，智慧的城市，这是网络的趋势。人工智能社会，将深刻的改变人类社会，改变世界。整个的人工智能技术，也正在改变人类社会，改变世界。信息物理学是计算单元和物理对象在网络环境中的高度集成、交互的一个新型智能系统。传统的电网，我们无处不在的交通系统、工业控制系统，逐渐转变成为我们所谓的信息物理融合系统。包括智能电网、智能交通系统、工业控制网络，这些都在网络化、智能化、

大师报告会现场

信息物理高度的融合。那么，这个信息物理融合系统，就是所谓的第四次工业革命的基础。

我们知道人类已经经历了三次工业革命。大家看过伦敦奥运会的开幕式吧，伦敦奥运会开幕式里面就讲了工业革命，是机器代替了人的体力。第二次工业革命是电进入了人类的生产制造过程，电改变了一切，人类进入了大规模生产，从汽车到机器，各种各样的技术进入了规模化生产模式。第三次工业革命是我本人也经历过的，信息、计算机、自动化改变了人类的生产方式。在近二三十年之间，信息技术改变了整个的生产。第四次工业革命，仍然是信息，信息系统和物理系统高度的融合，会发生什么样的一些变化，我们接下来讲。所以相关的政府，比如说德国政府制定了工业 4.0 计划，4.0 就是第四次工业革命。中国政府制定了《中国制造 2025》计划，它就是中美贸易摩擦的一个焦点。美国政府制定了一个所谓的加关税清单，主要是针对《中国制造 2025》计划。所以说工业革命的重点就是信息这块。

那么传感器网络是干什么事的呢？是具有无线通信功能的微型传感器，进行信息的收集工作。过去我们到商店里面，通过条形码的扫描可以知道商品的批次，通过条形码，我们可以知道商品是什么材料、什么时候进来、生产的过程、生产的环境和信息，精确到某一个部件。每一个商品编号，从生产过程到运输过程，最后到商店里面变成一个商品，所有的信息都会包含在里面。它嵌到里面可以用传感器来感知温度、湿度等。

那么，信息网络连接的设备，过去是工厂，是单纯的机器。现在彻底地改变了。它现在用的是从工厂到零售，健康及医疗，监控各个方面。那么，电网和信息网络的高度融合，形成了新型的电网。过去传统的从发电到输电，到配电，再到用电，整个的过程都和信息网络深度地融合在一起。给大家举一个集成化、信息化的制造企业的例子。法国一家法拉利制造厂，自动的导引车就是顺着线过来，把要加工的零件、材料或者半成品放在车上，运到机床旁边，机械手把材料放到机器上，加工完再放下来，到下一个模具。这个装配车间大家看看（图略），这是一个装配过程，一个生产过程。那在智能工厂人能干什么？人就拿着这个类似 iPad 的东西到工厂去监控生产过程是不是正常的在运行。现在的生产过程完全是信息无处不在，而且信息和人紧密地联系在一起。

室内的物联网作为一个基础设施，实现了家庭环境与设备共联，所谓智能家居，就是所有的家电、家庭用具都连上了网络。我记得七八年前，微软这个方面公关做得就很好，他们每年都请一些信息学院的院长去咨询。他们有这样一个智能家居的实验室，要实现成产品。现在大家没有看到很多的智能模式，我相信这应该是成本的问题。大家看到，所有的空调、电视机等家居都实现了智能。比如说你开车回家，离家还有多远，都是精确计算过的，这时候家里的系统就调到了你要回去的时候的模式，你的咖啡壶也开启了，煮好了你喜欢的咖啡，电暖宝也开始工作了，整个的家电已经开始启动，等你到家之后，所有的一切也都准备就绪，大大节约了时间。

交通体系车辆与信息融合的设施，实现了智能交通，可以通过传感器来感知车辆的总体情况。大家知道现在国内的交通拥堵现象包括西安在内，是非常典型的。有了这个智能系统以后，它指挥、控制交通，而且它的一体化，从银行到城市交通这种公交系统，紧密地联系在一起，完成整个的信息优化。我们整个城市，以这个城市的 GPS 为模型，作为基础设施，进行城市规划，用网络运营城市所有的基础设施。

那么当然，信息带来的也不一定只有好处。信息进入每一个角落，如果信息被人利用，也会造成巨大的灾难。比如说 2011 年伊朗核电站有人利用 U 盘感应的一个服务器替换了控制程序，把它这个系统设定改高了好几倍。我们现在知道做原子弹，从过程开始要做一个非常明确的标准来进行核材料的获取。那么核材料怎么获取？最安全、最常规的核材料是铀矿石或者是放射性元素矿石磨成粉，磨成粉了以后高速旋转进行离心。伊朗核电站这么搞了以后，本来美国要去轰炸伊朗核电站，结果它发生了事故，它的运作被迫中止。2015 年年底，乌克兰的电信遭到了黑客攻击，最后造成核电站停电三个多小时，这是一个典型的物理系统遭到的攻击。所以信息融入物理系统也不全是优点。

我们再来看航空器，这是各国发展的一个重要领域。我们知道飞行器，包括民航飞机、军用飞机、飞行器械、卫星都是在 100 千米以上，在接近真空的一个状态里进行工作。可是，30—100 千米之间，大概有 70 千米的这个范围，是所谓的一个禁忌空间，它不完全是真空的，有一点儿稀薄的空气。但是根据飞行器这个推进原理，飞行器是需要空气的，没有空气是不能正常运行的，最后要靠火箭带的氧化剂来燃烧。太空当中是没有氧气的，所以从 30—100 千米，是一个卫星上不来、飞机下不去的空间，恰恰是各国需要发展的一个空间。你们知道什么是马赫吗？马赫就是音速的意思，现在的军用飞机都是超音速的，都是两倍、三倍的音速。一倍的音速马赫数是 1，所以说两个音速的马赫数就是 2，这里说的马赫数是 8—10 个马赫，

管晓宏院士报告会

就是超过音速的 8—10 倍，在两个小时之内，用这个发射的武器，从地球上任意两点之间，都可以打的过去。这种超音速飞行器的控制都是通过信息。把一个预警雷达装到飞机上，从高空往下看，能看到更多东西，而且可以搜索跟踪上百个目标，达到快速发现目标、有效跟踪目标、阻击目标这样的效果。那么它这里设计的各种目标探测、图像处理、多目标处理，这些都是信息技术最前沿的发展。我们现在用的手机、4G 网络，接下来就是 5G 网络。那么这个低轨道的航天器启动的网络是无缝对接我们的服务器，这样我们一些偏远山区的信号就自动连接到卫星上去了。

说完了太空再说深海，大家知道在水里面电磁波是不能传播的，但是声音是可以传播的，所以深海里的通信导航都是通过声呐来实现的。我们需要特殊的通信、传感、导航技术，需要潜入更深的海域，像一些核潜艇的二次核打击，都要潜伏几周、几个月，甚至 1 年的时间，我们需要更快更深的潜航，就要通过通信、传感、导航、控制。

人工智能、大数据、互联网 +、云计算、信息物理融合系统是当前最活跃的科技发展方向。信息科学与技术专业的发展面临前所未有的机遇，在建设创新型国家的进程中肩负着重大的使命和担当，将为建设科技强国、网络强国、智慧社会做出巨大的贡献。所以，信息科学与技术在前面三次工业革命和科技革命当中不可或缺，第三次是信息，第四次仍会是信息，所以说信息科学是最活跃的科学技术。

那么人工智能、大数据、互联网 +、云计算既是国际学术前沿，也是国家的重大需求，这方面与强国的差距，既让我们感到压力，又让我们感受到了使命。所以，没有世界一流的电信学科，就不会有世界一流的综合性大学。

创建一流的电信学科，培养一流的人才是我们学校电子信息工程学院的历史使命。所以我这里花一点儿时间介绍一下西安交通大学，我简短地说一下。中国高等教育的开端始于三所大学的创立，一个是创办于 1895 年的北洋公学，就是现在的天津大学。一个是创办于 1896 的南洋公学，就是交通大学，到后来西迁，西迁之后又成立了西安交通大学和上海交通大学。西安交通大学创立于 1896 年，到现在已经有 122 年历史。1898 年创建的京师大学堂就是现在的北京大学。这三所大学是中国最早的三所高等学校，也标志着中国高等教育的开端。

西安交通大学持续受到了国家重点支持，于 1998 年成为了 985 工程的九所大学之一，就是 C9。2017 年，被列入国家双一流建设大学。所以说西安交通大学是中国最著名的大学之一。

那么我们电子信息工程学院相关的专业，我也给大家介绍一下。我们现在的 6 个本科招生专业是按照电子信息类、自动化类、计算机类大类招生，到 2019 年同学们报考的时候就是按照大电类招生。我们现在有 5 个一级学科是招研究生的，有电子科学与技术、信息通信工程、控制科学与技术等，刚才我讲到的前面的内容，就是这几个学科里面的。计算机科学与技术、网络信息安全，加上前面的 3 个是一级学科。我们有 6 个系，电子科学与技术系、信息工程系、自动化科学与技术系、计算机科学与技术系，还有 2 个是计教中心和微电子学院，我们的机构正在调整，我们还要增加新的学院。

我们有专业教师 330 多人，有一批高层次的人才，包括 8 位科学院的院士、“973”的科学家，千人计划、万人计划、长江特聘教授等国家基金获得者。我们也有优秀的教学科研团队，有多个国家级的和省部级的研究基地、国家重点实验室、国家工程实验室、教育部重点实验室。多年来形成了重点的研究方向，包括：电子和材料器件、超快光学、光电器件、纳米的半导体器件，我们还在大数据获取、传输、融合、计算，人工智能系统、信息融合系统等方面有一些优势的方向。我们常年邀请美国工程院院士、美国科学院院士、几十位国际著名的学者和我们进行学术交流，我们和香港理工大学办的双学位国际合作办学计划，与各种高校和科研机构长期地合作交流，包括举办一些著名的会议。

我们在人才培养方面，多年来做了一些重要的举措，加强了信息科学技术与专业工程技术方面的人才培养。调集学校的优势教学资源，设置院级平台课，以培养高素质创新型人才为目标，充分发挥高素质教学科研团队的人才培养优势，实施本科生高素质人才培养计划。我们让本科生二年级就可以进入国家教学科研团队，还有国家级的实验室、省部级的实验室，为每个本科生制定培养计划，摆脱长期存在的定型教育模式，让学生早日进入拔尖创新人才的培养环境。

在各个国家的本科生教育中，表达交流课是一个薄弱环节。我们针对此现状加强本科生书面表达、口头表达的交流能力，在国内首先把表达交流能力课列入必修课范畴。

另外，我们认识到艺术与科学的交汇对音乐创作和科技创作的促进，我们学院科学家和西安音乐学院的音乐家创办的艺术与科学交汇的系列音乐会，现在已经成为我们丝绸之路大学的科学文化平台，在全国有重要的影响。

我们在机器人大赛、电子科技大赛、ACM 程序设计大赛都有不俗的表现，我们学院的本科生在这些全国性的竞赛当中非常的活跃。大家能看到我们的科研观景建设还是不错的，当时耶鲁大学的学者来了还向我们要科研设备的清单，觉得我们的实验室建设得不错，可以照着做一做。

我们毕业生的去向，这个大家比较关心。企业界，我们国内所有著名的 IT 企业，都有我们的毕业生。学术界，哈佛大学、麻省理工学院（MIT）、剑桥大学、清华大学、北京大学等这些国内外的大学都有我们的学生。另外，在政府部门、部队也有我们的学生。可能同学们在想，你们是搞 IT 的，你们学的是信息科学，怎么还有一大批人去搞金融？刚才主持人也介绍了，我曾经当过五年清华大学自动化系主任，当时我们自动化系拉了一个群叫重拾金融业，一共 500 人。

另外，大家也比较关心留学，我们的学生留学跟国外的什么专业对接呢？我们大都以电子信息类和航空航天工程、工业工程、生命科学的一些交叉学科相关，大致就等于我们国内的电子、微电子通信与技术、自动化加电信，所以到国外留学还是很好的。学长学姐都在等待着你们的到来，所以非常欢迎在座的中学生营员报考我们西安交通大学，报考我们西安交通大学电子信息工程学院，谢谢大家！

互动问答环节

学生：教授您好，我以前了解过机器狗，因为在 2015 年的时候美国军方就已经宣布“大狗”（LSI）机器狗被淘汰，主要原因是它有噪声，作战的时候很容易暴露士兵的位置，但是我想问一下它这个噪声是从哪里发出来的？而且随着科技发展，这个噪声能不能被消除？

管晓宏院士：这个同学看来对机器狗非常感兴趣啊。噪声确实是个大的问题，而且你看到我们刚才放的几个（视频里的机器人）都是有噪声的。主要是那个电机的噪声，我们刚才看了两个机器狗，可以说是世界最先进的，一个是十年前做的，一个是两三年前做的。它主要是电机驱动的，电池提供能源，电机来驱动，噪声主要是由电机发出来的。那么现在有没有更加安静的电机？有。刚才这个演示的效果中，低噪声的时候性能不是最好的，所以说现在低噪声和高性能有一些矛盾。但是，科技正在发展，低噪声又性能特别好的电机在不久的将来也可能出现。当然，如果要做到绝对的无噪声，这个可能目前做不到，但是这个东西在迅速地改进，你关心的这件事确实也是世界前沿的问题。

学生：教授您好，我想问一下，清华毕业之后你也去过美国再回来，我想问一下国外和国内 IT 发展的区别在于哪里？

管晓宏院士：很好的问题，但是这个问题太大了，为什么说中美贸易摩擦集中在 IT 业，集中在芯片上面？大家知道这个中兴公司，这一系列的过程估计大家也都了解，就是因为中国的急起直追，让美国感受到了某种要被追上了的感觉。当然，我可以告诉大家，中国的 IT 业跟国外，尤其是跟最发达的美国还是有不少的差距的。比如说刚才讲的芯片，无论是从材

营员认真听讲座

料到工艺，到器件，到整个芯片，我们样样都还不如人。如果现在美国什么东西都不卖给我们，对我们的影响真的是非常大。但是我们在非常努力地追赶，所有我们这个 IT 相关的学科，电子科学与技术、信息通信工程、控制科学与工程，还有计算机科学与技术，这些方面都在急起直追。我们的超级计算机，大家都知道，很长一段时间我们都是世界第一呀，最近说是又被美国超过了，我们继续做，再继续领先都有可能。但有一些，比如说我们华为公司做的这个手机，做的通信设备在很多方面是一流的，但是在半导体芯片这方面有差距，所以我们在各个方面正在超越、追赶，但是我们还依然有差距，我相信通过我们国家的努力发展，我们的 IT 业，我们在世界前沿的研究方向上面，无论是基础理论，还是具体的关键技术，我们离世界一流已经不远了，谢谢！

学生：院士您好，我想问一下现在关于人工智能的研究非常前沿，比如阿尔法围棋（AlphaGo），它是通过自己与自己对弈，然后完成了一个从零到大师的进程。现在人工智能也普遍的作用于军事方面，包括一些无人机，导弹可以自主的打击目标，甚至自动化的机枪可以自行的击杀，我想人工智能在武器这方面会不会对人类造成一些危害？这些危害应该如何避免？谢谢。

管晓宏院士：你提的问题非常好。人工智能的发展确实非常快，但是你说这个人工智能就完全代替人，我个人是不同意的，因为离代替人还差得非常远。你刚才说的这个问题，下棋这应该是人工智能运用得最成功的一个方面，但是大家应该清楚地认识到，所有的下棋规则都是确定的，为什么需要人工智能？是因为规则太复杂，算不过来，就是可能性太多，有一种棋比围棋简单得多，叫五子棋，你想想一个人能赢五子棋吗？肯定赢不了，因为五子棋所有的可能性都可以去预演，所以你的机器在里面就是非常笨的计算，可能性我都知道，不可能赢，所以阿尔法围棋（AlphaGo）你说它下得比人好，其实我觉得这个并不是……因为我不可能有办法用超级计算机把所有的可能都预演一遍，因为我们发明这个机器就是要代替人的脑力，就是要比人算得快，比人计算的可能性多，下不过机器这没什么，我不觉得这是个根本的颠覆性，改变人的生活或者去代替人的思维能力，在可以预见的将来是看不到这种情况发生的。所谓自动驾驶车，在平白无故的情况下，它自己计算失误，就把人撞死了这个情况其实也有可能发生的，因此有一些科学家其实在反对人工智能没达到的情况下，就用人工智能做自动驾驶，前一段时间宣布这不是自动驾驶，是自动的辅助驾驶，所以说已经改了。在这些方面，技术在进步，产生的伦理规则和交通规则要不要去改变，这是一个相当复杂的问题，现在也没有什么定论，说哪些东西由机器完成，哪些东西由人完成，这个正处于发展过程，交通规则比如说无人驾驶上街允许不允许啊，这其实也是一个发展的过程。所以我在想，我们的技术发展，我们人类的法律政策也要跟着变化，这也是一个发展过程，所以现在我们就很难下结论。它是一个发展的过程。

大宇航时代与大型星载可展开天线

段宝岩院士（报送单位：西安电子科技大学）

段宝岩院士

段宝岩，中国工程院院士，于2002—2012年任西安电子科技大学校长。1977年考入西北电讯工程学院（原西军电、现西安电子科技大学），先后获工学学士、硕士及博士学位。1991—1994年获得英国利物浦大学博士后。现为西安电子科技大学教授、博士生导师、国家“973项目”首席科学家，全国天线产业联盟主席。国际工程技术学会会士（IET Fellow），教育部科技委国防学部、先进制造技术学部委员、机械学科教指委副主任，工信部电子科技委委员，《电子机械工程》与《电子学报》等10个国内外学术期刊编委。

他曾被授予全国五一劳动奖章（2003）、全国劳动模范（2005）、全国师德先进个人（2004）、全国留学回国人员成就奖（2003）、全国优秀科技工作者（2011）等称号。入选2009年度科学中国人，2012年获香港何梁何利科技成果奖。2016年11月，参与录制中央电视台《大家》栏目专题片“小学科　大视野”。

各位同学，上午好！很高兴今天来参加这个活动，认识这么多年轻的高中生。你们是民族的未来，国家的希望，今天的报告主要是讲述天线的故事。

我们知道，麦哲伦不惧怕风暴，完成了环球航行，使人类走出了天圆地方的误区；哥白尼不迷信权威，提出了太阳中心学说，开启了人类对宇宙的全新认识；500 年以前哥伦布发现美洲大陆，麦哲伦实现了环球航行，标志着人类进入了一个大航海时代；那么 500 年以后，阿波罗登月载人飞船上天，火星、冥王星乃至系外行星的深空探测的推进，昭示人类进入大宇航时代。好多我们在地球上找不到的东西在宇宙中可以找到，那么这样一个宇航时代就离不开卫星系统、电子系统。所有卫星电子系统都离不开天线，就像我们人离不开耳朵、眼睛一样。一个卫星系统的空间飞行装置，也就是探测器，如果没有天线，它就是聋子、瞎子，看不到，听不见。那么我们看看可展开天线目前发展到了什么程度。

谈到天线，必然要谈到轨道。我们知道有几种宇宙轨道。第一，以地球为例，第一宇宙速度也就是环绕速度，是指物体紧贴地球表面做圆周运动的速度；第二宇宙速度就可以脱离地球的引力；第三宇宙速度就可以脱离太阳的引力。当然还有第四第五宇宙速度，很多。在不同轨道上，它们

段宝岩院士报告会

的速度是不一样的。

假设地球周围是密密麻麻的各国卫星，而且周围还有好多的碎片垃圾，并且垃圾现在清理不了，就很危险。这里面就有几种轨道，比如近地轨道，用于近地资源勘探，几百千米；中极轨道要达到一万千米；高轨道达到三万千米；地球同步轨道，控制三颗地球同步轨道卫星就能看到地球的任何一个地方；还有大椭圆轨道，沿着大椭圆轨道可以对地球的某个地方进行长时间的观测。还有拉格朗日点，太阳、地球、月亮三个天体的引力场内，在三个特殊的点上，它们的相对速度为零。有三个稳定点和三个不稳定点，某些点上，地球内面始终被太阳照射，所以可以观测地球观测得很精细；另一些点上则可以更方便地观测银河系。在不同的位置观测，可以达到不同的目的。

回到卫星上，现在有导航卫星。如果导航卫星跑到火星、冥王星或者跑到银河系之外，那导航就没有用了，导航卫星只能在地球的轨道上运行。通信卫星，保证在任何地方都能用手机通过卫星通信；观测卫星可用于气象观测；资源卫星可用于地面侦察。

而天线是卫星的眼睛，目前天线有四大发展趋势。

第一个是口径要大。要从那么高的地方看地面，如果口径不大，会导致增益不够，作用距离不够，信号微弱。所以要增大口径，提高增益。第二个特点就是高精度，高精度是跟高频段联系在一起的。天线的面型精度是波长的三十分之一或者六十分之一。频段越高，对精度的要求就会越来越高。比如说最低观测精度要求小于 0.3 米这样的分辨率。将来造出微波辐射计，从几百千米的高度去看云层的组成和细节，就需要很高的精度。第三个是轻质量。为什么是轻质量？现在这些卫星，需要整个收起来放到火箭里面，通过火箭运输打到天上去。规律基本就是 1 ∶ 500，如果天线的重量增加 1 千克的话，燃料就要增加 500 千克，所以天上的东西基本是“斤斤计较，两两算计”。第四个就是大收纳比。因为卫星到太空展开要求口径大、体积大，然后发射的时候又必须收拢起来，因此要求收容起来体积很小，展开体积很大，这就是收纳比很大。基本上就是这四大趋势。

在这种情况下目前做的几种天线，大概就分三大类：反射面天线、阵列天线、微电子天线。我们下面分别介绍。

第一，是反射面天线。反射面天线有四大类：刚性的、面板式的、网状的、薄膜的。现在先说刚性的，刚性的天线比较重，因为是石板的，口径做不大，但是精度却可以通过一些手段提高。现在已有的，举个例子，形似向日葵的一个石板天线，它的工程样机在美国 1987 年就开始做了。顺便科普一下美国的航空航天局（NASA），欧洲的欧空局（ESA），俄罗斯航天局，还有日本的航空航天局，中国的就是中国航天科技集团公司。这个图就是花瓣形（图略），左上角是收拢，然后逐步展开，展开成下面这张图，这是剑桥大学在 1996 年做的一个工程样机（图略）。我们再看看充气型，不是要收纳比较大嘛，就想在地面上把这个布收起来，到太空一充气就很大，所以收纳比很大。但是有一个问题，需要带一个压缩机，导致它的面密度下降，实际上是不轻的。另外，充气物不稳定，这个太空垃圾一打，充气物破了、碎了，气就没了，可靠性低。充气型口径比较大，但精度很低，基本上在 Ls 波段。

第三类反射面天线，网状。现在看起来满足这四个要求：大口径、高精度、低密度、高收纳，基本上是网状比较可行。网状大概有这么几类：镜像类，像伞一样撑开收拢；缠绕类；铰接类。

网状的第二大类，就是环形桁架，又称为桁架式，它的周边是桁架，中间是索，也就是直通管，网上再铺设反射网。这个是美国哈瑞斯在 2011 年所做的样机（图略），它是比较常用的，它的周边桁架是四边形，四边形中间是一个斜杆。如果斜杆拉长，两个就收拢；斜杆一缩短，它就变成一个矩形。然后将多个矩形连在一起就形成了周边桁架。这个周边桁架上下还各有一层索网，两层索网之间有调整索。如果把索长索力设计好，使得上层网变成一个抛物面，然后在上层网上铺一层反射网，这就是它的全部结构，由此可见它的原理很简单，但是设计很难。

还有一个是日本做的，于 1997 年上天，它的精度可以达到 0.7 毫米，口径 10 米。它的每一个模块是一个六边形的个体，每一个六边形个体拿出来就是四边形，在这两个个体之间进行索网设计并且铺上网，这里的网分为支撑网和反射网两种。这里的弹性就是指网络具有弹性复原性，又称为自恢弹，这个结构属于发射过程中的一种行为，我们把它的发射装置叠在一起，只要一解锁，它自然就弹开了，这叫作自恢感应。网张里面还有一个叫作整体张纳性，这是剑桥大学在 1997 年制作的一个 3.5 米的样机（图略）。

第四类反射面天线就是薄膜类的，也叫作薄膜天线。因为要求它轻，并且展开以后口径要大，所以薄膜也有很好的利用价值。薄膜在目前看来口径基本无法改变，但是可以将精度做得很高。举几个例子，比如一个静电薄膜成型，假如底下还是一个周边桁架式，在上层网上铺上很多电极，然后上面这个膜上是负极，即为接地线。那这两个之间就会有静电力，我们可以通过调整静电力，来把膜的精度提高，这样可以提高 8—10 倍，我们实验室正在做这种模型，效果挺好。

我们来看样机展开的形状（图略）。首先来看这个杆，它展开时是圆的，当把它压扁时，它可以形成豆荚杆一样的形状，这样它就可以卷起来，只需要一翻，它就可以展开，展开之后就重新变成一个圆的。这个杆压扁时没有刚性，展开时具有刚性，展开后这个杆就可以用来支撑。这个结构，主要的设计就在于可以把杆压缩成豆角荚的形状。接下来我们可以看到一个裙边锁，裙边锁用来拉膜。下面看到的是一个 10 米口径的框架，这个框架有三节，可以折叠成三折，也可以展开。展开时腹面会成一定角度。这个过程在天上是自动进行，也就是说不可人为干预。样机有接收和发射电磁波的装置，正如我们所见。

然后我们再看下一种，我们知道，人类将来要实现宇宙航行，靠火箭

营员向段宝岩院士献花

飞出太阳系是做不到的，飞出银河系更是不可能。那需要依靠什么呢？答案就是太阳帆。太阳帆是利用光压进行宇宙航行的一种航天器。光压的力不断积累，使太阳帆航行。我们要弄清楚太阳帆的结构设计，重要的是弄清太阳帆的膜。我们现在看到的是美国国家航空航天局关于太阳帆的一个影像。这个膜在光压的作用下可以运动。同时太阳帆的膜不需要高精度，它只需要形成力撑，能够承受光压的力就行了。日本现在已成功发射了太阳帆。

美国在研究一种反射镜。我们知道，伽利略观测月球时用的是折射镜，折射镜的缺点是它的轴很长。60 年后牛顿发明了第一台反射镜，利用光学反射，缩短了镜轴的长度。当然反射面要求的精度很高，是六十分之一的波长。另外，透镜也可以成像，它的精度是反射镜的 1000 倍。美国利用透镜设计了摩尔纹镜。几块小透镜慢慢展开形成大透镜，再形成图像。多个大透镜组成摩尔纹镜。小块透镜的优势在于它可以形成干涉，干涉可以把能量增强。

第二，是阵列天线，这个天线在美国的反导预警雷达上有所应用。反导预警雷达设置在太平洋上，它的优势是可以捕捉多个目标。它的屏幕上有几十万个单元。这些单元每一个都放出一个电磁波出去，把这些电磁波综合起来形成一个信号。阵列天线在天上也有很大的用处，比如天气预警。接下来我们看到的是一个类似三棱柱形状的装置。它的一面是阵列天线，一面是泰勒电池，还有一面是散热镜。

第三，是微电子天线，微电子机械系统与射频技术相结合，形成天线。为什么呢？微电子天线我们追求两个目标：第一是体积小，体积越小越好；第二，能耗低，能耗越低越好。因为天然的能源是宝贵的，太阳能电池非常有限。一个器件不超过5美元，而功耗不允许大于5个毫瓦，损耗大概1.5个分贝。接下来我们看到微电子机械的相控阵天线，可以实现微机械的扫描。还有微电子重构电线，何为重构？譬如说，方向图可重构，频率可重构，许多都可以重构，这就是未来的发展方向。

讲了这么多天线，那天线怎么做？要有关键技术。那么关键技术大概有这么几类。第一，天线到天上去，它的最终目标是实现电性，所以电磁场十分重要；第二，有结构，那结构自然有位移场，有位移，就会变形；第三，太空当中温度很厉害的，比如，这边是太阳，这边是地球，地球阴影部分可以达到 -180 摄氏度，太阳照射部分 +180 摄氏度，就是正负两百多摄氏度的温差变化，所以温度上是个问题。因此电磁场、位移场和温度场，三场之间相互耦合、相互作用，因此要进行这方面的研究。第四，是多柔体问题。因为它很轻，像面条一样柔软，最后形成一个劲度很高的天线，所以它是一个多柔体问题。就像你们高中时候学的质点力学，一个质点，当它到了一定形状以后，比如曲柄、连杆、滑杆，那么它就是一个多杆体问题。我可以把连杆转变成一个弹性体，那它就是一个多柔体问题。

在可靠性方面，因为天线在天上，人不能接触，也不能干预，所以它关乎到了可靠性问题。怎么样保证它能平稳展开，以及在轨道运行就变得尤为重要。一个卫星造价几十个亿，但是如果一个天线展开失败，那么这个卫星就会报废，由此可见它的成本非常的高。另外还有 CET 程序设计、数字化集成、集电热建模，这些也都很重要。

接下来我们说新材料的应用，新材料有很多，比如充气硬化材料、智能材料、热通敏感材料。新材料、新工艺的出现，会带来一批新技术的出现。

测试技术，就是指怎么样做好测试。比如说现在的经纬仪、激光检测器等，但它们都有一定的局限性，因为它们都有靶标，靶标一放，那么位置就变了。所以现在有一个摄影测量技术，就是通过照片拍摄，然后再用软件处理出来，进而把精度测出来。

然后是制造工艺问题，为了我们能够做出这些，那么就需要有一个展示平台，它要能够起到支撑作用，能够实现沉浸式的这种技艺限制，让我们的软件能够再现太空中的环境，比如正负相差温度、宇宙的微波辐射等这些相关问题。在这方面，我们做了有将近 30 年的时间。比如说 20 世纪 80 年代的时候，有一个径项类缠绕。多柔体刚刚开始，就是在刚体上叠加了一个弹性变形，这是很初步的。之后是综合设计软件平台的出现，在国家的大力支持下，形成了我们国家第一个集电磁、结构、热学一体的综合设计软件平台。它支撑了我们国家天通一号的研制。

光学望远镜方面，我们都知道的哈勃太空望远镜等，它们在地面上会因为大气沉降，出现衰减效果。因此我们把它放在天上去，它就不存在这些干扰了，当然就看得更远更清楚，但它造价很高。那怎么办呢？它的精度要求太高，做不大，那我们就分块进行。比如中间是 4 米口径，那我们就把它分成八块，逐块分布，四块向上四块向下，到太空后自动展开形成一个主面。

我们曾做过一个 2 米级的模型，它要求我们要进行合理的电镜布局来调整静电力，提高这个薄膜的精度。目前已经有 0.5 米级的，2 米级的，以及 5 米级的，都做得很不错，这会成为将来的一种趋势。

光学薄膜基本上几十厘米级，像二三十厘米就了不得了。美国研制了一个 55 厘米的薄膜，据说可以达到 1.1 亿毫米的精度。我们国家最近研发的是 0.55 毫米级，在工艺上采取了很多新的办法。那我们这次介绍的这个全新平台有以下八大模块。比如说一个是建模，首先建模本身要好，能够快速建模。你要用一些软件，它的运行就很慢，不适合展开天线。所以这是一个专用行业，就需要专门的行业软件，现在我们国家提出了《中国制造 2025》。这就需要数字化、网络化、智能化。这是一个很宏伟的目标。要想实现智能制造，我们国家现在的短板，首先是硬件方面。比如说芯片的光刻机就做得不够好。光刻机的要求精度是非常高的。我国基本上都要依靠进口。还有我们的机器人，比如说我们的机械手机器人。机器人里面的控制器、驱动器、关节也要依靠进口。关键的一些精度做不到，可控性做不到。还有比如说中兴通讯股份有限公司，我们其他方面都可以自主研发，唯独里面的一些主控芯片做不了，这就导致处处受限。所以我们要保持清醒的头脑，中国是较以前发达繁荣了许多。我想我们这一代 20 世纪 50 年代的人，是经历了中国从落后奔向中等发达的过程。我大学毕业的时候是 1981 年，那个时候国家还是很贫穷的。一个大学生毕业在西安工作，当时的工资是 58.5 元一个月。现在大家毕业后工资几万一个月的比比皆是。所以中国的的确确是发展起来了。但是，在一些方面，一些关键点上，还存在一定的距离。像我上面举的例子。尤其是芯片，举个例子，麒麟芯片，我国自己的芯片品牌，华为技术有限公司生产的，但其产品仍然离不开美国技术。所以现在基本上说，电子信息领域、显示技术等，基本上都被韩国三星垄断了，它是世界第一。比如说液晶、等离子体显示，我们仍然做不出来。再一个就是晶源技术，就是从沙子中把硅提取出来变成一个硅锭，再切片，再用于制造芯片，而这门技术要求提炼的硅精度越高越好。第三类就是我们的记忆芯片，存储芯片主要应用美国制造。像我们的宇航 600 以上的光纤布拉格光栅（FBG）就做不出来，低精度的可以。所以说我们在这些关键点还有些差距。这就有赖于在座的各位。你们将来只要肯踏踏实实地做，就一定没有做不成的事。只有你想不到的，没有你做不到的。

我们回到《中国制造 2025》。制造方面一个是硬件，一个就是软件。现在的软件我们做过调查，电子产业中的 90%，航空业的 90%，设计分析类软件都是国外进口，ANSYS 等全是国外研制的。所以这些软件，知识型的软件及精确控制型软件，我们国内基本也是空白。所以我觉得，路还很长，需要各位去奋斗，需要各位去突破。

因此在各个行业里，专有软件平台是很重要的，需要适用于这个领域，比如说我们国家的电子计算，普通电子计算基本上用的是国外软件。想要在航天方面有所作为，中国需要自己的专用平台软件，其中的层次结构、流程结构、数据结构就很关键。应用层、数据层经过多年的积累后有了模型的生成。这个模型有收入态与展开态，二者共享一个实体模型。它的数据结构里面包含数据的优化与分析。核心的数据库不会进行公开。比如某数据库三天一更新，在更新之后就有可能不能再用之前的部分。所以数据库的关键技术必须要掌握在自己的手中，比如空间的环、零部件失效、运载口就需要通过数据库进来，之后需要运用 CAD、CAE 等软件进行参数化建模。数据结构需要经过分析、找型、优化，以及展开过程的重力学分析和控制。数据的可靠性、外太空的热分析，以及反重力精度的调整都需要实现，仪器设计好之后需要精度的调整，如果精度没有达标，会后续进行测量调整，如此循环往复，最终实现电性能。

机电装备具有两大类，一大类以机为主，电服务于机，比如挖掘机、机床，用计算机控制的实际的测量精度会好很多，这是电服务于机。另一大类是机服务于电，通过机械结构，设计机械，满足电性能，比如雷达、天线、导航、通信，在海陆空有着广泛的应用，越是高精尖的领域，第二类机电装备的作用越大。利用这个平台制作出了三个构架式镜像类周边桁架式，它的建模效率及精度会高出其他平台许多，同时该平台的重量下降其实是用于节省原料，便于推进燃料，这是一个镜像类推进，基频指第一级固有频率。第一级固有频率越低，说明结构越软，像面条一样；第一级固有频率越高，结构刚性就越好。这是一个构架式，将来可以利用这个平台进行基于观测地域的复形设计，比如将南海地区的地形复原。该平台展开过程中的索网在解锁后就会失去重力，飘浮在空中，防止索网缠绕的方式需要进行技术的测试，根据该测试评价天线的性能。并且该构架式、模块化、新型的平台采用形状记忆合金，它会记住原来的形状，然后在太空中展开。

新概念天线，比如说压电光波材料充气光波等。还有一种是在卫星上伸一根杆，然后有一个母线，这个母线甩的时候会有一个液体出现，一甩就自然形成一个抛物面，这个液体出现在太空，一见光就光固化，自然形成一个固化的抛物面。这都是概念、想法，样件还没有出来。还有建立在空间的组装天线，在太空站上组装天线，可以组装得更大。所以说将来可以搞空间太阳能卫星，通过轨道把太阳能收集起来。因为现在能源是大事，

营员与院士合影

地球上的石油大概还有50年就接近枯竭，煤炭大概还有100年也就没有了，所以我们这一代人是不肖子孙，把地球几亿年积攒的材料都消耗尽了，那我们的子孙以后怎么办？ 50年以后怎么办？能源从哪来？太阳它还有几十亿年，太阳内部是一个核聚变的过程，等它烧完了以后就会坍缩，坍缩成一个脉冲星，那我们地球就变成黑夜了，太阳系就没了，我们这些人自然就消亡了。太阳能是一个在几亿年甚至几十亿年内不会耗尽的能源，所以我们要想办法把太阳能利用起来。太阳光照射到地面之后大概每平方米只有100多瓦，因为它通过大气层消耗衰减了。如果在太空的话，它是地面的10倍，所以我们可以在地球轨道搞一个聚光镜，把太阳能收集起来，然后让光照在光伏电池形成一个光电场，去提供电，直流电到一个振荡器，再到一个放大器，变成微波，变成射频，然后通过射频天线把无线能量传到地面上来，这不是天方夜谭，而是可以实现的。

我们西安电子科技大学正在用50米望远镜做一个演示验证系统，大概2019年年初就能试验完成。怎样让无线能量传输到地面上来的一个演示验证系统，就是在解决怎么提高精度、怎么提高效率的问题。

第二种是不把它变成射频，把它变成激光，通过激光把能量传输到航天器，利用这个技术就要涉及天线的问题，要把天线做好，这才能使得我们建立空间能源站的目标实现，这是真实情况。

谢谢！

互动问答环节

学生：院士您好，我想问支持您做研究的动力是什么？

段宝岩院士：研究动力，一个是为国家做点事，另外我们学科也要发展，再就是培养人才，在这个过程当中培养出了好多人才，我们自己工作也很充实。

学生：尊敬的段宝岩院士，我未来想做科研方面的工作，我读完本科和研究生之后应该做些什么，该怎么规划我的人生?

段宝岩院士：现如今的高中生，首先要考上好的大学，本科读完再上研究生，然后就是确定你的人生目标，具体而言，就是要从事哪个行业和哪个专业。本科一般在于选学校，研究生更着重于选导师。选导师时，要了解导师的研究水平和从事项目是否处于国际前列和国际热点。等到你学有所成的时候，再思考你将来的方向。如果你喜欢理论研究，那就在一些大学或研究所工作，当然现在研究所的方向也偏于应用；另外，你可以从事自己的产业，比如当 CEO 或是企业家，贡献也十分大；还有一类，如果你有很好的机遇，也可以考虑向党政领导方面发展。

学生：如果决定从事理论研究方面的工作，那么当考上研究生之后，是要跟着导师做更加具体的理论研究吗?

段宝岩院士：对，你的研究领域和研究方向就是需要跟着导师走，并且要做好。远大的目标确定下来容易，但实现目标的前提是干好当前的事儿。如果你连眼前的事都干不好，比如学习都不行，那么实现远大的理想就是妄谈。

学生：我想问一个比较现实的问题，就是您能否给我们这些即将步入大学的学生们一些关于学习和专业选择方面的建议?

段宝岩院士：学生需要在老师的带领下把当前的课程学好，并且考个好分数。分数不好怎么能行呢？当然，分数不是决定性的，但分数在一定程度上是对你学习能力的衡量，所以说学习必须搞好。至于专业选择方面，要从兴趣出发。比如，如果你未来想从事电子或通信行业，那就到西安电子科技大学；如果你未来想从事航空航天方面的工作，那就到西安工业大学；如果你未来想从事理论物理方面的工作，那到哪呢？可能中国科技大学比较好。每个大学都有每个大学的王牌专业，要尽量学习它的王牌专业。当然，每所大学都不是万能的，不可能每个专业都优秀。

学生：我想问一下，您今天讲的是关于天线方面的研究，那您觉得天

段宝岩院士报告会学生提问

线方面的研究在工程设计中有什么特别的意义？

段宝岩院士：天线太重要了，哪都离不了。只要跟通信和无线有关，都离不开天线。你看手机，你的手机不要到处通信吗？没天线怎么能通信呢。手机里原来有天线，但是现在你看不见天线。其实，手机天线已经发展到第五代了。

学生：尊敬的段宝岩院士，您好，我想问，在您的经历中，是什么一直激励着您不断学习？

段宝岩院士：我们那时候，高中毕业后就要回乡，不能上大学，这是很苦的。当时，我就一心想上大学，但就是没有这样一个机会。不过，最终我有幸考上了大学。其实那个时候我真是对知识如饥似渴，就是想要改变现状，改变自己这样的一个状况。那怎么改变呢？就是通过学习。

人工智能：经济发展新引擎

钱锋院士（报送单位：华东理工大学）

钱锋，中国工程院院士，过程控制和过程系统工程专家。现任华东理工大学教授、博士生导师、副校长，化工过程先进控制与优化技术教育部重点实验室主任，过程系统工程教育部工程研究中心主任，国务院学位委员会控制科学与工程学科评议组成员，中国石油和化工自动化应用协会副理事长。全国政协第十一届、第十二届、第十三届委员会委员。

钱锋院士

他长期从事化工过程资源与能源高效利用的制造系统智能控制和实时优化理论方法与关键技术研究。创新研发了乙烯装置智能控制与优化运行技术和软件，在国内乙烯行业全面推广应用，成效显著；突破了精对苯二甲酸装置全流程优化运行关键技术，实现工业装置大幅度节能降耗；发明的汽油管道调合优化控制技术，实现了调合过程实时优化系统长周期高效运行。研究成果已在数十套大型石油化工装置上成功应用，取得了显著经济和社会效益。先后获得 4 项国家科技进步二等奖、10 项省部级科技进步一等奖等 20 余项省部级科技奖励。

首先，对参加 2018 年青少年高校科学营上海科学营的全体同学表示热烈的欢迎。组委会邀请我给同学们做一个科普报告，由于各位同学来自我国不同地域，所掌握的知识面不一样，所关心的领域也不一样，那讲什么样的主题才能让大家感兴趣呢？我思考再三，决定讲一讲现在大家最关心的热点主题，也是我们每天生活、学习等方方面面都会打交道的主题：信息学科中目前较热门和前沿的一门科学——人工智能，跟大家探讨人工智能与我们的社会和生活的关系。因此，我今天演讲的主题是“人工智能：经济发展新引擎”。人工智能不仅仅是经济发展的新引擎，也是我们社会发展的加速器。

讲到人工智能，各位同学要问：什么是智能？什么是人工智能？对于这两个问题，大家觉得很难鉴定，很多同学不知道如何准确定义智能，可能大概知道是怎么一回事，但并不知晓具体怎么确定。那什么是智能呢？我们说智能通常是指生物一般性的精神能力，包括我们的理解能力、计划能力、解决问题的能力、抽象思维、表达意念及语言和学习等能力，这就是智能。那什么是人工智能呢？人工智能，也被称为机器智能，也就是说机器具有上面提到的一般性的精神能力。简言之，也就是人工制造出来的系统或者机器所表达出来的智能，对此我们称为人工智能。人工智能也有另外的定义：斯坦福大学尼尔斯·尼尔逊教授定义“人工智能是关于知识的学科，即怎样表示知识以及怎样获得知识并使用知识的科学”；麻省理工学院帕特里克·温斯顿教授也有定义，“人工智能就是研究如何使计算机去做过去只有人才能做的智能工作”。大家注意了，温斯顿的定义中指的是由计算机做人做的智能工作，我们一台小小的手机在某种意义上也是一台“计算机”，所以由手机去做过去只有人才能做的工作，也叫作人工智能。我们总结一下：机器，也就是由计算机组成的系统，具备人所从事的行为、思考、对话等能力，我们称之为人工智能。很显然这样的人工智能，它必须具备四种功能：像人一样思考；像人一样行动；而且要合理地思考；合理地行动。归根到底，人工智能讲了这么多，就是六个字：感知、认知、决策。首先感知，就是需要去获取信息；有了信息以后干什么？要认知，要根据这个信息，进行加工；那最终干什么？最终要决策，做任何事最终都是去行动，要去干事。

讲完人工智能的定义，我们来看一下人工智能的分类。通常有这样几种分类，第一种分类是将人工智能系统分为通用智能系统和认知智能系统。对于通用智能系统有两个基本功能：第一是研究数据。因为讲到人工智能肯定要跟数据打交道，也就是跟信息打交道。将数据输入一个系统或者一个机器，让它从数据中提取信息并建模，这是第一个功能；第二个功能，也是核心能力，就是应用算法，因为数据建模必须要算法，所以将知识从数据中提取出来的能力就是应用算法。而对于认知智能系统也有两个功能：第一是要具有类似人类一样的认知能力；第二是能感知、推理、规划和运动控制等。很显然，认知智能系统是我们一直希望达到的，也就是我们理想中的人工智能系统。但要实现这样的系统需要我们不断努力。

还有一种分类将人工智能系统分为狭义智能系统和广义智能系统。狭义智能系统，也就是使用特定的算法，解决特定的问题，比如智能下棋，如阿尔法围棋（AlphaGo）战胜了围棋高手；还有图形识别、信号处理等。这一类系统不是真正地拥有智能，不会有自主的意识，不能自己思考，而只是把一些案例、规则，以及发生的现象存储在系统里面，一旦发生类似现象，马上把对应的规则调出来处理。而广义的智能系统是使用相同的算法来解决一大类问题，它可以学习和自适应解决新的问题，不需要人为的干预，这也是我们通常理解的、比较先进的人工智能或机器人系统。

人工智能系统按照上述所讲的分类，从狭义的到广义的，从通用的到认知的，它们之间也可能会交叉。比如无人驾驶，既属于认知人工智能系统，也属于狭义人工智能系统；比如谷歌（Google）人工智能公司深度思考（DeepMind），属于广义人工智能系统与认知人工智能系统的交叉；还有智能的客服，未来的搜索引擎等。

讲到这里，可能很多同学也在想，我们如何判断一个系统、一个机器是不是具有人工智能呢？我们判断是否是人工智能系统的标准是什么？它的标准就是：人类是否真正因此（人工智能）知道得更多，做到得更多，体验得更多。这句话大家可以理解一下，就是因为有了人工智能，从而真正地辅助人类去认识世界、改造世界。

刚才讲到的广义智能系统是人工智能发展的长期目标，其真正实现至少还需要二十年到三十年。大家都看过好多的科幻类影片，讲机器人不得了，人没办法再指挥机器人，但是这都还很长远，目前只是科学幻想。实现人工智能，需要大数据，没有数据，人工智能很难发挥作用；同时，还要将数据与云计算、算法、软硬件等紧密结合。所以人工智能必须要有数据，有了数据，人工智能系统才能像工厂根据原料生产产品一样对数据进行加工，我们称之为计算，计算需要硬件和软件，再加上算法，形成了完整的人工智能系统。

现在都讲我们已经进入了人工智能时代。进入了新时代，我们现在的生活非常幸福，生长在新时代，学习在新时代，工作在新时代，我们经历三次工业革命。现在我们来回想一下：第一次工业革命完成了机械化，在1784 年，瓦特改良了蒸汽机，从此人类摆脱了人力时代，由机器取代人进行工作；第二次工业革命，使我们进入到电气化时代，1870 年，由于电的出现，我们用电力操作取代了部分机械操作，形成电气自动化的操作，产生革命性的变化；随后到了信息化时代，离我们更近，1970 年左右，由于计算机尤其是微型计算机的出现，大面积采用自动化生产线，生产效率普遍提高，工业生产发生了根本性的变化。那么今天，我们处于什么样的时代？我们今天处于互联网的时代，我们每天都要和互联网打交道，都要和手机打交道，都要用互联网去购物、去看新闻、去获取知识等，所以我们处在一个信息化的时代。正如联想集团的总裁杨元庆先生所讲：“我们正在进入一个由人工智能驱动的新时代，由数据驱动的新时代，以人工智能驱动的智能化变革正在引发第四次工业革命。”第四次工业革命是生产模式、生产方式发

营员认真听讲座

生变革的时代，所以人工智能的驱动是智能化的驱动，人工智能正以前所未有的广度、深度、速度与我们实际生活的世界紧密结合，我们每天都和它打交道。同学们，如果把你们的手机收掉，你们有什么感觉？我们每个人假设一下，如果没有手机、电脑、电视机等生活会变成什么样？简直不可想象。所以说，我们正在从数字化生存迈向智能化生存。

很显然，围绕人工智能，各个国家都在制定各自的人工智能发展规划。譬如美国在 2016 年 10 月就颁发了《国家人工智能研究和发展战略计划》，当时的美国总统奥巴马颁布这个计划，并将其视为美国新的“阿波罗登月计划”。大家知道，“阿波罗登月计划”是非常伟大的，人工智能同样是新一轮类似于“阿波罗登月计划”的发展计划，而这个计划是全球首个从国家层面制定的人工智能发展规划，主要包含了人工智能要研究哪些内容、人机如何交互，以及安全等七大战略。我们再看看英国，英国在 2016 年 11 月颁发了《人工智能：未来决策的机遇与战略意义》，它围绕三大问题进行了分析：什么是人工智能？它如何被使用？刚刚我们也讲到了什么是人工智能；人工智能给社会和政府管理带来什么益处？正如我今天演讲的主题“人工智能是经济发展的新引擎、社会发展的加速器”；这份报告还提到了如何管理人工智能带来的道德和法律风险。大家现在都很担心，担心机器人像科幻影片中一样会对人类产生新的挑战，所以我们发展人工智能的同时必须要制定一些机制防范道德和法律风险。鉴于此，英国的这份报告阐述了人工智能将促进创新和生产力的提升、政府应该在人工智能的运用中起示范作用，以及需要规范该领域的法律框架和风险管理机制。

讲到这里，同学们一定很关心我们中国有什么规划。在 2017 年 7 月，国务院发布了《新一代人工智能发展规划》。这也是我们国家第一个从国家层面上制定的人工智能发展的长期规划。从战略的态势、总体的要求、资源的配置、立法、组织等各个层面对发展人工智能做出部署，也提出了到 2030 年我们国家新一代人工智能发展的指导思想、战略目标、重点任务和保障措施，要加快建设创新型国家和世界科技强国。尤其在今年的两

钱锋院士正在做报告

院院士大会上，习总书记提出了建设世界科技强国的战略，现在国家各个层面正在为这个战略制定规划。大家注意，到 2020 年我国人工智能总体技术和应用要与世界先进水平同步。同学们想一想，2020 年已经近在眼前了，我们国家的人工智能理论、技术和应用水平要与世界先进水平同步，可见人工智能的发展很迫切。到 2030 年，我国的人工智能理论、技术和应用水平要引领国际，要达到这个目标，必须靠大家一起来努力。在座的同学们，从现在到 2030 年正值你们的青年时代，实现这个目标要靠我们、你们一起来努力！

刚刚我介绍了人工智能的背景，相信同学们对人工智能也有了一定的了解。下面，我们讲讲人工智能的发展历史。人工智能发展的历史是非常坎坷的，并不是一帆风顺的，我们来回顾一下。首先是人工智能的诞生。讲到人工智能的诞生，那我们必须要讲到这三位伟大的人物：第一位是希尔伯特，他是个数学家，1900 年就提出了 23 道经典难题，其中第二和第十个问题与人工智能密切相关，也正因为他提出了这些难题，促使了计算机的发明。由于这些难题的提出，迫使人们要去研究新的计算工具，以解决这些难题，这就推动了计算机的诞生。第二位关键人物是哥德尔，他也是位伟大的数学家，他推动了人工智能学科的发展。第三位伟大的科学家叫图灵，他也被称为计算机科学和人工智能之父。去年到英国访问时，我到过图灵执教过的曼彻斯特大学。他是一位计算机学家，也是一位数学家，同时还是逻辑学家、密码分析学家和理论生物学家，多学科交叉融合集于一身，所以他不愧被称为计算机之父、人工智能之父。

讲到图灵，必须要介绍计算机理论的原型，叫图灵机，没有图灵机就没有计算机。图灵机模拟了人类进行计算的过程，为计算机的发明铺平了道路。早期的计算机还是穿带机，纸带要打孔，有一个无限长的纸带，这个纸带穿了好多好多孔，孔代表着 0、1、0、1……纸带经过读写头，一个光片把读写头的 0 和 1 读出来，根据 ABCD 的编码编写程序，然后进行内部处理。上海地区早期最大规模的计算机就在华东理工大学（当时叫华东化工学院），用于支撑高难度、高维度、高复杂度的化工过程计算。回到图灵机，这是最简单的计算机模型，根据这个模型我们现在有了小型计算机、微型计算机、纳米计算机等。再跟大家分享一下图灵测试，图灵测试非常重要，它解决了“如何判断一台机器是否具备智能”这一问题。我们评价一个机器是否具备智能，要如何测试？这个测试很简单，有两个房间，一个房间坐着人，还有一个房间放一台机器，外面有一个人进行测试，这个测试不是靠语言反馈，而是通过键盘把这个问题提供给人和机器，然后让人和机器共同回答，只要有 30% 的人类测试者在 5 分钟之内无法判别出是人在回答的，还是机器在回答，这时候就讲这个机器已经具备了智能。

我们接着来看看人工智能发展的历史。其历史可以追溯到 1956 年 8 月的达特茅斯学院，当时在达特茅斯发起了一个关于“用机器模仿人类学习以及其他方面的智能”的研讨会。1956 年，刚刚才提出模糊数学的概念，那时还没有计算机，人们就敢大胆地提出要用机器来模仿人的工作。这个会议持续了两个月，大家你也说服不了我，我也说服不了你，最后没有达成共识。学术研究就是这样的，往往并不是一帆风顺。然而最重要的是，这个会议明确了一个共同的主题，那就是人工智能，围绕这个主题大家再分别进行研究工作。人工智能目前有三大学派，一个学派是符号学派，其运算的构成都是符号。第二个学派叫作连接学派，主要模仿大脑结构。还有一个叫行为学派，就是自动控制、感知行动，由行为来控制操作。在达特茅斯会议以后，人工智能进入黄金时代，获得了井喷式的发展。1958 年，纽厄尔和西蒙提出了四大著名的预言：第一，10 年内计算机将成为国际象棋世界冠军；第二，10 年内计算机将发现和证明重要的数学定理；第三，10 年内计算机将能谱写出美妙的音乐；第四，10 年内计算机将能实现大部分的心理学理论。但是十年后，也就是 1968 年，这四个预言都没有实现。当时的局限就在于计算机的性能，因为当时他们太理想化了，计算机的硬件、芯片发展速度不够快。所以在人工智能第一次井喷式发展之后，瓶颈期就来临了。比如跳棋，萨缪尔的跳棋程序停留在了州冠军的层次，无法进一步战胜世界冠军。在数学定理的证明中，计算机推理了数十万步也无法证明两个连续函数之和仍然是连续函数。在机器翻译中，将英文句子翻译成俄语，再翻译回英语时，句子的意思竟然相差甚远。因为都没有达到最初的设想，大家开始对人工智能感到悲观，认为人工智能不行，但其实真正的原因是计算工具不行。所以当时大家认为实现四大预言遥遥无期，人工智能开始遭遇批评，政府和大学削减了人工智能的项目经费，人工智能开始进入冬天。

人工智能发展的第二次浪潮在 1976 年到 2006 年间，这个阶段大家反思了瓶颈期存在的问题，同时由于计算机性能的提高，人工智能迎来了新的春天。这个时候，美国计算机学家费根鲍姆提出：传统的人工智能忽略了具体的知识。所以他开拓出专家系统这一研究分支，提出知识工程的

讲座现场

概念，即利用计算机化的知识进行自动推理，从而模仿领域专家解决问题。很多国家就在这样一个知识工程的理念下，对计算机化的知识进行自动推理，模仿各个领域的专家解决问题。很多国家也推出相应的战略计划，譬如，日本的第五代计算机计划、英国的阿尔维计划、西欧的尤里卡计划、美国的星计划，包括中国的 863 计划。接着，随着专家系统、知识工程的发展，误差反向传播算法被提出，这是用于人工神经网络训练的算法，1986 年由三位学者在 *Nature* 杂志上提出。随着以日本第五代计算机计划为代表的各国科研计划的投入，人工智能又进入了短暂的春天。但是，短暂的春天马上就被打破了。为什么被打破呢？因为早期的计算机都是基于知识工程、知识推理专家系统进行推理的，但苹果、IBM 等公司相继推出了现代 PC，它的速度更快，性能更好，更加低价，这样一来原来的计划再次被质疑，政府的经费再次被大大削减，人工智能也再次停滞。但是，不久以后，摩尔定律的出现让高潮再次来临，摩尔是英特尔的创始人。摩尔定律讲的是：当价格不变时，集成电路上可容纳元件数目每隔 18—24 个月便翻一倍。这个发展速度非常快，也就是说，计算机硬件发展速度非常快，每一美元能买到的计算机性能在 18—24 个月便翻了一倍以上。1988 年，IBM 开始研发国际象棋智能程序“深思”，它能够以每秒 70 万步棋的速度进行思考。到了 1991 年，“深思二代”可以打平澳大利亚国际象棋冠军约翰森。刚才说 1968 年萨缪尔的跳棋程序没有实现战胜世界冠军，而 1996 年英特尔的升级版“深蓝”开始挑战国际象棋冠军卡斯帕罗夫，但以 2 ∶ 4 失败了，直到 1997 年才以 3.5 ∶ 2.5 获胜，此时“深蓝”每秒可以计算 2 亿步棋。本来预言 1968 年计算机可以在棋类这一博弈竞技项目中战胜人类的世界冠军，人类用了 40 年才完成这个目标，这是计算机的出现带来的人工智能的高潮。其他的一些里程碑应用，包括斯坦福大学机器人 2004 年自助驾驶 131 英里，IBM 的超级计算机沃森在综艺节目《危险边缘》中战胜人类等。

目前我们进入了人工智能的第三次浪潮，这次浪潮由深度学习引领。所谓深度学习，是一种基于神经网络模型的学习，与一般神经网络不同，深度学习具备了更多的隐含层节点。深度学习是对大脑的一种模拟，拥有更好的感知和学习能力。第三次高潮的来临归结于计算机硬件性能的飞速提升，以及互联网时代海量数据的易获取性。

我再介绍一下图灵奖。美国计算机协会（ACM）于 1966 年设立图灵奖，很多同学知道诺贝尔奖，在信息领域、计算机领域，图灵奖与诺贝尔奖同等重要，这是非常难获得的一个奖项。从 1966 年起，到现在为止全球只有 65 名获奖者，在这当中有 8 位与人工智能相关的获奖者。

由于演讲的时间有限，接下来我简单介绍一下人工智能的主要方法和关键技术。人工智能主要涵盖四个基础学科：脑认知基础、机器感知与模式识别、自然语言处理与理解，还有知识工程。比如我们现在的自动翻译机，就涉及自然语言处理与理解。当然人工智能知识体系很广泛，还有很多，我们也列出一些代表性的，比如数学基础和技术基础。数学基础有博弈论、集合论与图论、信息论、概率统计、线性代数、微积分；另外，人工智能的技术基础有计算机原理、程序设计语言等。技术体系还包括机器学习算法，比如线性模型、逻辑回归、决策树等。这里面我们特别讲一下神经网络，神经网络就是模仿人的神经推理作用，然后用机器模仿构成的一个网络。神经网络一个简单的应用是手写数字识别，我们可以把手写的数字全部通过计算机识别出来，比如 0—9 这样的数字。在人工智能技术体系中，关键技术包括：计算机视觉、语音识别、机器翻译等，下面我简单介绍一下这些关键技术。首先来看计算机视觉，它是一门研究如何使机器“看”的科学，用摄影机和计算机代替人眼对目标进行识别、跟踪和测量等操作。计算机视觉的主要任务包括：目标识别、图像恢复、画面重建和目标跟踪。目前，计算机视觉技术主要在以下一些领域得到了广泛应用：手机端的新兴技术、体感游戏、指纹识别、医疗诊断、运动分析等。第二个关键技术是语音识别，这项技术的主要目的是让机器“听懂”人类口述的语言，这里的“听懂”不仅要求机器能“听见”人说的内容，还要求对这些内容加以理解并做出响应。语音识别技术在车载系统、辅助医疗、智能穿戴、智能家居等领域都已经发挥了显著的作用。网络上卖得非常火的天猫精灵语音助手就是语音识别技术在我们日常生活中一个非常成功的应用案例。第三个关键技术是机器翻译，它主要用于将一种语言转变为另一种语言，比如把中文翻成英文，或者把英文翻成中文等，国内有一家公司——科大讯飞股份有限公司，在机器翻译领域做得很出色，已经开发出一系列成功的产品。

下面我将介绍一些人工智能经典的应用案例，让大家加深对人工智能技术的印象和理解。第一个应用领域是大家耳熟能详的人机对战，其中最有名的案例是阿尔法围棋（AlphaGo）。AlphaGo 是 Google DeepMind 公司在 2014 年开发的人工智能围棋程序。2015 年 10 月，AlphaGo 击败樊麾二段，成为第一个无须让子即可击败职业选手的围棋程序。2016 年 3 月和 2017 年 5 月，AlphaGo 在分别战胜了顶尖职业棋手李世石和世界第一棋手柯洁后声名大噪。我们将 AlphaGo 的升级速度和李世石、柯洁的晋阶速度进行对比可以发现，人类两位顶尖棋手从开始学棋到晋阶九段用了十余年的时间，而 AlphaGo 从战胜樊麾二段到登顶世界仅仅用了两年的时间，这就是人工智能技术的强大所在。有些同学可能会问：1997 年，国际象棋程序“深蓝”就已经战胜了世界冠军卡斯帕罗夫，开创了历史，为什么“深蓝”没有乘胜追击，继续挑战围棋呢？这是因为，“深蓝”当时还是采用的传统的暴力搜索方法，而围棋具有高达 10^{171} 种可能性，这个数目甚至超过了宇宙中的原子总数，所以传统的暴力搜索并不可行。也就是说，AlphaGo 需要对落子方向进行筛选，而不是像下国际象棋那样靠蛮力搜索。为了实现这种有针对性的筛选，AlphaGo 运用了蒙特卡洛树搜索和卷积神经网络两种人工智能的方法。同时，它还通过和自己对弈大量的棋局，利用强化学习方法提升了自己下棋的水平。通过这些关键的方法，阿尔法围棋才能像人一样学会下围棋，而且越下越好。2017 年的 10 月，DeepMind 团队又开发出了 AlphaGo 的升级版 AlphaGo Zero。新一代的 AlphaGo Zero 完全从零开始，不需要任何历史棋谱的指引，而且也不需要参考人类任何的先验知识，只需完全靠自己一个人强化学习和参悟，棋艺水平的增长就远远超过了 AlphaGo。

第二个要讲的人工智能应用是和我们大家生活息息相关的交通出行领域的。首先，我讲一下近年来非常火的无人驾驶。无人驾驶，顾名思义，就是用计算机代替人来实现驾驶：用摄像头代替人的眼睛来感知路况，用电脑代替人脑实现决策，用电子控制转向、油门和制动代替人的手和脚实现执行操作。从 1925 年开始，人类就在无人驾驶领域开始了探索，直至 2016 年，无人驾驶的产业链才日趋完善，这一年也被称为无人驾驶元年。以谷歌（Google）、百度、长安等为代表的国内外企业在无人驾驶领域不断创新，推动着这一项人工智能应用的飞速发展。交通出行里的另一个经典应用是智慧交通，这里我着重要介绍的是杭州的阿里“城市大脑”。这

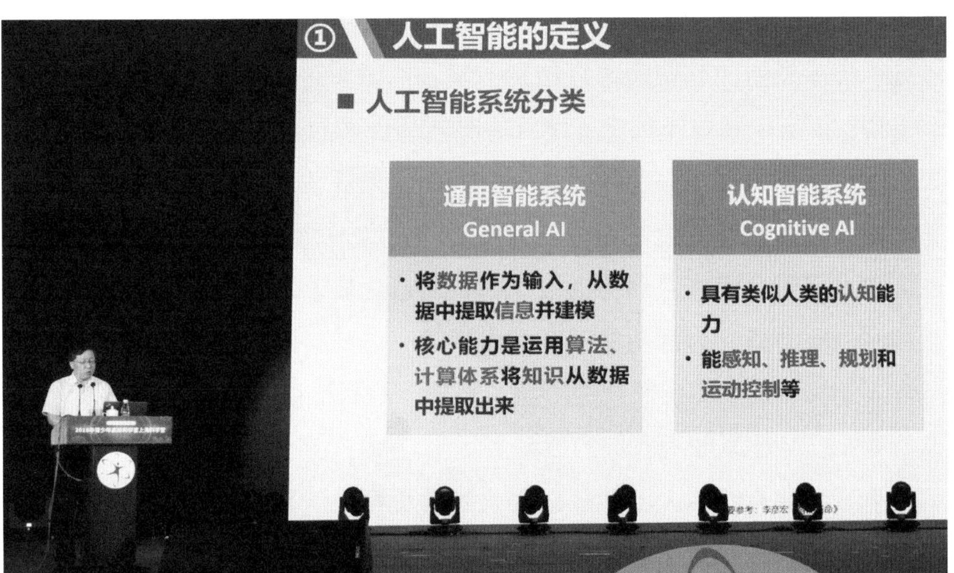

钱锋院士报告会现场

大师报告会现场

颗“大脑”可以通过车流量的计算调配红绿灯，可以帮助城市更好地调度和利用能源，还可以帮助政府更好地规划公共服务。同学们平常坐车的时候可能会感觉到，有些交通灯特别“笨”：明明这条路很堵，但绿灯时间却很短；而有些路段车很少，绿灯的时间却很长。有了“城市大脑”之后，我们就可以得到更“聪明”的交通方案，比如哪些路口应该禁止左转、公交车辆和线路如何调度才更为合理等。“城市大脑”还可以实时监控不同地区的人流量，比如遇到重大活动时，人流比较密集，安保部门就可以迅速加派治安力量，为活动的安全提供保障。总结一下，城市大脑就是通过结合人工智能技术和大数据进行城市管理，从而造福百姓。我们可以看到，人工智能已经逐渐融入我们的日常生活中。

第三个要介绍的人工智能应用是智慧医疗。智慧医疗，也就是利用人工智能技术改进和优化诊疗、药品、生物技术等。大家知道，我们国家正面临着老年人口比例逐年上升、医疗资源配置不平衡等问题，智慧医疗的出现能够有效地缓解医疗需求的压力、提高医疗质量，从而加速我们国家医疗服务的现代化进程。国际上有两个著名的智慧医疗应用案例：第一个是国际商业机器公司（IBM）的沃森治疗系统，第二个是达芬奇外科手术系统，感兴趣的同学可以在讲座后深入了解一下。

第四个要介绍的人工智能应用大家应该很感兴趣，是智能机器人。机器人的研究从 20 世纪 40—50 年代开始萌芽以来，经历了从实现单一的重复作业到逐渐具备感知、反馈能力，再到现今具有逻辑思维、决策能力等这一过程，可以说，机器人的发展进入了智能化的阶段。智能机器人是人工智能技术和传统机器人的结合。与传统机器人相比，智能机器人需要具备感知、推理、规划等能力，还要能够主动适应外部环境，并且能通过学习来提高自己独立工作的能力。我们举两个智能机器人的例子。第一个是日本的美女机器人艾丽卡（Erica），这是由大阪大学和京都大学的研究团队研发的一款智能美女机器人，她可以和人类进行流畅地对话，声音和表情都非常接近人类。第二个是美国波士顿动力公司研制的一系列机器人，以阿特斯拉（Atlas）双足人形机器人为例，他利用头部的光学雷达和立体传感器，借助于电动和液压驱动，能够实现像人类一样在雪地里行走、搬运物体、跌倒后迅速爬起，甚至跳跃翻腾等动作。

第五个要介绍的人工智能应用是和国家现代化发展密切相关的智能制造。智能制造，就是利用现代传感技术、网络技术、自动化技术和人工智能技术，实现设计过程、制造过程和制造装备的智能化。近年来，智能制造成为世界各国竞争和合作的焦点，主要发达和发展中国家纷纷加快战略规划和布局。德国、美国、日本和中国相继发布了《工业 4.0 战略》《先进制造业国家战略计划》《战略创新创造计划》，以及《中国制造2025》。对我们国家而言，制造业的智能化发展对中国由“制造大国”向“制造强国”转变有着不言而喻的重要性，我希望在座的一部分同学今后能为祖国智能制造的发展贡献自己的一份力。

最后，我对人工智能目前的发展给出一些思考和展望。先谈一谈目前人工智能与人类智能的差距，根据哈佛大学心理发展学家霍华德·加德纳提出的多元智能理论，人类智能应包括以下八项能力：语言、数理逻辑、空间感、乐感、肢体活动、人际社交、自省和探索自然。目前，人工智能在语言、数理逻辑方面做得比较好，在空间感、乐感和肢体互动方面做得一般，而在人际社交、自省和探索自然方面则还有很长的路要走。人工智能对我们未来生活的影响，大家可以更多地关注零售端的服务业、传统制造业的升级、更高效的社交连接和高精密工作的取代等方面。接下来，我们再看一看中美两大国人工智能产业的对比。虽然近年来，我们国家人工智能领域的发展突飞猛进，但是和美国相比还是有不小的差距：在企业数量方面，美国约为中国的2倍；而在起步时间上，中国企业落后于美国5年。我在前面提到了我们国家去年颁发的《新一代人工智能发展规划》，这份规划将发展人工智能提升至国家发展战略，描绘了未来十几年我国人工智能发展的宏伟蓝图，确立了“三步走”的目标。要在2030年之前实现这些目标，需要在座的同学们不断努力，为祖国人工智能的发展贡献自己的力量。

另外，向同学们推荐几本人工智能的书籍：《奇点临近》《未来简史》《走近2050》《超级智能》等。最后，希望我们共同努力，一同推动人工智能的发展。

探索宇宙奥秘

向守平教授（报送单位：中国科学技术大学）

向守平教授

向守平，中国科学技术大学天文学系教授、博士生导师。1968年毕业于北京大学技术物理系。1981年研究生毕业于中国科学技术大学，获硕士学位。1993年获瑞士巴塞尔大学博士学位。科研方向为宇宙暗物质与宇宙大尺度结构，已在国内外重要学术刊物上发表论文50余篇。长期从事本科生与研究生基础课教学工作，2011年获教育部第六届高等学校教学名师奖。主持的《天体物理概论》课程被教育部评为2008年国家级精品课程。主要译著有《时间之箭》（译）、《引力与时空》（译）、《天体物理概论》（2009年被评为教育部普通高等教育精品教材）、《宇宙大尺度结构的形成》（中国科学院国家天文台天体物理丛书）、《宇宙学》（译）等。

非常高兴今天有机会和来自全国各地的中学生们一起，回顾人类探索宇宙奥秘的历程，以及至今为止取得的主要成就，其中还会介绍一些目前仍没有解决的疑难问题。

我们首先来介绍一下宇宙是什么？英文里面有两个词都是表示宇宙：一个是Universe，它的意思是包罗万物；另外一个是Cosmos，它的意思更强调和谐与秩序。这两个说法应该说都是对的，但是都不够准确，不够科学。而我们古人在战国的时候，对于宇宙的解释是："上下四方曰宇，往古来今为宙。"什么意思呢？上下四方指空间，往古来今指时间。按照这个定义：宇宙就是时空。这个解释远远超过了西方。从现代科学来讲，宇宙时空连在一起，宇宙就是时空（Spacetime）。现代的这个概念是谁提出来的？爱因斯坦。中国战国时期的古人可比爱因斯坦早了两千多年。但遗憾的是，我们的老祖先有这样一个科学思想，但是没有把它发展成为一个科学体系。这其中有很多方面的原因，需要我们深刻思考，但今天就不展开讨论了。

我们普通人所了解的宇宙，就是日月星辰、满天繁星。这个图像是望远镜看到的，肉眼不可能看到这么繁密的星空（图略）。我们肉眼全年可以看到大约 6000 颗恒星，冬天看到的是 3000 颗，夏天看到的是另外 3000 颗，春天和秋天各不相同。也就是说星空中，这 6000 颗恒星，在一年之内，是轮流被看见的。为什么春夏秋冬看到的星空图像不一样？我想大家知道，这是因为地球一方面自转，另一方面围绕着太阳公转，这个道理很容易想清楚。天文学上把这 6000 多颗恒星分成 88 个星座。星座的概念不是中国人发明的，是古希腊人发明的。中国人没有星座的概念，中国人讲的是星宿。《西游记》等书里面提到的是二十八星宿，分为四象，东方苍龙，西方白虎，南方朱雀，北方玄武。这是中国人的说法，但在国际上不通行，国际上通行的是星座。古希腊人观察星空的时候，脑海里浮现各路神话人物，还有飞禽走兽，其中不乏毒蛇猛兽。这都是古人的一种想象。我们可以注意到北极附近，有仙王座、仙后座、仙女座、英仙座……这些都是王族，它们都分布在北极附近。同样在北极附近，我们中国有一颗紫微星，紫微星代表皇帝。所以无论是东方还是西方，皇（王）族一定是在北极，要天下群星围绕着它转。

对我们普通老百姓来说，北极附近最重要的是什么？北斗七星。从小我们就有概念，从这两个连线沿着虚线可以看到有一个小北斗，这颗星叫作北极星。按西方说法：大熊星座、小熊星座。北极星在小熊星座，北斗七星在大熊星座。这个对我们来说有什么用处呢？喜欢旅游的年轻人，如果在深山老林里迷了路，这个时候不要慌，只要天气晴朗，找到北极星，就能辨别方向，这就是一个很有用的知识。冬季有一颗肉眼看到的最亮的恒星，除了太阳以外最亮的是天狼星，它的附近有一个非常著名的星座猎户座。夏季大家抬头看到星空，引人瞩目的就是银河。银河的中间非常暗淡，这是因为，想象银河系是一个盘子，盘子中央有一个剖面，里面沉积了大量的气体、尘埃，是它们吸收了光线。所以并不是说“黑”就是什么都没有，实际上这里和周围一样，充满了亮闪闪的恒星，只是因为气体和尘埃将其光线吸收了。银河两边有著名的两颗星，牛郎星和织女星，这个故事就不再多说了。现在城市有光污染，看银河比较费劲。不过在一些比较宁静的乡村，还是可以看到清晰的银河。银河引起了中国人很多的遐想，镇守银河的应该是天蓬元帅，但是他犯了错误，被玉帝打下凡间，但投胎投错了，变成大家熟悉的嘴脸——猪八戒。

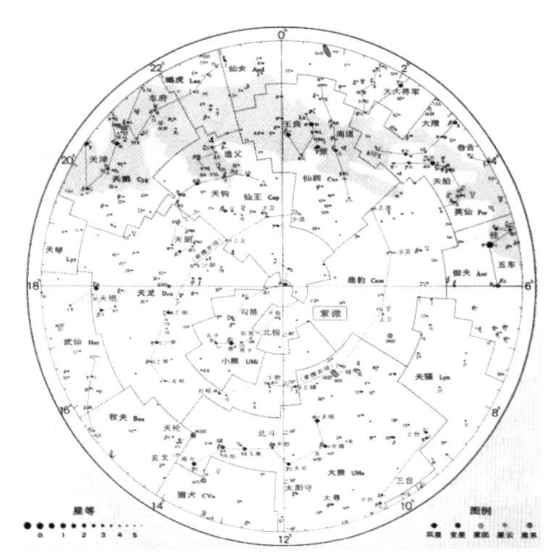

北极附近的星座

现在不少青少年热衷于讨论自己是哪个星座的，而且好像很当回事。其实常说的这些星座就是黄道十二宫，这个名字听起来很“中国”，但实际上是来自西方的。黄道其实就是把地球围绕太阳转的轨道扩展，投影到天上，形成一个圈；或者说太阳在天上，一年 365 天绕个圈，天上的轨迹就是黄道。这两种说法本质是一样的。西方人认为，太阳在 12 个月的旅行里，每一个星座就是每个月太阳在天空居住的一个行宫，所以叫作黄道十二宫。

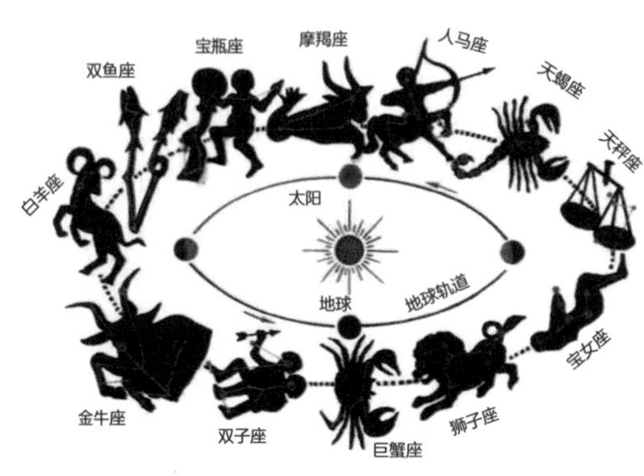

地球轨道与黄道 12 个星座

黄道十二宫

中国古代天文学家

这些星座大家都很熟悉了：金牛座、白羊座、巨蟹座……现在幼儿园的小朋友都知道这些。不过不要把它当真，也不要以为它真的和人世间的事情有什么关系，其实一点儿关系都没有，只是一个让大家开心的话题而已。

古代用来观测星空的一些仪器，现在大都在北京古观象台，同学们去北京旅游的时候可以去参观游览。这些大都是明代时候制作的，当然它的原型是从更遥远的宋代、元代传承过来的，后来重新制作。张衡、祖冲之、张遂（一行）、郭守敬，这四位是著名的中国古代天文学家，大家都认识，他们在天文观测方面做出过卓越的贡献。同时，大家还可以发现一件很有意思的事情：张衡既是天文学家，也制作了浑天仪和地动仪，可以说是高级工程师，同时他还是文学家，文理工全才；祖冲之是数学家，也是天文学家；张遂是一位高僧、佛学家，同时他测量过地球的周长；郭守敬既是天文学家，也是著名的水利专家。如果他们像今天在座的各位一样，在这个年纪要为高考而分科的话，他们是应该选择学文科，还是理科呢？又应该报考哪个学校哪个系呢？这是个值得我们深思的问题。

古代西方人把肉眼可见的约6000颗恒星，从亮到暗划分成六个等级，最亮的是一等星，最暗的是六等星，这个划分是由古希腊的喜帕恰斯规定的。直到哥白尼之前，关于宇宙结构，奉行的都是两千多年前的托勒密学说——地心说，用来解释观测到的日月星辰运动。真正开创用望远镜来观测宇宙的是伽利略，文献上记载，这是他亲手制作的望远镜（图略）。伽利略制作的是折射式望远镜，牛顿制作的是反射式望远镜，这两个是不同的。折射式望远镜容易产生色差，反射式望远镜可以避免色差，如今天文台用的大望远镜都是反射式望远镜。伽利略的望远镜其实很小，直径大约2—3厘米，他发现太阳上有黑子，银河系可以分解成很多的恒星，而不是一片片的云。同时他发现金星像月亮一样有阴晴圆缺，还发现了木星的四大卫星，小小的望远镜做出了如此多的发现。而我们现在经济富裕了，很多家庭给孩子买的望远镜都非常先进，有些还带有照相机，比伽利略的望远镜先进太多，但很多人只是作为玩具，甚至长期束之高阁，并没有发挥它的科学功能。牛顿不但发明了反射望远镜，还把白光分为七色光。牛顿的伟大著作《自然哲学的数学原理》，这是近代物理学的奠基之作，到现在仍然是经典。虽然现在不用它做教材，但是它的内容我们大学物理还在教。

牛顿的实验与他的名著

下面介绍一些现代的望远镜。一是美国威尔逊天文台直径2.5米的望远镜，1929年哈勃就是用它发现了宇宙的膨胀；二是在智利，它的主要投资者是欧洲几个国家，大望远镜直径8米以上的好几架，目前中国也在谈合作建设大望远镜；三是在美国亚利桑那大学的天文台，有一台双筒望远镜，直径各8米；四是在美国夏威夷，这两个圆顶结构一模一样，里面的望远镜（凯克望远镜）也一模一样，观测的时候朝同一方向。它有一个显著的特点，直径是10米，但没有做成一个直径10米的整体镜面，因为如果做成整体直径10米的镜片，它的厚度必须达1.5米，但是这样的话，第一它会变形，第二研磨加工等非常不方便。所以人们很聪明，把它分割成36块六边形、薄薄的、小小的镜片，再把它拼接成一个完整的、直径10米的大镜片。每一块小六边形的高度是1.8米，厚度只需要15厘米，这样就很容易制作。但也带来了一个问题，36块镜片怎么能让它工作起来像一块镜片，并且给出的像一点儿都没有变形？所以这就需要现代计算机的控制能力，也就是主动光学技术。它就是利用计算机，每个六边形的镜片背后都有几个支钉和计算机控制系统连在一起，可进可退。通过试镜，由计算机控制系统指挥调整每一块镜片，经过调试之后，组合起来的36块镜片工作起来就像一个整体的10米镜片。这个技术大概是近三四十年发展起来的，它解决了超大直径的镜面加工问题。这个问题解决了之后，30米的望远镜目前也在建造了，也是由许多面小镜片组成的。可惜不是在中国建造，而是在美国夏威夷，但是中国参与了建造

美国夏威夷莫那克亚天文台的两台直径10米的凯克望远镜，右图为安装镜片时的场景

并出资。建成之后观测的时间按照出资的比例进行分配，所以出资越多，可以占用的观测时间就越长。这幅图是在筹划之中的直径 100 米的超大望远镜，也是小块拼大块，计算机控制（图略）。

除了图像观测以外，望远镜最重要的功能是可以获取天体的光谱。光谱的概念中学大家都学过。我们通过光谱观测，可以了解恒星的温度、化学成分、表面压力、运动速度等参数，以及很多其他的物理化学性质。之前对光谱的观测效率非常低，通过仪器观测一次只能获得几十颗星的光谱。在大约三十几年前，美国人用 600 根光纤把光谱引出来，每根光纤对准一个目标，也就是说同时可以观测 600 颗恒星的光谱，计算机接收、存储，然后计算。下面左图是美国的斯隆望远镜。右图是中国的 LAMOST（大天区面积多目标光纤光谱望远镜），中国建设得比较晚，但有后发优势。我们用 4000 条光纤，美国是直径 2.5 米，我们是直径 4 米，现在已经落成，属于国家天文台，但位于河北兴隆，那里离城市较远，大气质量好。这台 LAMOST 望远镜直径 4 米，分成 37 块小的六边形，用主动光学拼接起来，这说明我们已经掌握了这样的尖端技术。更重要的区别是，美国的 600 根光纤，如果今天晚上预计观测 600 个目标，就要提前在一块圆板上戳 600 个窟窿对应 600 个目标位置，每一个窟窿插一根光纤，然后把这块圆板安

美国的斯隆望远镜

中国的 LAMOST 望远镜

到望远镜上，600 条光谱就引过来了。如果观测不同的区域，就需要制作不同的圆板更换到望远镜上，这多麻烦！这是美国人的做法。现在中国人是怎么做的呢？4000 根光纤，每根光纤不是固定在一个孔中不动的，而是每个光纤探测头可以转动并拥有一定的活动范围，所以这个设计使整个探测面没有盲区，而且光纤不需要更换，只需要根据计算机的指令转动探测头，找到要观察的 4000 个目标的位置。这是中国科技大学工程学院的老师设计的，可以说是世界一流。在计算机处理上，也有中国科技大学信息学院的老师参与。所以说，LAMOST 望远镜核心部分的设计制作中，也汇聚了中国科技大学的老师的心血和贡献。

刚才介绍的是光学望远镜，光谱是红橙黄绿青蓝紫，波段是非常窄的。从地球大气的角度来说，光学波段是透明的。此外透明的还有波长从几个厘米一直到十米左右的射电波段。其他的比如 X 射线、γ 射线、红外线、紫外线，这些都会被大气吸收。下面我们来看射电望远镜。它在地面上是可以转动的。如德国的 100 米射电望远镜，它的建造时间比较早。还有美国的，口径相同但设计比德国更加先进。德国的设计，信号有可能会被接收机挡住。而美国的设计有一个侧臂，这样对信号的遮挡可以减到最低。我们国家目前在乌鲁木齐有一台 25 米的射电望远镜，上海天文台在几年前建成了 65 米的射电望远镜。这显然不够，因此目前正在新疆乌鲁木齐附近筹建一台 110 米的射电望远镜。再来看地面上不动的射电望远镜。美国几十年前在中美洲的一个盆地里建了一台直径 300 米的射电望远镜，但现在已经锈迹斑斑，几乎停止使用。中国刚刚落成的“天眼”（FAST），位于贵州，直径 500 米，刚建成不久就有了一些重大的发现。将来可能会在这个基础上，建造直径 1000 米的更大的“天眼”，这个不难，因为贵州的喀斯特地形得天独厚，容易找到这样一个合适的地方。我们不仅要注重在观测设备的大小上赶超世界先进水平，更重要的是要把这样的设备用好，得出世界领先的重大科研成果。也就是说，不能仅仅停留在你 100 米我就 110 米，你 300 米我就 500 米，只追求设备要比对方大。更重要的是要有独特、领先的科学思想，有好设备那就要用好，然后得出真正领先的成果。如果没有极其聪慧的头脑指挥这些高大上的设备，就不会得到重大的科学发现。这些重担，今后就要落到同学们的肩上了。

实际上，虽然 FAST（500 米口径球面射电望远镜）镜面大，看得远，但是有一个缺点，就是看得不是很清楚。这是因为射电波波长比光学波长长得多，所以看得比较模糊。怎样改善呢？把多个射电望远镜联网，用干涉方法组成阵列，就能看得又远又清楚。现在有一个大的国际合作项目，叫平方公里阵列（SKA），正在进行中，它由 3000 台直径 15 米的射电望远镜联网组成，分布面积达一个大陆，聚光面积达一平方千米。这次中国投了钱，也派出了科研团队。这个设备可以说更引人入胜，我们期待它会有重大的激动人心的发现。

既然大气对我们进行了阻挡，很多波段的光辐射进不来，那我们就跳出大气层，这就是空间望远镜。右边这张图是在天上飞的哈勃空间望远镜，直径 2.5 米。技术储备方面，目前美国确实有领先的地位，下一代空间望远镜直径 6 米，也是一块一块拼起来的。可惜奥巴马因为财政问题取消了这个项目，而后奥巴马在任期的最后一年又批准了这个项目，原来预计是 2018 年发射，但据说又推迟到 2020 年。能探测红外线、紫外线、γ 射线、X 射线的望远镜，都已经在天上工作，中国在 2017 年 6 月 15 日成功发射了“慧眼”硬 X 射线天文卫星，重达 2.5 吨，处于国际前列。

哈勃空间望远镜

2013 年 6 月王亚平在神州十号上成功进行中国首次太空授课。中国是第二个在太空授课的国家。还有天宫一号，现在已经完成使命，落入了太平洋。预计俄罗斯联盟号再过几年就要寿终正寝了，美国现在也没有建造空间

太阳系概况

站的计划。所以大概到 2024 年前后，这种能够载人的空间站，就只有中国有了。

我们现在回顾一下太阳系。现在是八大行星，冥王星不算大行星，但是它还是一颗行星。其他行星围绕太阳运行的轨道几乎是在同一个平面上，而冥王星的轨道面与其他大行星的轨道面有显著倾角，且距离太阳又太远。关键是它的个头太小，所以不算大行星。这幅图上各大行星围绕太阳的轨道半径是不准确的，但是个头大小比例差不多属实。水星、金星、地球、火星这四颗行星是固态的，个头比较小。这中间有一个小行星带，估计以前是一颗大的行星，然后在太阳的引力和其他大行星的潮汐力作用下粉身碎骨了。其余木星等大行星是气态的（但可能有固态的核心）。冥王星外边还有一个小行星带。

太阳上有光斑、耀斑、日珥等爆发现象。有一个问题希望大家能正确了解：常有人说，太阳的能源跟氢弹爆炸一样，太阳表面上时时刻刻在核聚变。这个说法是不对的。太阳表面的温度只有 6000 摄氏度，不足以引起核聚变。实际上只在太阳中心很小的区域内产生核聚变，核聚变的热量逐渐传导出来，传达到太阳表面上。太阳表面的火焰只是炽热流体不停地流动、翻滚、喷射，而不是说表面上到处都是氢弹爆炸。

水星表面像月球一样，坑坑洼洼，布满环形山。

金星。通过“金星快车”可以看出金星的表面也有大气。但非常遗憾，大气的成分主要是二氧化碳，表面的温度也非常高，高达四五百摄氏度。因而生命无法在金星表面生存。

地球和月球，我们非常熟悉，是我们的家园。月球的正面有环形山、平原，而月球的背面没有平原，几乎都是环形山。中国人观测月球的贡献是给出了一份完整的月球背面图。第一次登月在 1969 年，人类踏上月球留下的第一个脚印，是阿姆斯特朗的，他在前几年已经故去了。之后又有多次的探月之旅。“阿波罗计划”负责人曾指示宇航员：“注意月亮中带大白兔的中国姑娘。”带大白兔的中国姑娘指的就是嫦娥。他们每次都在找，但并没有找到。这是 2013 年，中国“嫦娥三号”探测器与“玉兔号”月球车（图略）。

火星。火星给地球人的感觉，一种是恐惧，因为它是橙红色，西方人叫它 MARS，是战神。科幻片有火星人入侵地球的故事，令人恐慌。另一种感觉是神秘、令人向往。为什么令人向往呢？因为早期望远镜发现，火星表面沟壑纵横，可能是智慧生物在上面修建的水渠，至少它像是自然河流。所以一方面怕火星人入侵。另一方面，又觉得火星上面可能有适合人类生存的条件，将来人类可以移民。多年以来，火星带给人类的就是这种双重感觉。这是“海盗号”1976 年发回的火星表面照片，完全是地球上的戈壁沙漠这种图像。2004 年发射的“勇气号”火星探测器，它还有个兄弟叫“机遇号”，现在这两兄弟先后与我们失去了联系，没有办法再传回信息了，但是那几年发回了大量火星表面的图片。

火星地貌

最近的是 2011 年发射的“好奇号”，大小像一辆越野吉普车，它有先进的机械设备，以及化学、物理分析设备等，非常齐全。自动采集火星岩石

“好奇号”探测火星

土壤样品后，自行分析检测，并将结果发回到地球。我想今后，从望远镜一直到这些探索外空的设备的制造，不需要你非得是天文专业的，但是你的工作会直接或间接地为人类探索宇宙奥秘做出贡献。所以我特别希望在座的同学们，不管今后学什么专业，一定要时时关注人类对宇宙的探索，要力争自己的工作也能为这一探索做出贡献。这是我的观点。这是“好奇号”发回的最新火星表面的照片（图略），大家看一下，都是戈壁。以前还有“勇气号”拍到的，图片里有类似人的图像，有人还猜测这是一位女性。但是不是火星人呢？其实很容易判断，你不能以一张照片为证据。你过几个小时、过几天再看，它还在那里坐着，那就肯定不是人。这有时候也是媒体的一种噱头、炒作。现在还有一个炒作，据说美国有这样的一个公司，2000 美元包你到火星旅游，但是有去无回，没有回程的票，回程自己解决，而且不管食宿，只负责你去。据说已有一千多人报名，其中有四个人是中国人。现在都说中国人有钱，有钱胆子就大，就敢冒险。但是具体到这个冒险，我建议还是不要去，这种“好事”是带引号的好事，不要去贪图这种“好事”。

小行星带位于火星和木星之间。最大的一个叫谷神星，直径 1000 米，它是球形。除此之外都是一些形状不规则的石头块。好消息是最近听说有的石头块，比如，是纯黄金的、纯白银的、纯钻石的，这就给人类提供了巨大的财富。但问题是你怎么把它运回来，运不回来，就不是咱们的。只能说人类对小行星的认识有了更深入的了解，但是真金白银目前还取不回来。

木星。给大家的鲜明印象是表面美丽的条纹及显著的大红斑。大红斑其实是一个巨大的气体旋涡，里面可以放得下几十个地球。右图是伽利略用他的望远镜看到的木星的四颗卫星。

木星及其四大卫星

土星。1997 年发射的卡西尼号探测器。卡西尼是一位法国天文学家，他发现土星光环上有裂缝，后来被命名为卡西尼缝。探测器 2004 年到达土星，不仅看到了卡西尼缝，还看到光环上其他很多细小的裂缝。实际上土星的光环并不是像草帽的帽檐那样是一个整体。右下图显示的是光环内部大大小小的石块，所以光环离近了看就是许许多多大小不一的石块，离远了看就是一个完整漂亮的光环。2005 年有一件比较重要的事情就是从卡西尼号释放了探测器“惠更斯号”，去探测土卫六。许多空间探测器都用历史上著名的科学家的名字来命名，如我们前面曾介绍过的一些空间望远镜。用“惠更斯”来命名土卫六探测器，正是因为惠更斯当年用望远镜发现了土卫六。在整个太阳系里，几乎每颗行星都有卫星，仅水星、金星没有。其中个头最大的卫星是木卫三，第二就是土卫六。这哥俩的个头比水星还要大。土卫六还有一个显著的特点，就是

美丽的土星

它是太阳系中所有大行星的卫星中大气最稠密的一个。也有人说其他的卫星上几乎没有大气，只有土卫六有。“惠更斯号”的任务就是探测土卫六的大气成分到底是什么。很快“惠更斯号”就发回了照片，也发回了化学分析的结果：土卫六大气的成分主要是甲烷。甲烷是不能用来呼吸的，但是可以当燃料用。土星还有一个卫星叫土卫二，表面被冰层覆盖，它有一个“火山”，但喷的不是火，而是水和冰的混合物，也就是冰雾。这样一来，土卫六上有天然气，土卫二上有水，就可以做饭了。哈哈！

天王星。肉眼是看不到天王星的，必须用望远镜看。天王星也有光环，所以光环不是土星的唯一专利，木星也有，天王星也有。

海王星。物理学里面讲到万有引力的发现，一定会提到海王星。它被称为“笔尖上的行星”，发现者是法国的一位年轻人叫勒维耶。当年没有任何计算设备，完全是笔算，条件非常艰苦。他非常聪明，用牛顿的万有引力定律结合天王星的实际轨道运动，算出天王星轨道之外还有一颗大家都不知道的行星，并计算出了它的位置，然后其他天文学家果然就在勒维耶预言的位置附近发现了海王星。

冥王星。“新视野号”探测器2015年到达冥王星。

为了跟可能存在的外星生命沟通，40多年前发射了两艘飞往太阳系之外的宇宙飞船，它们上面携带了刻有人类形象及地球位置的镀金“名片”，告诉外星人我们来自什么地方，但至今没有收到任何反馈信息。1977年发射的“旅行者1号”和“旅行者2号”携带了记录地球信息的声像光碟，有中国的长城，还有中

“新视野号”到达冥王星

国人的家宴，60 种语言录音，其中包括中国的普通话、广东话、闽南话、客家话。

右图是大家知道的彗星。无论西方还是东方，彗星都是不招人喜欢的。“扫把星”，巫婆才骑扫把。其实这是一个正常的天象，彗星实际上就是一块大石头。

哈雷彗星

纵观人类现在已经探测、观察过的星球，最好的还是我们的地球，蓝天白云、青山绿水，一片生机，其他地方都不行，一片荒芜。所以说我们要珍爱地球，珍爱生命。人类今天能在地球上生存是需要许多条件的，在宇宙中这些条件很不容易同时都实现。即使这些条件都具备，也不见得人类就能够生存发展，必须还有偶然的事件，例如恐龙灭绝。如果没有使恐龙灭绝的这颗大陨石，人类今天恐怕还躲藏在阴暗洞穴里，难见天日。所以，我们人类是很幸运的。

恒星。近些年激动人心的事情是在恒星世界寻找与地球自然条件类似的行星。利用开普勒望远镜搜寻类地行星，已经找到了几千颗，其中有些行星的大小、行星与恒星的距离等，与地球非常相似。但是其自然环境，适不适合人类生存，还不得而知。其次是外星生命。有没有造访过地球的外星人？我个人认为是没有的，起码至今没有发现确凿证据。

开普勒望远镜搜寻太阳系外行星

星系与黑洞。黑洞是怎样的呢？霍金 2018 年年初刚刚去世。霍金的真正重大科学贡献，就是证明了黑洞并不是一个黑的洞，它是可以发光的。星系大规模的喷发活动都跟黑洞的存在有密切关系。此外，许多星系还会发生碰撞，这个也是最近三四十年才发现的。总之，宇宙浩瀚无垠。大家可以看左图哈勃望远镜的观测结果：这里有一个很小的区域，把它展开，再展开。展开之后，密密麻麻全是星系。每一个亮点都是一个星系，每个星系起码有几十亿，甚至百亿千亿颗恒星。

哈勃望远镜拍摄的深空星系

最后简单介绍一下宇宙的起源。这个问题人类很早就开始思考了。宗教里，基督教是上帝在六天中创造了天地、空气、海陆、人类。伊斯兰教的真主安拉，也是六天中创造了整个世界，然后第七天休息。真主和上帝一样，都是神力广大，一个人做完所有的事情。在中国不是这样，开天辟地的是盘古，接下来是女娲补天，女娲造人。太阳多了，后羿射日。他们是分工合作，多神论。物种起源比人类起源要早，太阳系起源又比物种起源还要早，宇宙的起源比太阳系起源更要早。起源的问题，关键在于证据。我们知道，生物的演化是通过挖掘不同地层中的化石而得知的，越深的地层，其中的化石代表了越早的年代。所以生物的演化一定是有证据的，不同地层的化石对应不同的历史时期。因为有恐龙化石我们才知道有恐龙。人类的起源，人类的进化，也要根据出土的化石证据来推导。比如人类是没有尾巴的。森林古猿与猴的区别在于，猿没有尾巴，猴有尾巴。我们的远祖没有尾巴，说明我们是由森林古猿而不是猴进化而来的。现代的人类越来越聪明，但不要因为大脑发达，四肢和身体就逐渐萎缩了。

宇宙的演化，到底是怎样一个过程，也必须根据实在的证据，或者说宇宙中的“化石”，而不是任由我们乱说一通。我们来看一下宇宙中有哪些证据或者说“化石”。首先，1929 年哈勃通过对遥远星系的观测发现了宇宙的膨胀，这就是第一个证据，说明我们的宇宙不是一个静态的宇宙。但 1930 年哈勃与爱因斯坦见面时，两位都没有想到，根据这个宇宙膨胀的结果，能够再深入地想到什么样的问题，因而错过了重大的发现。1948 年，伽莫夫提出了宇宙大爆炸学说，现在成为宇宙学的经典理论。其实很简单，伽莫夫想到，如果让时间倒流回去，膨胀的宇宙就变成了收缩的宇宙。因为时间倒流回去，宇宙的密度、温度就会越来越高，最终到达一个时间的开端。宇宙就是从这个开端开始，从极高的温度和密度的状态不断膨胀，像“大爆炸”一样，温度、密度不断降低，一直到今天。他根据这个思路，计算了宇宙膨胀主要阶段的物理过程，预言了今天可以观测到的一些结果，实际上就是可以观测到的“化石”。例如，他预言宇宙中应当存在绝对温度大约 5 开尔文的黑体辐射。果然，1964 年，彭齐亚斯和威尔逊发现了 3.5 开尔文宇宙背景黑体辐射，获得了诺贝尔奖。这块重量级的“化石”被发现，使人们相信了伽莫夫的理论，大爆炸宇宙的说法也不再是对伽莫夫的一种讽刺，而成为正面的宇宙学表述。宇宙微波背景辐射这块“化石”对宇宙学如此重要，人们除了在地面上继续观测，还发射了 COBE 探测卫星，在全电磁波段进行观测验证。2006 年，COBE 团队获得诺贝尔奖，这是同一个物理内容两次获诺贝尔奖，说明这个非常重要。

哈勃在观测

还有一块重要的“化石”，这就是宇宙中的氦元素丰度。宇宙中的氦很丰富，其总质量占宇宙全部元素总质量的四分之一。这样高的氦丰度只靠恒星的核聚变是产生不了的，最多只能给出观测结果的十分之一。这是长期以来的一个疑惑。但根据大爆炸理论计算，正好能产生观测到的氦丰度，还有氦三（氦的同位素）、锂，以及氢的同位素氘等。这些轻元素的宇宙丰度的观测结果，与大爆炸理论的计算结果完全一致。这是一件非常不得了的事情。有了这个结果，人们对大爆炸宇宙理论就坚信不疑了。

下图表示大爆炸宇宙演化简史。我们可以看到，宇宙极早期从量子混沌状态很快演化出各种基本粒子，到宇宙年龄大约 3 分钟时完成轻元素（元素周期表碳元素以前的元素及其同位素）的合成，再经过大约 40 万年形成中性原子，并遗留下今天观测到的宇宙背景辐射。这一过程中还有其他一些“化石”留了下来。

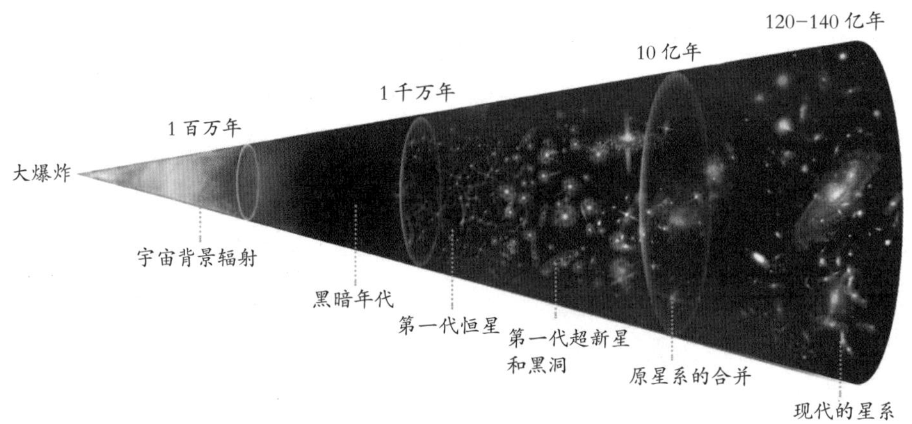

大爆炸宇宙演化简史

大爆炸模型之外还有其他学说，例如光子老化、稳恒态模型等。到底是谁对？大家与观测结果做一下比较就知道了：大爆炸模型与各项主要观测事实都是相符合的，而其他两个却差很多。所以，理论对不对不是靠自己说，

讲座现场

而是要靠证据，谁能够解释更多的观测证据，那谁的理论就是对的。这就是牛顿哲学推理第一法则：“寻求自然事物的原因，不得超出真实和足以解释其现象者。”同学们今后做任何研究，都要遵守这个原则。

我们的宇宙将来是一直膨胀，还是膨胀到一定程度就开始收缩？这个问题直到 20 年前才解决，发现宇宙是在加速膨胀，而且要一直持续下去。这是通过超新星的观测得到的结论。宇宙加速膨胀的原因，是由于宇宙中存在暗能量。同学们可能看到在媒体上经常提到两个词：暗能量和暗物质。暗能量与宇宙加速膨胀有关，它的本质是一种真空场，但目前人们对此还所知甚少，还在努力研究。而暗物质一定是粒子，像中子、质子那样的粒子。当然粒子也是能量，但它所在的位置是定域的，也就是限制在很小的区域；而暗能量的场是全宇宙空间的，并不局限在特定区域。暗能量占宇宙全部能量的 70%，暗物质占 25%，剩下的 5% 是我们能用某些波段的望远镜看到的物质。目前人类对宇宙物质的构成、能量的构成，实际上还有巨大的未知空间，“暗”这个字也含有我们对它们并不了解的意思，这些都是你们年轻人以后要努力解决的问题。暗物质存在的证据有好几个，其中引力透镜是很重要的一个证

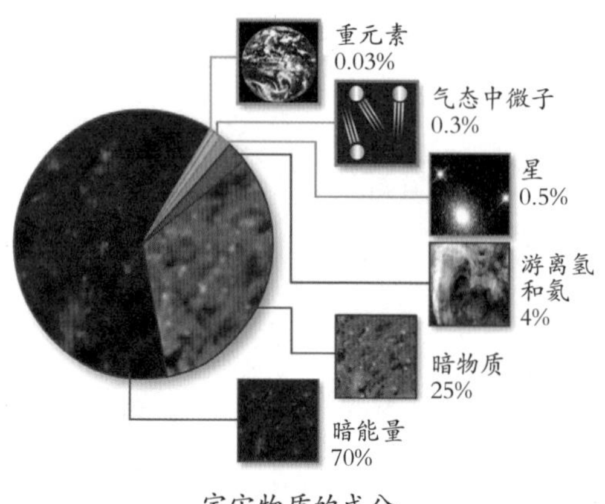

宇宙物质的成分

据。这是爱因斯坦提出的概念，光线由于暗物质的引力而被弯曲。暗物质粒子的本质到底是什么？现在大家都还说不清楚。但从天上到地下，探测暗物质的努力都在紧锣密鼓地进行着：例如天上的引力透镜观测、丁肇中教授的国际空间站阿尔法磁谱仪，以及我国2015年发射的暗物质粒子探测卫星“悟空”；地面上的例如欧洲CERN（欧洲核子研究组织）的加速器；地下的例如我国在四川锦屏山2500米深的地下建立的暗物质探测实验室。所有这些努力虽然取得了一些令人鼓舞的成果，但到目前为止，还没有搞清楚暗物质到底是什么粒子。也许，这个谜团要等着你们年轻人去解开了。

现在公众非常感兴趣的一个热门词汇是引力波，引力波实际上就是时空扰动在空间中的传播。爱因斯坦早就预言了引力波的存在，超大质量天体相互碰撞，就可以引发引力波辐射。从2015年9月人类第一次探测到来自宇宙深处的引力波，至今为止已经探测了五次。前四次是两个黑洞互相绕转，最后合并，第五次是两个中子星合并。美国的观测设备是两台LIGO（激光干涉引力波天文台），即激光干涉引力波天文台。两台设备的主要结构都是由相互垂直的、3千米左右长度的两个臂组成，但这两台LIGO一个在华盛顿州，一个在路易斯安那州，相距3000千米。实际上它们的原理很简单，如果大家学了高中物理，学到相对论的简介就知道，这个就是迈克尔逊干涉仪的原理，不过是埋在地下的。不但埋在地下深处，而且激光束传输管道是悬浮起来的，这样就可以最大程度避免地球上各种震动的干扰。所以这是一个大型的、高精度的科学设备，采用并原创了很多高技术，涉及精密机械制造、激光信号传输与高精度测量，等等。所以，大型科学设备的制造体现了一个国家的总体实力。

前四次探测到的引力波，都是由两个黑洞合并引发的。第五次是 2017 年 8 月 17 日，有三个地方探测到：美国的两台 LIGO 和意大利的一台类似设备，三台设备同时观测到来自宇宙深处的引力波信号。而且，这个信号同时伴随着闪光出现，正在空间轨道上运行的美国“费米”伽马射线望远镜等探测器，监测到一个剧烈的伽马射线爆发事件，方向与引力波信号指示的方向一致。我们中国的“慧眼”也捕捉到了闪光的信号。光谱观测表明，这次爆发应当是两颗中子星合并，发生剧烈爆炸，并形成了大量的重元素，包括金、铂、铀等。

引力波探测器 LIGO（位于美国华盛顿州）

引力波探测器 LIGO(位于美国路易斯安那州)

三位引力波探测科学家，他们为此一起工作了约 40 年，2017 年终于获得了诺贝尔物理学奖。实际上他们只是这个团队的带头人，还有数以千计的团队成员为此长期默默地做出了贡献。所以引力波探测给大家的一个重要启示是，在现代条件下要取得重大科学研究成果，有两点很重要：一是，做科学研究一定要有水滴石穿的精神，要耐得住寂寞、淡泊明志、坚持不懈，不能刚刚做出一点成果，就希望社会给你丰厚的回报，而要有坚定的为科学、为国家奉献的精神；二是，要有高度的团队合作精神，整个团队齐心合力，为了一个目标共同奋斗，而不是个人的单打独斗。

最后再说一下霍金。他的重大科学贡献就是发现黑洞可以辐射，黑洞不黑。但他在科普著作中常提到的时光隧道，这个不要太当真。我们大家都对霍金十分敬佩和尊重，但并不代表他说的每一句话我们都要相信。根据我个

营员向院士提问

人的看法，时光不可以倒流，我们无法从现在回到过去。

最后，我想引用爱因斯坦的一句名言："宇宙中最不可以理解的是——宇宙是可以被理解的。"这句话的哲理很深，至于怎么去理解，大家可以自己体悟。谢谢大家！

迷人的材料（节选）

薛锋副教授 （报送单位：华南理工大学）

薛锋，华南理工大学材料科学与工程学院副教授，1997年在华南理工大学任教。一直从事高分子及复合材料的制备、改性、结构、性能、工程化应用等方面的科研工作，先后主持、参与了各级项目研究。研究方向为高分子材料的结构与性能、无卤阻燃高分子、高分子解聚及共聚、通用高分子材料的高性能化等。迄今为止，发表论文70余篇，申请专利6项，部分上述研究成果在相关企业产业化应用。应邀参与、主持国家自然科学基金、广东省科技发展专项、校企产学研科技项目等。

薛锋副教授

材料名称：钢

代表事物：剃须刀片、不锈钢发明历史

钢是种很晚熟的材料。虽然锻铁这门技术已经代代相传了数千年，但即使在19世纪，人类对天文、物理和化学已经有了惊人的理解，工业革命所仰赖的铸铁和炼钢还是全靠经验、直觉和运气。这是因为当时人们还无法精确掌握铁里面的含碳量，铁的含碳量只有在大约百分之一的范围内才能成为钢，含量太低则太软，含量太高则太脆。直到19世纪中叶之后英国人贝塞麦发明了贝氏炼钢法，人们才能大量制造合格的钢材。

15 世纪时，日本武士制作的钢刃已经独步全球，而且称霸世界 500 多年，直到 20 世纪冶金科学大幅跃进才被超越。

制造工艺：贝塞麦炼钢法

贝塞麦法非常简单，简直天才到了极点。他把空气灌入熔铁，让空气中的氧和铁里的碳发生化学反应形成二氧化碳，以此把碳带走，然后再把百分之一的碳掺回铁里。这套方法直截了当又可以工业量产，使得炼钢头一次成为科学事业。

1903 年，美国商人吉列决定采用贝塞麦法制造的廉价工业用钢来制作抛弃式刀刃，第一年他卖出了 51 把剃须刀和 168 枚刀片；1915 年，售出的刀片超过 7000 万枚。

材料知识：曲别针为什么会弯曲?

金属由晶体组成，虽然它们不像钻石一样透明。不要奇怪，因为金属的晶体特质从表面看不到，而且晶体构造非常小。使用电子显微镜观察金

讲座现场

属晶体，感觉就像看到铺得毫无章法的地砖，晶体内则是驳杂的线条，称为“位错”。位错是金属晶体内部的瑕疵，表示原子偏离了原本完美的构造，是不该存在的原子断裂。位错听起来很糟，其实大有用处。金属之所以能成为制作工具、切割器和刀刃的好材料，就是因为位错，因为它能让金属改变形状。

当你扭曲别针时，就是把金属晶体弄弯。金属的可塑性来自位错在晶体内的移动。位错移动会带着微量的这种物质，以超音速从晶体的一侧移向另一侧。虽然每个位错只移动一小块晶体（相当于一个原子面），但已经足以让晶体成为超级可塑性的物质，而非易碎的岩石了。

材料故事：误打误撞不锈钢

第一次世界大战期间，英国人布雷尔利受雇钻研合金，以便改良枪管。他把不同的元素掺入钢里来模铸枪管，再用机械测试硬度，但尝试了无数次都毫无进展。新铸的枪管如果不够硬，他就扔到角落。有一天，他突然发现那堆生锈的枪管里有东西在闪闪发亮，他敏锐地意识到了它的重要性。那块东西正是世界上第一块不锈钢。

布雷尔利掺入的两种成分是碳和铬，因为比例刚好，意外创造出非常特别的晶体结构，让碳原子和铬原子同时嵌入铁晶体内。钢接触到空气和水时形成氧化铁，即铁锈。铁锈剥落后，新的钢面又会受空气和水侵蚀，使得生锈成为钢铁的痼疾。但铬能解决这一问题，当氧气还没来得及碰到铁原子，铬就抢着先跟它反应形成氧化铬。氧化铬是透明坚硬的矿物质，对铁的附着力极强。所以它不会剥落，从外表又看不见，有如一道隐形的化学保护膜把钢铁完全包住，而且这层膜会自我修复，即使表面磨到了，它也会自行复原。

不锈钢表面干净光亮似乎永不褪色，感觉坚不可摧却又非常亲民，短短一百年，从厨房水槽到餐具，从剃须刀片到艺术作品，它的身影已经遍布我们周围。

材料名称：混凝土

代表事物：楼房、桥梁发明历史

可能出乎你的意料，混凝土的问世时间比你想象得更早，早在古罗马时代，古罗马人就用混凝土的前身打造他们的帝国了，只是古罗马人制造水泥用的是一种跟现代水泥的成分很类似的火山灰。而我们现在所见的钢筋混凝土是工业革命兴起时出现的。

制造工艺：混凝土凝固是相当精巧的化学反应，其中的活性成分为含有碳酸钙的岩石。此外，还需要含硅酸盐的岩石。但不能直接把这些成分磨碎混合后再加水，除非你要的是烂泥巴。为了制造会和水反应的关键成分，必须先断开碳酸钙和硅酸盐的化学键，要做到这一点没那么容易。碳酸钙和硅酸盐的化学键非常稳定，所以关键在加热，而且是高达 1450℃的高温。岩石在这样的高温下会开始分裂重组，产生一群名为硅酸钙家族的物质。制造混凝土还需要富含铝和铁的矿石作为点石成金的材料，但比例必须正确，降温后才会形成粉末状的水泥。

水泥粉末只要加水就会迅速把水吸收，产生一连串化学反应变成凝胶。水泥胶化是因为水和硅酸钙原纤维，钙和硅酸分子溶解后，会形成极似有机分子的晶体结构，并且不断生长，化学反应也持续进行，增生的原纤维相遇后会彼此交错，形成键结锁住更多水分，直到水泥从凝胶变为坚硬的固体为止。这些原纤维不仅彼此键结，还会抓住岩石与石子。水泥就这样成了混凝土。

材料知识：混凝土要多久才会干?

答案是“混凝土永远不会干，因为水是混凝土的一部分”。混凝土凝固时会和水作用，引发连锁化学反应，在混凝土内部形成复杂的微结构，因此就算里头锁住了许多水分，混凝土的外表不仅看起来干燥，而且实际上还能防水。

材料故事：会自洁的混凝土

制造自洁净的混凝土的方法是掺入二氧化钛粒子。这些粒子虽然涂抹在表面，但由于粒子极小而且透明，所以外观与一般混凝土建筑完全一样。不过，二氧化钛粒子吸收了阳光中的紫外线后，就会产生自由基离子，能够分解沾上它们的有机污垢，让污垢由风或雨水带走。罗马千禧教堂就是用这种自洁净混凝土兴建的。

材料名称：玻璃

代表事物：防弹玻璃、啤酒瓶、耐热玻璃

因为熔化制造玻璃的石英需要高达 1200℃的温度，而古人是做不到这一点的。又是智慧的古罗马人，它们反其道而行之，发现了玻璃“助熔剂”——泡碱，一种天然生成的碳酸钠。泡碱让制作玻璃不再需要加热到足以熔化纯石英的温度。于是，这项技艺让罗马人发明了玻璃窗、玻璃镜，而且还能吹制出前所未有的薄壁酒杯。

制造工艺：这里我们不说普通玻璃了，来说说防弹玻璃。防弹玻璃中

营员认真听讲座

营员向讲师提问

间夹了多层塑料，有如黏胶般让玻璃碎了也不会散裂。子弹击中防弹玻璃时，最外层的玻璃会立刻碎裂，吸收掉子弹的部分能量并让弹头变钝。子弹必须推着玻璃碎片穿透底下的塑料夹层，而夹层则有如流动的糖蜜，把冲击力分散到更大的面积，而非集中在一个点上。就算子弹顺利穿透夹层，它会遭遇另一层玻璃，一切经历又得再来一次。一道夹层能让玻璃阻挡住九毫米口径手枪的子弹，三道夹层能阻挡点四四马格南手枪的子弹，八道夹层可以承受 AK–47 的攻击。

化学这门科学从玻璃身上得到的帮助比任何学科都大，这仅仅是因为一件东西——小小的试管。在玻璃试管发明之前，化学反应都在不透明的烧杯里进行，因此很难看到过程变化。有了玻璃这种材质，尤其是耐热玻璃问世之后，化学总算进阶成为一门有系统的科学。

耐热玻璃是加了氧化硼的玻璃，玻璃加了它会抑制热胀冷缩。玻璃温度不均时，不同部位的胀缩速率不同，会彼此挤压，在玻璃内部形成应力，产生裂痕最后导致破裂。要是玻璃瓶里装的是沸腾的硫酸，瓶子碎裂还可能让人残废甚至死亡。硼硅玻璃的出现让玻璃的热胀冷缩从此绝迹，也连带去除了应力，让化学家可以随意加热或冷却化学物质，专心研究化学现象，不必担心可能的热冲击。

有多少诺贝尔奖是玻璃从旁边推了一把？又有多少现代发明萌生于小小的试管里？

巧克力，因最初想制造与茶、咖啡分庭抗礼的新饮品而误打误撞发明了出来。它给多少孩童带去了欢乐，给多少成人带去了甜蜜？

气凝胶，是令我感到神奇的材料，二氧化硅气凝胶是全世界最轻的固体，99.8% 是空气。它轻盈、隔热（世界上最好的绝热体），有幻影般的蓝色，因此它被用于航空航天及户外运动服饰。如果有一种材料好比蓝天，那就是气凝胶。真是太神奇了！

塑料，也很有意思。它因一则象牙台球替代材质的一万美元悬赏而诞生。它还催生了照片底片、电影胶片，从此我们的世界多了很多快乐。塑料制品，无处不在！

创新成就精彩大学生活，做最好的自己！

谢光强副教授 （报送单位：广东工业大学）

谢光强，广东工业大学计算机学院副院长，博士，副教授，硕士生导师。同时担任中国人工智能学会知识工程与分布智能专业委员会青年委员、中国人工智能学会科普工作委员会委员、中国计算机协会（CCF）计算机应用专业委员会通信委员、广东省青年科学家协会第四届理事、广东省电子政务大数据专家委员会专家、广东省计算机学会大数据委员会委员、CCF YOCSEF 广州委员、广东工业大学创新行动计划专家委员会委员。主持和参加国家自然科学基金、省市科技等各类项目30余项，申请专利和软件著作权30余项，发表论文30余篇。个人共获各类省、市、校奖项40余项，获得了广东省教育教学成果奖（高等教育）“一等奖”，其中被评选为广东工业大学“学生最喜爱的教师”“十佳授课教师”和“广东工业大学师德标兵”，获得“先进科技工作者”“年度优秀教师”“教学优秀一等奖”“计算机学院师德先进个人”等荣誉称号。

谢光强副教授

本次报告由计算机学院副院长谢光强副教授主讲，主要从个人科研经历、创新团队、创新之路、大学生活以及未来展望五个方面与营员进行交流。

以下便是谢光强教授的讲座纪要：

一、关于我

我来到广东工业大学后做专业教师，一直在一线教书育人，也做过班主任，对学生也比较了解。不管是给学生上课，还是指导学生科技创新活动，始终对他们严格要求。我希望每个学生都发展得好。所以我更多的是关注表现有待提升的学生。我花了大量的时间，想了很多的方法去引导同学们：比如我会让有待提升的学生优先回答问题，给他们布置合适的任务，经常和他们谈心，激发他们学习的热情和信心。我不会轻易放弃任何一个学生，希望他们在我的教学或指导的过程中都成长起来。

中国有一句古话说："严师出高徒。"从事教学工作以来，我一直对学生要求都非常严格，但严格也要注意方法，要让学生感受到在课堂里能学到东西，能长本领，能对自己有信心，还能对自己的职业生涯有所规划。学生上我的课，其实是很辛苦的，压力蛮大的。学生不仅要做充足的准备

营员认真听讲座

接受高强度考核，还要做大量的练习，但是坚持下来，收获也是不少的。教学的过程，也是我和学生交流、互动的过程，学生对我的教学工作也是非常认可的，每次上课他们都自觉提前一段时间到课堂先学习，并以坐前排为荣。我也获得了“学生最喜爱的老师”“十佳优秀授课教师”“计算机学院师德先进个人”等称号。

作为教师，我尽力培养好学生，我也坚信学生会感受到老师的良苦用心。近四年我的学生评教分数有三年位列全校前 11 名，其中 2016 学年所讲授的《程序设计》课程，评教得分名列全校第一。但我不会过多关注称号或评教成绩，我觉得只要把教学过程用心做好，结果就不会差。在我的课堂里，不努力的同学会觉得很惭愧，需要补考或者重修，但是没有任何怨言，因为结果就摆在那里，你必须承受自己不努力所带来的后果。

二、大学生“小平科技创新团队”

“小平科技创新团队”由中国青少年科技创新奖励基金支持，经由共青团中央、全国青联、全国学联、全国少工委评选，面向全国高校遴选 50 个在学术研究、科技竞赛、成果转化等方面，取得突出成绩或具有较大潜力的大学生科技创新团队，命名为大学生“小平科技创新团队”，支持其开展科技创新研究，进一步培养大学生科技创新能力。中国青少年科技创新奖励基金是 2004 年邓小平同志 100 周年诞辰之际，由邓小平同志亲属根据他的遗愿，捐献出他生前全部稿费，用于鼓励支持中国青少年科技创新事业。

整个遴选过程非常严格，是根据团队所获得成果和荣誉进行评比，今年广东省仅广东工业大学和华南理工大学两个学校的大学生科技创新团队获得此项殊荣。当然，我们的荣誉是在学校和学院的关心和支持下所取得的。近年来，我们广东工业大学制定并提供了一系列大学生科技创新政策和支持，在校大学生创新创业氛围浓厚，水平日益提升，学校连续三届在挑战杯国赛上获得“优胜杯”，这充分印证了广东工业大学的大学生科技创新水平。我们团队正是在这个大背景下获得此项殊荣。我们团队现有学生成员39人，承担各类国家级、省级学生科技项目40多项，获得国家、省、校级创新创业竞赛奖项140余项（省级以上奖项50余项）。其中2015年获得第十四届“挑战杯”全国大学生课外学术科技作品竞赛“智慧城市”专项赛国赛特等奖（全国仅3项），2011年获得第十二届“挑战杯”全国大学生课外学术科技作品竞赛国赛一等奖。团队成员申请专利等成果30项，由我负责指导的大学生科技成果《智能急救头盔》受到了媒体的关注和好评，项目组在2018年上半年接受了广东卫视专访并介绍了项目的主要内容和成果，采访内容在《广东新闻联播》中播出，作品获广东省教育厅推荐，代表广东省参加了第十届全国大学生创新创业年会。团队学生共3人获得广东工业大学“十佳学业优秀大学生”、2人获得“十佳科技创新之星”、1人获得“十佳自强不息大学生”提名奖！大部分毕业生进入了华为、阿里巴巴、百度、腾讯等知名IT公司工作，获得用人单位的肯定和好评，获得了腾讯“优秀员工”和百度“最佳个人”称号，另有部分毕业生获“推免”留校深造或到海内外高校继续攻读硕（博）士，或在毕业后进行了创业，获得了初步的成功！

三、创新之路

创新创业意识的培养和学生现阶段的发展需求是息息相关的。每年全国都有数百万大学生将走出校门，加入创新的主力军当中。学生正处于人生最美好的年华，能够将他们的创新意识和能力培养起来，对于整个社会都有巨大的促进作用。

就我们学校的实际情况来说，我们广东工业大学创新创业的氛围一直都是非常好的，在省内乃至国内都有相当大的影响力，学校也获得了非常丰硕的成果，吸引了很多高校同行到我校考察学习创新创业工作经验。作

营员认真记笔记

为指导老师，我们需要大力培养学生的创新意识。如何让我们的学生能在充满挑战和机遇的创新之路上获得成功呢？我们把培养学生创新创业能力工作分为三个步骤去完成：

1. 重基础。作为一名大学生，首先要把自己的学业完成好，如果学业都没有完成好，就意味着基础没有打好，基础没有打好就去创新的话，成功的概率会比较小。所以团队的要求很明确，就是先把基础打好，我们概括为“懂原理”，能够把专业知识的原理弄明白，是一名大学生应该具备的基本素质。QG工作室的成员基本都会改变学习模式，即由“要我学”到“我要学”。

2. 勤实践。把学到的理论基础应用到实际的工程问题上来，完成了知识的转化运用。能做到“基础扎实，善于应用”，才能更好地做创新。不管是学术上的研究，还是项目实践开发，都是相同的要求。我们提倡团队成员要品学兼优，不能只用一条腿走路。

3. 能创新。创新创业和学业是不冲突的，你们要树立这种观念。很多同学害怕学习成绩都搞不好，不敢投入科技创新活动当中。其实创新创业实践搞好了，不仅不会对学业造成影响，还会对学生有很大的促进。当一个人的潜力被激发出来，你会发现，原来还可以做更多以前不敢去做的事情，从而会更加自信，那也就更有热情去自主学习。

事实上，按照这种理念培养成长起来的学生的综合素质还是非常高的。

四、大学生活

大一同学，刚进入大学时犹如一张白纸，上面的画面需要你用大学 4 年时光来作画，是精彩而充实，还是虚度光阴、一事无成，都是靠你自己。现在的大学生有以下三种人：第一种，大一把时间花在打游戏、玩耍上面，导致大二挂科重修，大三迷茫无措，大四自然而然面临失业的压力；第二种，大一努力学习基础知识，大二、大三凭借优异的成绩获得奖学金，大四收获满意的 offer；第三种，大一时在学习基础知识时，不断积累、夯实专业基础，大二进入工作室进行实践，大三做项目打比赛，大四通过这些经历收获自己想要的工作。而优秀的人，都选择了第三种，且他们的目标很明确：

1. 夯实专业基础。学习本专业的基础课程并在自己喜欢的方向领域有所探索。

2. 争取机会加入创新项目，通过自己的努力冲破重重考核，加入优秀的团队，向优秀人才走近。

3. 参与项目。将所学知识运用到项目中，与团队成员一起解决技术难题，获得宝贵项目经验。

4. 知识沉淀。通过项目的实战和平时的学习积累，具备扎实的专业技能。

5. 工作准备。临近毕业时找到一份满意的工作或者继续创业之路。

在大学生活中，要学会 6 个 W：为什么学（Why）、何时学（When）、何处学（Where）、跟谁学（Who）、学什么（What）、怎样学（How），通过思考这 6 个 W，规划好自己的学习之路，将基础知识学得扎实，夯实专业，扎实的专业知识基础是创新创业的基础。

五、未来展望

我希望在大学生活中，你们可以充实地度过，在收获知识与友情的同时，收获更多的技能和快乐，希望你们学会做人，把做人放在首位。在计算机这个世界里，单打独斗难以成功，只有团队协作才能把事情做好、取得成功，所以大家要重视团队协作能力的培养。要建立正确的人生观，掌握正确的学习方法，坚持创新能力方面的培养，大力培养独立解决实际工程问题的能力。

大家要努力参与创新创业活动。比如参加一次高水平的大学生学术科技竞赛，参加一项高水平的大学生创新创业项目或教师科研项目的研究，参加一项专利等成果的编写和申请。要努力获得至少一项高级别的奖学金，争取拿一个高水平的竞赛奖项。力争做品学兼优、专业知识扎实、能独当一面的创新型人才！

最后，我希望各位同学让自己的每一分钟，都过得值得，都过得精彩！创新成就精彩大学生活，做最好的自己！

从隐匿山间到誉满全球
——中国猕猴桃的崛起之路

张鹏工程师 （报送单位：中科院武汉植物园）

张鹏，男，1986 年生，风景园林硕士，中国科学院武汉植物园猕猴桃科研与育种学科组工程师，中国园艺学会猕猴桃分会秘书。一直从事猕猴桃科技成果转化、技术推广等工作。

张鹏工程师

张鹏老师首先问大家吃过哪些野果，同学们纷纷发言后，张鹏老师引入讲座的主题，即原产于我们中国的独特野果——猕猴桃，中华猕猴桃的崛起之路。本次讲座主要分为四个部分，第一部分：什么是猕猴桃，猕猴桃的营养价值、起源和历史；第二部分：世界猕猴桃的兴起和繁荣；第三部分：中国猕猴桃科研的起步；第四部分：我国猕猴桃科研产业的腾飞。

第一部分：什么是猕猴桃

猕猴桃是猕猴科猕猴属植物的统称，日常生活中一般指可以食用的猕猴桃，猕猴桃是雌雄异株的藤本植物。接下来的互动环节，张鹏老师出了一个小测验，在若干照片中，请大家辨认哪些是猕猴桃，如果认为是的就举手，答对可以品尝猕猴桃。答案揭晓，原来所有照片中呈现出来的都是猕猴桃（图略）。

在恐龙灭绝的时期，猕猴桃的祖先非常厉害，通过进化，生存了下来。在 2830 万年前，猕猴桃祖先又经历了一次进化，在地球环境逐渐降温，喜热植物逐渐南移的背景下，猕猴桃继续留在了高纬度地区，也就是现在的东亚地区生存，它能够适应四季地变换。张鹏老师展示给大家看猕猴桃的自然分布图（图略），从分布图的轮廓也可以看出，地图上颜色越深的区域，猕猴桃的种类就越丰富，世界上还没有哪一个国家的猕猴桃品种能够超过 5 种，只有中国，特别是我国的云南、广西、湖南超过了 30 种以上。我们常吃的中华猕猴桃和美味猕猴桃，这两种猕猴桃的自然分布全部都在我国境内，所以说猕猴桃是起源于我国的。

我国古代很早就认识了猕猴桃，在西周春秋时期的《诗经 · 桧风》里就有对猕猴桃的描述，“隰有苌楚，猗傩其枝，夭之沃沃，乐子之无知”，讲述的是猕猴桃在湿润的地方生长得婀娜多姿的样子。《本草纲目》里对猕猴桃的得名做出了解释，“其形如梨，其色如桃，而猕猴喜食，故有诸名”。我国的猕猴桃自然资源丰富，但是一直到 1978 年以前，还是处于隐匿山间的状态。

营员在听张鹏老师讲座

第二部分：世界猕猴桃的兴起和繁荣

1869 年，猕猴桃第一次在东亚以外的地方开发，当时是在俄国的圣彼得堡，另外，在中国境外成功引种栽培，最早主要是始于著名的植物学家威尔逊。1904 年，新西兰的女老师伊莎贝尔来到宜昌探亲，从威尔逊手中得到了一把猕猴桃种子，便带回了新西兰，后来新西兰的园艺爱好者选育出了海沃德品种，海沃德是当时选育出这个品种人的名字。张鹏老师鼓励大家，如果以后有兴趣，也可以选育出自己的猕猴桃品种。1930 年，海沃德品种开始在新西兰大面积地推广和种植，也是市面上非常常见的品种，因为从 1930 年到 20 世纪 90 年代，全球 90% 以上的猕猴桃品种都是海沃德品种。

张鹏老师说相信大家对奇异果都有所了解，向大家提问，“猕猴桃和奇异果是同一种水果吗？”台下的同学举手回答，“奇异果是国外对猕猴桃的叫法，在国内叫作猕猴桃。”张鹏老师对该同学的回答予以了肯定。接着张鹏老师详细介绍了猕猴桃被称为奇异果的故事：在 1959 年，猕猴桃从新西兰出口到美国，但是当时美国人对猕猴桃非常陌生，他们觉得这个水果很奇怪，定了一个很奇怪的名字叫作“中国醋栗”，也没有人购买，新西兰的商人很着急，于是想了一个办法，由于新西兰有一种非常有名的鸟叫作基维鸟，英文名是 kiwi，就把新西兰产的猕猴桃叫作基维果，英文名是 kiwi fruit，这样美国人就接受了来自新西兰的这个水果，从此以后，猕猴桃就不再叫作中国醋栗了，在国际上被称为了 kiwi fruit，这个名字就一直沿用下来，一直到后来进入中国市场，需要起个中国名字，翻译者按照音译的方式，就叫作了奇异果。

当时由于猕猴桃出口量的增加，而且价格很高，新西兰开始大规模发展猕猴桃产业。1976 年，猕猴桃出口量首次超过了内销，并且逐渐成为新西兰国家的支柱产业，一个水果成为一个国家的支柱产业，猕猴桃是非常典型的例子。与此同时，全球的各个国家，像美国、意大利、法国、日本、伊朗都开始种植猕猴桃，猕猴桃逐渐成为全球性的水果产业，当时全球猕猴桃产业 90% 以上种植的都是海沃德品种，也就是当年从我国湖北宜昌带到新西兰的一把猕猴桃种子当中选育出来的。

第三部分：中国猕猴桃科研的起步

在 1978 年，在当时全世界各个国家都开始种植猕猴桃的时候，我国猕猴桃人工栽培面积还不到 1 公顷。从我们中国流传出去的猕猴桃种子，却在别的国家发扬光大，形成了这样一个世界性的水果产业，每年赚取大量金钱。我们应该做些什么？张鹏老师请大家思考并谈谈看法，台下的同学举手回答，“我们现在要做的是，坚持做猕猴桃的科研工作，让猕猴桃在我国发扬光大。”张鹏老师认为回答得很好、很有道理，说我们国家也是这样做的，在 1978 年 8 月，由中国农业部和中国农业科学院主持的全国猕猴桃研讨会在河南省信阳市召开，来自猕猴桃主要分布区的 16 个省的相关单位人员参加会议，标志着我国国家层面的猕猴桃科研和产业发展的起步。在会议中，制定了两个目标，一是开展全国性的种质资源普查及猕猴桃资源编目；二是选育出比海沃德更加优良的栽培品种。这两个目标现在看来是小目标，但在当时的条件下，非常的艰巨。

张鹏老师在讲座中留影

张鹏老师与营员互动

目标1：资源调查和搜集。因为猕猴桃都是生长在大山深处，正是因为生长在大山深处，所以猕猴桃资源只被外国人发现了一小部分，在人迹罕至的地方还有大量的优良品种，所以当时的科研工作者长期在野外调查搜集，条件非常艰苦。直到现在，优异种质资源的搜集与保存仍然是一项基础、艰苦而重要的科研工作。

目标2：育种。选育出比海沃德更加优良的栽培品种，育种是一项优中选优、长期观察、详细记载、坚持不懈的工作。海沃德品种是1904年到的新西兰，直到1930年才开始推广，中间经历了26年的时间，这也是育种一个很正常的周期。猕猴桃育种的第一步，是到深山里寻找猕猴桃的种质资源，然后采集出来，采集的可以是果实，也可以是枝条，培育成小苗，一次培育的数量是成千上万的，将小苗移栽到地里，成为大苗，让它们结果，结果后进行观察记录，将果实采下来进行综合评价并品尝，研究它们的各项指标。评价之后，可能还会经过几代的选育，将种子或是枝条进行再次嫁接，再重复这样的过程，一直到最后才会形成现在的猕猴桃品种。所以每一个猕猴桃品种的选育成功，都是科研人员背后多年的坚持与努力。一个品种的育种周期平均达到 20 年，在当时这样的条件下，我们国家最初制定的目标，很多科研单位都在做，随着育种的推进，周期非常漫长，我们国家很难有持续的经费支持，当时很多科研单位做得很优秀，武汉植物园在当时并不是最优秀最好的，在几十年漫长的过程中，由于没有经费，很多单位坚持不下来。武汉植物园的老师们在艰苦的条件下，一边做猕猴桃的科研，一边自己养猪、养鸡、种菜，鸡下的蛋舍不得吃，拿出去卖钱，用来维持科研经费运作，所以就这样将育种工作坚持了下来。武汉植物园成为全球最顶尖的猕猴桃育种科研机构，与老一辈科研工作者的坚持是分不开的。

育种的典型案例：1981 年，在江西武宁县采集到野生中华猕猴桃资源，选育出优株“武植 81-1 号”，将该优株嫁接到武汉植物园猕猴桃资源圃中，筛选出变异单系，代号为“C6”，“C6”后来被命名为武植 6 号，当时在我国多个地方进行试种，主要地区为湖北恩施。经过多年的试种，武植 6 号表现稳定，该品种在 1997—2000 年在意大利、希腊和法国进行品种试种，表现也非常好，最后在 2005 年通过了国家品种审定，定名“金桃”，这也使我们中国的猕猴桃走向了世界。

张鹏老师还向大家展示了育种过程中，需要填写的表格，内容非常细，数据量也非常大（图略）。接下来的关于育种的互动环节，“猕猴桃风味评价过程简单模拟”，邀请同学们上台品尝不同品种猕猴桃的味道，并记录下来。在品尝过程中，同学们露出了各种表情，并认真记下来了味觉体验，经过采访，台上的同学们把品尝感受进行了分享，众说纷纭，像芥末味、辣鱼味、甜味……

张鹏老师对我国猕猴桃的科研起步进行了小结。

摸清家底：至 1992 年，除新疆、青海、宁夏外，有 27 个省完成了猕猴桃的省级资源调查，并获得大量的猕猴桃资源基础数据，基本查清我国猕猴桃资源情况。

资源丰富：从野生猕猴桃中选出 1450 多个优良的株系。除绿色有毛的资源外，绿色无毛、黄肉、红心等全新资源的发现和推广，打开了猕猴桃产业的新局面。而新西兰仅于 1993 年推出了一个有影响力的新品种“黄金果”。

新西兰人成功驯化了美味猕猴桃后，中国人用 20 年时间成功驯化了中华猕猴桃。

与此同时，我国猕猴桃栽培面积也迅速发展到 40000 公顷（1996 年），除海沃德外，有四分之一是我国自己命名并推广的品种。

第四部分：我国猕猴桃科研产业的腾飞

大量优异资源的收集应用和优良新品种的选育成功，为产业的腾飞奠定了良好的基础。我们建成了全球最大、种质资源最丰富的国家级猕猴桃种质资源圃，利用最先进的育种方法，不断选育出各具特色的猕猴桃新品种，持续为我国猕猴桃产业的发展做后盾。

国家“三农”政策的推进，美丽乡村、震后救灾、精准扶贫等系列国家重大任务出台，吸引了大量的政府项目和社会资本进入猕猴桃产业，建设了

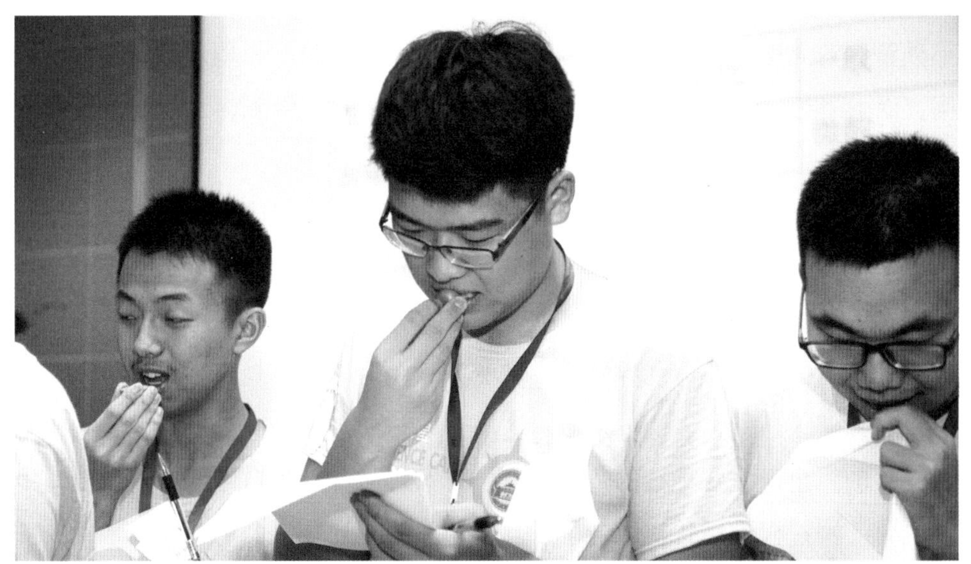

营员们在品尝猕猴桃

营员向张鹏老师提问

一大批高标准、高质量的猕猴桃果园，引领产业进步。

种植规模、种植水平、果实品质及销售方式、产业模式等各方面均发生质的变化。产品销售更注重包装，改变了统装统销的局面，同时也更注重产品质量，较大程度改变了消费者对国产猕猴桃的印象。人均消费量进一步提高，2014 年人均消费量达 1400 克，是 2007 年的 3 倍多，远超国际人均消费值（400 克）。

中国猕猴桃栽培面积和产量一直在稳步上升，特别是从 2014 年开始，两者均达到历史新高，且趋于稳定。截至 2015 年，全球结果面积超 35 万公顷，中国猕猴桃种植面积占全球面积的 71.4%。无论从种植面积、产量，还是产值上，我国都已经成为世界猕猴桃产业第一大国，且主栽品种均是中国自主选育品种。

目前，全球主要种植的黄心和红心猕猴桃品种均来自中国，每年要向中国支付品种授权使用费，“金桃”“金艳”“东红”等命名也让洋水果有了中国名字。中国猕猴桃真正从山野间走向世界，誉满全球！

奇妙的克隆之旅

刘忠华教授（报送单位：东北农业大学）

刘忠华，东北农大学生命学院博士生导师。1994年，刘忠华在东北农业大学读完本科后，先后完成了硕士、博士的学业。其间，刘忠华师从克隆领域谭景和、陈大元等知名学者，做了大量的细胞核移植实验。刘忠华一直从事哺乳动物胚胎工程研究，先后获得“中国首例自主研究体细胞克隆牛”“世界首次异种体细胞克隆大熊猫胚胎在家猫子宫着床”等优异成果。2004年，刘忠华回到东北农业大学，在这里建立了专题实验室。2006年10月12日，由刘忠华博士作为项目负责人的中国首例采用成体体细胞作为核供体的克隆东北民猪在哈尔滨诞生。2006年12月22日，刘忠华又成功培育出国内首例绿色荧光蛋白“转基因”克隆猪，影响非凡。

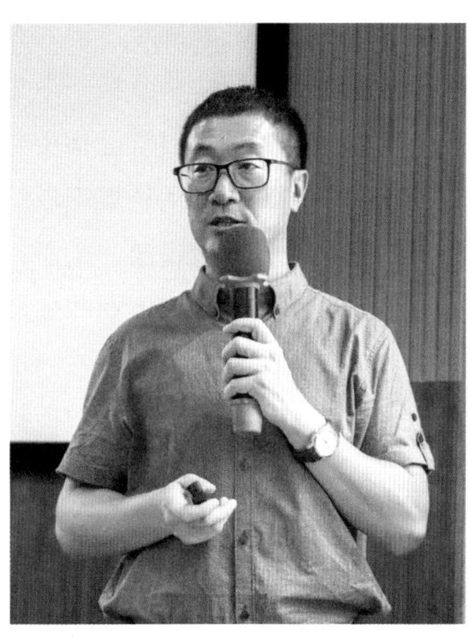

刘忠华教授

同学们，大家好。很高兴今天可以在这个特殊的场合与这么多青年同学分享交流。我从事教育事业近二十余年，接触的都是比你们年长的学生，还是第一次有机会与这么多年轻的同学面对面的分享我的一些科研经历和人生感悟。

我先简单地做一下自我介绍，我叫刘忠华，今年45岁，年龄可能要比你们的父母大一些。不过，可能是因为一直从事高校教育工作，经常和年轻人接触，所以我的心理年龄会更加年轻些。我从读本科开始，就一直在学习和从事与生命科学相关的研究。可能对于在座的各位来说，生命科学是一个非常陌生并且神秘的学科，有多少同学了解生命科学，请举下手！看来你们现在还没有进入考虑未来所读专业的这个阶段。

因为我今天主要就是想跟大家分享有关生命科学的一些内容，所以在这里我先跟同学们简单介绍一下生命科学是什么，便于同学们理解接下来我分享的内容。生命科学是指生物学及其相关的广泛领域，它是自然科学的一个部门，研究包括从最简单的生命体到最复杂的生命体的各种动物、植物和微生物的生命现象，生命物质的结构和功能，它们各自发生和发展的规律，以及生物间、生物与环境间的相互关系等。其最终目的在于阐明生命的本质，有效地控制，能动地改造和利用生命活动。同学们是不是觉得和你们现在所学的生物很相似，其实你们现阶段所学生物的一些内容就是生命科学的一些基础知识，而我本人在生命科学领域主要从事的是体细

营员全神贯注听讲座

讲座现场

胞核移植的研究，可能在座有的同学们对这个话题有所了解，因为我记得高中生物课中这个方向是有所涉及的，不过我相信你们所知道的或者所学习的大多数都是基础知识，那么在接下来的一段时间里，我会用我自身的科研经历和研究成果，带大家领略“生命的魅力”。

同学们，在大家的观念里，是不是认为克隆技术离我们普通人的生活是非常遥远的，甚至大多数普通人可能一辈子都接触不到克隆这个东西。我告诉大家，其实一切的科学研究都是来源于生活，服务于生活，无论是我们今天所谈的生命科学，还是其他的学科，例如食品、电信、工程等所研究的课题，都是为了解决生活当中的问题，为了让我们普通人的生活变得更加便利。

在 2008 年的时候，哈尔滨有一家公司从美国引进了一批长白种猪。这个种猪是世界公认非常好的肉食猪品种，有生长快、饲料利用率高、产仔多、胴体瘦肉率高、体格大、体型匀称等特点。但是每头种猪进口的价格约为 40000 元，这价格对于我们国家从事畜牧养殖的农民来说是非常高的了。

养殖公司找到我们团队，就是因为一头优良种猪可利用的时间有限，而其后代却无法完全保留优良的基因，希望我们可以通过体细胞克隆的技术，将这个品种的优良基因得以保留。我们团队将猪的体细胞提取出来，体细胞是一个相对于生殖细胞的概念。它是一类细胞，其遗传信息不会像生殖细胞那样遗传给下一代。高等生物的细胞差不多都是体细胞，除了精子和卵细胞以及它们的母细胞之外。体细胞遗传信息的改变不会对下一代产生影响。这种体细胞提出来之后，需要经过血清饥饿培养，这是一种使细胞同步化分裂的方法。通过降低培养液中的血清浓度，比如从 10% 降到无血清或 2%，使所培养的细胞因缺乏血清中的生长因子而不能分裂，使细胞周期 G0 期同步化，*n* 小时后再加入血清，细胞就开始同步生长分裂了。这是一种使细胞同步化分裂的方法。通过降低培养液中的血清浓度，使培养细胞因缺乏血清生长因子而不能分裂，一定时间后再加入血清，

营员认真听讲座

营员在参观展品

大师精彩报告现场

细胞就开始同步生长分裂了。实验中进行血清饥饿是很必要的，比如在给予刺激因素或者药物的时候，可以避免细胞所处的状态不同造成实验的误差，换句话说就是让所有的细胞都处于同一条起跑线上，就是将细胞培养液中血清浓度由 10% 降为 0.5%，继续培养 5 天左右，使细胞处于休止的 G0 期，再移植到去核卵母细胞的卵黄周隙中。我再跟大家解释一下什么是卵黄周隙，就是在受精后，卵细胞的卵黄收缩，并在透明带和卵黄膜之间形成一个空隙，这个就是卵黄周隙。然后经电融合和激活后获得克隆胚胎，移植到受体后获得克隆后代。在 2009 年春天的时候，我们课题组开始了克隆工作。仅仅用了 6 个月时间，在 10 月末，就产下了 18 头种公猪，但由于克隆猪技术在世界上都不是特别成熟，克隆产物相对于正常繁殖的动物来说体质会存在很多问题，很多小猪因缺氧而心肺衰竭，最终只有 6 头成活。

这些克隆猪饲养的售卖费用与普通猪是一样的，额外增加的就是做完移植手术后需注射几天青霉素的费用。现在为了加快猪的生长速度，有的养猪户在饲料中加入了不符合规定的物质。通过克隆技术，优良品种得到大范围推广，养猪户也就不必再使用非正常手段，老百姓也会吃到更安全、健康的食品。而一只品种优良的种猪可带来的经济效益将是其购买价格的10倍左右。

我相信在我之前的一番介绍之后，大家对于生命科学这门学科有了一定了解。下面我再问大家一个问题，你们觉得“荧光绿”和“猪”之间会出现交集吗?

2006年由我带领的课题组采用成体体细胞克隆技术，培育出我国首例成体体细胞“克隆”东北民猪，在22日晚上我们团队又成功培育出绿色荧光蛋白“转基因”克隆猪。共出生3头，健康状况良好。其中2头在转基因性状上，明显表达出绿色荧光蛋白的特征，在紫外光源激发下其口、蹄及舌头可以观察到明显的绿色荧光，另一头还有待DNA鉴定。此次顺利产下的3头“转基因”猪是世界上继美国、韩国、日本之后的第四例成功通过体细胞核移植方式生产出的绿色荧光蛋白转基因猪。

营员在讲座中与老师互动

那次获得的转基因猪，是我国首例绿色荧光蛋白转基因克隆猪。我们是从水母中获得的绿色荧光蛋白基因，把该基因经过处理后转移到培养的猪胎儿成纤维细胞的基因组中，再把转基因体细胞的细胞核移植到成熟的去核猪卵母细胞中构建成转基因胚胎，转基因胚胎再经手术移植入受体母猪，经过 114 天的发育，最终获得绿色荧光蛋白转基因克隆猪。

这次绿色荧光蛋白转基因猪的顺利出生证明我国通过体细胞核移植技术路线生产转基因猪已经发展成熟，继续发展该技术就可以应用于家猪的转基因育种、人类疾病医疗模型猪的建立以及生产为人类器官移植提供器官的特殊家猪，从而为畜牧业发展和医学研究开辟新的天地！

同学们，今天跟大家分享这么多，不只是简单的希望大家了解生命科学这门学科，讲这两个事例，更多的是希望同学们能明白，科技发展对于一个国家而言有着深远而又重要的意义。你们现在作为一名高中生，即将面临高考这个重要转折点。你们即将步入大学，即将选择近几年来所要研究的领域。不论你们如何选择，你们一定要记住，你们这一代是关系到祖国未来发展的一代，你们对科学的探索程度，直接决定了我们国家的国际地位、人民生活的富足程度。另外，无论以后你们达到了什么样的高度，取得什么样的成就，你们一定要记得，你们现在的稳定生活、学习环境、教育资源都是国家给予你们的，你们学有所成后也一定要回到祖国的这片土地上贡献自己的青春力量。我在美国求学时，也获得了一系列世界一流的科研成果。当时，几乎所有人都认为我会继续留在美国发展，然而，我依旧怀着报国的梦想、带着深厚的积淀毅然回到熟悉而又思恋的故土——黑龙江，回到培养自己多年的母校。

同学们，今天很高兴能够和你们这么多年轻的同学进行交流，希望在听过我的分享后，大家可以有目的、有重点、有方向的合理规划自己未来一段时间的求学道路。最后祝愿同学们都能学有所成，未来在学术上都能达到更高的高度。谢谢大家！